"十三五"职业教育系列教材

土建工程力学

主　编　于书凤　和秀岭

参　编　尹雪倩　窦丽云　牛玉娟

主　审　郭应征　李昆华

中国电力出版社
CHINA ELECTRIC POWER PRESS

内 容 提 要

本书是"十三五"职业教育系列教材。

针对路桥、隧道、建筑工程等土建类高职高专教育精品课程建设而编写的配套教材。全书共分四个学习情境，内容涵盖了静力学和材料力学的主要内容。学习情境Ⅰ工程构件受力分析，为静力学的基本内容。学习情境Ⅱ工程构件承载能力分析，包含了工程构件典型截面几何性质的计算；轴向拉压杆的承载能力分析；剪切的实用计算分析；杆件产生扭转变形时的承载能力分析；梁的承载能力分析；工程构件破坏成因分析；工程构件在多种变形同时发生时的承载能力分析等内容。学习情境Ⅲ受压构件的稳定性分析。学习情境Ⅳ工程构件承载能力优化分析。本书以高职高专教育为起点，本着理论必需、够用为度的原则，并结合行业特点而编写。书中除学习内容外，还配有一定数量的练习题，以便于学生对所学知识的巩固和应用。

本书可作为高等职业技术学院、高等专科学院、成人高校等院校的道路桥梁工程技术、地下工程与隧道工程技术、建筑工程技术等土木工程类相关专业的教材及相关专业继续教育和职业培训教材，还可供有关工程技术人员参阅。

图书在版编目（CIP）数据

土建工程力学/于书凤，和秀岭主编. —北京：中国电力出版社，2015.8（2023.1 重印）

"十三五"职业教育规划教材

ISBN 978-7-5123-7680-9

Ⅰ. ①土… Ⅱ. ①于… ②和… Ⅲ. ①土木工程-工程力学-高等职业教育-教材 Ⅳ. ①TU311

中国版本图书馆 CIP 数据核字（2015）第 185043 号

中国电力出版社出版、发行

（北京市东城区北京站西街 19 号 100005 http://www.cepp.sgcc.com.cn）

北京雁林吉兆印刷有限公司印刷

各地新华书店经售

*

2015 年 8 月第一版 2023 年 1 月北京第九次印刷

787 毫米×1092 毫米 16 开本 17.75 印张 432 千字

定价 48.00 元

前　　言

　　土建工程力学课程是路桥、隧道、建筑工程等土建类专业的一门重要专业技术基础课。本书结合土建类高职高专教育的培养目标与专业需求，在吸取其他院校所编教材宝贵经验的基础上，结合编者多年的教学经验与教改实践而编写。本书在编写过程中注重高职高专教育与行业特点，力求体现以应用为目的，基础理论部分则按照必需、够用为度的原则，尽可能体现理论在实际工程中的应用。与一般院校编写的教材不同的是：本书将理论力学中静力学部分与材料力学的内容编排为四个学习情境；第Ⅰ学习情境为静力学的主要内容；第Ⅱ、Ⅲ、Ⅳ学习情境为材料力学的基本内容，重点是对杆件产生四种基本变形时的内力、应力和强度进行分析和计算。另外，本书把提高杆件产生不同基本变形时的强度、刚度和稳定性的途径汇集在一起，以便于分析和讨论。从教学内容的选取上保证了理论力学和材料力学中最基本、最主要的经典内容，尽量避免两门课程之间不必要的交叉和重复，通过两门课程的融合、贯通和相互渗透，组成工程力学课程的新体系。

　　为了巩固学生对所学内容的理解、应用和掌握，培养和提高学生分析问题和解决问题的能力，本书在相应的学习情境中配有复习思考、分析计算等练习题。

　　本书建议参考学时为 90 学时，也可根据实际情况进行调整。

　　本书由云南交通职业技术学院于书凤、和秀岭主编。参加本书编写工作的有云南交通职业技术学院尹雪倩、窦丽云、牛玉娟。东南大学郭应征、云南交通职业技术学院李昆华担任本书主审。

　　本书在编写过程中得到了云南交通职业技术学院教务处、公路学院等相关部门和领导的大力支持和帮助，对此，编者表示衷心的感谢。

　　限于编者水平，书中难免有不妥之处，恳请读者和同行批评指正。

编　者

2015 年 8 月

目　　录

学习情境Ⅰ 工程构件受力分析

Ⅰ-1 工程构件受力分析基础知识

一、工程力学的研究对象与力学模型

（一）研究对象

1. 工程力学的研究对象

工程力学的研究对象一般是指各种工程结构及其工程结构中的各个构件。工程中的一般构件按宏观几何尺寸可分为杆件（见图Ⅰ-1-1）、板壳构件（见图Ⅰ-1-2）、实体构件（见图Ⅰ-1-3）。

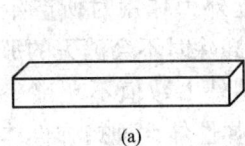

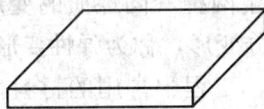

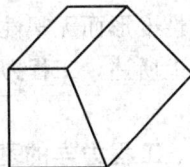

图Ⅰ-1-1　　　　　图Ⅰ-1-2　　　　　图Ⅰ-1-3

工程力学主要以**杆件**为研究对象。

2. 杆件的几何特征

杆件是指长度方向的尺寸远大于其他两个方向（宽度和高度）尺寸的构件。其几何特征可用**横截面**与**杆轴线**来描述（见图Ⅰ-1-4）。

横截面——垂直于杆件长度方向的截面。

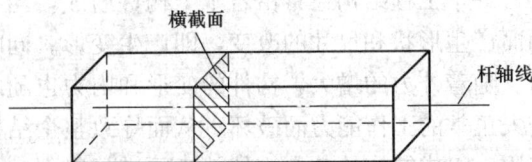

图Ⅰ-1-4

杆轴线——所有横截面形心的连线。

（二）力学模型

1. 力学模型

用于代替实际工程中的受力结构或构件，并能反映受力结构或构件的主要力学特征，而忽略了次要因素的一种理想化、抽象化的模型。

2. 工程力学主要研究的两类力学模型

（1）**刚体**。在任何外力作用下，其大小和形状始终保持不变的物体。这是一种理想化的力学模型。当我们只研究物体的运动规律或平衡问题时，所研究的物体都可视为刚体。

（2）**变形固体**。在任何外力作用下，其变形不能忽略且必须考虑的物体。当研究结构或

构件的强度、刚度和稳定性问题时，都将其视为变形固体。

3. 变形固体的基本假设

从物质的微观结构来看，变形固体的组成及性质是很复杂的。但由于工程力学主要是从宏观的角度来研究结构或构件的强度、刚度和稳定性问题，因此，对所研究的变形固体可做出下列假设，从而达到简化研究工作和运用数学工具的目的。

（1）**均匀连续性假设**。即假设变形固体内连续不断地充满着均匀的物质，且各点处的力学性能都相同。

（2）**各向同性假设**。即假设变形固体材料在各个方向上具有相同的力学性能。

（3）**"小变形"假设**。工程结构或构件受力作用后所产生的变形，其值可能很小，也可能较大。而工程力学所研究的变形仅限于"小变形"范围。**所谓小变形是指构件的变形与构件的原始尺寸相比极为微小。**

4. 弹性变形与塑性变形

变形固体在外力作用下会发生两种不同性质的变形。一种是外力作用时所产生的变形中，当外力卸除时会消失的那部分变形，称为**弹性变形**；当外力卸除时不会消失的那部分变形，称为**塑性变形**。一般情况下，工程中常用的材料，当作用的外力数值不超出一定范围时，所产生的塑性变形极小，可以忽略，即可以把材料视为理想弹性体。理想弹性体是指只产生弹性变形而无塑性变形的物体。

综上所述，工程力学的研究对象主要是由均匀连续的、各向同性的弹性体材料组成的**杆件。**

二、工程力学的基本任务与研究方法

（一）工程力学的基本任务

1. 物体的平衡状态

平衡状态是指物体相对于地球处于静止或做匀速直线运动的状态。

2. 构件的承载能力

一个工程结构通常由若干个构件组成，当结构承受荷载作用时，其构件也将受到外力作用而产生形状和尺寸的改变，即产生变形。同时在构件内部将产生一种反抗变形的力——内力。随着外力的增大，构件的变形和内力也随之增大，当外力增大到一定程度时，构件就会丧失正常的工作能力而破坏，从而导致整个结构的破坏。因此，要使结构能够安全、正常地使用，组成结构的各个构件就必须满足以下三个基本要求。

（1）**强度**。指构件抵抗破坏的能力。即构件在外力作用下不应发生破坏。

（2）**刚度**。指构件抵抗变形的能力。即构件在外力作用下所发生的变形不应超出允许范围。

（3）**稳定性**。指构件保持原有平衡形态的能力。即构件在外力作用下它的平衡形态不应发生突然改变而丧失稳定性。

构件在满足强度、刚度和稳定性要求方面的能力，统称为构件的承载能力。

不同的构件对强度、刚度、稳定性三方面的要求程度有所不同，但都必须首先满足强度要求。

3. 工程力学的基本任务

一个合理的结构或构件设计，不但应满足其承载能力的要求以保证安全可靠，还应该符合经济节约的原则。工程力学的基本任务是：对处于平衡状态的物体进行静力分析；通过研究构件的强度、刚度、稳定性和材料的力学性能，在保证既安全可靠又经济节约的前提下，为构件选择合适的材料、确定合理的截面形状和尺寸提供计算理论。

（二）工程力学的研究方法

1. 理论分析法

理论分析法主要是以基本理论、基本概念和定理、定律等为基础，经过缜密的数学演绎推理和力学分析，得到力学解答的一种方法。

2. 试验分析法

试验分析法主要是以通过力学试验来进行力学研究的一种重要方法，因为构件的承载能力与构件所使用材料的力学性能密切相关，而材料的力学性能必须通过材料试验才能够测定出来。另一方面，对于现有理论还不能解决的某些复杂的工程力学问题，有时也需要通过力学试验的方法加以解决。

3. 计算机分析法

计算机分析法主要是以借助计算机高效、快捷的计算功能来进行力学分析的一种方法。由于计算机的出现，使得工程力学的计算手段发生了根本性变化，在力学理论分析中利用计算机可以推演出难以导出的公式；在材料实验分析中利用计算机可以迅速地整理庞大的数据、绘制试验曲线、选用最优参数等，尤其是对一些大型、超大型结构的计算，必须依靠计算机才能够在较短时间内完成。

应该指出的是，上述工程力学的三种研究方法是相互关联、互为补充、互相促进的。在学习工程力学经典内容的同时，掌握好传统的理论分析与试验分析方法非常重要，因为它们是进一步学习工程力学其他相关知识以及掌握计算机分析方法的基础。

三、杆件变形的基本形式

杆件在不同形式的外力作用下，将产生不同形式的变形。杆件的变形主要有以下 4 种基本形式。

（一）轴向拉伸与压缩（见图Ⅰ-1-5）

在一对大小相等、方向相反、作用线与杆轴线重合的外力作用下，杆件将产生**长度**的改变（伸长或缩短）。

（二）剪切（见图Ⅰ-1-6）

在一对大小相等、方向相反、作用线无限靠近的横向力作用下，杆件的相邻横截面将沿外力作用方向产生相对错动。

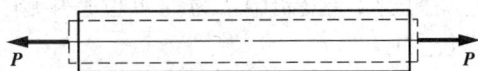

(a)

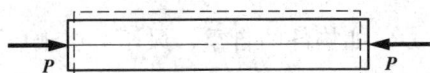

(b)

图Ⅰ-1-5

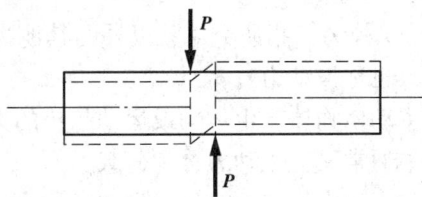

图Ⅰ-1-6

（三）扭转（见图Ⅰ-1-7）

在一对大小相等、转向相反、作用面与杆轴线相互垂直的力偶作用下，杆的任意两个横截面将绕杆轴线产生相对转动。

（四）弯曲（见图Ⅰ-1-8）

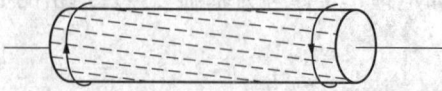 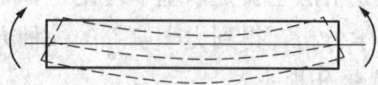

图Ⅰ-1-7　　　　　　　　　　　　图Ⅰ-1-8

在一对大小相等、转向相反、作用面位于杆的纵向对称平面内的力偶作用下，杆件的轴线将由直线弯曲成曲线。

四、力与力系的基础知识

（一）力

1. 力的概念

（1）力的定义。力是物体间相互的机械作用，这种作用使物体的运动状态发生改变或使物体产生变形。

（2）力对物体作用所产生的效应。

1）运动效应（也称外效应）。指力使物体的运动状态发生变化的效应。

2）变形效应（也称内效应）。指力使物体产生变形的效应。

（3）力的三要素。力对物体的作用效应取决于力的大小、方向和作用点。力的大小、方向和作用点称为力的三要素。若改变这三个要素中的任何一个要素，都会改变力对物体的作用效应。

力的大小反映了物体间相互作用的强弱程度。力的方向有两层含义：①指力的作用线方位；②指它的指向，即力的方向包含方位和指向。力的作用点是物体相互作用位置的一种抽象化描述。

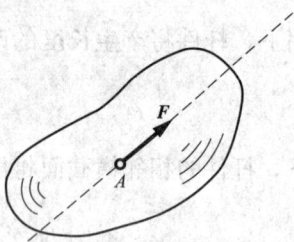

图Ⅰ-1-9

（4）力的表示方法。力是一个矢量。通常用一个带有箭头的线段来表示（见图Ⅰ-1-9）。线段的长度（按所选比例）表示力的大小；线段的方位和箭头表示力的方向；带箭头线段的起点或终点表示力的作用点。通过力的作用点并沿着力作用方位上的直线，是力的作用线。本书中用黑体字母如 F、R、P、q 等表示力矢量，用字母 F、R、P、q 等表示力矢量的大小。

（5）力的单位。在国际单位制中，力的单位是牛顿（N）；常用单位是千牛顿（kN）。

2. 外力及其分类

（1）**外力**。指研究对象以外的其他物体对它的作用力。包括荷载（也称主动力）和约束反力（也称被动力）。

主动使物体产生运动或运动趋势的力称为主动力，如构件的自重、风压力、土压力等。工程中通常又把主动力称为荷载。

受主动力作用而被动产生的力称为被动力。工程中各种约束处所产生的约束反力均属于被动力。

（2）外力的分类。

1）外力按作用方式不同，可分为集中力和分布力。

集中力。作用在物体上一点处的力。通常用符号 F、P、R 等来表示。

实际工程中力的作用位置是有一定面积的，但当作用面积相对于物体而言非常微小时，便可将其作用位置视为一个点。集中力也称为集中荷载。

分布力。分布力也称为分布荷载，一般分为体分布力（即分布在一定体积上的力）、面分布力（即分布在一定面积上的力）、线分布力（通常是指沿杆件长度方向上分布的力）。最常见的为均匀线分布力，习惯上称为**均布荷载**（见图 I-1-10）。均布荷

均布荷载
图 I-1-10

载的大小通常用符号 q 来表示，称为荷载集度（即荷载分布的密集程度）。在国际单位制中，均布荷载的单位是牛顿/米（N/m），常用单位是千牛顿/米（kN/m）。工程力学研究的分布荷载主要是指这种均布荷载。

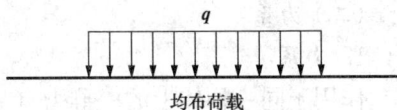

2）外力按作用性质不同，可分为以下两种。

静力荷载。加载过程是逐渐缓慢地从零开始直到最后数值。加载过程中杆件无显著的加速度产生。

动力荷载。加载过程中杆件有显著的加速度产生。

3. 内力及其求解方法

（1）**内力**。在外力作用下，杆件中一部分与另一部分之间相互作用力的改变量。

弹性体内各点之间原来就存在着相互作用力，使杆件保持着一定的形状。外力作用时，各点之间的相对位置发生变化，杆件发生变形，而各点间为了维持原来的位置，相互作用力也要发生相应的变化。这种因外力作用而引起的杆件各点间作用力的改变量称为附加内力。材料力学中所说的内力，专门指这种附加内力。显然，内力随外力的增大而增大，并且当内力超过维持两点间相互联系的限度时，杆件就要发生破坏。所以，研究杆件的承载能力就必须要研究和计算内力。

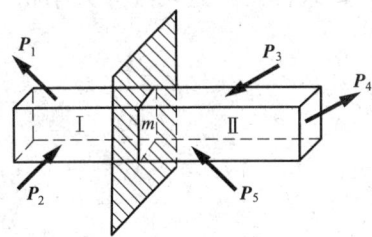

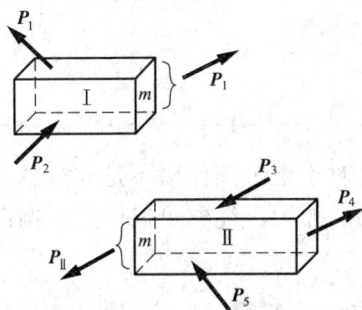

（2）求解内力的基本方法——**截面法**。显示和确定内力的基本方法是截面法。截面法的依据是平衡物体的各部分应保持平衡。如图 I-1-11 所示杆件受力 P_1、P_2、…、P_5 的作用而处于平衡状态，若要计算 m 截面上的内力，可假想用一个平面沿 m 截面截开，将杆件分为 I、II 两段。截开后，m 截面上存在着 I、II 两段间的相互作用力——内力，I 段上有 II 段对它的作用力，其合力用 P_I 表示；II 段上有 I 段对它的作用力 P_{II}，P_I 与 P_{II} 是作用力与反作用力的关系，大小相等、方向相反，计算时只要求出一个即可。然后，根据平衡条件便可求出其内力 P_I（或 P_{II}）。

图 I-1-11

上述求内力的截面法可归纳为如下两个步骤：

1）显示内力。假想地将杆件沿需求内力的截面截开，用内力来代替两部分的相互作用。

2）确定内力。取其中任一部分为研究对象，根据平衡条件求出内力。

杆件的强度、刚度和稳定性问题与杆件的内力密切相关，在今后的学习中，杆件的内力主要有四种：①轴力——作用线垂直于杆件横截面且与杆轴线重合的一种内力；②剪力——作用线与杆件截面相切的一种内力；③扭矩——其作用面位于杆件横截面内的一个力偶；④弯矩——其作用面位于垂直杆件横截面平面内的一个力偶。

（二）力系

1. 力系

作用于同一物体上的一群力（见图Ⅰ-1-12）。

2. 等效力系

若作用于物体上的一个力系，可用另一个力系来代替，而不改变原力系对物体的作用效应，则这两个力系互为等效力系。

3. 平衡力系

若物体在一个力系的作用下处于平衡状态，则此力系称为平衡力系。

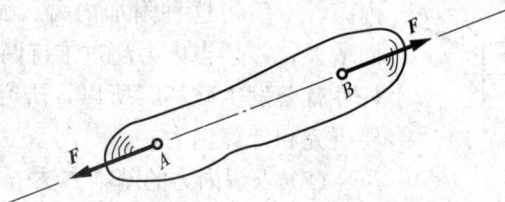

图Ⅰ-1-12

4. 合力与分力

若一个力与一个力系等效，则称该力为此力系的合力，而力系中的各个力称为此合力的分力。

力是组成力系的一种基本元素。

（三）静力学基本公理

1. 二力平衡公理

作用于同一刚体上的两个力，使刚体处于平衡的充分必要条件是：这两个力大小相等、方向相反、作用线在同一条直线上（见图Ⅰ-1-13）。

图Ⅰ-1-13

注意

这个公理所指出的条件，对于刚体是充分必要的，但对于变形固体就不是充分的。例如：一根柔软绳索的两端承受的是大小相等、方向相反的拉力，绳索可以保持平衡；但如果是压力，绳索则不能保持平衡（见图Ⅰ-1-14）。

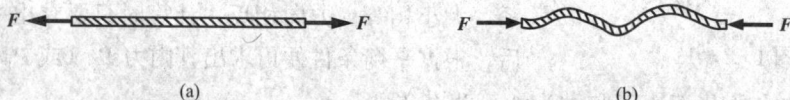

(a)　　　　　　　　　　　　　　　　(b)

图Ⅰ-1-14

2. 加减平衡力系公理

在作用于刚体上的任意一个力系中，加上或去掉任何一个平衡力系，不会改变原力系对刚体的作用效应。

该公理的正确性是显而易见的。因为平衡力系中各力对刚体作用的总效应等于零，它不能改变刚体的平衡或运动的状态。

推论：力的可传递性原理。

作用于刚体上的力可沿其作用线移动，而不会改变该力对刚体的作用效应（见图 I-1-15）。

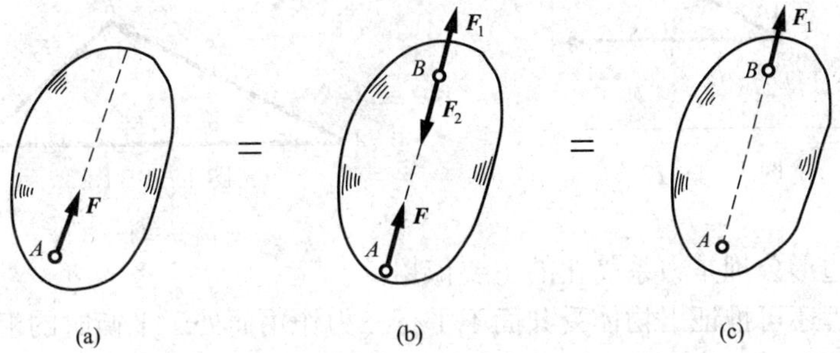

图 I-1-15

证明：设力 F 作用于刚体的 A 点［见图 I-1-15（a）］。在力 F 的作用线上任取一点 B，并加上两个等值、反向、共线的力 F_1 和 F_2［图 I-1-15（b）］，并使 $F_1 = -F_2 = F$。由加减平衡力系定律可知，这并不影响原力 F 对刚体作用的效应，即力系（F，F_1，F_2）与原力 F 等效。再在该力系中去掉平衡力系（F，F_2），则剩下的力 F_1［图 I-1-15（c）］与原力 F 等效。这样，就把原来作用在 A 点的力 F 沿其作用线移动到 B 点。

注意

加减平衡力系公理与力的可传递性原理只适用于刚体，即在研究刚体的平衡或运动时才是正确的。

3. 力的平行四边形公理

作用于物体上同一点的两个力可以合成为作用于该点的一个合力。合力的大小和方向由这两个力的矢量为邻边所构成的平行四边形的对角线来表示（见图 I-1-16）。

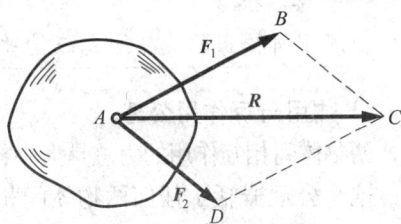

图 I-1-16

这个公理以矢量形式可表示为

$$R = F_1 + F_2 \qquad (I-1-1)$$

即作用于物体上同一点的两个力的合力，等于这两个力的矢量和。

根据力的平行四边形公理，两个共点力可以合成为一个力；反之，一个已知力也可以分解为在同一平面内的两个分力。但需注意的是把一个已知力分解为两个分力，有无穷多组解答。在工程力学的计算中，通常是将力沿已知方向进行分解，如图 I-1-17 所示，在直角坐标系 xOy 中，作用于 A 点的力 F 通常是将其沿 x 轴和 y 轴方向进行分解，得到两个相互垂直的分力 F_x 和 F_y。

推论1 力的三角形法则

从图 I-1-16 可以看出：若从力 F_1 矢量的终点 B 开始作平行于力 F_2 的矢量至 C 点，连接 A、C 两点，即可得到合力 R 的矢量 AC（见图 I-1-18），这种求共点两个力的方法称为力的三角形法则。

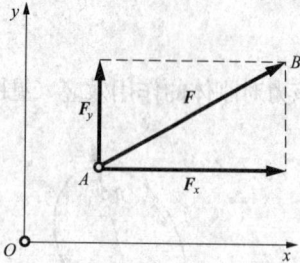

图 I-1-17

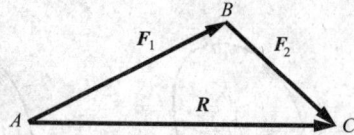

图 I-1-18

力的平行四边形公理是力系简化的主要依据。

应用上述公理还可推证出物体受共面不平行三力作用而处于平衡时的汇交定理。

推论2 三力平衡汇交定理

刚体受不平行的三个力作用而平衡时，此三力的作用线必共面且汇交于同一点。这一关系称为三力平衡汇交定理。

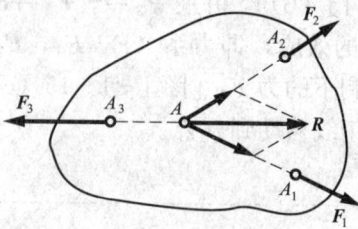

图 I-1-19

证明：如图 I-1-19 所示，设有不平衡的三力 F_1、F_2、F_3 分别作用在一刚体的三个点 A_1、A_2、A_3 而平衡。根据力的可传性原理，将力 F_1、F_2 移至该两力作用线的交点 A，并合成合力 R。由于 F_1、F_2、F_3 三力互相平衡，故力 R 应与力 F_3 平衡。由二力平衡可知，F_3 与 R 必等值、反向且共线，即 F_3 必与 F_1、F_2 共面且通过 F_1 与 F_2 的交点 A。

> **注意**
>
> 定理所给出的是不平行三力平衡的必要条件，而非充分条件。

4. 作用与反作用公理

两物体间相互作用的力总是大小相等、方向相反、沿同一直线并分别作用在这两个物体上。

这个公理概括了任何两物体间相互作用的关系。对于力学中一切相互作用的现象都普遍适用。有作用力，必定有反作用力；没有反作用力，必定也没有作用力。两者总是同时存在，又同时消失。可见，力也总是成对地出现在两相互作用的物体之间的。

这个公理还使研究一个物体的平衡和运动，推广到由许多物体组成的系统。

> **注意**
>
> 尽管作用力与反作用力大小相等，方向相反，沿同一条直线，但它们并不互成平衡力，更不能把这个公理与二力平衡公理混淆起来。

（四）力矩

从力对物体作用的外部效应来看可表现为两种形式：①力可以使物体产生移动；②力可以使物体产生转动。力使物体产生转动是在很久以前人们在使用杠杆、滑车、绞盘等机械搬运或提升重物时就已形成的一个概念。如图 I-1-20 所示用扳手拧螺母，在扳手的 A 点施一力 F，将使扳手和螺母一起绕螺钉中心 O（或过 O 点与图示平面垂直的螺钉轴线）转动，也就是说，力有使扳手转动的效应。实践证明，这种转动的效应，不仅与力 F 的大小成正比，而且还与螺钉中心 O 到该力作用线的垂直距离 d 成正比。

1. 定义

如图 I-1-21 所示。用力 F 与 d 的乘积再用适当的正负号来表示力 F 使物体绕 O 点转动的效应，称为力 F 对 O 点的矩，简称力矩。即

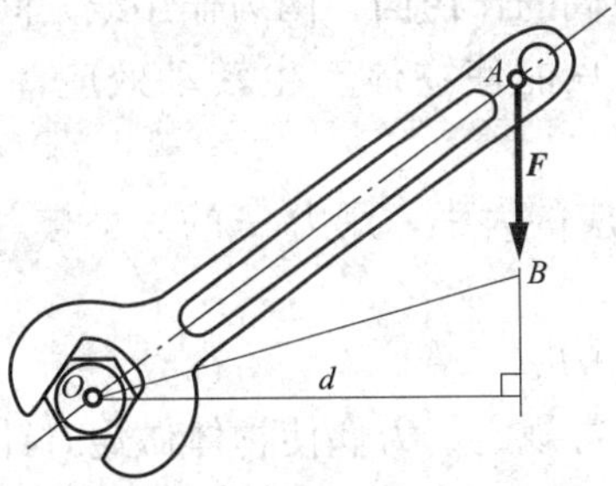

图 I-1-20 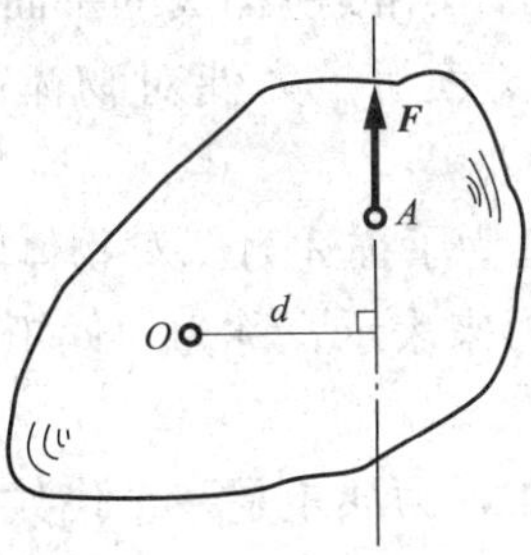　　　　　　图 I-1-21

$$M_0(\boldsymbol{F}) = \pm F \cdot d \qquad (\text{I}-1-2)$$

O 点称为**矩心**。矩心 O 到力 F 作用线的垂直距离 d 称为**力臂**。

力矩是一个代数量。为区别力 F 使物体转动的转向不同，习惯上规定：若力使物体绕矩心做逆时针转动的取正号，反之取负号。

2. 力矩的单位

在国际单位制中，力矩的单位为牛顿·米（N·m）；常用单位为千牛顿·米（kN·m）。

（1）当力 F 的大小等于零或力的作用线通过矩心（即 $d=0$）时，力矩等于零。

（2）矩心可任意选择。一般情况下，同一个力对不同点的力矩不同，因此，不指明矩心来计算力矩是没有意义的。

（3）当力沿其作用线移动时，它对其指定点的矩不变。

（五）力偶

1. 力偶的概念

前面讨论了力使物体绕某一点转动的效应，并由此引出了力矩的概念。当物体受到一对大小相等、方向相反、作用线不在同一条直线上的平行力作用时，物体也将发生转动。例如：在生产和生活中，汽车司机用双手操纵方向盘 [见图 I-1-22（a）]；木工用丁字头螺丝钻钻孔 [见图 I-1-22（b）]；人用拇指和食指开关水龙头等都是这种平行力作用的结果。

（1）定义：由大小相等、方向相反、作用面位于同一平面内的一对平行力所组成的力系称为力偶。通常用符号 $\boldsymbol{m}$ 或 M（$\boldsymbol{F}$、$\boldsymbol{F}'$）来表示，如图 I-1-23 所示。

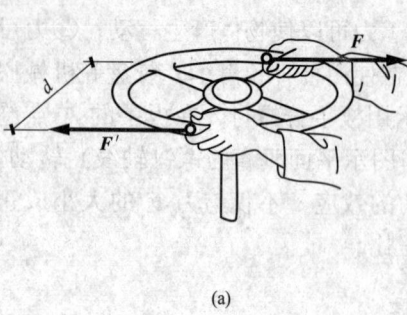 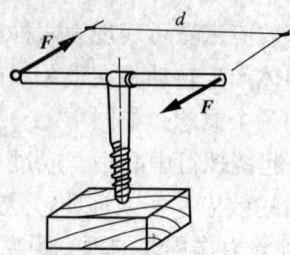 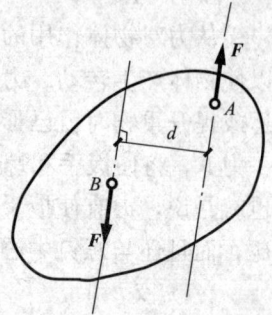

(a)　　　　　　　　　　(b)

图 I-1-22　　　　　　　　　　　　　　图 I-1-23

力偶中两力的作用线所构成的平面称为力偶的**作用面**，两力作用线之间的垂直距离称为**力偶臂**，用符号 d 表示。力偶对物体的作用只能使物体产生转动效应，而不会产生移动效应。

（2）**力偶矩**。为了描述力偶对物体转动效应的大小，用力 F 的大小与力偶臂 d 的乘积并冠以适当的正负号来表示，称为力偶矩 m。即

$$m = \pm Fd \qquad\qquad\qquad （I-1-3）$$

在平面问题中，力偶矩是一个代数量。通常规定，力偶使物体做逆时针转动的力偶矩取正号，反之取负号。

图 I-1-24 为平面问题中力偶的几种表示方法。

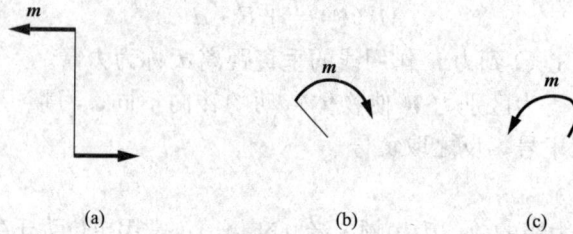

(a)　　　　　　　　(b)　　　　　　　(c)

图 I-1-24

力偶矩的单位与力矩的单位相同，即为 N·m 或 kN·m。

2. 力偶的三要素

力偶对物体的作用效应由以下三要素决定：①**力偶矩的大小**；②**力偶的转向**；③**力偶的作用面方位**。这三个要素称为**力偶的三要素**。若改变这三要素中的任何一个要素，都会使力偶对物体的作用效应发生改变。

3. 力偶的基本性质

力偶作为一种特殊力系，具有如下重要性质。

（1）**力偶无合力**。力偶对物体的作用只有转动效应，而无移动效应。因而力偶没有合力，它不能与一个力等效或平衡。力偶只能用力偶来平衡。

（2）**力偶对其作用面内任一点的力矩，恒等于力偶矩，与矩心位置的选择无关**。

证明：如图 I-1-25 所示。设有一力偶 M（F、F'）作用在某一物体上，该力偶的力偶矩 $m = Fd$。在力偶的作用面内任取一点 O 为矩心，显然该力偶使物体绕 O 点转动的效应

等于构成该力偶的两个力对 O 点力矩的代数和。若用 x 表示 O 到力 $\boldsymbol{F}'$ 的垂直距离，则两力对 O 点力矩的代数和为

$$M_0(\boldsymbol{F}、\boldsymbol{F}')=F(d+x)-F'x=Fd=m$$

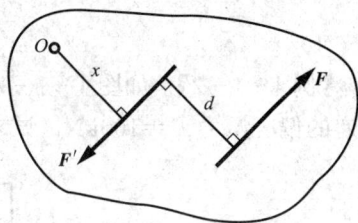

图Ⅰ-1-25

（3）作用于同一平面内的两个力偶，如果它们的力偶矩大小相等、力偶的转向相同，则这两个力偶是等效的。这一关系称为**力偶的等效性**。

根据力偶的等效性，还可得出以下两个重要推论。

推论 1　力偶可在其作用面内任意转移，而不改变它对刚体的转动效应。

推论 2　在保持力偶矩不变的前提下，可任意改变力偶中力的大小并同时改变力偶臂的长短，而不会改变它对刚体的转动效应。

同力一样，力偶也是组成力系的一种基本元素。

（六）力的平移定理

如图Ⅰ-1-26（a）所示，设刚体的点 A 作用着一个力 $\boldsymbol{F}$，在此刚体上任取一点 O。现在来讨论怎样才能把力 $\boldsymbol{F}$ 平移到 O 点，而不改变其原来的作用效果？为此，根据加减平衡力系公理，在 O 点添加两个等值、反向的力 $\boldsymbol{F}'$ 和 $\boldsymbol{F}''$ ［见图Ⅰ-1-26（b）］，其作用线都与 $\boldsymbol{F}$ 平行，大小都与 $\boldsymbol{F}$ 相等，这样并不影响原力 $\boldsymbol{F}$ 对刚体作用的效应。容易看出，力 $\boldsymbol{F}$ 与力 $\boldsymbol{F}''$ 构成了一个力偶，其力偶矩为

$$m=Fd=m_o(\boldsymbol{F})$$

```
(a)              (b)              (c)
```

图Ⅰ-1-26

此外，尚有作用在 O 点的一个力 $\boldsymbol{F}'$，其大小和方向与原力 $\boldsymbol{F}$ 相同 ［见图Ⅰ-1-26（c）］。

由此可得力的平移定理：**作用于刚体的力 $\boldsymbol{F}$，可以平移至同一刚体的任一点 O，但必须附加一个力偶，其力偶矩等于原力 $\boldsymbol{F}$ 对新作用点 O 之矩。**

顺便指出，若依次考察 ［见图Ⅰ-1-26（c）、（b）、（a）］，还可以得出这样的结论：即同一平面内的一个力 $\boldsymbol{F}'$ 与一个力偶矩为 m 的力偶，总是可以合成为一个大小和方向与原力相同的力 $\boldsymbol{F}$，它的作用点 A 到原力作用线的垂直距离为 d。

$$d=\frac{|m|}{F'} \qquad （Ⅰ-1-4）$$

【例Ⅰ-1-1】 试求图Ⅰ-1-27中力 $\boldsymbol{F}$ 及力偶 m 对 A、B 两点的矩。已知 $F=200\mathrm{N}$，$m=100\mathrm{N}\cdot\mathrm{m}$。

解　根据力矩的定义及力偶的性质有

$$m_A(\boldsymbol{F})=-2F=-2\times200=-400(\mathrm{N}\cdot\mathrm{m})$$
$$m_B(\boldsymbol{F})=4F=4\times200=800(\mathrm{N}\cdot\mathrm{m})$$

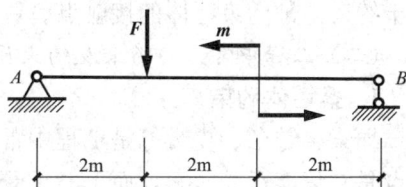

图Ⅰ-1-27

$$m_A(\boldsymbol{F},\ \boldsymbol{F}')=m=100(\mathrm{N}\cdot\mathrm{m})$$
$$m_B(\boldsymbol{F},\ \boldsymbol{F}')=m=100(\mathrm{N}\cdot\mathrm{m})$$

【例Ⅰ-1-2】 如图Ⅰ-1-28（a）所示偏心受压柱，已知在柱的 A 点作用有吊车梁，传递的偏心压力 $P=100\mathrm{kN}$，试求将力 p 平移至柱中心线上 B 点时，其附加力偶矩 m 的值。

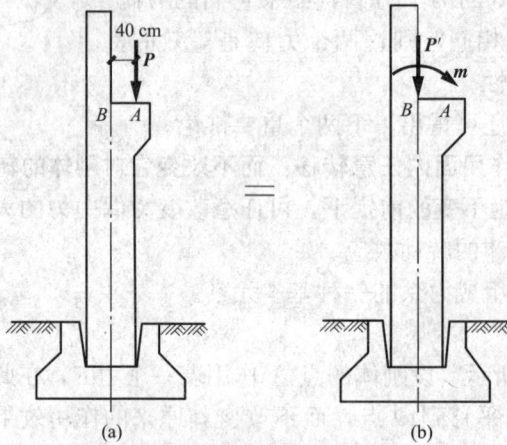

图Ⅰ-1-28

解 根据力的平移定理，将力 p 由 A 点平移至 B 点，必须附加一力偶 $\boldsymbol{m}$ ［图Ⅰ-1-28（b）］，该力的力偶矩 m 等于力对 B 点的矩，即

$$m=m_B(\boldsymbol{P})=-100\times0.4=-40(\mathrm{kN}\cdot\mathrm{m})$$

五、工程中常见约束和约束反力的认识

（一）约束与约束反力

1. 自由体与非自由体

（1）自由体。能在空间自由运动的物体。例如：航行中的飞机、飞行中的炮弹等。

（2）非自由体。在空间某一方向的运动受到限制而不能自由运动的物体。例如：沿钢轨运行的列车、用绳索悬挂的重物等。

2. 约束与反约束力

（1）**约束**。用于阻碍或限制物体运动的某种装置。例如：限制列车运行的方向钢轨、限制重物向下做自由落体运动的绳索等。

（2）**约束反力**。由于约束一般是通过物体间的直接接触而形成的，因此，当物体沿着约束所能限制的方向运动或有运动趋势时，约束对该物体必然有力的作用，用来阻碍物体的运动，像这种约束对于被约束物体运动的限制而产生的力就称为约束反力。

约束反力的方向总是与约束所能阻止的物体的运动或运动趋势的方向相反，它的作用点位于约束与被约束物体的接触点。

（二）工程中常见的约束及约束反力

1. **柔性体约束**

绳索、链条、皮带等是工程中常见的柔性体约束 ［见图Ⅰ-1-29（a）］。柔性体约束的特点是它只能承受拉力，而不能承受压力。因此，其约束特性：它只能限制物体沿着柔体伸长的方向运动，而不能限制物体在其他方向上的运动。所以，柔性体约束的约束反力作用点通过接触点，并沿着柔体的中心线且背离被约束的物体。即柔性体约束的约束反力恒为拉力。通常用符号 T 表示[见图 I-1-29 (b)]。

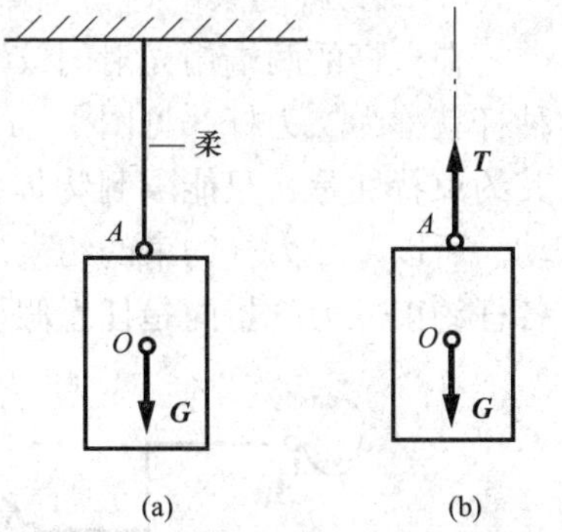

2. 光滑接触面约束

若相互接触的物体在接触点处的摩擦力很小而可以忽略不计时，这种接触就称为光滑面接触[见图 I-1-30 (a)、(b)]，而物体彼此间的约束就是光滑接触面约束。这种约束的特性是：它只能限制物体沿着接触面的公法线并指向接触面的运动，而不能限制物体沿着接触面的公切线或离开接触面的运动。所以，光滑接触面约束的约束反力通过接触点并沿公法线方向且指向被约束的物体。即光滑接触面约束的约束反力恒为压力。通常用符号 N 表示[见图 I-1-30 (c)、(d)]。

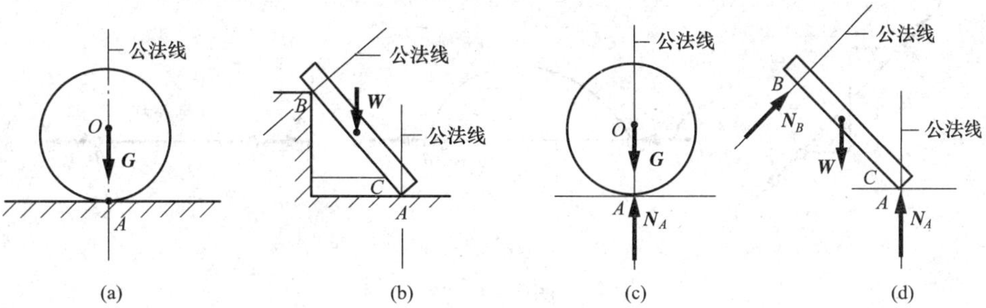

图 I-1-29

图 I-1-30

3. 圆柱铰链约束

圆柱铰链约束简称铰链约束（也称铰结点），它是由一根光滑的圆柱销钉插入两个物体的圆孔中而构成的[见图 I-1-31 (a)、(b)]，其中图 I-1-31 (c) 是它的计算简图，其约束特性是：它不能限制物体绕销钉相互转动，只能限制物体在垂直于销钉轴线的平面内沿任意方向做相对移动。因此，铰链约束的约束反力位于垂直于销钉轴线的平面内且通过销钉中心，但其大小和方向待定。通常采用两个相互垂直的分力来表示[见图 I-1-31 (d)、(e)]。图 I-1-31 中约束反力的指向是任意假设的。

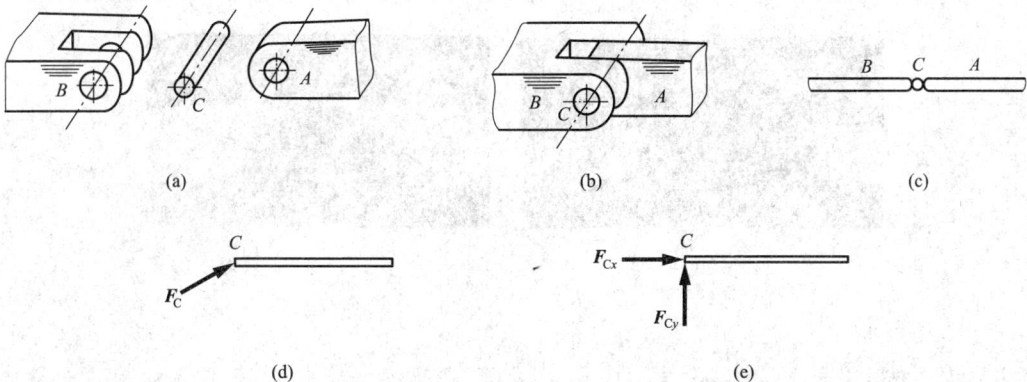

图 I-1-31

4. 二力杆约束

在一杆的两端用光滑的铰链连接两个物体，当杆上不受外力作用且杆的自重不计时，这种杆就称为二力杆 [见图Ⅰ-1-32 （a）～（c）]。在实际工程中，二力杆常作为约束来使用，其约束特性是：只能限制物体沿杆两端连线方向的运动，而不能限制物体在其他方向的运动。所以，二力杆约束的约束反力必沿着杆两端两力作用点的连线方向，其指向待定，图中各杆约束反力的指向是任意假设的。通常用符号 N 表示 [见图Ⅰ-1-32 （d）～（f）]。

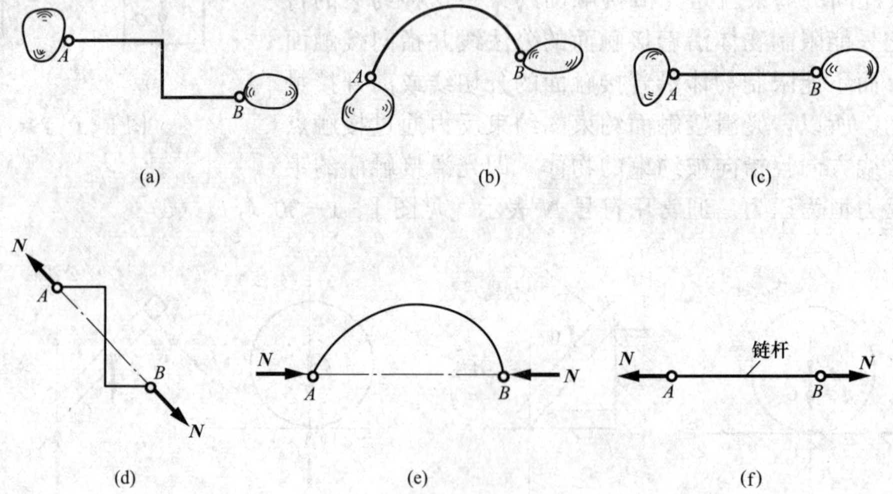

(a)　　　　　　　　　　(b)　　　　　　　　　　(c)

(d)　　　　　　　　(e)　　　　　　　　(f)

图Ⅰ-1-32

特别地，当二力杆的轴线为直线 [见图Ⅰ-1-32 （f）]时，这样的二力杆又称为链杆，其相应的约束称为链杆约束。

5. 支座约束

支座是工程结构中用于联结上部结构与基础的一种装置。例如：在桥梁结构中，梁与桥台、桥墩之间的联结；房屋结构中柱与基础之间的连接等。工程中常见的支座有：可动铰支座 [也称辊轴支座，见图Ⅰ-1-33 （a） 为某桥梁辊轴支座的实际构造照片]、固定铰支座 [见图Ⅰ-1-33 （b） 为某桥梁固定铰支座的实际构造照片]、固定端支座、定向支座等。不同类型的支座其约束性质也不相同。下面主要介绍工程中常见的三种支座及约束性质。

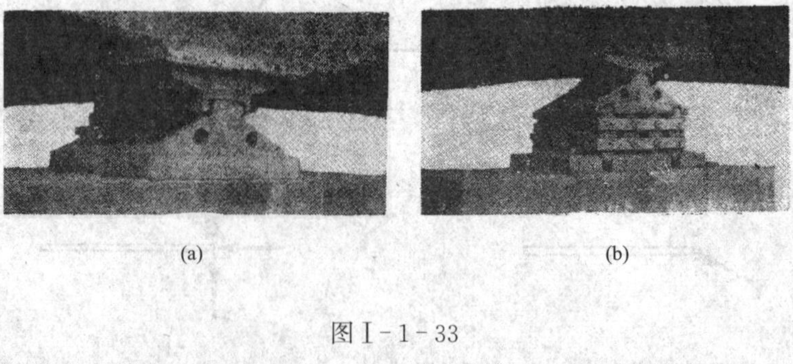

(a)　　　　　　　　　　　　(b)

图Ⅰ-1-33

（1）**可动铰支座**。可动铰支座也称**支座链杆**。它的计算简图如图Ⅰ-1-34 （a）、（b） 所示。其约束特性是：它只能限制物体沿链杆轴线方向的运动，不能限制物体沿其他方向的运动。所以，可动铰支座约束的约束反力作用线与其轴线重合，大小和指向待定。图 I-1-34 中约束反力的指向是任意假设的，通常用符号 **F** 表示。

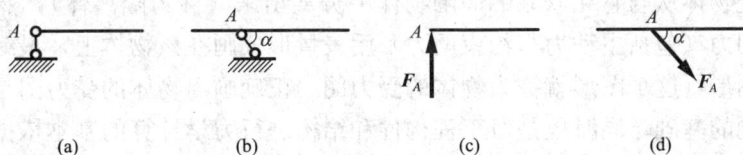

图 I-1-34

(2) **固定铰支座**。固定铰支座的计算简图如图 I-1-35 (a)~(d) 所示。固定铰支座约束的约束特性：它能限制物体沿圆柱销钉半径方向的移动，而不能限制其转动。所以，固定铰支座约束的约束反力通过铰链中心，其大小和方向待定。通常采用两个相互垂直的分力 **F**x、**F**y 来表示 [见图 I-1-35 (e)、(f)]。图 I-1-35 (e)、(f) 中约束反力的指向是任意假设的。

图 I-1-35

(3) **固定端支座**。固定端支座的计算简图如图 I-1-36 (a)、(b) 所示。固定端支座约束的约束特性是：它既能限制物体沿任何方向的移动，又能限制物体的转动。所以，固定端支座约束的约束反力的大小、方向和作用点位置都是未知的。通常采用两个相互垂直的分力和反力偶来表示 [见图 I-1-36 (c)]。

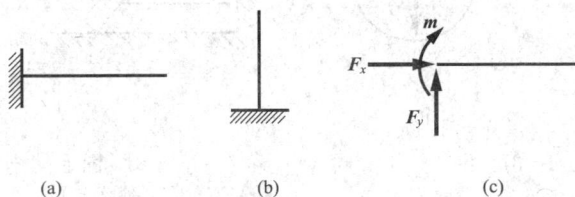

图 I-1-36

六、受力分析与受力图

(一) 物体的受力分析与受力图

1. 物体的受力分析

在工程实际中，为了对受力构件或结构进行力学计算，首先要分析构件和结构究竟受到哪些外力的作用。分析物体受到哪些外力作用的这一过程就称为物体的**受力分析**。

2. 物体的受力图

(1) 当我们对物体做受力分析时,为了清晰地表示物体的受力情况,一种最简单、最直观的方法就是把物体从与它相联系的周围物体中分离出来(称为隔离体),然后将周围物体对它的全部作用力(包括主动力与约束反力)用矢量形式画在该物体上,最终得到一个物体受力作用后的图形,这个图形就称为**物体的受力图**。正确画出物体的受力图是解决工程构件和结构力学问题的基础,同时也是对工程构件和结构进行力学计算的基本依据。

(2) 做物体受力图的一般步骤:

1) 明确研究对象,取出隔离体。

2) 画上主动力。

3) 画上约束反力。

(二) 工程单体构件的受力分析

工程单体构件通常是指单个物体或单个杆件,对单体构件做受力分析的最终目的就是绘制其受力图并为构件的设计和计算打下基础。下面就通过实例来说明如何对单体构件进行受力分析并作受力图。

【例 I-1-3】 图 I-1-37 (a) 所示用绳索悬吊球体 O 的受力图。

解 以球体 O 为研究对象,取出隔离体;画上主动力即重力 G;画上约束反力即柔性体约束反力 T,即得球体 O 的受力图如图 I-1-37 (b) 所示。

【例 I-1-4】 作图 I-1-38 (a) 所示杆 AB 的受力图。假设各接触面是光滑的,杆的自重不计。

解 以杆 AB 为研究对象,取出隔离体;画上主动力 P;画上约束反力即 A、B 两接触点的光滑接触面约束反力 N_A 和 N_B 以及 C 点的柔性体约束反力 T。即得杆 AB 的受力图如图 I-1-38 (b) 所示。

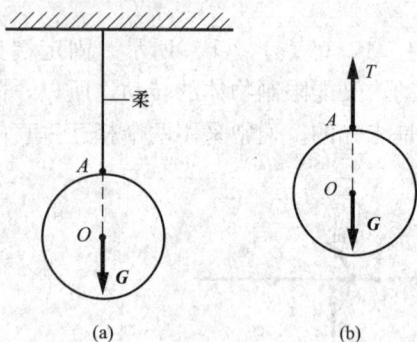

图 I-1-37　　　　　　　　　　　　图 I-1-38

【例 I-1-5】 作图 I-1-39 (a) 所示杆 AB 的受力图。

解 以杆 AB 为研究对象,取出隔离体;画上主动力 q、P、m;画上约束反力即 A 点的固定铰支座和 B 点的可动铰支座的约束反力(指向为任意假设),即得杆 AB 的受力图,如图 I-1-39 (b) 所示。

【例 I-1-6】 作图 I-1-40 (a) 所示杆 $ABCD$ 的受力图。

解 以杆 $ABCD$ 为研究对象,取出隔离体;画上主动力 q、P_1、P_2;画上约束反力即

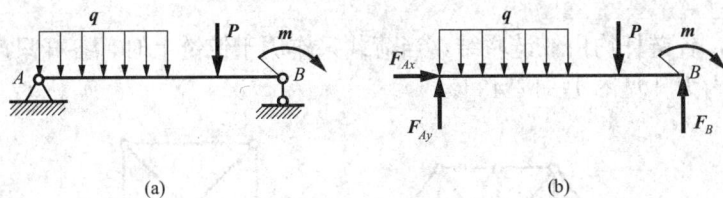

图Ⅰ-1-39

A 点的固定端支座的约束反力，即得 $ABCD$ 杆的受力图，如图Ⅰ-1-40（b）所示。

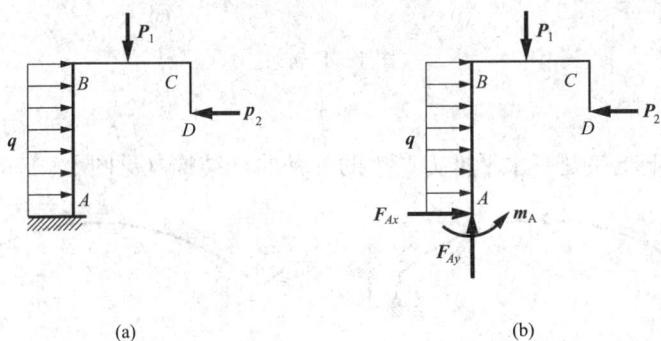

图Ⅰ-1-40

（三）工程结构的受力分析

在实际工程中，除单体构件外，尚有由两个或两个以上的物体组成的物体系统。土木工程中最常见的物体系统是由不同杆件组成的、用于支承荷载的骨架，即结构。在对工程结构进行受力分析和作受力图时，其基本思路和方法与单体构件的分析相同，但须

⚫ 注 意

作结构整体的受力图时，结构内各部分间的相互作用力为作用与反作用力，其作用效果相互抵消，不能画在受力图上。

工程中常见的结构类型主要有以下几种。

1. 梁

由杆件组成的一种受弯结构，分为单跨梁和多跨梁［见图Ⅰ-1-41］。

2. 刚架

由直杆组成并具有刚结点的一种受弯结构［见图Ⅰ-1-42］。

图Ⅰ-1-41

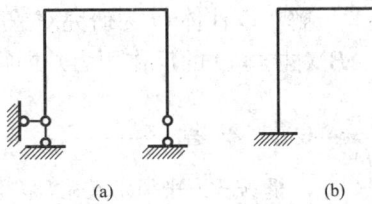

图Ⅰ-1-42

3. 桁架

由链杆组成，各链杆均由铰链联结，当荷载只作用于铰链上时，各杆只产生作用线与链杆轴线相重合的内力 [见图Ⅰ-1-43]。

(a)

(b)

图Ⅰ-1-43

4. 拱

竖向荷载作用下支座处有水平推力产生的一种曲杆结构（见图Ⅰ-1-44）。

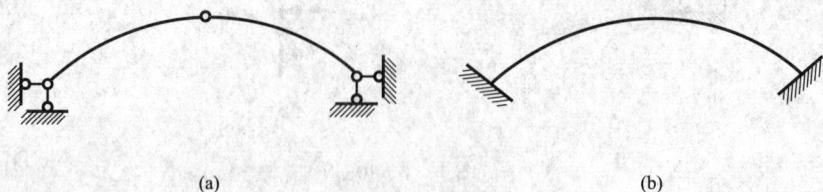

(a)

(b)

图Ⅰ-1-44

5. 组合结构

由链杆与受弯杆组合而成的结构（见图Ⅰ-1-45）。

(a)

(b)

图Ⅰ-1-45

下面就通过实例来说明如何对物体系统进行受力分析并作受力图。

【例Ⅰ-1-7】 作图Ⅰ-1-46（a）所示物体系统中柱体 O 及杆 AB 的受力图，假设各接触面是光滑的，杆的自重不计。

解 以柱体 O 为研究对象，取出隔离体；画上主动力 G；画上约束反力 N_C 及 N_D（杆 AB 对柱体 O 的反作用力）即得柱体 O 的受力图，如图Ⅰ-1-46（b）所示。

注意

根据三力平衡汇交定理，主动力及约束反力 N_C、N_D 三个力的作用线必汇交于 O 点。

以杆 AB 为研究对象，取出隔离体；画上主动力 N'_D（柱体 O 对它的作用力）；画上约束

反力 F_{Ax}、F_{Ay} 及 B 点的柔性体约束反力 T 即得杆 AB 的受力图，如图Ⅰ-1-46（c）所示。

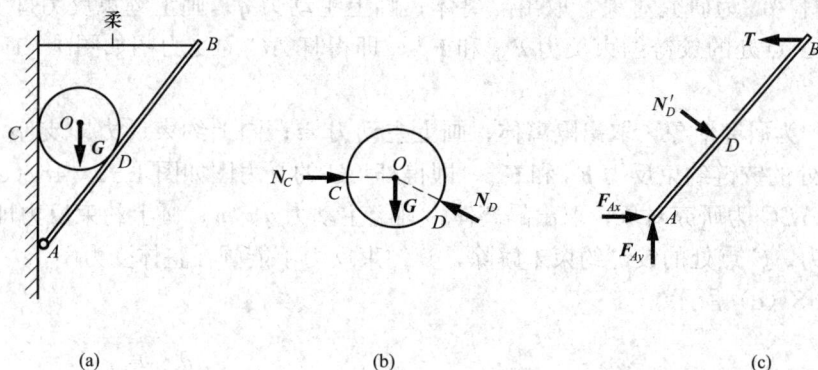

(a)　　　　　　　　　　(b)　　　　　　　　　　(c)

图Ⅰ-1-46

【例Ⅰ-1-8】　作图Ⅰ-1-47（a）所示多跨静定梁中杆 ABC、CDE 及整体的受力图。

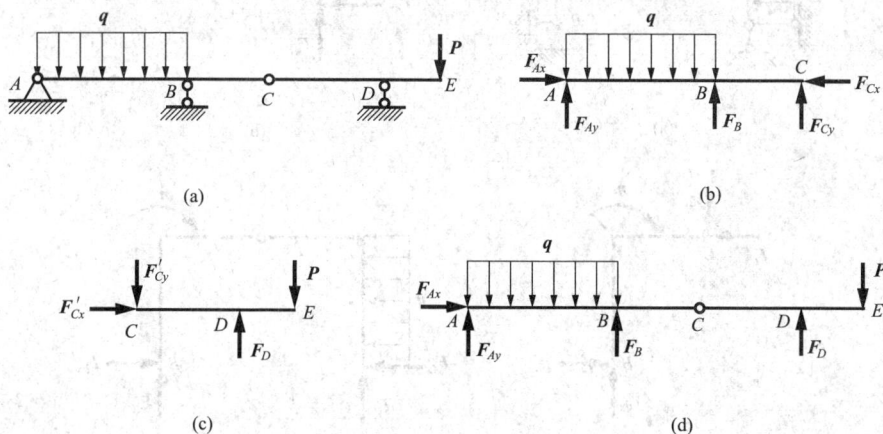

(a)　　　　　　　　　　　　　　　　　　(b)

(c)　　　　　　　　　　　　　　　　　　(d)

图Ⅰ-1-47

解　以杆 ABC 为研究对象，取出隔离体；画上主动力 q；画上约束反力即支座 A、B 处的约束反力和 C 点处的铰链约束反力 F_{cx} 和 F_{cy}，即得杆 ABC 的受力图如图Ⅰ-1-47（b）所示。

以杆 CDE 为研究对象，取出隔离体；画上主动力 P；画上约束反力即支座 D 处的约束反力和 C 点处的铰链约束反力 F'_{cx} 和 F'_{cy}，即得杆 CDE 的受力图，如图Ⅰ-1-47（c）所示。

以整体 $ABCDE$ 为研究对象，取出隔离体；画上主动力 q、P；画上约束反力即支座 A、B、D 处的约束反力，C 点处的铰链约束未解除其约束反力，不能画在整体受力图上。整体受力图如图Ⅰ-1-47（d）所示。

注　意

（1）支座 A、B、D 及铰链 C 处约束反力的指向是任意假定的。

（2）画单个杆件与整体受力图时，各假定约束反力的指向应前后保持一致。

【例Ⅰ-1-9】　作图Ⅰ-1-48（a）所示三铰刚架中杆 *AC*、*BC* 及整体的受力图。

解　以杆 *AC* 为研究对象，取出隔离体；画上主动力 *q*；画上约束反力即支座 *A* 处的约束反力和 *C* 点处的铰链约束反力 F_{cx} 和 F_{cy}，即得杆 *AC* 的受力图如图Ⅰ-1-48（b）所示。

以杆 *BC* 为研究对象，取出隔离体；画上主动力 *m*；画上约束反力即支座 *B* 处的约束反力和 *C* 点处的铰链约束反力 F'_{cx} 和 F'_{cy}，即得杆 *BC* 的受力图如图Ⅰ-1-48（c）所示。

以整体 *ABC* 为研究对象，取出隔离体；画上主动力 *q*、*m*；画上约束反力即支座 *A*、*B* 处的约束反力。*C* 点处的铰链约束未解除，其约束反力不能画在整体受力图上，整体受力图如图Ⅰ-1-48（d）所示。

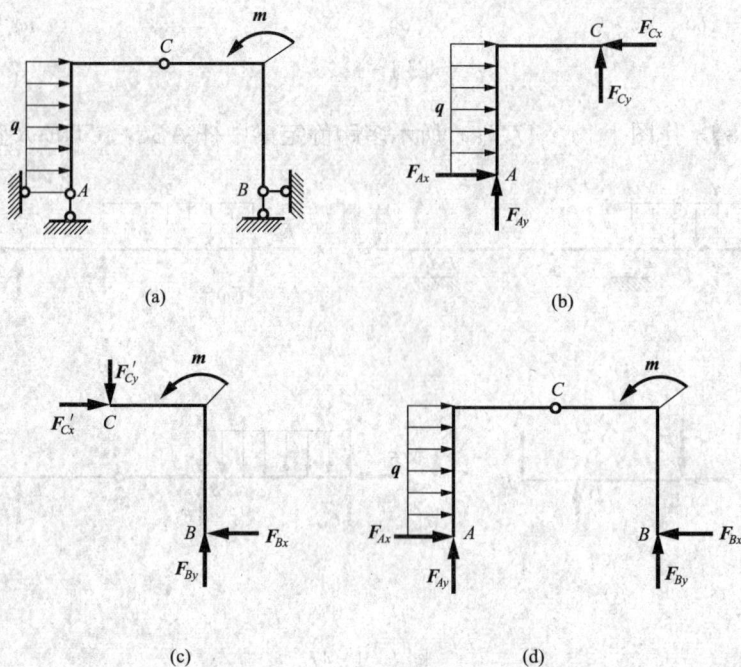

图Ⅰ-1-48

练　习　题

一、填空题

1. 工程力学的主要研究对象是组成结构的_____。

2. 工程力学主要研究的力学模型有_____和_____两种。

3. 变形固体在外力作用下所产生的变形中，当外力卸除时变形会消失的那部分变形称为_____；当外力卸除时变形不会消失的那部分变形称为_____。

4. 平衡是指物体相对于地球处于_____或_____的状态。

5. 为使所研究的问题简化，工程力学对变形固体做出了（1）_____假设；（2）_____假设；（3）_____假设等三个假设。

6. 构件的强度是指构件在荷载作用下抵抗_____的能力。

7. 构件的刚度是指构件在荷载作用下抵抗_____的能力。

8. 构件的_____是指构件在荷载作用下保持其原有平衡状态的能力。

9. 工程构件若要安全、可靠地工作，就必须满足_____、_____和_____三个方面的基本要求。

10. 杆件变形的基本形式有_____、_____、_____、_____四种。

11. 外力可分为_____和_____两大类。作用在物体上的_____力又称为荷载。

12. 荷载按作用方式不同，可分为_____和_____。作用在结构物的很小面积上或可以近似看成作用在某一点上的荷载称为_____。

13. 求解内力的基本方法是_____。

14. 力的方向包含了力作用线的_____和_____两层含义。

15. 力是一个矢量，通常可用一个带有箭头的_____或用_____表示力矢量。

16. _____是度量线分布荷载强弱程度的物理量，其国际单位是_____。当它为常数时，称为_____。

17. 荷载集度为 q，分布长度为 l 的线均布荷载的等效合力大小为_____，作用点在_____处，指向与_____的指向相同。

18. 力的合成与分解都必须遵循力的_____公理。

19. 刚体受到共面且不平行的三力作用而处于平衡时，此三力的作用线必定_____。

20. 力使物体绕某一定点产生转动的效应大小是通过_____来度量的。

21. 在标准国际单位制中，力矩的单位是_____。

22. 矩心到力作用线的垂直距离称为_____。当力的作用线通过矩心时，该力对矩心的力矩等于_____。

23. 由一对大小_____、方向_____、作用线相互_____的力所构成的特殊力系称为力偶。组成力偶的两力之间的垂直距离称为_____。

24. 力偶对物体的作用效果取决于力偶的_____、_____和_____。

25. 力偶只能与_____平衡，不能与_____平衡。

26. 力偶对其作用面内任意点的力矩恒等于_____，与矩心位置的选择_____。

27. 作用在刚体上的力，可以平行移动到同一刚体的任意点，但必须要附加一个_____。

28. 用于_____或_____物体运动的某种装置称为约束。约束反力的方向总是与约束所能限制的物体运动方向_____。

29. 工程中常见的约束有_____约束、_____约束、_____约束、_____约束、_____约束。

30. 在两个力的作用下处于平衡的杆件称为_____，此两力的作用线必沿这两力作用点的_____，且指向_____，与杆件的形状_____。

31. 各结构和主动力如图Ⅰ-1-49所示，指出图中所有二力杆件。

各结构中的二力杆件分别为（a）_____；（b）_____。

32. 为了分析某一物体的受力情况，把该物体从周围物体中分离出来，并在其上画出全部的作用力，则分离出来的这个物体称为_____，将周围物体对它的全部作用力用矢量的形式画在该物体上的图形称为物体的_____。

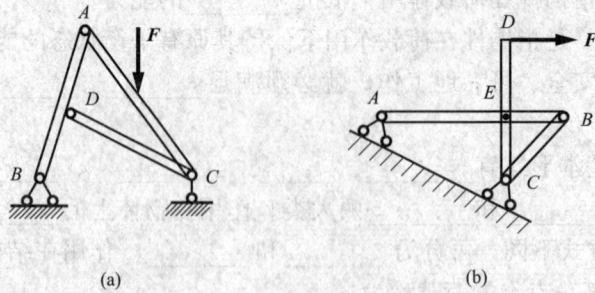

图 I - 1 - 49

二、判断题（对的在括号内打"√"，错的打"×"）

1. 横截面与杆轴线是描述杆件几何特征的两个重要指标。 （ ）

2. 二力平衡公理适用于任何物体。 （ ）

3. 凡是只受二力作用的杆件都是二力杆。 （ ）

4. 作用在刚体上的平衡力系，如果作用在变形体上也一定平衡。 （ ）

5. 合力一定大于分力。 （ ）

6. 作用与反作用定律适用于任何物体。 （ ）

7. 二力平衡中的"两力"和作用与反作用中的"两力"是完全相同的，它们之间没有什么区别。 （ ）

8. 力偶对刚体的转动效应与力偶在其作用面内的位置有关。 （ ）

9. 作用于刚体平面内一点的力，其作用线可在刚体平面内任意平行移动，而不会改变该力对刚体的作用效应。 （ ）

10. 力偶在任意坐标轴上的投影恒等于零。 （ ）

11. 柔性体约束的约束反力恒为拉力。 （ ）

12. 光滑接触面约束的约束反力既可以是压力，也可以是拉力。 （ ）

13. 固定端约束限制了刚体的移动与转动，故约束反力可以用一对未知的正交分力和一个力偶来表示。 （ ）

14. 固定铰支座不仅可以限制物体的移动，还能限制物体的转动。 （ ）

15. 画受力图时，铰链约束的约束反力可以任意假定其方向。 （ ）

三、单项选择题

1. 改变力的三要素中的一个要素，力对物体的作用效应（ ）。

A. 保持不变 B. 不一定改变

C. 有一定改变 D. 随之改变

2. 在以下的几种情况中，不能把物体看做刚体的是（ ）。

A. 研究力系作用下的平衡问题 B. 研究力系作用下的运动规律

C. 研究力系作用下的变形规律 D. 对物体进行受力分析

3. 二力平衡公理与力的可传性原理适用于（ ）。

A. 任何物体 B. 固体

C. 弹性体 D. 刚体

4. 根据三力平衡汇交条件，只要知道平衡刚体上作用线不平行的两个力，即可确定第三个力的（　　）。

A. 大小　　　　　　　　　　　B. 方向

C. 大小和方向　　　　　　　　D. 作用点

5. 两个共点力可以合成为一个力，一个力也可以分解为两个相交的力，因此一个力分解为两个相交的力可以有（　　）解。

A. 1 个　　　　　　　　　　　B. 2 个

C. 几个　　　　　　　　　　　D. 无穷多个

6. 两个大小为 3N、4N 的力合成为一个合力时，此合力最大值为（　　）。

A. 5N　　　　　　　　　　　　B. 7N

C. 12N　　　　　　　　　　　D. 16N

7. 两个相等的分力与合力一样大的条件是此两分力的夹角为（　　）。

A. 60°　　　　　　　　　　　B. 90°

C. 120°　　　　　　　　　　　D. 45°

8. 一个力平行移动后，新点上的附加力偶一定（　　）。

A. 存在且与平移距离无关　　　B. 存在且与平移距离有关

C. 不存在　　　　　　　　　　D. 视情况而定

9. 结构中的作用力和反作用力应是（　　）。

A. 等值、反向、共线　　　　　B. 等值、反向、共线、同体

C. 等值、反向、共线、异体　　D. 等值、同向、共线、异体

10.（　　）是一种自身不平衡，也不能用一个力来平衡的特殊二力系。

A. 重力　　　　　　　　　　　B. 共点的二力

C. 力偶　　　　　　　　　　　D. 力矩

11. 力偶对物体的作用效应（　　）。

A. 只能使物体产生转动　　　　B. 只能使物体产生移动

C. 既能使物体移动，又能使物体转动　　D. 能使物体直线运动

12. 力偶矩与力对点之矩的区别在于（　　）。

A. 转向的正负规定不同　　　　B. 大小的计算方法不同

C. 对矩心的位置要求不同　　　D. 作用面的规定不同

13. 柔体约束对物体的约束反力其作用点在连接点处，方向沿柔体的中心线且（　　）。

A. 指向该被约束体，恒为拉力　　B. 背离该被约束体，恒为拉力

C. 指向该被约束体，恒为压力　　D. 背离该被约束体，恒为压力

14. 光滑接触面约束对物体的约束反力作用点在接触点处，其方向沿接触面的公法线并（　　）。

A. 指向受力物体，恒为压力　　B. 指向受力物体，恒为拉力

C. 背离受力物体，恒为压力　　D. 背离受力物体，恒为拉力

四、作图题

1. 画出图 I - 1 - 50 中各指定物体的受力图。假定各接触面都是光滑的，未注明重力的物体都不计自重。

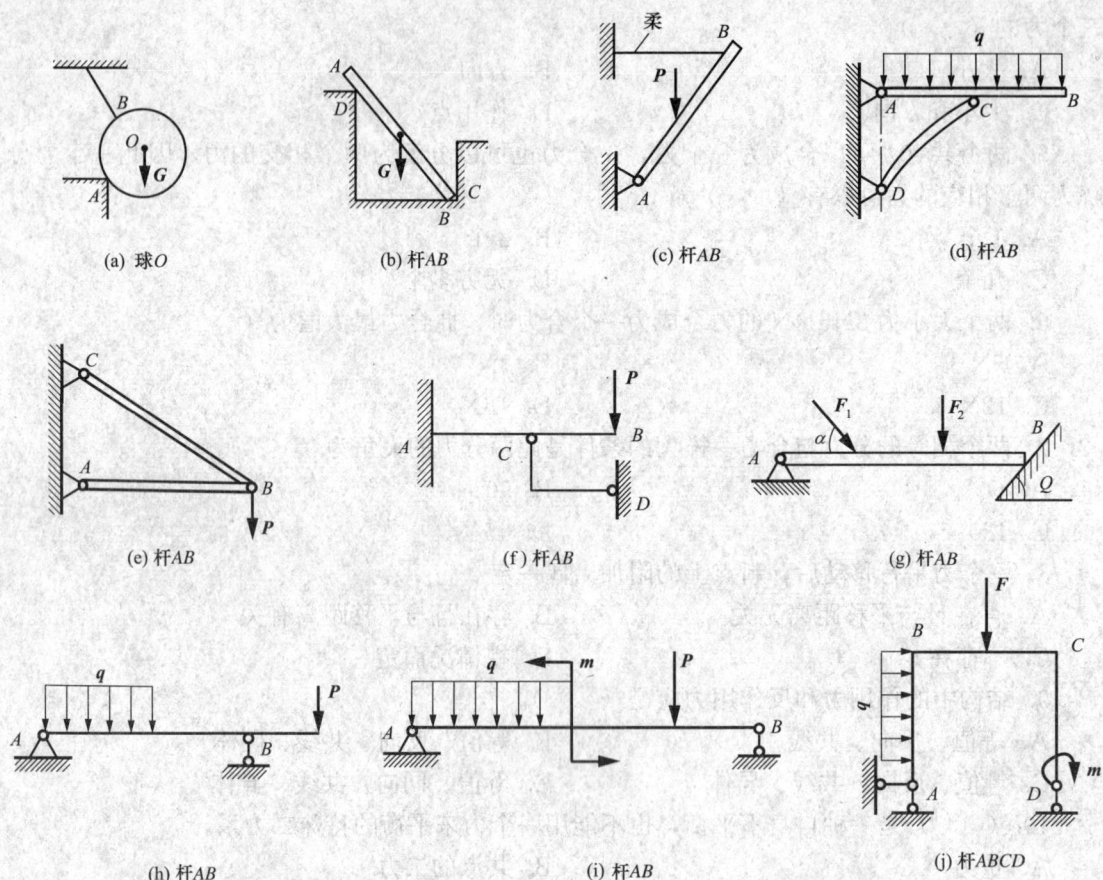

(a) 球O   (b) 杆AB   (c) 杆AB   (d) 杆AB

(e) 杆AB   (f) 杆AB   (g) 杆AB

(h) 杆AB   (i) 杆AB   (j) 杆ABCD

图Ⅰ-1-50

2. 作图Ⅰ-1-51所示结构中各部分及整体的受力图，各杆自重不计。

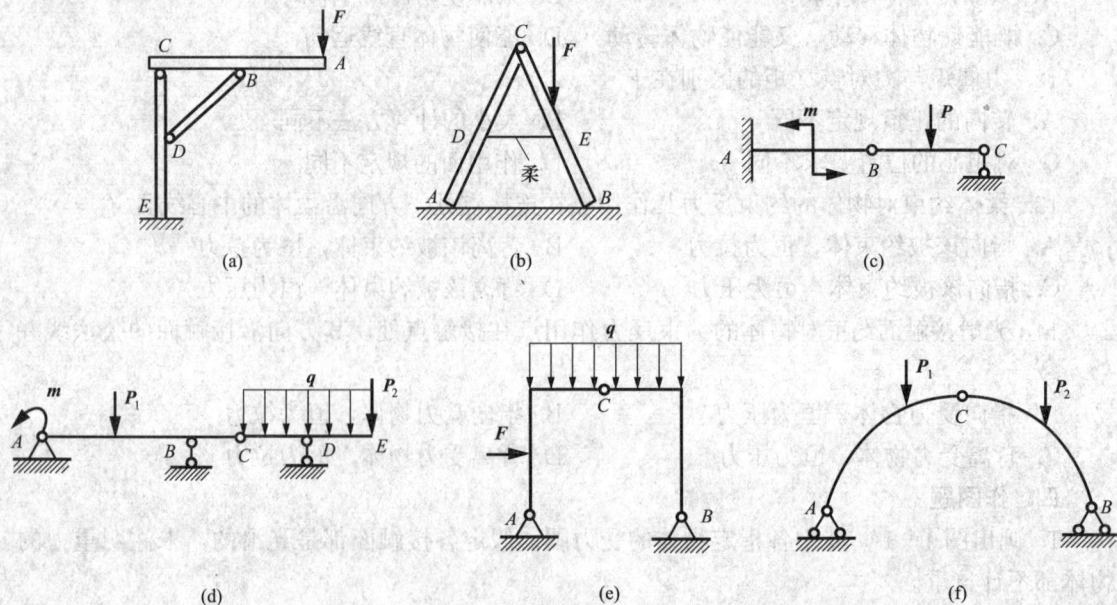

(a)   (b)   (c)

(d)   (e)   (f)

图Ⅰ-1-51

五、计算题

1. 计算图 I-1-52 所示各杆件中力 F 对点 O 的矩。

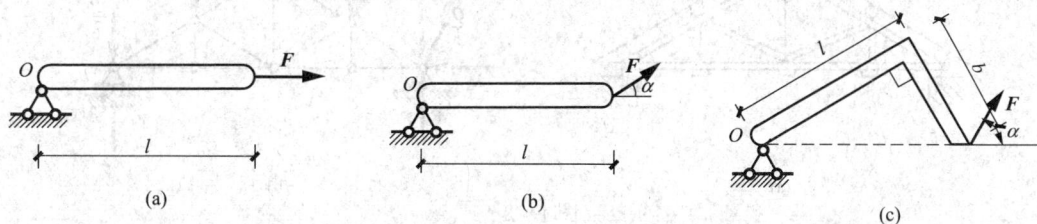

图 I-1-52

2. 计算图 I-1-53 所示各结构中的荷载对点 A 和点 B 的力矩。

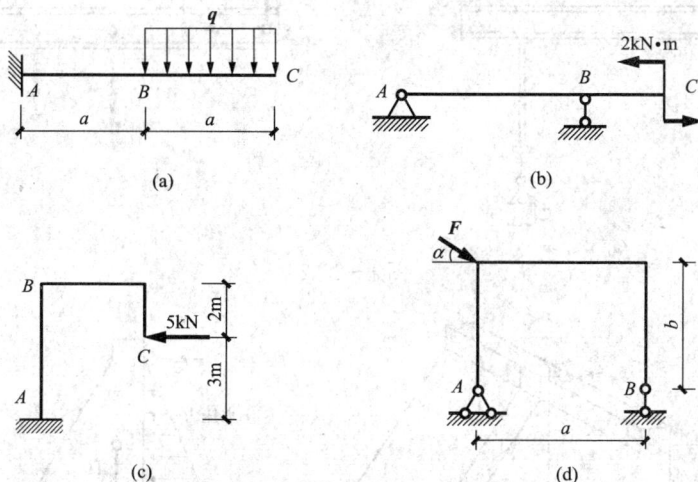

图 I-1-53

I-2　平面力系的合成与平衡

在实际工程中，结构物通常都是空间结构，但是工程力学在对空间结构进行分析和研究时，很多情况下是将其简化为平面问题来处理的；另一方面，有些结构物的厚度相对于其他两个方向的尺寸来说要小很多，也可将其简化为平面问题。对于平面结构来说，作用在结构上的各种外力通常都是作用在结构所在平面内而共同组成一个平面力系。例如图 I-2-1 (a) 所示三角形屋架承受屋面自重和雪压引起的竖向荷载 P、风荷载 Q 以及两端支撑的约束反力 X_A、Y_A、Y_B，这些力共同构成了一个平面力系 [见图 I-2-1 (b)]；又如图 I-2-2 (a) 所示旋转式起重机，作用在横梁 AB 上的力有重力 W、轮压 P、斜杆的拉力 T 以及固定铰链支座 A 的约束反力 X_A、Y_A，这些力也构成了一个平面力系 [见图 I-2-2 (b)]；在如图 I-2-3 (a) 所示的重力坝，当对其进行受力分析和计算时，通常是取 1m 长的坝体来进行研究。这样，作用于该坝体上的力就可简化到其中心对称平面内而构成一平面力系 [见图 I-2-3 (b)]。

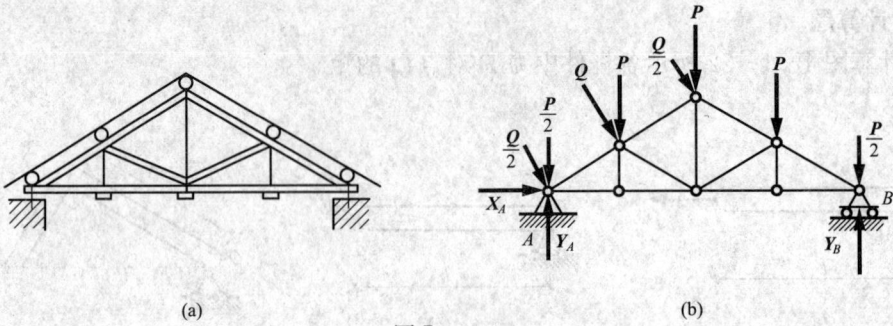

(a)　　　　　　　　　　　　　　　　(b)

图 I - 2 - 1

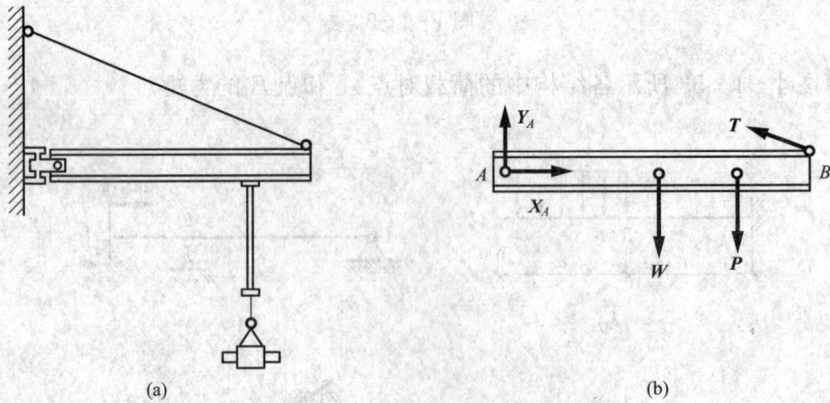

(a)　　　　　　　　　　　　　　　　(b)

图 I - 2 - 2

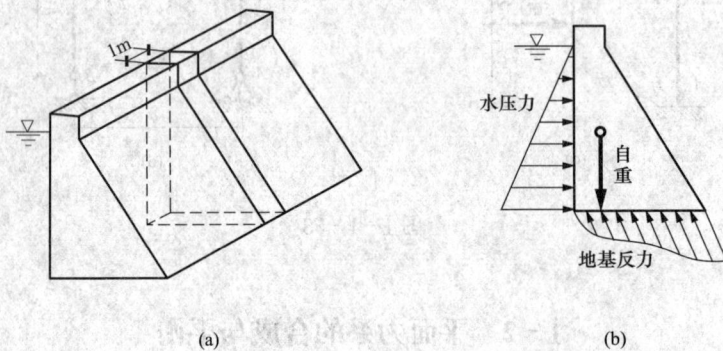

(a)　　　　　　　　　　　　　　　　(b)

图 I - 2 - 3

由此可见，平面力系是工程上常见的一种力系，研究和分析平面力系在理论和实际应用方面都具有重要的意义。下面着重就平面力系的概念、简化和平衡等问题进行分析和讨论。

一、平面力系的概念

（一）平面力系

在一个力系中，若所有力的作用线都位于同一个平面内，这样的力系就称为平面力系。

（二）平面力系的几种形式

1. 平面任意力系

平面力系中各力的作用线既不完全平行，也不完全汇交于同

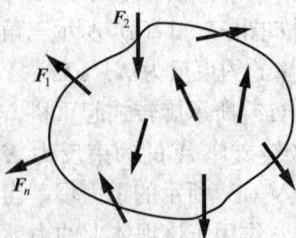

图 I - 2 - 4

一点的力系（见图Ⅰ-2-4）。这是平面力系中最一般、最普遍的情况。

2. 平面汇交力系

平面力系中各力的作用线完全汇交于同一点（见图Ⅰ-2-5）。

3. 平面平行力系

平面力系中各力的作用线完全相互平行（见图Ⅰ-2-6）。

4. 平面共线力系

平面力系中各力的作用线位于同一条直线上（见图Ⅰ-2-7）。

5. 平面力偶系

作用面位于同一个平面内的若干个力偶所组成的力系（见图Ⅰ-2-8）。

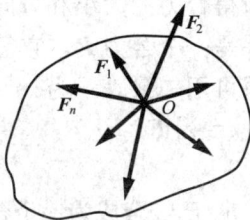

图Ⅰ-2-5

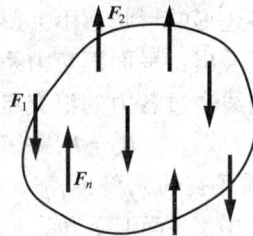

图Ⅰ-2-6

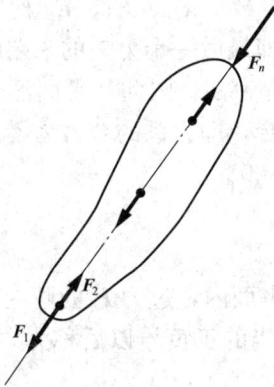

图Ⅰ-2-7

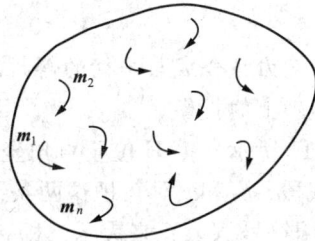

图Ⅰ-2-8

在上述平面力系中，平面汇交力系与平面力偶系的合成与平衡问题是解决平面任意力系合成与平衡问题的基础，下面就先来讨论这两种力系的合成与平衡问题。

二、平面汇交力系的合成与平衡

（一）平面汇交力系合成与平衡的几何法

1. 平面汇交力系合成的几何法

理论依据：力的平行四边形公理。

平面汇交力系合成与平衡的几何法就是通过几何作图的方法来解决力系的合成与平衡问题。如图Ⅰ-2-9（a）所示，设在物体的 O 点作用一平面汇交力系 F_1、F_2、F_3、F_4，现欲求此力系的合力。为此，可连续应用力的平行四边形公理中的推论1力的三角形法则，先将力 F_1、F_2 合成为一个 R_1［见图Ⅰ-2-9（b）］，再把力 R_1 与 F_3 合成为 R_2，最后将 R_2 与 F_4 合成为一个力 R。力 R 就是原力系的合力，其作用点仍在原力系的汇交点 O。实际作图时，可在力系所在的平面内任选一点 A，按一定的比例尺依次作矢量 $\overline{AB}$、$\overline{BC}$、$\overline{CD}$ 和 $\overline{DE}$ 分别

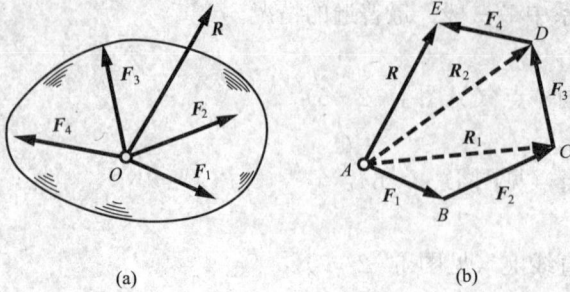

图Ⅰ-2-9

表力 F_1、F_2、F_3 和 F_4，最后从力 F_1 的始端 A 连接力 F_4 的末端 E 得矢量 $\overline{AE}$，这个矢量就是该力系的合力 R，由此而得到的多边形称为力多边形，这种求合力的方法称为**力多边形法则**。上述方法可以推广到任意一个汇交力系的情况，它也适用于求任何矢量的合成，即矢量和。

须指出的是，由于力系中各力的大小和方向已经确定，画力多边形时，任意变换力矢的次序，只会影响力多边形的形状，不会影响到最后所得合力的大小和方向。

从合成结果可以看出：平面汇交力系合成的结果是一个合力 R，它等于原力系中各力的矢量和，合力的作用线通过各力的汇交点。这一关系可用矢量表示为

$$R = F_1 + F_2 + \cdots + F_n = \sum F_n \qquad (Ⅰ\text{-}2\text{-}1)$$

2. 平面汇交力系平衡的几何条件

在图Ⅰ-2-9 (a) 中，平面汇交力系 F_1、F_2、F_3、F_4 已经合成为一个合力 R，即力 R 与原力系等效。若在原力系中加一个力 F_5，使其与力 R 等值、反向、共线 [见图Ⅰ-2-10 (a)]，则根据二力平衡定律可知，物体处于平衡状态，即力 F_1、F_2、F_3、F_4、F_5 构成平衡力系。如作出该力系的力多边形，将成为一个闭合的多边形，即最后一个力矢的末端应与第一个力矢的始端相重合 [见图Ⅰ-2-10 (b)]，即该力系的合力为零。因此，平面汇交力系平衡的充分必要条件是：**力系中各力所构成的力多边形自行闭合，即力系的合力为零。**用矢量表示为

$$R = 0 \quad \text{或} \quad \sum F_i = 0 \qquad (Ⅰ\text{-}2\text{-}2)$$

（二）平面汇交力系合成与平衡的解析法

1. 力在坐标轴上的投影

如图Ⅰ-2-11 所示，力 F 位于直角坐标系 xOy 平面内，过力 F 的两端 A、B 作坐标轴 x、y 的垂线得线段 $\overline{a_1 b_1}$ 和 $\overline{a_2 b_2}$，把这两条线段冠以适当的正负号以后称为力 F 在坐标轴 x、y 上的投影，并用符号 X、Y 来表示。即

$$\begin{cases} X = \pm \overline{a_1 b_1} \\ Y = \pm \overline{a_2 b_2} \end{cases} \qquad (Ⅰ\text{-}2\text{-}3)$$

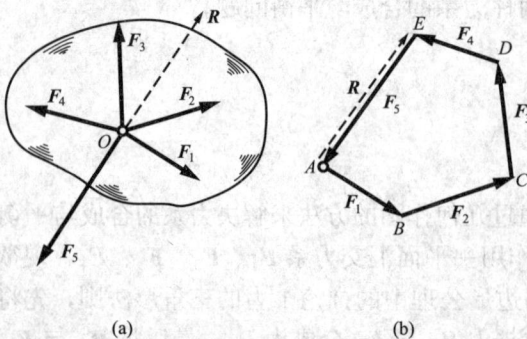

(a)　　　　　　　(b)

图Ⅰ-2-10

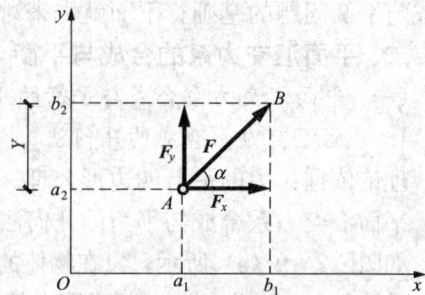

图Ⅰ-2-11

若力 F 投影的指向（即从 a_1 到 b_1 或从 a_2 到 b_2 的指向）与坐标轴的正向相同，投影取正

号，反之，则取负号。

若力 F 与 x 轴正向间的夹角为 α 并将力 F 沿 x 轴和 y 轴方向分解，得到两个分力 F_x 和 F_y。从图 I-2-11 中可以看出两分力的大小为

$$F_X = F\cos\alpha$$
$$F_y = F\sin\alpha$$

则投影 X、Y 也可写成：

$$\begin{cases} X = F_X = \pm F\cos\alpha \\ Y = F_y = \pm F\sin\alpha \end{cases} \qquad （I-2-4）$$

> 📢 **注意**
>
> ①力的投影与力的分力是不相同的，投影是代数量，而分力是矢量；②投影无所谓作用点，而分力必须作用在原力的作用点；③当力的作用线与坐标轴垂直时，力在该轴上的投影为零；④当力的作用线与坐标轴平行时，力在该坐标轴上投影的绝对值与该力的大小相等。

从图 I-2-11 中的几何关系可以看出：若力 F 在坐标轴 x、y 轴上的投影为已知，那么该力的大小和方位角可按下式计算：

$$\begin{cases} F = \sqrt{X^2 + Y^2} \\ \tan\alpha = \left| \dfrac{Y}{X} \right| \end{cases} \qquad （I-2-5）$$

α 角的正、负规定：以 x 轴的正向为起始边，逆时针旋转者为正，反之为负。

【例 I-2-1】 试求图 I-2-12 中各力在 x、y 轴上的投影。已知 $F_1 = 80\text{N}$，$F_2 = 100\text{N}$，$F_3 = 120\text{N}$，$F_4 = 50\text{N}$。

解 $F_{1x} = F_1\cos45° = 80\cos45° = 56.57(\text{N})$

$F_{1y} = F_1\sin45° = 80\sin45° = 56.57(\text{N})$

$F_{2x} = -F_2 = -100(\text{N})$

$F_{2y} = 0$

$F_{3x} = -F_3\sin30° = -120\sin30° = -60(\text{N})$

$F_{3y} = -F_3\cos30° = -120\cos30° = -103.92(\text{N})$

$F_{4x} = 0$

$F_{4y} = F_4 = 50\text{N}$

2. 合力投影定理

设有一平面汇交力系 F_1、F_2、F_3、F_4 作用于物体 O 点 [图 I-2-13（a）]。在力系作用平面内任选一点 A 作力多边形 $ABCDE$，则矢量 $\overline{AE}$ 即表示力系的合力 R 的大小和方向。取直角坐标轴 xOy 如图 I-2-13（b）所示，若将该力系中所有各力投影至 x 轴，令 X_1、X_2、X_3、X_4 分别表示各分力在 x 轴上的投影。R_x 表示合力在 x 轴上的投影。

从图 I-2-13（b）可以看出：

$X_1 = ab$，$X_2 = bc$，$X_3 = cd$，$X_4 = -de$，则 $R_x = ae = ab + bc + cd - de$ 或 $R_x = X_1 + X_2 + X_3 + X_4$

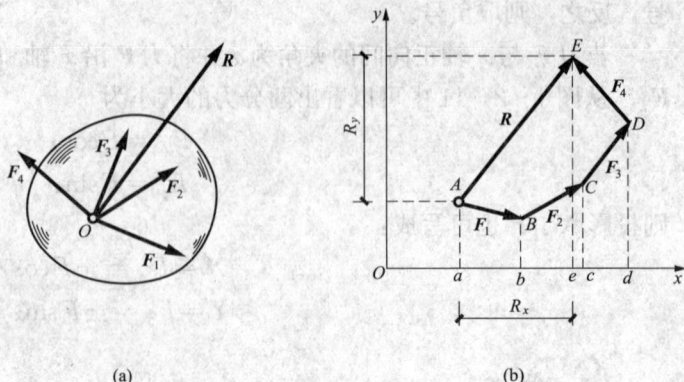

图Ⅰ-2-12　　　　　　　　　　　　　　　　　　　(a)　　　　　　　　(b)

图Ⅰ-2-13

同理，可推出合力在 y 轴上的投影 $R_y = Y_1 + Y_2 + Y_3 + Y_4$。

这说明合力 R 在 x 轴或 y 轴上的投影等于各分力在同一坐标轴上投影的代数和。这一关系可以推广到任意一个汇交力系的情况。由此可得合力投影定理：**平面汇交力系的合力在任意坐标轴上的投影等于其各分力在同一坐标轴上投影的代数和。** 即

$$\begin{cases} R_x = X_1 + X_2 + \cdots + X_n = \sum X_i \\ R_y = Y_1 + Y_2 + \cdots + Y_n = \sum Y_i \end{cases} \qquad (\text{Ⅰ}-2-6)$$

从以上讨论可以得出：平面汇交力系合力的大小和作用线方位用解析式可表示为

$$\begin{cases} R = \sqrt{R_x{}^2 + R_y{}^2} = \sqrt{(\sum X_i)^2 + (\sum Y_i)^2} \\ \tan\alpha = \left| \dfrac{R_y}{R_x} \right| = \left| \dfrac{\sum Y_i}{\sum X_i} \right| \end{cases} \qquad (\text{Ⅰ}-2-7)$$

【例Ⅰ-2-2】 如图Ⅰ-2-14所示平面汇交力系，若已知 $F_1 = 80\text{N}$，$F_2 = 50\text{N}$，$F_3 = 100\text{N}$。试求该力系的合力大小及作用线方位。

解　$X_1 = F_1\cos30° = 80\cos30° = 69.28(\text{N})$

$Y_1 = F_1\sin30° = 80\sin30° = 40(\text{N})$

$X_2 = -F_2\cos45° = -50\cos45°$

$\qquad = -35.36(\text{N})$

$Y_2 = F_2\sin45° = 50\sin45° = 35.36(\text{N})$

$X_3 = -F_3\sin30° = -100\sin30° = -50(\text{N})$

$Y_3 = -F_3\cos30° = -100\cos30°$

$\qquad = -86.60(\text{N})$

图Ⅰ-2-14

所以

$$\sum X_i = 69.28 - 35.36 - 50 = -16.08(\text{N})$$

$$\sum Y_i = 40 + 35.36 - 86.60 = -11.24(\text{N})$$

则合力大小　　$R = \sqrt{(-16.08)^2 + (-11.24)^2} = 19.62(\text{N})$

合力作用线方位　$\tan\alpha = \left| \dfrac{-11.24}{-16.08} \right| = 0.699$

$$\alpha = 34°57' \text{ 或 } \alpha' = 214°57'$$

在本例中，因$\sum X_i$和$\sum Y_i$均小于零，合力位于第三象限，故合力作用线方位角为$\alpha' = 214°57'$。

3. 平面汇交力系平衡的解析条件

从平面汇交力系平衡的几何条件可知力系的合力$\mathbf{R}=0$，即

$$R=\sqrt{(\sum X_i)^2+(\sum Y_i)^2}=0$$

此式成立的条件为

$$\begin{cases}\sum X_i=0 \\ \sum Y_i=0\end{cases} \qquad (Ⅰ-2-8)$$

式Ⅰ-2-8即为平面汇交力系平衡的解析条件。由此可以看出，平面汇交力系平衡的充分必要条件是：力系中所有各力在坐标轴上投影的代数和等于零。

4. 平面汇交力系的合力矩定理

平面汇交力系的合力对平面内任一点的矩等于该力系中所有各力对同一点之矩的代数和。即

$$M_0(\mathbf{R})=M_0(\mathbf{F}_1)+M_0(\mathbf{F}_2)+\cdots+M_0(\mathbf{F}_n)=\sum M_0(\mathbf{F}_i) \qquad (Ⅰ-2-9)$$

利用合力矩定理可以简化力矩的计算。

【例Ⅰ-2-3】 试求图Ⅰ-2-15中力F对A点的矩。a、b、θ、F均为已知。

解　本题有两种解法。其一是根据几何关系及三角函数先求出力臂d，然后再计算力F对A点的矩，但d的求解过程较为繁琐。另一种解法是先将力F沿水平方向和铅垂方向分解为两个分力F_x和F_y，且$F_x=F\cdot\cos\theta$，$F_y=F\cdot\sin\theta$。根据合力矩定理有

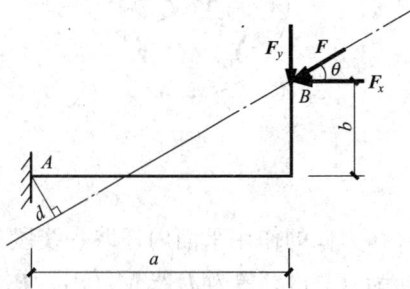

$$m_A(\mathbf{F})=m_A(\mathbf{F}_x)+m_A(\mathbf{F}_y)$$
$$=F_x b - F_y a$$
$$=F\cos\theta b - F\sin\theta a$$
$$=F(b\cos\theta - a\sin\theta)$$

图Ⅰ-2-15

显然，用此种解法更简便。

【例Ⅰ-2-4】 梁AB受均布荷载作用如图Ⅰ-2-16（a）所示。若均布荷载集度q、梁长l为已知，试求均布荷载的合力大小及作用线位置。

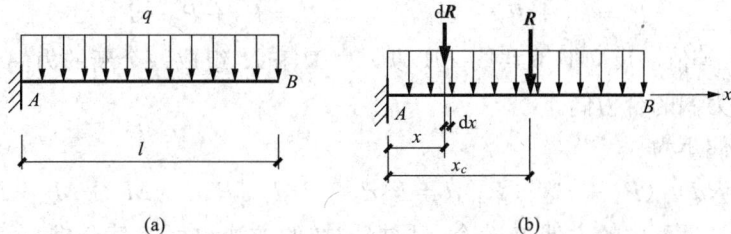

(a) （b）

图Ⅰ-2-16

解　以 A 为坐标原点建立 x 轴，如图Ⅰ-2-16（a）所示，在距点 A 的任一位置 x 处取均布荷载微段 $\mathrm{d}x$，并将其简化为一集中力 $\mathrm{d}R = q\mathrm{d}x$，则均布荷载的合力

$$R = \int_0^l q\mathrm{d}x = q\int_0^l \mathrm{d}x = ql \text{（指向与 } q \text{ 相同）}$$

设合力 R 与 q 同向，R 的作用点到 A 点的距离为 x_c，根据合力矩定理有

$$-Rx_c = -\int_0^l (\mathrm{d}R) \cdot x = -\int_0^l qx\mathrm{d}x = -\frac{1}{2}ql^2$$

则

$$x_c = \frac{1}{2}l$$

即均布荷载的合力大小等于荷载集度大小乘以荷载分布长度；合力的作用线位于分布长度的中点。当我们分析杆件产生弯曲变形时的约束反力与内力时，经常会用到这一结论。

三、平面力偶系的合成与平衡

（一）平面力偶系的合成

合成依据：力偶基本性质中的两个推论。

如图Ⅰ-2-17（a）所示。设在物体同一平面内作用有三个力偶 M_1（F_1、F_1'）、M_2（F_2、F_2'）、M_3（F_3、F_3'），其力偶矩分别为 $M_1 = F_1d_1$，$M_2 = F_2d_2$，$M_3 = -F_3d_3$。

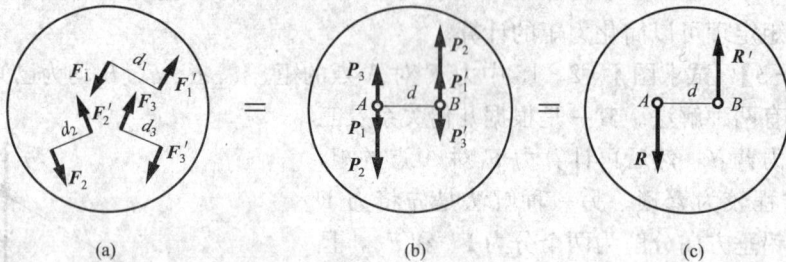

图Ⅰ-2-17

在力偶的作用平面内任取一线段 $AB = d$，根据力偶的等效性，首先将各力偶的力偶臂变换为 d，得到等效力偶 $M_1'(P_1、P_1')$、$M_2'(P_2、P_2')$、$M_3'(P_3、P_3')$，其中 P_1、P_2、P_3 的大小可由下式确定：

$$P_1 = \frac{M_1}{d}, \quad P_2 = \frac{M_2}{d}, \quad P_3 = \frac{|M_3|}{d}$$

其次，再将各力偶转移并使其力偶臂与 AB 重合［见图Ⅰ-2-17（b）］，则作用于 A、B 两点的各力可合成为合力 R 和 R'［见图Ⅰ-2-17（c）］，若 $P_1 + P_2 > P_3$，那么，合力的大小为

$$R = P_1 + P_2 - P_3 \quad \text{或} \quad R' = P_1' + P_2' - P_3'$$

由于 R 和 R' 等值、反向但不共线。所以，力 R 和 R' 组成一个新的力偶 M（R_1、R_1'），该力偶就是原三力偶的合力偶。

合力偶的力偶矩为

$$M = Rd = (P_1 + P_2 - P_3)d = P_1d + P_2d - P_3d = M_1 + M_2 - M_3$$

若作用于同一平面内的力偶有 n 个，根据同样的方法也可将其合成为一个力偶。由此可知：平面力偶系合成的结果为一合力偶，合力偶的力偶矩等于原力偶系中各分力偶力偶矩的代数和。即

$$M = M_1 + M_2 + \cdots + M_n = \sum M_i \qquad (\text{I}-2-10)$$

（二）平面力偶系的平衡

平面力偶系平衡的充分必要条件是：**力偶系中所有各分力偶力偶矩的代数和等于零。** 即

$$\sum M_i = 0 \qquad (\text{I}-2-11)$$

【例 I - 2 - 5】 杆 AB 受力偶 M_1、M_2 及平行力 $F // F'$ 的作用如图 I - 2 - 18 所示。若已知杆 AB 处于平衡状态，且 $F = -F'$，并垂直杆 AB，$M_1 = 20\text{kN} \cdot \text{m}$，$M_2 = 10\text{kN} \cdot \text{m}$，杆长 $l = 5\text{m}$，试求力 F 的大小。

解　平行力 F、F' 构成一对力偶并与 M_1、M_2 组成一个平面力偶系。根据平面力偶系的平衡条件有 $-F \cdot l + M_1 - M_2 = 0$

故　$F = \dfrac{M_1 - M_2}{l} = \dfrac{20 - 10}{5} = 2(\text{kN})$

力 F 的计算结果为正值，表明力 F 的指向与图 I - 2 - 18 所示的相同。

图 I - 2 - 18

四、平面任意力系的简化

（一）平面任意力系向作用面内任一点简化

如图 I - 2 - 19（a）所示，设某刚体上作用有一个平面任意力系 F_1、F_2、$\cdots$、F_n。在力系作用面内任选一定点 O，根据力的平移定理，将力系中所有各力平行移动至 O 点，得到一平面汇交力系和平面力偶系〔见图 I - 2 - 19（b）〕，这种将力系进行等效变换的方法称为平面任意力系向作用面内任一点的简化，其中，点 O 称为简化中心。然后再分别求这两个力系的合成结果。从平面汇交力系和平面力偶系合成的结果可知：平面任意力系向作用面内任一点 O 简化的一般结果是一个力 R 和一个力偶 M_0〔见图 I - 2 - 19（c）〕。力 R 等于原力系中各个力的矢量和，称为原力系的主矢；力偶 M_0 的力偶矩 M_0 等于原力系中各力对简化中心力矩的代数和，称为原力系的主矩。即

$$R = F_1 + F_2 + \cdots + F_n = \sum F_i \qquad (\text{I}-2-12)$$

$$M_0 = M_1 + M_2 + \cdots + M_n = M_0(F_1) + M_0(F_2) + \cdots + M_0(F_n)$$
$$= \sum M_0(F_i) \qquad (\text{I}-2-13)$$

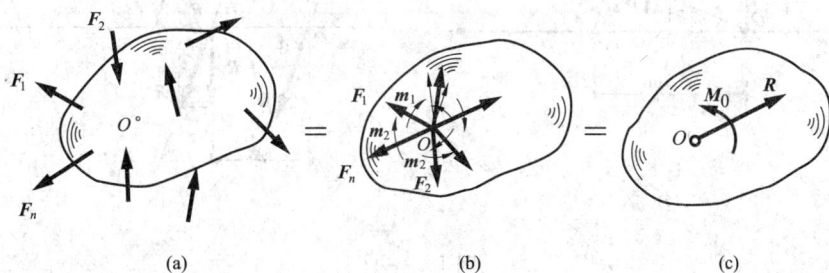

(a)　　　　　　　(b)　　　　　　　(c)

图 I - 2 - 19

显然，主矢的大小和方向均与简化中心的位置无关；而主矩的值一般与简化中心的位置有关。若改变简化中心的位置，必将改变每个附加力偶的力偶臂，从而导致力系中各力对不

同简化中心之矩的代数和发生变化，因此，主矩必须标明简化中心。

当主矢采用解析法计算时有

主矢大小：
$$R = \sqrt{(\sum X_i)^2 + (\sum Y_i)^2} \qquad (Ⅰ-2-14)$$

主矢作用线方位角：
$$\tan\alpha = \left| \frac{\sum Y_i}{\sum X_i} \right| \qquad (Ⅰ-2-15)$$

主矩可根据式（Ⅰ-2-13）计算。

（二）平面任意力系简化结果分析

平面任意力系向作用面内任一点简化后，一般情况下可以得到一个力和一个力偶。但其最终简化结果可能出现以下几种情形：

（1）当力系的主矢 $\boldsymbol{R} \neq 0$，主矩 $M_0 = 0$；原力系简化为作用线通过简化中心的一个力，这个力即为原力系的合力。这说明原力系与一个力等效。

（2）当力系的主矢 $\boldsymbol{R} = 0$，主矩 $M_0 \neq 0$；原力系简化为一力偶 $\boldsymbol{M}_O$，该力偶的力偶矩等于原力系的主矩。这说明原力系与一个力偶等效。在这种情况下，主矩的大小与简化中心的位置选择无关。

（3）当力系的主矢 $\boldsymbol{R} \neq 0$，主矩 $M_0 \neq 0$；此即为力系简化的一般情形。根据力平移定理的逆过程，该力系最终可简化为作用线不通过简化中心的一个力。

（4）当力系的主矢 $\boldsymbol{R} = 0$，主矩 $M_0 = 0$；表明原力系为一个平衡力系。

【例Ⅰ-2-6】　重力坝受力如图Ⅰ-2-20（a）所示。设坝体自重 $w_1 = 450\text{kN}$，$w_2 = 200\text{kN}$；水压力 $F_1 = 300\text{kN}$，$F_2 = 70\text{kN}$。试求该力系的合力 $\boldsymbol{R}$ 的大小和方向以及合力与基线 OA 的交点到 O 点的距离 x。

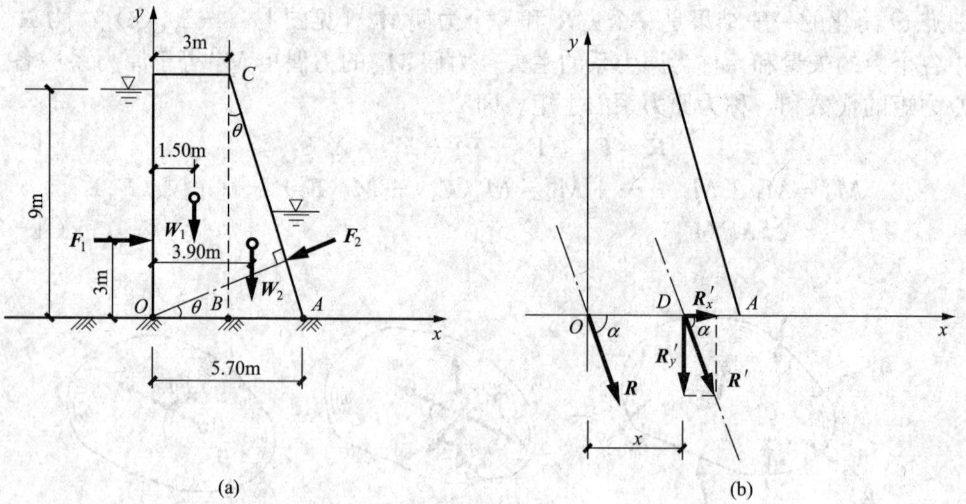

图Ⅰ-2-20

解　将力系向 O 点简化并求主矢 $\boldsymbol{R}_1$ 和主矩 m_0。

$$\theta = \angle ACB = \arctan\frac{AB}{BC} = \arctan\frac{2.7}{9} = 16.70°$$

根据合力投影定理，有

$$\sum X_i = F_1 - F_2\cos\theta = 300 - 70\cos16.70° = 232.90(\text{kN})$$

$$\sum Y_i = -w_1 - w_2 - F_2\sin\theta = -450 - 200 - 70\sin16.70° = -670.10(\text{kN})$$

则合力大小：$R = \sqrt{(\sum X_i)^2 + (\sum Y_i)^2} = \sqrt{(232.90)^2 + (-670.10)^2} = 709.70$ （kN）

合力作用线方位角：$\alpha = \arctan\left|\dfrac{\sum Y_i}{\sum X_i}\right| = \arctan\left|\dfrac{-670.10}{232.90}\right| = 70.84°$

由 $\sum X_i$ 和 $\sum Y_i$ 的符号可以判断，主矢 $\boldsymbol{R}_1$ 位于第四象限，与 x 轴的夹角为 $\alpha = -70.84°$ 确定 x［图Ⅰ-2-20 (b)］。

力系对 O 点的主矩为

$$m_0 = -3F_1 - 1.5w_1 - 3.9w_2 = -3 \times 300 - 1.5 \times 450 - 3.9 \times 200 = -2355(\text{kN} \cdot \text{m})$$

根据力平移定理的逆过程，将主矢和主矩合成为作用于 D 点的一个力［图Ⅰ-2-20 (b)］。应用合力矩定理，有

$$m_0 = x \cdot R'_y = x\sum Y_i$$

则

$$x = \frac{m_0}{\sum Y_i} = \frac{-2355}{-670.10} = 3.51 \text{ (m)}$$

五、平面力系的平衡条件与平衡方程

（一）平面任意力系的平衡条件和平衡方程

1. 平衡条件

若平面任意力系向作用面内任一点简化后的主矢和主矩都等于零，则该力系为平衡力系。由此可知，平面任意力系平衡的充分必要条件是：**力系的主矢和力系对作用面内任一点的主矩都等于零。**即

$$\boldsymbol{R} = 0$$

$$M_0 = 0$$

2. 平衡方程

若将平面任意力系平衡的充分必要条件用解析法来表示，可写为

$$\begin{cases} \sum X_i = 0 \\ \sum Y_i = 0 \\ \sum m_i = 0 \end{cases} \qquad\qquad （Ⅰ-2-16）$$

式（Ⅰ-2-16）称为**平面任意力系的平衡方程**。它表明：**力系中所有各力在其作用面内两个坐标轴上投影的代数和分别等于零且这些力对于作用面内任一点之矩的代数和也等于零。**

平面任意力系的平衡方程包括三个独立的方程。其中，前两个方程称为**投影方程**，后一个方程称为**力矩方程**。利用这三个方程可以求解平面任意力系平衡问题的三个未知量。式（Ⅰ-2-16）是平面任意力系平衡方程的基本形式，但不是唯一形式。除基本形式外，尚有二矩式、三力矩式。

二力矩式为

$$\begin{cases} \sum X_i = 0 \ (或 \sum Y_i = 0) \\ \sum m_i = 0 \\ \sum m_j = 0 \end{cases} \qquad (\text{I}-2-17)$$

其中，i、j 的连线不垂直于 x 轴或 y 轴。

三力矩式为

$$\begin{cases} \sum m_i = 0 \\ \sum m_j = 0 \\ \sum m_k = 0 \end{cases} \qquad (\text{I}-2-18)$$

其中，i、j、k 三点不在同一条直线上。

注 意

应用投影方程求解平衡问题的未知量时，力偶可不考虑。因力偶在任一坐标轴上的投影恒等于零。

（二）平面力系的其他几种情况

1. 平面汇交力系

平面汇交力系的平衡条件为 $\boldsymbol{R}=0$；式（I-2-16）中的力矩方程自然满足，因此，平面汇交力系独立的平衡方程为

$$\begin{cases} \sum X_i = 0 \\ \sum Y_i = 0 \end{cases} \qquad (\text{I}-2-19)$$

注 意

平面汇交力系的平衡条件只能求解两个未知量。

2. 平面平行力系

对于平面平行力系，式（I-2-16）中必有一个投影方程恒等于零。因此，其独立的平衡方程为

$$\begin{cases} \sum X_i = 0 \ 或 \sum Y_i = 0 \\ \sum m_i = 0 \end{cases} \qquad (\text{I}-2-20)$$

也可写为二矩式：

$$\begin{cases} \sum m_i = 0 \\ \sum m_j = 0 \end{cases} \qquad (\text{I}-2-21)$$

> **注 意**
>
> （1）其中 i、j 两点的连线不平行于力系中各力的作用线。
>
> （2）平面平行力系的平衡条件只能求解两个未知量。

3. 平面共线力系

平面共线力系独立的平衡方程为

$$\sum X_i = 0 \text{ 或 } \sum Y_i = 0 \qquad (\text{I}-2-22)$$

> **注 意**
>
> 平面共线力系只能求解一个未知量。

六、工程受力构件与结构平衡方程的应用

在前面所讨论的一些基本问题中，已了解各种不同力系的平衡条件及由此所给出的平衡方程，应用这些平衡方程可以求解实际工程中受力构件与结构的约束反力或内力。下面通过例子来认识和熟悉这类计算问题。

（一）约束反力的计算

1. 单跨静定梁支座反力的计算

在土木工程中，梁是一种很常见的结构形式，在讨论和分析梁的内力、强度和刚度问题之前，首先要能够正确地计算出梁的支座反力（即支座处的约束反力）。因此，熟练并牢固掌握单跨静定梁支座反力的求解是十分重要的。

工程中常见的单跨静定梁主要有以下三种形式：

（1）简支梁。梁的一端为固定铰支座，另一端为可动铰支座（见图 I-2-21）。

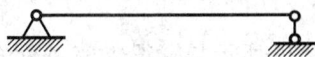

图 I-2-21

（2）外伸梁。梁的一端或两端延伸至支座外［见图 I-2-22（a）、（b）］；

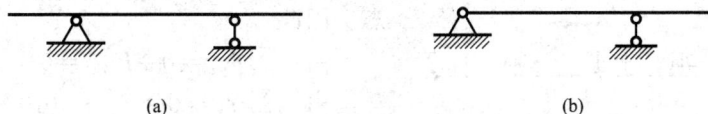

(a)   (b)

图 I-2-22

（3）悬臂梁。梁一端为固定端支座，另一端为自由端（见图 I-2-23）。

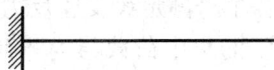

图 I-2-23

【例Ⅰ-2-7】 试求图Ⅰ-2-24所示简支梁支座 A、B 处的约束反力。

解 首先假设约束反力的方向如图Ⅰ-2-24所示。作用于梁上的所有外力共同组成了一个平面任意力系，梁在这个力系的作用下处于平衡状态。因此

由 $\sum X_i = 0 \Rightarrow F_{AX} = 0$

由 $\sum X_A = 0 \Rightarrow 4F_B - (10 \times 2) \times 1 - 20 \times 3 - 10 = 0$

$\qquad \Rightarrow \boldsymbol{F}_B = 22.50 (\mathrm{kN})$

由 $\sum Y_i = 0 \Rightarrow F_{Ay} + F_B - (10 \times 2) - 20 = 0$

$\qquad \Rightarrow \boldsymbol{F}_{Ay} = 17.50 (\mathrm{kN})$

【例Ⅰ-2-8】 试求图Ⅰ-2-25所示外伸梁支座 A、B 处的约束反力。

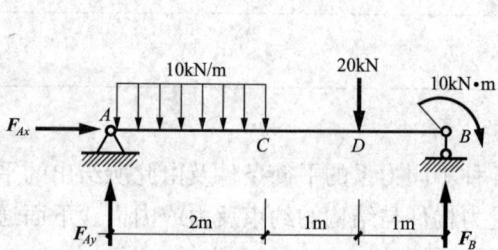

图Ⅰ-2-24

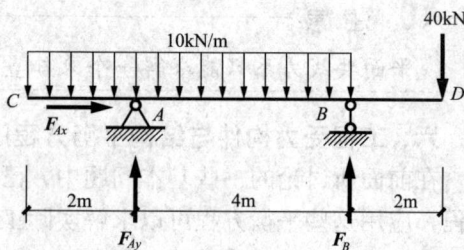

图Ⅰ-2-25

解 假设约束反力的方向如图Ⅰ-2-25所示。作用于梁上的所有外力共同组成了一个平面任意力系，梁在这个力系的作用下处于平衡状态。因此

由 $\sum X_i = 0 \Rightarrow F_{AX} = 0$

由 $\sum M_A = 0 \Rightarrow 4F_B + (10 \times 2) \times 1 - (10 \times 4) \times 2 - 40 \times 6 = 0$

$\qquad \Rightarrow \boldsymbol{F}_B = 75 (\mathrm{kN})$

由 $\sum Y_i = 0 \Rightarrow F_{Ay} + F_B - (10 \times 6) - 40 = 0$

$\qquad \Rightarrow \boldsymbol{F}_{Ay} = 25 (\mathrm{kN})$

【例Ⅰ-2-9】 试求图Ⅰ-2-26所示悬臂梁支座 A 处的约束反力。

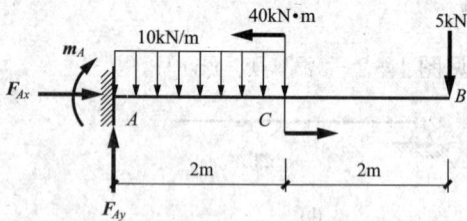

图Ⅰ-2-26

解 假设支座反力的指向如图Ⅰ-2-26所示。作用于梁上的所有外力共同组成了一个平面任意力系，梁在这个力系的作用下处于平衡状态。因此

由 $\sum X_i = 0 \Rightarrow F_{AX} = 0$

由 $\sum Y_i = 0 \Rightarrow F_{Ay} - (10 \times 2) - 5 = 0$

$\qquad \Rightarrow \boldsymbol{F}_{Ay} = 25 (\mathrm{kN})$

由 $\sum M_A = 0 \Rightarrow -m_A - (10 \times 2) \times 1 + 40 - 5 \times 4 = 0$

$\qquad \Rightarrow m_A = 0$

通过以上示例的分析可以看出：单跨静定梁支座反力的求解有两个特点：①若梁上只作用有竖向荷载（指向铅直向上或向下的集中荷载与均布荷载），那么水平支座反力 F_x 均等于零，通常可不求；②求竖向反力时（指简支梁与外伸梁），通常是以"矩式开路"，即先通过力矩方程求得其中一个竖向反力，然后再通过投影方程求出另一个竖向反力。

另外，在约束反力的计算中，所有未知约束反力的方向都是假设的。若通过平衡方程求解所得结果为正值，则表明约束反力的实际方向与假设一致，反之，则表明与假设方向相反。

2. 其他常见工程结构约束反力的计算

除单跨静定梁外，尚有许多常见工程结构如多跨静定梁、刚架、拱、桁架等的约束反力求解，其中有些结构约束反力的求解与单跨静定梁有所不同，这类结构约束反力的求解一般采用以下两种方法：

（1）先整体（首先根据整体平衡条件列出平衡方程或求解出某些未知量）；后部分（然后通过部分平衡条件列出补充平衡方程求解出全部未知量或其余未知量）。

（2）按照一定的顺序取结构中的每个部分为研究对象，逐一求出全部未知量。

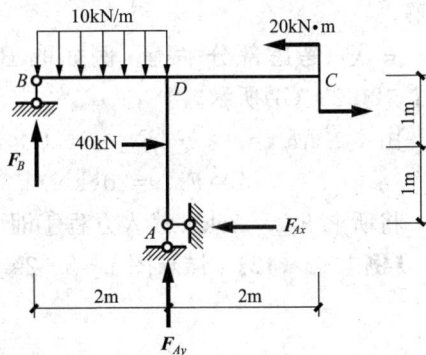

图 I - 2 - 27

【例 I - 2 - 10】 试求图 I - 2 - 27 所示刚架支座 A、B 处的约束反力。

解　假设约束反力的方向如图 I - 2 - 27 所示。作用于刚架上的所有外力共同组成了一个平面任意力系，刚架在这个力系的作用下处于平衡状态。因此

由　$\sum X_i = 0 \Rightarrow F_{Ax} - 40 = 0$

$\Rightarrow F_{Ax} = 40 (\text{kN})$

由　$\sum M_A = 0 \Rightarrow -2F_B - 40 \times 1 + 10 \times 2 \times 1 + 20 = 0$

$\Rightarrow \boldsymbol{F}_B = 0$

由　$\sum Y_i = 0 \Rightarrow F_{Ay} + F_B - 10 \times 2 = 0$

$\Rightarrow \boldsymbol{F}_{Ay} = 20 (\text{kN})$

【例 I - 2 - 11】 试求图 I - 2 - 28 （a）所示三铰刚架支座 A、B 处的约束反力。

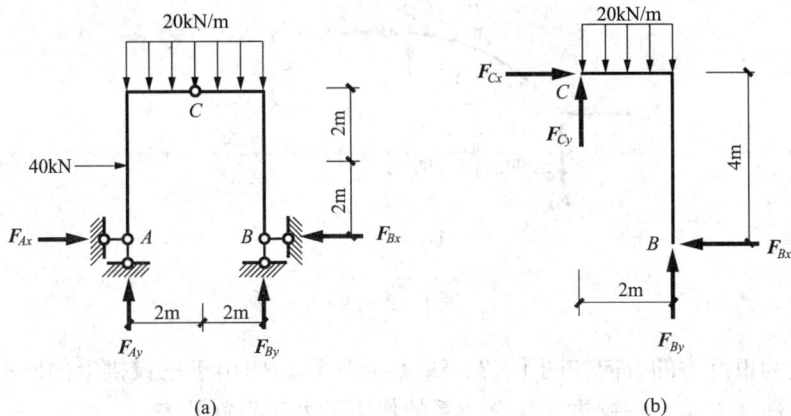

(a)　　　　　　　　　　　(b)

图 I - 2 - 28

解　假设约束反力的方向如图 I - 2 - 28 （a）所示。作用于刚架上的所有外力共同组成了一个平面任意力系，刚架在这个力系的作用下处于平衡状态。

首先考虑整体平衡条件：

由 $\sum X_i = 0 \Rightarrow F_{Ax} + 40 - F_{Bx} = 0$ ①

由 $\sum M_A = 0 \Rightarrow 4F_{By} - 40 \times 2 - (20 \times 4) \times 2 = 0$

$\Rightarrow \boldsymbol{F}_{By} = 60(\text{kN})$

由 $\sum Y_i = 0 \Rightarrow F_{Ay} + F_{By} - (20 \times 4) = 0$

$\Rightarrow \boldsymbol{F}_{Ay} = 20(\text{kN})$

从以上计算可以看出：刚架的支座反力共有四个，但整体平衡方程只有三个，不能全部求解。

其次，考虑部分平衡。例如取 BC 为隔离体（取 AC 为隔离体也得相同结果），如图 I - 2 - 28（b）所示。

由 $\sum M_c = 0 \Rightarrow -4F_{Bx} - (20 \times 2) \times 1 + 2F_{By} = 0$

$\Rightarrow \boldsymbol{F}_{Bx} = 20(\text{kN})$

将所求 $F_{Bx} = 20$ kN 代入方程①即可求得 $\boldsymbol{F}_{Ax} = -20$ （kN）

【例 I - 2 - 12】 试求图 I - 2 - 29（a）所示三铰拱支座 A、B 处的约束反力。

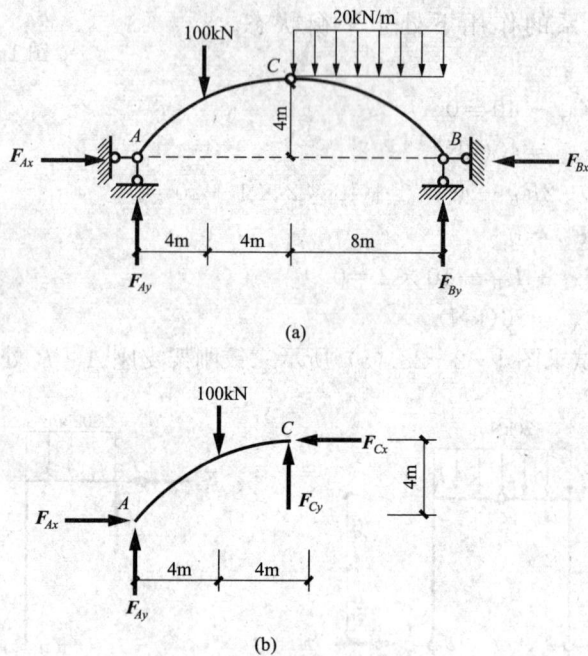

(a)

(b)

图 I - 2 - 29

解 假设约束反力的方向如图 I - 2 - 29（a）所示。作用于三铰拱上的所有外力共同组成了一个平面任意力系，三铰拱在这个力系的作用下处于平衡状态。

本例的解题方法与例 I - 2 - 11 相同。

首先考虑整体平衡条件：

由 $\sum X_i = 0 \Rightarrow F_{Ax} - F_{Bx} = 0$ ①

由 $\sum M_A = 0 \Rightarrow 16F_{By} - 100 \times 4 - (20 \times 8) \times 12 = 0$

$$\Rightarrow F_{By} = 145(\text{kN})$$

由　$\sum Y_i = 0 \Rightarrow F_{Ay} + F_{By} - 100 - (20 \times 8) = 0$

$$\Rightarrow F_{Ay} = 115(\text{kN})$$

其次，考虑部分平衡。例如取 AC 为隔离体（取 BC 为隔离体也得相同结果）如图 I - 2 - 29（b）所示。

由　$\sum M_c = 0 \Rightarrow 4F_{Ax} + 100 \times 4 - 8F_{Ay} = 0$

$$\Rightarrow F_{Ax} = 130(\text{kN})$$

将所求 $F_{Ax} = 130\text{kN}$ 代入方程①，即可求得 $F_{Bx} = 130\text{kN}$

【例 I - 2 - 13】 试求图 I - 2 - 30（a）所示多跨静定梁支座 A、B、D 处的约束反力。

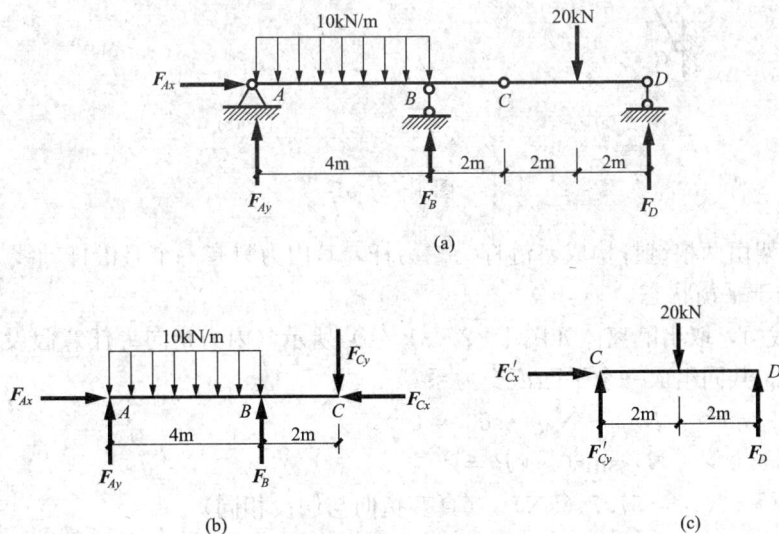

图 I - 2 - 30

解　假设支座反力的方向如图 I - 2 - 30（a）所示。该多跨静定梁共有 4 个支座反力，利用整体平衡方程不能全部求解（可求解 $F_{Ax} = 0$）。

以杆 ABC、CD 为研究对象如图 I - 2 - 30（b）、（c）所示，杆 ABC 也不符合求解条件，故首先分析杆 CD。

由　$\sum X_i = 0 \Rightarrow F'_{cx} = 0$

由　$\sum M_c = 0 \Rightarrow 4F_D - 20 \times 2 = 0 \Rightarrow F_D = 10(\text{kN})$

由　$\sum Y_i = 0 \Rightarrow F'_{cy} + F_D - 20 = 0 \Rightarrow F'_{cy} = 10(\text{kN})$

其次分析杆 ABC，有 $F_{cx} = F'_{cx} = 0$；$F_{cy} = F'_{cy} = 10$（kN）

由　$\sum X_i = 0 \Rightarrow F'_{Ax} - F_{cx} = 0 \Rightarrow F_{Ax} = 0$

由　$\sum M_A = 0 \Rightarrow 4F_B - (10 \times 4) \times 2 - 6F_{cy} = 0 \Rightarrow F_B = 35(\text{kN})$

由　$\sum Y_i = 0 \Rightarrow F_{Ay} + F_B - 10 \times 4 - F_{cy} = 0 \Rightarrow F_{Ay} = 15$（kN）

（二）结构的内力计算

在力与力系的基础知识中，曾学习过内力的概念及其求解方法，杆件或结构的内力计算在工程力学中占有很重要的地位。下面着重通过对桁架内力的求解来进一步认识平衡方程在内力计算中的应用。

【例Ⅰ-2-14】 三角形支架如图Ⅰ-2-31（a）所示，若已知 $P = 100\text{kN}$。试求链杆 AB、AC 的内力 N_{AB}、N_{AC}。

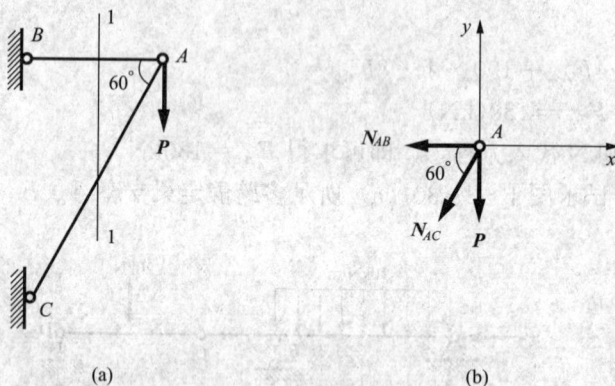

图Ⅰ-2-31

解 此支架由两根链杆构成，链杆为二力杆，其内力只有一个且沿杆轴线方向。支架在力 P 作用下处于平衡状态。

作 1-1 截面，取出隔离体如图Ⅰ-2-31（b）所示（内力指向为任意假设）。外力 P 及内力 N_{AB}、N_{AC} 共同组成一个平面汇交力系。

由 $\sum X_i = 0 \Rightarrow -N_{AB} - N_{AC}\cos 60° = 0$ ①

由 $\sum Y_i = 0 \Rightarrow -N_{AC}\sin 60° - P = 0$ ②

解方程，得 $N_{AB} = 57.74(\text{kN})$ （真实指向与假设相同）

$N_{AC} = -115.47(\text{kN})$ （真实指向与假设相反）

【例Ⅰ-2-15】 试求图Ⅰ-2-32（a）所示桁架中链杆 1、2、3 的内力。

图Ⅰ-2-32

解 首先考虑整体平衡，计算其支座反力。假设支座反力方向如图Ⅰ-2-32所示。作用于桁架上的所有外力共同组成了一个平面任意力系，桁架在此力系的作用下处于平衡状

态。因此

由　$\sum X_i = 0 \Rightarrow F_{Ax} = 0$

由　$\sum M_A = 0 \Rightarrow 12F_B - 3P - 6P = 0 \Rightarrow \boldsymbol{F_B} = 0.75P$

由　$\sum Y_i = 0 \Rightarrow F_{Ay} + F_B - 2P = 0 \Rightarrow \boldsymbol{F_{Ay}} = 1.25P$

用截面法计算杆件的内力。

作 1-1 截面，取出隔离体如图Ⅰ-2-32（b）所示。作用于隔离体上的所有外力和内力共同组成了一个平面任意力系，隔离体在这个力系作用下仍处于平衡状态。由于组成桁架的杆件均为链杆，当外力只作用在结点上时，各杆只产生一种内力且作用线与杆轴线重合。假设欲求各内力指向如图Ⅰ-2-32（b）所示，延长内力 N_2、N_3 的作用线汇交于 C 点。

由　$\sum M_c = 0 \Rightarrow -4N_1 - 6F_{Ay} + 3P = 0 \Rightarrow N_1 = -1.125P$　（指向与假设相反）

由　$\sum M_D = 0 \Rightarrow 4N_3 - 3F_{Ay} = 0 \Rightarrow N_3 = 0.94P$　（指向与假设相同）

杆 2 为斜杆，其内力用力矩方程求解较繁琐。故采用投影方程来求解。将 N_2 沿水平与铅垂方向分解为两个分力 N_{2x} 与 N_{2y}，如图Ⅰ-2-32（b）所示。

由　$\sum Y_i = 0 \Rightarrow -N_{2y} - P + F_{Ay} = 0 \Rightarrow N_{2y} = 0.25P$

因 $N_{2y} = N_2 \cos\alpha$，$\cos\alpha = \dfrac{4}{5}$，故

$$N_2 = \frac{N_{2y}}{\cos\alpha} = \frac{0.25P}{4/5} = 0.31P \quad （指向与假设相同）$$

说明：因本书主要研究平面问题，为讲授和书写方便，在以后的学习内容中，一般情况下外力和内力的表示不再使用矢量符号。

七、静定与超静定问题

通过前面所分析和计算受力构件与结构支座反力的结果可以看出，由于所求未知力的数目与力系所提供的独立平衡方程的数目相等，因而应用平衡方程就能求出全部未知力，这类问题工程上就称为**静定问题**。若未知力的数目超过力系所提供的独立平衡方程的数目，应用平衡方程不能求出全部未知力，这类问题工程上称为**超静定问题**，如图Ⅰ-2-33 所示。

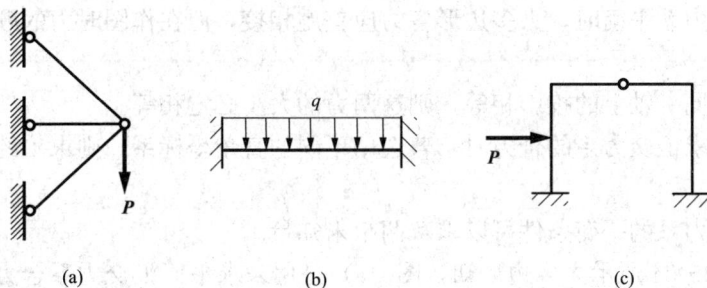

（a）　　　　　　（b）　　　　　　（c）

图Ⅰ-2-33

> **注 意**
>
> 　　构件与结构所处的约束状态是否属于超静定，一般情况下取决于未知约束力的个数与力系所提供的独立平衡方程数目，而与研究对象被使用的次数无关。有些初学者往往会产生这样的错觉，如认为考虑了整体平衡条件后若再取部分为隔离体并考虑其平衡条件又可多出几个平衡方程。事实上，若结构中的每一部分是平衡的，那么整个结构也必然是平衡的。因此，整体平衡方程已经包含了各部分的平衡方程之中，即整体平衡方程与部分平衡方程是相互联系的，而不是独立的。

练 习 题

一、填空题

1. 平面力系的形式有_____力系、_____力系、_____力系、平面共线力系和平面力偶系。

2. 当一个力的作用线与坐标轴垂直时，这个力在该轴上的投影为_____。而当力的作用线与坐标轴平行时，这个力在坐标轴上的投影为_____。

3. 平面汇交力系的合力在任意坐标轴上的投影，等于其各个分力在_____坐标轴上投影的代数和。

4. 平面汇交力系平衡的几何条件是：力系中各力所构成的力多边形_____；其解析条件是_____。

5. 平面力偶系的合力偶矩等于各分力偶矩的_____和。

6. 平面任意力系的平衡条件为力系的_____和力系的_____分别等于零；平衡方程最多可以求解_____个未知量。

7. 对于处于平衡状态的某一结构，若所能列出的独立的平衡方程个数少于所求未知力的个数，则该问题属于_____问题。

二、判断题（对的在括号内打"√"，错的打"×"）

1. 平面汇交力系平衡时，力多边形各力应首尾相接，但在作图时力的顺序可以不同。　　　　　　　　　　　　　　　　　　　　　　　　　　　（　　）

2. 若两力在同一轴上的投影相等，则这两力的大小必定相等。　　　　（　　）

3. 用解析法求汇交力系的合力时，若选用不同的直角坐标系，则求出的合力不同。　　　　　　　　　　　　　　　　　　　　　　　　　　　（　　）

4. 平面汇交力系的平衡条件可以求解两个未知量。　　　　　　　　　（　　）

5. 从图Ⅰ-2-34所示力多边形知，图（a）是用来求平面汇交力系合力的，图（b）表示平面汇交力系所应满足的平衡条件。　　　　　　　　　　　　（　　）

6. 平面任意力系的主矢 $R = \sum F_i = 0$，而主矩不等于零即 $m_0 \neq 0$ 时，则力系一定能简化为一个力偶。　　　　　　　　　　　　　　　　　　　　　　　　（　　）

7. 平面任意力系的主矩与简化中心的位置无关。　　　　　　　　　　（　　）

8. 图Ⅰ-2-35所示轮子可绕轴的中心 O 转动。图（a）为作用一力偶，图（b）为作用

一力，则力偶与力对轮轴系统的作用效应等效。　　　　　　　　　　　　　　　（　　　）

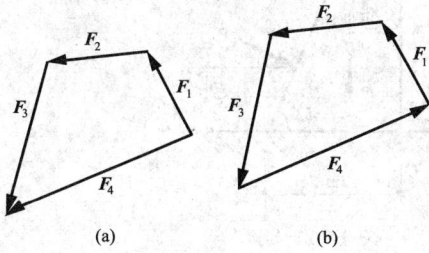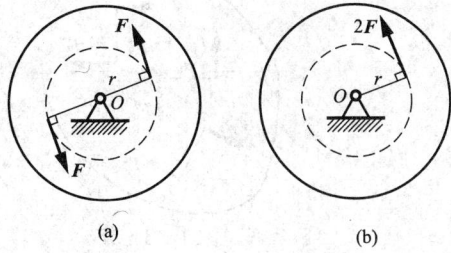

图Ⅰ-2-34　　　　　　　　　　　　图Ⅰ-2-35

三、单项选择题

1. 平面汇交力系的平衡方程最多能求解的未知量为（　　　）。

A. 1　　　　　　　B. 2　　　　　　　C. 3　　　　　　　D. 无数

2. 平面汇交力系的合成结果是（　　　）。

A. 一个力偶矩　　　　　　　　　　B. 一个合力

C. 一个力偶矩和一个合力　　　　　　D. 不能确定

3. 平面平行力系的独立平衡方程数目为（　　　）。

A. 1　　　　　　　B. 2　　　　　　　C. 3　　　　　　　D. 4

4. 若在一刚体平面内只有两个平面力偶 M_1 和 M_2 作用，且满足 $M_1+M_2=0$，则刚体处于（　　　）。

A. 平衡　　　　　B. 不平衡　　　　C. 无法确定　　　　D. 转动

5. 如图Ⅰ-2-36 所示，将图（a）所示的力偶移至图（b）的位置，则 A、B、C 处的约束反力大小（　　　）。

A. 都不变　　　　　　　　　　　　B. A 处的改变，B 与 C 处的不变

C. B 处的改变，A 与 C 处的不变　　D. 都改变

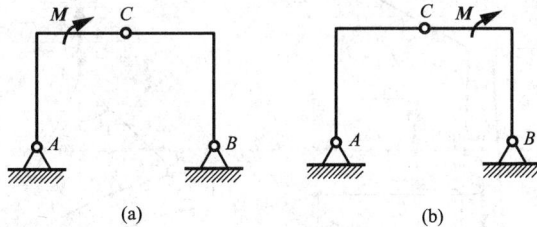

图Ⅰ-2-36

四、计算题

1. 如图Ⅰ-2-37 所示，已知 $F_1=F_1'=80\text{N}$，$F_2=F_2'=120\text{N}$，$F_3=F_3'=60\text{N}$，$d_1=50\text{cm}$，$d_2=60\text{cm}$，$d_3=80\text{cm}$，求图中三个力偶的合力偶矩。

2. 1m 长挡土墙的自重 $G=400\text{kN}$，承受的土压力 $P=450\text{kN}$，各力的指向与作用线位置如图Ⅰ-2-38 所示。试求该两力对 A 点的力矩。并判断挡土墙是否会倾覆。

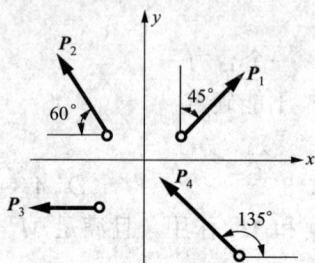

图Ⅰ-2-37　　　　　　　　图Ⅰ-2-38

3. 已知 $P_1=50\text{N}$，$P_2=60\text{N}$，$P_3=90\text{N}$，$P_4=80\text{N}$，各力的方向如图Ⅰ-2-39所示。试分别求各力在 x 轴和 y 轴上的投影。

4. 已知 $F_1=F_2=F_3=200\text{N}$，$F_4=100\text{N}$，各力的方向如图Ⅰ-2-40所示。试求该力系的合力大小及合力作用线方位。

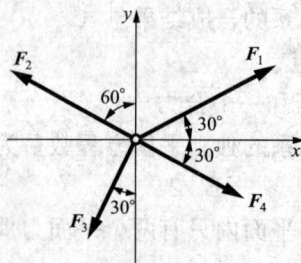

图Ⅰ-2-39　　　　　　　　图Ⅰ-2-40

5. 悬臂式挡土墙尺寸如图Ⅰ-2-41所示，已知墙体重 $G_1=85\text{kN}$，垂直土压力 $G_2=164\text{kN}$，斜向土压力 $P=208\text{kN}$，试将这三个力向 A 点简化，并求出最后的简化结果。

6. 起吊时构件在图Ⅰ-2-42中的位置处于平衡，构件自重力 $G=30\text{kN}$。求钢索 AB、AC 的拉力。

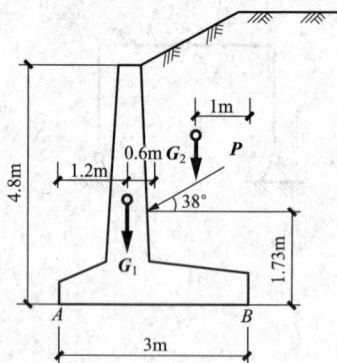

图Ⅰ-2-41　　　　　　　　图Ⅰ-2-42

7. 求图Ⅰ-2-43所示三角形支架各杆的内力。已知 $P=10\text{kN}$，A、B、C 三处都是铰结，杆的自重力不计。

8. 设塔式起重机机身总重（包括机架、机器及压重等）$W=220\text{kN}$，重心为 C，最大起吊重力为 $P=50\text{kN}$，臂长12m，其他尺寸如图Ⅰ-2-44所示，A、B 钢轮在正常工作条件下受支承约束反力为 R_A、R_B。求：

(1) 当起重机满载时，欲保持机身的平衡，平衡重的最小重力需多大？

(2) 当起重机空载时，欲保持机身的平衡，平衡重的最大重力应限制多大？

(3) 若平衡重的重力选定为 $Q=30\text{kN}$，试求满载时钢轨在 A、B 处对起重机的支承力。

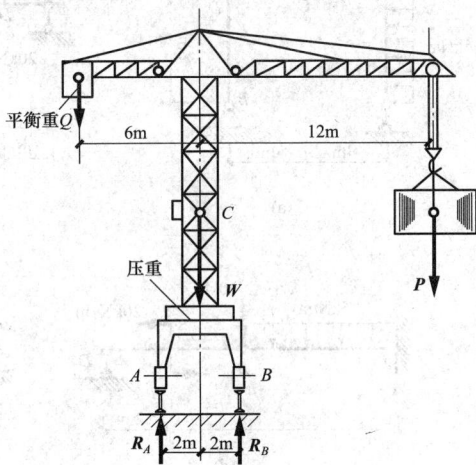

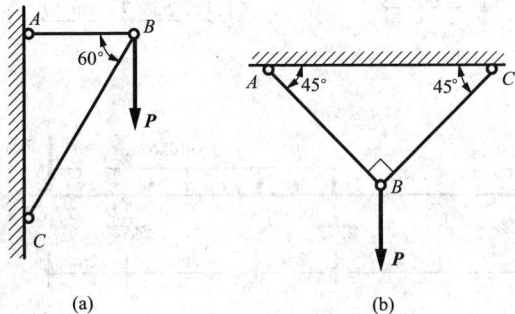

图 I-2-43   图 I-2-44

9. 求图 I-2-45 所示各单跨静定梁的支座反力。

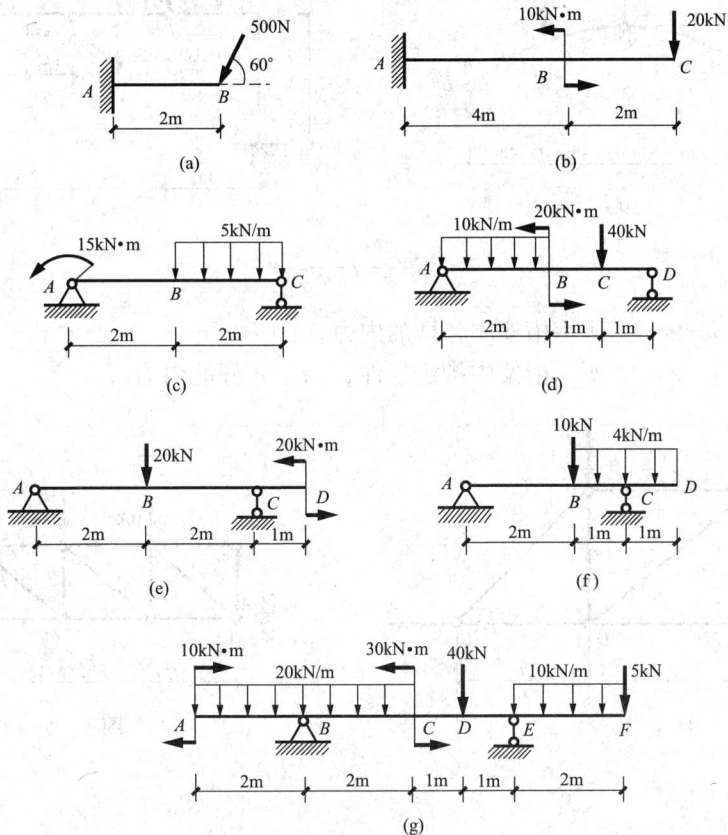

图 I-2-45

10. 求图Ⅰ-2-46所示各结构的支座反力。

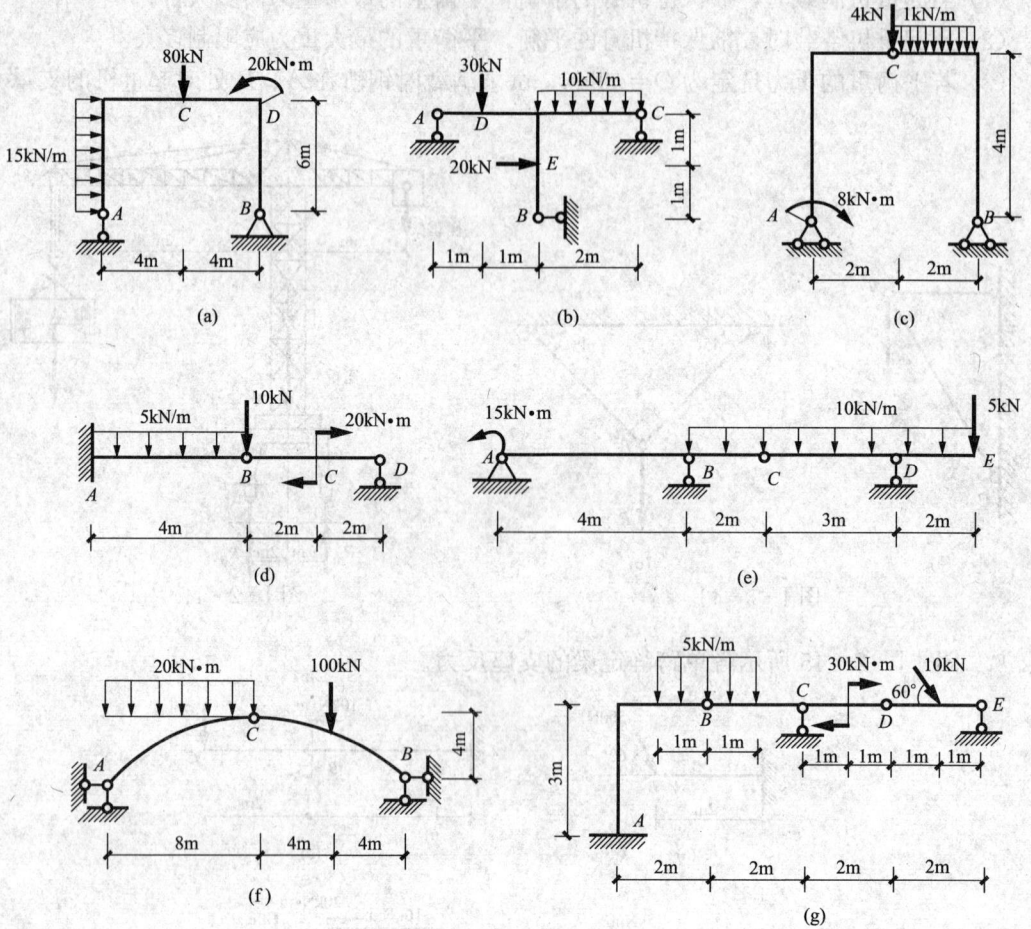

图Ⅰ-2-46

11. 计算图Ⅰ-2-47所示桁架中各杆的内力。

12. 计算图Ⅰ-2-48所示桁架中指定杆件 a、b、c 杆的内力。

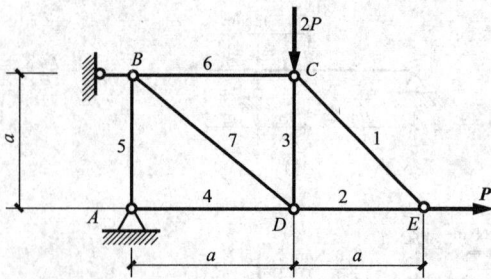

图Ⅰ-2-47

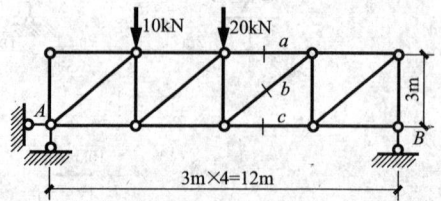

图Ⅰ-2-48

学习情境Ⅱ 工程构件承载能力分析

Ⅱ-1 工程构件常见截面几何性质的计算

工程中的各种杆件,其横截面都是具有一定几何形状的平面图形,通常又称为截面图形。杆件的承载能力与这些截面图形的几何性质密切相关。如在拉压变形问题中用到的杆件横截面的面积,在扭转变形问题中用到的极惯性矩和抗扭截面系数,在弯曲变形过程中用到的静矩、惯性矩及抗弯截面系数等一系列与截面图形的几何形状和尺寸有关的几何量,通常将这些几何量统称为截面图形的**几何性质**。

杆件截面的形状和尺寸以及放置方式都是影响杆件承载能力的重要因素,而这些影响因素又是通过截面的某些几何性质来反映的。因此,研究杆件的承载能力必须掌握截面几何性质的计算。另一方面,研究截面的几何性质还有助于我们在设计杆件截面时选用合理的截面形状和尺寸,使杆件各部分材料都能够充分发挥其应有的作用。

截面的几何性质是一个几何问题,与研究对象的物理性质、力学性质无关。

一、静矩与形心

(一)静矩 S

图Ⅱ-1-1所示平面图形代表某杆件的横截面,其面积为 A。若在图形平面内选取一坐标系 zOy,并在图形上任取一坐标为 z、y 的面积元素 dA。若将 ydA 及 zdA 分别定义为面积元素 dA 对 z 轴和 y 轴的静矩,那么,整个截面图形 A 对 z、y 轴的静矩 S_z、S_y 可定义为

$$\begin{cases} S_z = \int_A y \, dA \\ S_y = \int_A z \, dA \end{cases} \qquad (\text{Ⅱ}-1-1)$$

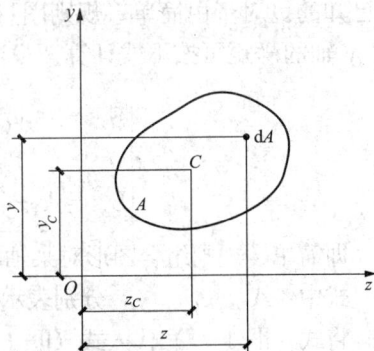

图Ⅱ-1-1

> **注 意**
>
> (1)静矩 S 是对给定的坐标轴而言的,同一截面图形对不同坐标轴的静矩也不相同。
>
> (2)静矩的值可正、可负,也可为零。
>
> (3)静矩的单位为 [长度]^3。

(二)截面图形的形心位置

通过空间力系理论分析可知,均质物体的重心与其重力无关,只取决于物体本身的几何形状。由物体的几何形状和尺寸所决定的物体的几何中心,通常称为该物体几何形体的**形心**。对于均质物体来说,形心和重心是重合的。

若将截面图形视为一均质等厚度平面薄板,当其薄板厚度可以忽略不计时,该平面薄板

的重心即为薄板平面图形的形心。由于工程力学主要是研究物体的平面问题，以下就根据空间力系理论分析的结果给出截面图形的形心坐标计算。

在给定的平面直角坐标系 zOy 中，若任意形状截面图形的形心用 C 表示，形心的坐标用 z_C、y_C 表示（见图Ⅱ-1-1），那么，形心在坐标系中的位置可按下式计算。

$$\begin{cases} z_C = \dfrac{\displaystyle\int_A z\,\mathrm{d}A}{A} \\[3mm] y_C = \dfrac{\displaystyle\int_A y\,\mathrm{d}A}{A} \end{cases}$$

（Ⅱ-1-2）

考察式（Ⅱ-1-1）与式（Ⅱ-1-2）可得，截面图形形心坐标与静矩之间的关系为

$$\begin{cases} S_z = Ay_C \\ S_y = Az_C \end{cases}$$

（Ⅱ-1-3）

式（Ⅱ-1-3）表明，截面图形对某轴的静矩等于平面图形的面积与图形形心到该轴距离的乘积。由此可知，**若截面图形对某轴的静矩为零，则该轴一定通过图形的形心；反之，若某轴通过截面图形的形心，则图形对该轴的静矩等于零**。

在实际工程中，大多数构件的截面图形通常都是一些简单、规则的图形（如矩形、圆形等）或由简单、规则图形组合而成的组合图形。对于简单、规则的图形，其形心位置一般都是已知的。对于由简单、规则图形组合而成的组合图形，在给定的坐标系 zOy 中，图形对 z、y 轴的静矩可按下式计算。

$$\begin{cases} S_z = A_1 y_{C1} + A_2 y_{C2} + \cdots + A_n y_{Cn} = \displaystyle\sum_{i=1}^{n} A_i y_{Ci} \\[3mm] S_y = A_1 z_{C1} + A_2 z_{C2} + \cdots + A_n z_{Cn} = \displaystyle\sum_{i=1}^{n} A_i z_{Ci} \end{cases}$$

（Ⅱ-1-4）

即简单、规则组合图形对某轴的静矩等于各简单、规则图形对同一坐标轴静矩的代数和。

式中：A_i、z_{C_i}、y_{C_i} 分别表示各简单、规则图形的面积和形心坐标。

将式（Ⅱ-1-4）代入式（Ⅱ-1-3）可得，简单、规则组合图形的形心坐标计算公式为

$$z_C = \frac{\displaystyle\sum_{i=1}^{n} A_i z_{Ci}}{\displaystyle\sum_{i=1}^{n} A_i}$$

$$y_C = \frac{\displaystyle\sum_{i=1}^{n} A_i y_{Ci}}{\displaystyle\sum_{i=1}^{n} A_i}$$

（Ⅱ-1-5）

（三）简单、规则组合图形形心位置计算

简单、规则组合图形在给定坐标系中形心位置的计算一般采用两种方法：一种是分块法；一种是负面积法。下面结合实例对这两种方法加以介绍。

1. 分块法

分块法就是将组合图形分成若干个简单、规则图形，并根据式（Ⅱ-1-5）计算出组合图形形心位置的方法。

【例Ⅱ-1-1】 试计算图Ⅱ-1-2所示截面图形的形心位置。

解 （1）建立参考坐标轴 z、y（组合图形形心位置的坐标计算是相对于参考坐标轴而言的）。

（2）分块（将组合图形分为 $A_1 = 300 \times 30 \text{mm}^2$、$A_2 = 50 \times 270 \text{mm}^2$ 两个矩形）。

（3）计算形心位置坐标 z_C、y_C。

根据式（Ⅱ-1-5）有

$$z_C = \frac{\sum A_i z_{C_i}}{\sum A_i}$$

$$= \frac{(300 \times 30) \times 150 + (270 \times 50) \times 150}{(300 \times 30) + (270 \times 50)} = 150 \text{（mm）}$$

$$y_C = \frac{\sum A_i y_{C_i}}{\sum A_i}$$

$$= \frac{(300 \times 30) \times 285 + (270 \times 50) \times 135}{(300 \times 30) + (270 \times 50)} = 195 \text{（mm）}$$

若用通过组合图形形心 C 且平行于 z、y 轴的两个坐标轴 z_C 轴和 y_C 轴来代表组合图形的形心轴，那么，组合图形形心位置的坐标计算值 $z_C = 150 \text{mm}$ 和 $y_C = 195 \text{mm}$ 所表示的形心位置可参看图Ⅱ-1-2。

从以上计算过程可以看出：该截面图形具有一个对称轴 y_C 轴，平面图形的形心必位于其对称轴上。若以 y_C 轴为参考坐标轴 y，那么，截面图形形心的横坐标 $z_C = 0$。

【例Ⅱ-1-2】 试计算图Ⅱ-1-3所示截面图形的形心位置。

解 （1）建立参考坐标轴 z、y。

（2）分块（将组合图形分为 $A_1 = 120 \times 10 \text{mm}^2$、$A_2 = 70 \times 10 \text{mm}^2$ 两个矩形）。

（3）计算形心位置坐标 z_C、y_C。

$$z_C = \frac{\sum A_i z_{C_i}}{\sum A_i} = \frac{(120 \times 10) \times 5 + (70 \times 10) \times 45}{(120 \times 10) + (70 \times 10)} = 19.74 \text{（mm）}$$

$$y_C = \frac{\sum A_i y_{C_i}}{\sum A_i} = \frac{(120 \times 10) \times 60 + (70 \times 10) \times 5}{(120 \times 10) + (70 \times 10)} = 39.74 \text{（mm）}$$

2. 负面积法

【例Ⅱ-1-3】 试计算图Ⅱ-1-4所示截面图形的形心位置。

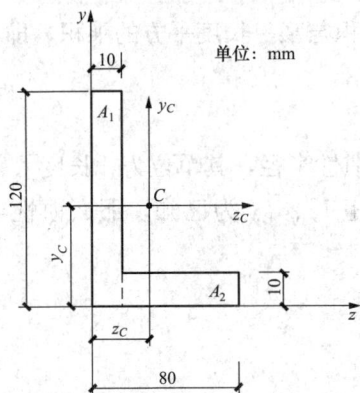

图Ⅱ-1-3

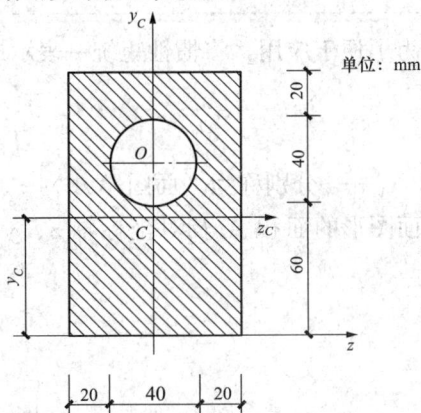

图Ⅱ-1-4

解 （1）建立参考坐标轴 z；

由于该组合图形具有一根纵向对称轴，其形心 c 必位于对称轴上。因此，形心位置的横坐标 $z_C=0$。只需计算形心纵坐标 y_C。

（2）由于图形挖空部分为圆形，采用分块法计算很困难。因此，在式（Ⅱ-1-5）中，可先将原组合图形视为一个完整的矩形，由此可计算出矩形对 z 轴的静矩。其次，将多计算的挖去部分的图形对 z 轴的静矩减去（即将挖去部分的圆面积视为一个"负面积"），而式（Ⅱ-1-5）中的分母为原组合图形的净面积。则

$$y_C=\frac{\sum_{i=1}^{n}A_iy_{Ci}}{\sum_{i=1}^{n}A_i}=\frac{(80\times120)\times60-\left(\frac{\pi\times40^2}{4}\right)\times80}{80\times120-\frac{\pi\times40^2}{4}}=56.99(\text{mm})$$

二、惯性矩、极惯性矩与惯性积

（一）惯性矩 I

图Ⅱ-1-5所示平面图形代表某杆件的横截面，其面积为 A。若在图形平面内选取一坐标系 zOy，并在图形上任取一坐标为 z、y 的面积元素 dA。若将 y^2dA 及 z^2dA 分别定义为面积元素 dA 对 z、y 轴的惯性矩，那么，整个截面图形 A 对 z、y 轴的惯性矩 I_z、I_y 可定义为

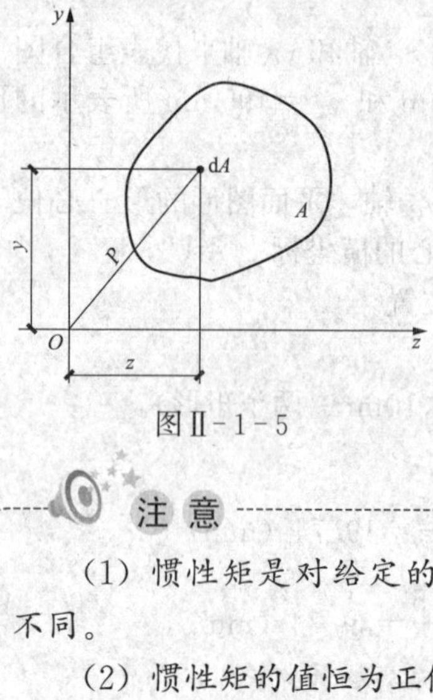

$$\begin{cases}I_z=\int_A y^2dA\\I_y=\int_A z^2dA\end{cases}\qquad(\text{Ⅱ-1-6})$$

图Ⅱ-1-5

注意

（1）惯性矩是对给定的坐标轴而言的。同一截面图形对不同坐标轴的惯性矩也不同。

（2）惯性矩的值恒为正值。

（3）惯性矩的单位为 [长度]^4。

有时为了便于应用，将惯性矩统一表示成图形面积与某一长度平方的乘积，即

$$\begin{cases}I_z=i_z^2A\\I_y=i_y^2A\end{cases}\qquad(\text{Ⅱ-1-7})$$

式中 i_z、i_y——分别称为平面图形 A 对 z、y 轴的惯性半径，其单位为 [长度]。

若截面图形的面积 A 及对坐标轴 z、y 的惯性矩 I_z、I_y 为已知，那么惯性半径可表示为

$$\begin{cases}i_z=\sqrt{\dfrac{I_z}{A}}\\i_y=\sqrt{\dfrac{I_y}{A}}\end{cases}\qquad(\text{Ⅱ-1-8})$$

今后，在讨论压杆的稳定性问题中，将涉及惯性半径的应用。

（二）极惯性矩 I_p

在图Ⅱ-1-5中，若将 $\rho^2 \mathrm{d}A$ 定义为面积元素 $\mathrm{d}A$ 对 zOy 坐标原点 O（也称为极点）的极惯性矩，那么，整个截面图形对 O 点的极惯性矩 I_p 可定义为

$$I_p = \int_A \rho^2 \mathrm{d}A \qquad (\text{Ⅱ}-1-9)$$

式中 ρ——面积元素 $\mathrm{d}A$ 到坐标系原点 O 的距离。

> **注意**
>
> （1）极惯性矩是对给定的坐标系而言的。同一截面图形对不同坐标系原点的极惯性矩也不同。
>
> （2）极惯性矩的值恒为正值。
>
> （3）极惯性矩的单位为 $[长度]^4$。

从图Ⅱ-1-5可以看出：

$$I_p = \int_A \rho^2 \mathrm{d}A = \int_A (y^2 + z^2)\mathrm{d}A = \int_A y^2 \mathrm{d}A + \int_A z^2 \mathrm{d}A = I_z + I_y$$

即

$$I_p = I_x + I_y \qquad (\text{Ⅱ}-1-10)$$

式（Ⅱ-1-10）表明：**截面图形对其平面内任一点的极惯性矩，等于以该点为坐标原点的任意一对正交坐标轴的惯性矩之和。**

（三）惯性积 I_{zy}

在图Ⅱ-1-5中，若将 $zy\mathrm{d}A$ 定义为面积元素 $\mathrm{d}A$ 对 z、y 两轴的惯性积，那么，整个平面图形对坐标轴 z、y 的惯性积可定义为

$$I_{zy} = \int_A zy\mathrm{d}A \qquad (\text{Ⅱ}-1-11)$$

> **注意**
>
> （1）惯性积是对给定的坐标系而言的。同一截面图形对不同坐标系的惯性积也不相同。
>
> （2）惯性积的值可正、可负，也可为零。
>
> （3）惯性积的单位为 $[长度]^4$。

从惯性积的定义可知：**只要 z、y 轴之一为截面图形的对称轴，则该截面对两轴的惯性积就一定等于零。**

【例Ⅱ-1-4】 试计算图Ⅱ-1-6所示底宽为 b、高为 h 的矩形截面图形对其形心轴 z_C 轴（z_C 轴平行于底边）和 y_C 轴（y_C 轴平行于 h 边）的惯性矩 I_{z_C}、I_{y_C}。

解 （1）计算 I_{z_C}。取平行于 z_C 轴的微面积 $\mathrm{d}A = b\mathrm{d}y$，应用式（Ⅱ-1-6），得

$$I_{z_C} = \int_A y^2 \mathrm{d}A = \int_{-\frac{h}{2}}^{\frac{h}{2}} y^2 (b\mathrm{d}y) = b \cdot \left[\frac{y^3}{3}\right]_{-\frac{h}{2}}^{\frac{h}{2}} = \frac{bh^3}{12}$$

（2）计算 I_{y_C}。取平行于 y_C 轴的微面积 $\mathrm{d}A = h\mathrm{d}I$，代入式（Ⅱ-1-6）积分运算后可得

$I_{y_C} = \dfrac{hb^3}{12}$，由此得矩形截面对其形心轴的惯性矩为

$$I_{z_C} = \frac{bh^3}{12}, \quad I_{y_C} = \frac{hb^3}{12}$$

【例Ⅱ-1-5】　试计算图Ⅱ-1-7所示直径为 d 的圆形截面图形对其形心轴 z_C 的惯性矩 I_{z_C}。

解　取微面积如图Ⅱ-1-7中的阴影部分小长条，则

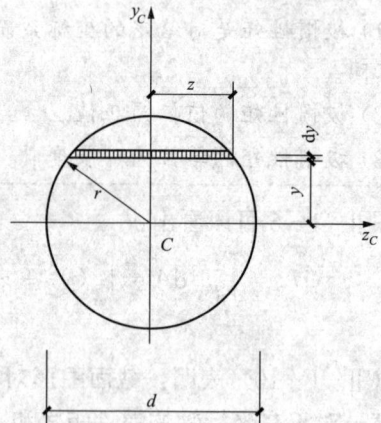

图Ⅱ-1-6　　　　　　　　　　　　　　图Ⅱ-1-7

$$dA = 2z\,dy = 2\sqrt{\gamma^2 - y^2}\,dy$$

代入式（Ⅱ-1-6）

得

$$I_z = 2\int y^2 \sqrt{r^2 - y^2}\,dy = \frac{\pi r^4}{4} = \frac{\pi d^4}{64}$$

因为圆截面的每一直径轴都是其对称轴，所以它对每一直径轴的惯性矩都为 $\dfrac{\pi d^4}{64}$。

（四）简单、规则图形的几何性质

为了方便计算和查用，将工程中常用的一些简单、规则截面图形的面积、形心位置以及对其形心轴的惯性矩等几何性质列于表Ⅱ-1-1中，以备读者选用。

表Ⅱ-1-1　　　　　常见截面图形的面积、形心位置以及对其形心轴的惯性矩

序号	图形	面积	形心位置	惯性矩
1		$A = bh$	$e = \dfrac{h}{2}$	$I_{z_C} = \dfrac{bh^3}{12}$ $I_{y_C} = \dfrac{b^3 h}{12}$

序号	图形	面积	形心位置	惯性矩
2		$A = BH - bh$	$e = \dfrac{H}{2}$	$I_{zC} = \dfrac{BH^2 - bh^3}{12}$ $I_{yC} = \dfrac{B^3 H - b^3 h}{12}$
3		$A = BH - bh$	$e = \dfrac{H}{2}$	$I_{zC} = \dfrac{BH^3 - bh^3}{12}$ $I_{yC} = \dfrac{B^3 (H-h) + (B-b)^3 h}{12}$
4		$A = \dfrac{\pi D^2}{4}$	$e = \dfrac{D}{2}$	$I_{zC} = I_{yC} = \dfrac{\pi D^4}{64}$
5		$A = \dfrac{\pi (D^2 - d^2)}{4}$	$e = \dfrac{D}{2}$	$I_{zC} = I_{yC} = \dfrac{\pi (D^4 - d^4)}{64}$
6		$A = \dfrac{bh}{2}$	$e = \dfrac{h}{3}$	$I_{zC} = \dfrac{bh^3}{36}$

序号	图形	面积	形心位置	惯性矩
7	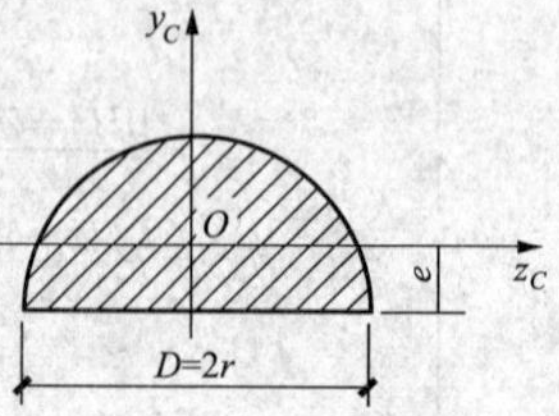	$A=\dfrac{\pi r^2}{2}$	$e=\dfrac{4r}{3\pi}$	$I_{zC}=\left(\dfrac{1}{8}-\dfrac{8}{9\pi^2}\right)\pi r^4$
8	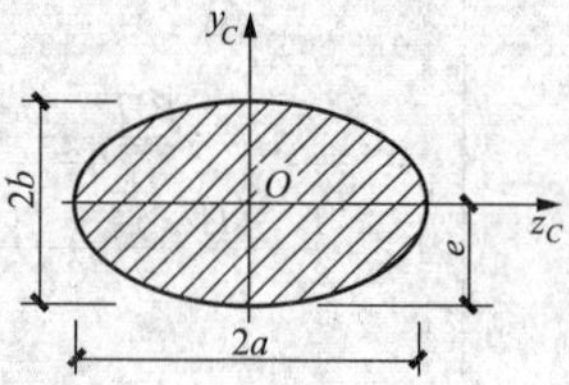	$A=\pi ab$	$e=b$	$I_{zC}=\dfrac{\pi ab^3}{4}$ $I_{yC}=\dfrac{\pi ba^3}{4}$

三、惯性矩的平行移轴公式以及简单、规则组合截面图形惯性矩的计算

（一）惯性矩的平行移轴公式

如前所述，同一截面图形对于不同坐标轴的惯性矩一般是各不相同的，但它们相互之间存在着一定的关系，这些关系在组合截面图形惯性矩的计算中有着广泛的应用。下面就讨论截面图形对相互平行的坐标轴的惯性矩之间的关系。

一面积为 A 的任意形状的截面图形如图 Ⅱ-1-8 所示。C 为截面图形形心，z_C 轴、y_C 轴为其形心轴，且 z_C 轴平行于 z 轴，两轴间的距离为 a，y_C 轴平行于 y 轴，两轴间的距离为 b。若 I_{zC}、I_{yC}、A、a、b 均为已知，试求 I_z、I_y。

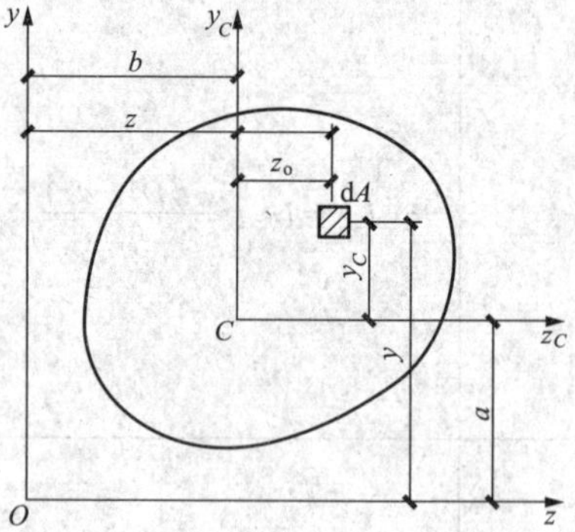

从图 Ⅱ-1-8 中可以看出：

$$z=z_C+b$$
$$y=y_C+a$$

根据惯性矩的定义，有

$$I_z=\int_A y^2\mathrm{d}A=\int_A (y_C+a)^2\mathrm{d}A=\int_A (y_C^2+2ay_C+a^2)\mathrm{d}A$$
$$=\int_A y_C^2\mathrm{d}A+2a\int_A y_C\mathrm{d}A+a^2\int_A \mathrm{d}A$$

图 Ⅱ-1-8

其中，第一项为截面图形对 z_C 轴的惯性矩 I_{zC}；第二项 $\int_A y_C\mathrm{d}A$ 为截面图形对 z_C 轴的静矩 S_{zC}，因 z_C 轴是形心轴，故 $S_{zC}=0$；第三项 $\int_A \mathrm{d}A$ 的结果为截面图形的面积 A，则

同理，得

$$\begin{cases} I_z=I_{zC}+a^2A \\ I_y=I_{yC}+b^2A \end{cases} \tag{Ⅱ-1-12}$$

式（Ⅱ-1-12）称为惯性矩的平行移轴公式。它表明：**截面图形对任意轴的惯性矩，等于截面图形对与该轴平行的形心轴的惯性矩加上截面图形的面积与两轴间距离平方的乘积。**

仿照上述推导过程可得

$$I_{zy} = I_{z_C y_C} + abA \qquad\qquad (Ⅱ-1-13)$$

式（Ⅱ-1-13）称为惯性积的平行移轴公式。它表明：**截面图形对任意一对正交坐标轴的惯性矩，等于截面图形对与之平行的一对正交形心轴的惯性积加上两对平行轴之间距离的乘积再乘以平面图形的面积。**

【例Ⅱ-1-6】 计算图Ⅱ-1-9所示矩形截面图形对 z、y 轴的惯性矩 I_z、I_y。

解 查表Ⅱ-1可知：$I_{zC} = \dfrac{bh^3}{12}$，$I_{yC} = \dfrac{hb^3}{12}$。

根据平行移轴公式，有

$$I_z = I_{zC} + a^2 A = \frac{bh^3}{12} + \left(\frac{h}{2}\right)^2 (bh) = \frac{1}{3} bh^3$$

$$I_y = I_{yC} + b^2 A = \frac{hb^3}{12} + \left(\frac{b}{2}\right)^2 (bh) = \frac{1}{3} hb^3$$

（二）简单、规则组合截面图形惯性矩的计算

工程中有许多构件的截面图形都是由一些简单、规则的图形，如矩形、圆形、三角形等所组成的组合图形，有些则是由几个型钢截面组成的组合图形。根据惯性矩定义可知，组合截面图形对某轴的惯性矩就等于组成该图形的其他各组成部分对同一坐标轴惯性矩之和。因此，若截面图形是由几个部分组成的，则此截面图形对 z、y 两轴的惯性矩可分别按下式计算：

$$\begin{cases} I_z = \sum I_{zi} \\ I_y = \sum I_{yi} \end{cases} \qquad\qquad (Ⅱ-1-14)$$

对于简单、规则组合图形的惯性矩，其计算方法也有类似形心位置计算的分块法和负面积法，现通过例题来加以说明。

【例Ⅱ-1-7】 计算图Ⅱ-1-10所示截面图形对其形心轴 z_C、y_C 轴的惯性矩 I_{zC}、I_{yC}。

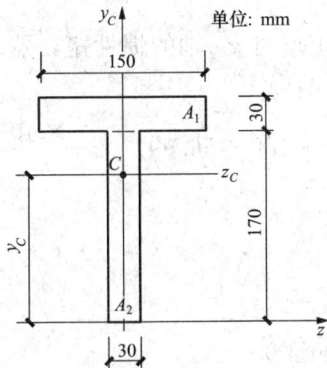

图Ⅱ-1-9

图Ⅱ-1-10

解 （1）确定形心位置，建立参考坐标轴 z。

$$z_C = 0$$

$$y_C = \frac{(150 \times 30) \times 185 + (170 \times 30) \times 85}{(150 \times 30) + (170 \times 30)} = 131.88 \text{(cm)}$$

（2）计算 I_{zC}、I_{yC}。采用分块法计算。将组合图形分为 $A_1 = 150 \times 30 \text{cm}^2$ 和 $A_2 = 170 \times 30 \text{cm}^2$ 两个矩形，则

$$I_{zC} = \left[\frac{150 \times 30^3}{12} + (185 - 131.88)^2 \times (150 \times 30) \right] +$$

$$\left[\frac{30 \times 170^3}{12} + (131.88 - 85)^2 \times (170 \times 30) \right]$$

$$= 13.04 \times 10^6 + 23.49 \times 10^6 = 36.53 \times 10^6 \ (\text{cm}^4)$$

$$I_{yC} = \frac{30 \times 150^3}{12} + \frac{170 \times 30^3}{12} = 8.82 \times 10^6 \ (\text{cm}^4)$$

因整个图形的形心轴 z_C 与分块图形 A_1、A_2 的形心轴不重合，故 I_{zC} 的计算需采用平行移轴公式。而 y_C 轴与 A_1、A_2 的形心轴重合，所以，I_{yC} 的计算不再使用平行移轴公式。

【例Ⅱ-1-8】 计算例Ⅱ-1-2所示截面图形对其行心轴 z_C、y_C 轴的惯性矩（见图Ⅱ-1-11）。已知：$z_C = 19.74\text{mm}$，$y_C = 39.74\text{mm}$。

解　本例仍采用分块法计算。将组合图形分为 $A_1 = 120 \times 10 \text{mm}^2$ 和 $A_2 = 70 \times 10 \text{mm}^2$ 两个矩形，则

$$I_{zC} = \left[\frac{10 \times 120^3}{12} + (60 - 39.74)^2 \times (10 \times 120) \right] + \left[\frac{70 \times 10^3}{12} + (39.74 - 5) \times (70 \times 10) \right]$$
$$= 2.78 \times 10^6 \ (\text{mm}^4)$$

$$I_{yC} = \left[\frac{120 \times 10^3}{12} + (19.74 - 5)^5 \times (120 \times 10) \right] + \left[\frac{10 \times 70^3}{12} + (45 - 19.74^2 \times (70 \times 10) \right]$$
$$= 1 \times 10^6 \ (\text{mm}^4)$$

【例Ⅱ-1-9】 计算例Ⅱ-1-3所示截面图形对其形心轴 z_C、y_C 轴的惯性矩（见图Ⅱ-1-12）。$z_C = 0$，$y_C = 56.99\text{mm}$。

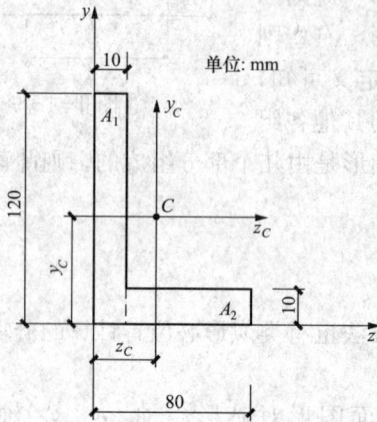

图Ⅱ-1-11

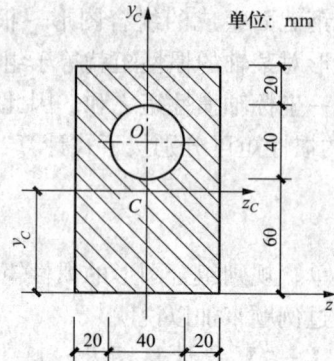

图Ⅱ-1-12

解　本例采用负面积法计算。计算 I_{zC} 时，首先计算完整矩形对 z_C 轴的惯性矩，然后再减去挖空部分圆面积对 z_C 轴的惯性矩。根据平行移轴公式，有

$$I_{zC} = \left[\frac{80 \times 120^3}{12} + (60 - 56.99)^2 \times (80 \times 120) \right] - \left[\frac{\pi \times 40^4}{64} + (80 - 56.99)^2 \times \frac{\pi \times 40^2}{4} \right]$$

$$= 11.61 \times 10^6 - 0.79 \times 10^6 = 10.82 \times 10^6 \ (\text{mm}^4)$$

计算 I_{yC} 时不使用平行移轴公式，即

$$I_{yC} = \frac{120 \times 80^3}{12} - \frac{\pi \times 40^4}{64} = 4.99 \times 10^6 \ (\text{mm}^4)$$

四、形心主轴与形心主惯性矩的概念

从惯性积的定义可以看到：惯性积的值可正、可负，也可为零；且若某一对正交坐标轴

之一为截面图形的对称轴，那么，截面图形对该对正交坐标轴的惯性积一定等于零。若截面图形对某一对正交坐标轴的惯性积等于零，那么，该对正交坐标轴就称为截面图形的**主轴**，截面图形对该对正交坐标轴的惯性矩就称为**主惯性矩**。若该对正交坐标轴通过截面图形的形心，那么，该对正交坐标轴就称为截面图形的**形心主轴**，截面图形对该对正交坐标轴的惯性矩就称为**形心主惯性矩**。形心主惯性矩是今后学习中有着重要用途的截面几何性质。

练 习 题

一、填空题

1. 平面图形的几何性质是指与截面图形的几何形状和尺寸有关的_____量，其大小与研究对象的物理性质、力学性质_____关。

2. 简单、规则图形对某一坐标轴的静矩等于该平面图形的面积与图形的_____到该轴距离的乘积。

3. 具有对称轴的截面图形，其形心必在_____轴上，截面对该轴的静矩等于_____。

4. 简单、规则组合图形对某轴的静矩等于各简单、规则图形对_____坐标轴静矩的代数和。

5. 在图Ⅱ-1-13所示的截面图形中，已知直线 l 以上部分 I 对形心轴 z_C 轴的静矩为 $s_{zC}^{I} = 200\text{cm}^3$，那么直线 l 以下部分 II 对 z_C 轴的静矩为 $S_{zC}^{II} =$ _____。

6. 矩形截面及其坐标轴如图Ⅱ-1-14所示，则图形对形心轴的惯性矩 I_{zC}、I_{yC} 之间的大小关系为_____。

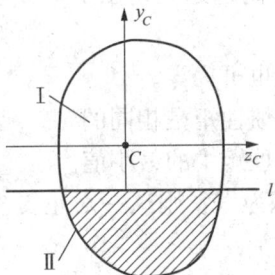

图Ⅱ-1-13　　　　　　　　　　图Ⅱ-1-14

7. 简单、规则组合图形对某轴的惯性矩，等于组成组合图形的各简单、规则图形对_____轴的惯性矩之和。

8. 在惯性矩的平行移轴公式 $I_z = I_{zC} + a^2 A$ 中，z_C 轴应为截面图形的_____；z 轴与 z_C 轴应_____。

9. 截面图形及其坐标轴如图Ⅱ-1-15所示，则阴影部分面积对形心轴 y_C 轴的惯性矩 $I_{yC} =$ _____。

10. 截面图形对其平面内任一点的极惯性矩，等于以该点为坐标原点的任意一对正交坐标轴的_____之和。

11. 图Ⅱ-1-16所示圆形截面，已知截面图形对圆心的极惯性矩 $I_p = 240\text{cm}^4$，那么

$I_{yC}=$ _____ , $I_{zC}=$ _____ 。

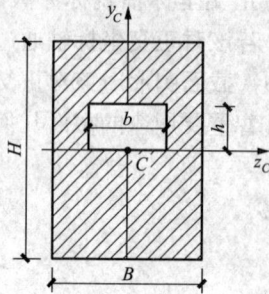

图Ⅱ-1-15

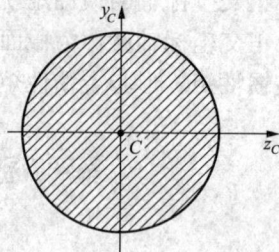

图Ⅱ-1-16

12. 若正交坐标轴 y 或 z 中有一个为截面图形的对称轴，则截面图形对这对坐标轴的惯性积 I_{yz} 恒等于 _____ 。

13. 使截面图形的惯性积为零的一对坐标轴称为 _____ ，若其中一轴过截面图形的形心，则称为 _____ ，截面图形对该轴的惯性矩称为 _____ 。

二、判断题（对的在括号内打"√"，错的打"×"）

1. 相同内力的截面，只要截面的面积相同，其承载力的大小也相同，承载力大小和截面形状无关。 （ ）

2. 匀质等厚度薄板的重心就是薄板平面图形的形心。 （ ）

3. 若截面图形对某轴的静矩为零，则该轴一定是形心轴。 （ ）

4. 同一截面图形对不同坐标轴的静矩是不同的。 （ ）

5. 同一截面图形的形心相对于某一坐标轴的距离越远，则图形对该坐标轴静矩的绝对值越小。 （ ）

6. 静矩、惯性矩、极惯性矩的值可正、可负，也可为零。 （ ）

7. 同一截面图形对于不同坐标轴的惯性矩和极惯性矩是相同的。 （ ）

8. 截面图形对形心轴的惯性矩是所有平行轴惯性矩中的最小值。 （ ）

9. 只要截面图形对某一对正交坐标轴的惯性积为零，则这一对正交坐标轴都是该截面图形的对称轴。 （ ）

10. 平行移轴公式既可以计算惯性矩，也可以计算惯性积。 （ ）

11. 截面图形的形心主轴一定是对称轴。 （ ）

12. 如果截面图形有两根对称轴，则此两轴都为形心主轴。 （ ）

三、单项选择题

1. 静矩的单位是（ ）。

A. 长度　　　　B. 长度的二次方　　C. 长度的三次方　　D. 长度的四次方

2. 图Ⅱ-1-17所示，半圆截面对 z 轴和形心轴 y_C 轴的惯性矩和静矩分别为 I_z、I_{yC}、S_z、S_{yC}，则以下结论不正确的是（ ）。

A. $I_z=\dfrac{\pi d^4}{128}$　　　B. $I_{yC}=\dfrac{\pi d^4}{128}$　　　C. $S_{yC}=0$　　　D. $S_z=0$

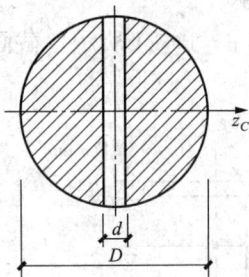

图Ⅱ-1-17　　　　　　　　　　　图Ⅱ-1-18

3. 对于某个截面图形，以下结论中正确的是（　　　）。

A. 图形对某一轴的惯性矩可以为零

B. 图形若有两根对称轴，则该两根对称轴的交点必为图形的形心

C. 对于图形的对称轴，惯性矩必为零

D. 若图形对某轴的惯性矩等于零，则该轴必为对称轴

4. 截面的惯性矩和极惯性矩的单位是（　　　）。

A. 长度　　　　　　B. 长度的二次方　　　C. 长度的三次方　　　D. 长度的四次方

5. 带油孔圆轴（油孔可近似视为矩形）的截面尺寸图Ⅱ-1-18所示，它对形心轴 z_C 轴的惯性矩 I_{zC} 为（　　　）。

A. $\dfrac{\pi D^4}{32} - \dfrac{dD^3}{12}$　　　B. $\dfrac{\pi D^4}{32} - \dfrac{dD^3}{6}$　　　C. $\dfrac{\pi D^4}{64} - \dfrac{Dd^3}{12}$　　　D. $\dfrac{\pi D^4}{64} - \dfrac{dD^3}{12}$

6. 如图Ⅱ-1-19所示，三角形的面积为 A，若图形对 z 轴的惯性矩为 I_z，则对 z' 轴的惯性矩 $I_{z'}$ 为（　　　）。

A. $I_{z'} = I_z - \left(\dfrac{h}{3}\right)^2 A - \left(\dfrac{h}{6}\right)^2 A$　　　　　　B. $I_{z'} = I_z - \left(\dfrac{h}{3}\right)^2 A + \left(\dfrac{h}{6}\right)^2 A$

C. $I_{z'} = I_z + \left(\dfrac{h}{3}\right)^2 A - \left(\dfrac{h}{6}\right)^2 A$　　　　　　D. $I_{z'} = I_z + \left(\dfrac{h}{3}\right)^2 A + \left(\dfrac{h}{6}\right)^2 A$

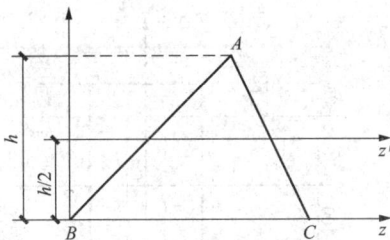
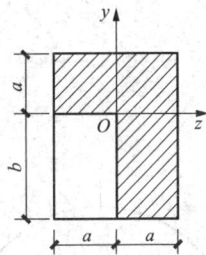

图Ⅱ-1-19　　　　　　　　　　　图Ⅱ-1-20

7. 如图Ⅱ-1-20所示，阴影部分图形对 z、y 轴的惯性积为 I_{yz}，下列结论正确的是（　　　）。

A. $I_{yz} > 0$　　　　　B. $I_{yz} < 0$　　　　　C. $I_{yz} = 0$　　　　　D. $I_{yz} = \dfrac{a^2 b^2}{4}$

四、计算题

1. 计算图Ⅱ-1-21 所示各截面图形的形心位置。

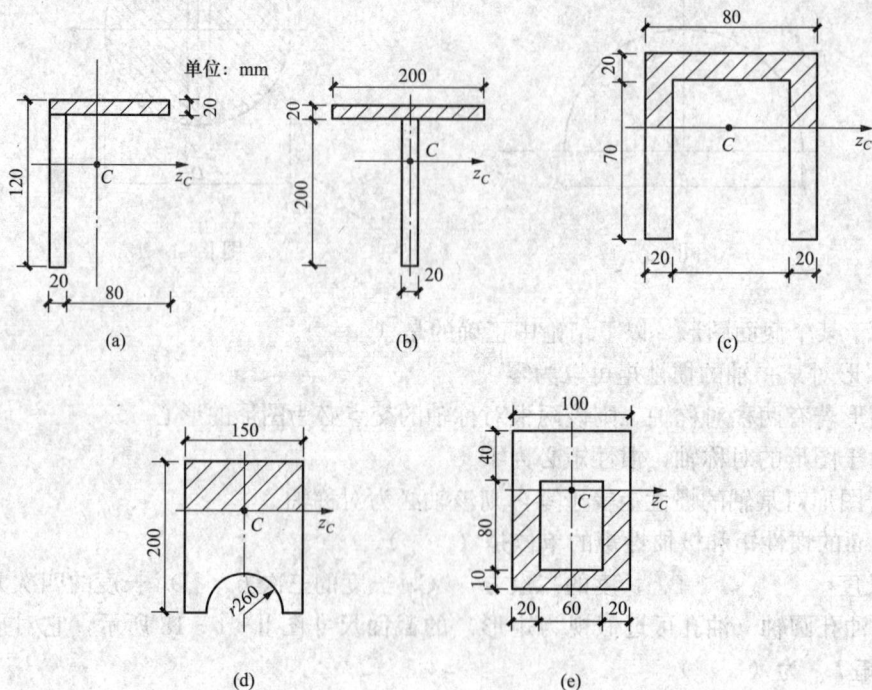

图Ⅱ-1-21

2. 证明：图Ⅱ-1-22 所示半圆的形心位置 $e = \dfrac{4r}{3\pi}$。

3. 计算图Ⅱ-1-21 所示各截面图形的阴影部分对形心轴 z_C 轴的静矩 S_{zC}。

4. 如图Ⅱ-1-23 所示。计算 $b = 150\text{mm}$、$h = 300\text{mm}$ 的矩形截面对 z_C 轴的惯性矩。如按图中虚线所示，将矩形截面的中间部分移到两边拼成工字形，试计算此工字形截面对 z_C 轴的惯性矩。

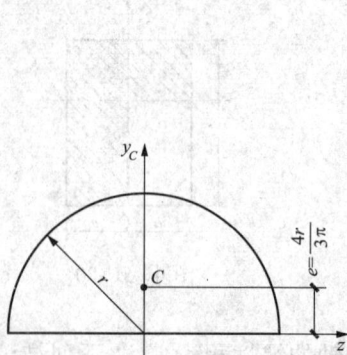

图Ⅱ-1-22

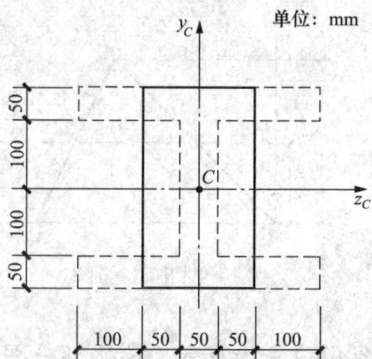

图Ⅱ-1-23

5. 计算截面面积 $A = 120\text{mm}^2$ 的正方形、圆形对形心主轴的惯性矩，并与 45c 工字钢的惯性矩做比较。

6. 图Ⅱ-1-24（a）、（b）所示为两个 10 号槽钢按两种形式组成的组合截面，试分别计算（a）、（b）图对形心轴的惯性矩 I_{zC} 和 I_{yC}，以及 I_{zC} 与 I_{yC} 的比值。

7. 图Ⅱ-1-25 所示为由两个 20a 槽钢组成的组合截面，若使此截面对两个对称轴的惯性矩 $I_{zC}=I_{yC}$，则两槽钢的间距 a 应为多少？

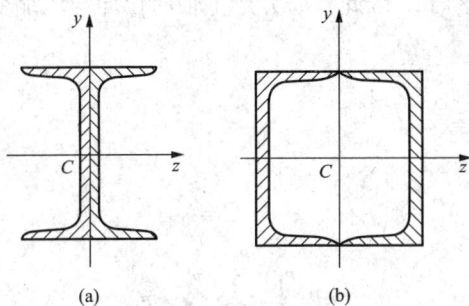

图Ⅱ-1-24　　　　　　　图Ⅱ-1-25

8. 计算图Ⅱ-1-26 所示截面图形对形心主轴的 I_{z_C}、I_{y_C}、$I_{z_C y_C}$。

图Ⅱ-1-26

9. 计算图Ⅱ-1-27 所示截面图形对形心轴 z_C 轴与 y_C 轴的惯性半径 i_{z_C}、i_{y_C}。

10. 计算图Ⅱ-1-28 所示 $b \times h$ 的矩形截面对其角上一点 A 的极惯性矩 I_p。

11. 计算图Ⅱ-1-29 所示截面的惯性积 I_{zy}。

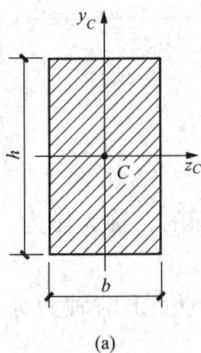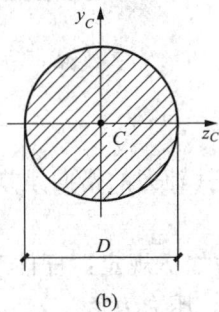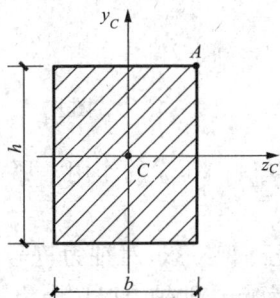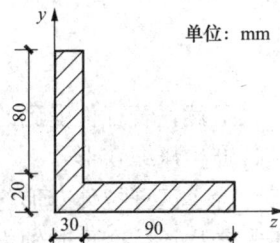

图Ⅱ-1-27　　　　　　图Ⅱ-1-28　　　　图Ⅱ-1-29

Ⅱ-2　轴向拉（压）杆的承载能力分析

在实际工程结构中，轴向拉伸或压缩变形的杆件是比较常见的。如图Ⅱ-2-1（a）所示三角支架中的杆件；图Ⅱ-2-1（b）所示桥梁结构中受对称荷载作用的墩柱；图Ⅱ-2-1（c）所示桁架屋顶结构中的杆件等都是受拉伸或压缩的例子。因此，研究产生轴向拉伸与压缩变形杆件的强度、刚度问题是工程力学的基本任务之一。

图Ⅱ-2-1

一、轴向拉（压）杆的内力——轴力

（一）轴力

若要对杆件的强度和刚度进行分析计算，首先要分析杆件的内力。现以图Ⅱ-2-2（a）所示受拉杆为例说明。杆受到一对作用线与杆轴线重合的轴向拉力作用而处于平衡状态，为求得任意横截面 1-1 截面上的内力，运用截面法将杆沿 1-1 截面截开，取左段（或右段）为研究对象如图Ⅱ-2-2（b）所示，由平衡条件 $\sum X_i = 0$ 可知，截面上的内力（截面上各点处内力的合力）必是与杆轴线重合的一个力 N，大小为 $N = P$。这种与杆轴线重合的内力称为轴力。在此例中轴力的指向背离截面，称为拉力。杆件产生拉伸变形。

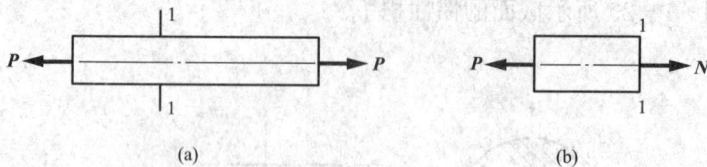

图Ⅱ-2-2

显然，若杆件受到的是轴向压力的作用，那么其轴力的指向是指向截面的，称为压力。杆件产生压缩变形。

为了区分拉伸变形与压缩变形，对轴力符号做如下规定：杆件产生拉伸变形时轴力为正，产生压缩变形时轴力为负，即**轴力以拉力为正，压力为负**。

通过以上分析可知，杆件产生轴向拉伸或压缩变形的内在原因是横截面上有轴力作用。因此，有轴力存在的杆件将产生轴向拉伸或轴向压缩变形。

在实际工程中，有些杆件会同时承受两个或两个以上的轴向外力作用（称为多力杆），此时，杆各段内的轴力仍用截面法求解。下面就通过示例进行讨论。

【例Ⅱ-2-1】 试求图Ⅱ-2-3（a）所示轴向受力杆截面1—1、2—2上的轴力。

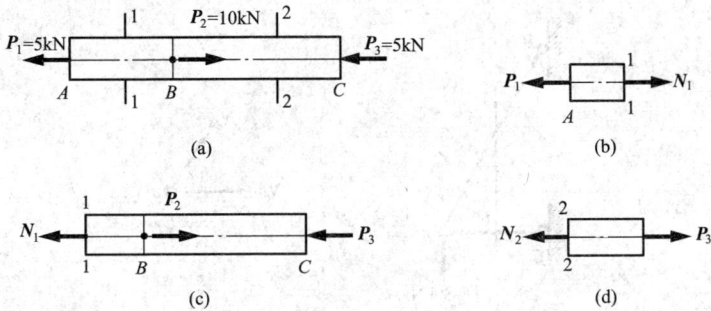

图Ⅱ-2-3

解　作1—1截面，并取左段为隔离体，如图Ⅱ-2-3（b）所示。假设1—1截面上的轴力 N_1 为拉力。

由 $\sum X_i = 0 \Rightarrow N_1 - P_1 = 0 \Rightarrow N_1 = P = 5\text{kN}$（拉力）

若取右段为研究对象［见图Ⅱ-2-3（c）］

由 $\sum X_i = 0 \Rightarrow -N_1 + P_2 - P_3 = 0 \Rightarrow N_1 = P_2 - P_3 = 5\text{kN}$（拉力）

与左段计算结果完全相同。

作2—2截面，并取右段为隔离体，如图Ⅱ-2-3（d）所示。假设2—2截面上的轴力 N_2 为拉力。

由 $\sum X_i = 0 \Rightarrow -N_2 - P_3 = 0 \Rightarrow N_2 = -P_3 = -5\text{kN}$（真实指向与假设相反，为压力）

【例Ⅱ-2-2】 试求图Ⅱ-2-4（a）所示轴向受力杆 AB、BC、CD 段内的轴力。

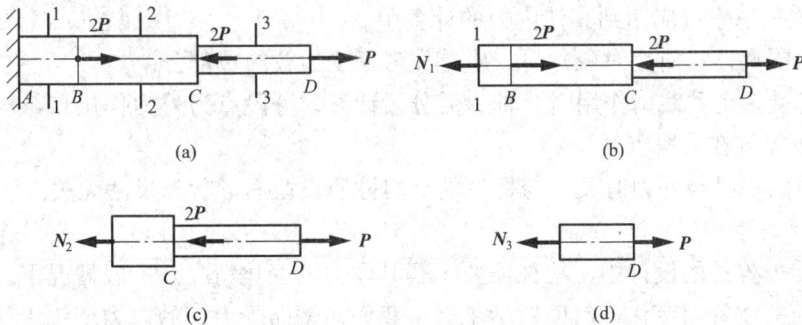

图Ⅱ-2-4

解　本题有两种计算方法：第一种是先计算固定端 A 处的约束反力，然后计算轴力；第二种是不计算约束反力而直接计算轴力，但前提条件是所取隔离体中不包含固定端 A。本题采用第二种方法计算。

在 AB 段内任取1—1截面，并取出隔离体如图Ⅱ-2-4（b）所示。

由 $\sum X_i = 0 \Rightarrow -N_1 + 2P - 2P + P = 0 \Rightarrow N_1 = P$（拉力）

在 BC 段内任取2—2截面，并取隔离体如图Ⅱ-2-4（c）所示。

由 $\sum X_i = 0 \Rightarrow N_2 - 2P + P = 0 \Rightarrow N_2 = -P$（压力）

在 CD 段内任取 3—3 截面，并取隔离体如图 Ⅱ-2-4 (d) 所示。

由 $\sum X_i = 0 \Rightarrow -N_3 + P = 0 \Rightarrow N_3 = P$（拉力）

【例 Ⅱ-2-3】 三角形支架如图 Ⅱ-2-5 (a) 所示，试求 AB、AC 两杆内的轴力。

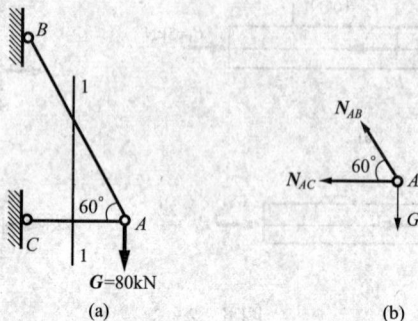

图 Ⅱ-2-5

解 作 1—1 截面并取隔离体如图 Ⅱ-2-5 (b) 所示。

由 $\qquad\qquad\qquad \sum X_i = 0 \Rightarrow -N_{AC} - N_{AB}\cos 60° = 0 \qquad\qquad$ ①

由 $\qquad\qquad\qquad \sum Y_i = 0 \Rightarrow N_{AB}\sin 60° - G = 0 \qquad\qquad\qquad$ ②

解方程①、②得

$$N_{AB} = 92.38\text{kN （拉力）}$$

$$N_{AC} = -46.19\text{kN （压力）}$$

通过以上示例分析，应总结以下几点：

（1）为避免轴力规定的正、负号与平衡方程运算符号产生混淆，计算前轴力均可假设为拉力（即假设为正），若通过平衡方程计算后所得结果为正，则表明该轴力一定为拉力，反之为压力。这一思想可应用到其他内力的计算中。

（2）选取隔离体（研究对象）时，应首先考虑受力较简单部分。

（3）当杆受多个共线力作用时，轴力需分段计算，分段点为外力作用点，因此，各分段内所取截面不能选在分段点处。

（4）轴力大小只与外力有关，与杆件的材料性质、截面形状和尺寸无关。

（二）轴力方程

在工程受力构件的设计中，往往需要了解其内力的变化情况。一般情况下，构件的内力将随其横截面的位置而变化，借助数学工具，我们对轴向受力杆的内力变化规律做一个简要分析。

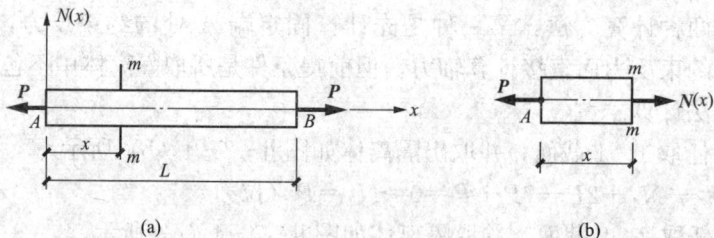

图 Ⅱ-2-6

如图Ⅱ-2-6（a）所示轴向受拉杆 AB，杆长为 L。若以杆轴线为横坐标轴 x，纵坐标轴表示轴力的大小，A 为坐标原点，则杆任一截面 $m-m$ 上的轴力可表示为 x 的函数，即

$$N=N（x）$$

应用截面法，在距坐标原点为任意位置 x 处作一截面并取出隔离体如图Ⅱ-2-6（b）所示。

由 $\sum X_i=0 \Rightarrow N（x）-P=0 \Rightarrow N（x）=P$ 　　$（0<x<L）$

上式表达了轴向拉压杆内轴力随横截面位置变化而变化的函数关系，称为**轴力方程**。这种内力与截面位置 x 的函数关系称为内力方程。从轴力方程可以看出，在不考虑杆自重的情况下，轴力在 AB 段内是一个常数。但若考虑杆的自重，则轴力变化规律将有所不同，下面通过例子加以分析。

【例Ⅱ-2-4】 高为 h，横截面积为 A 的矩形截面混凝土柱如图Ⅱ-2-7（a）所示，柱顶部作用有轴向压力 P。若考虑柱的自重且已知柱材料的容重为 γ，试分析其轴力方程。

解　距柱顶任意位置 x 处作 $1-1$ 截面，并取隔离体如图Ⅱ-2-7（b）所示，隔离体自重 $G（x）=\gamma Ax$，即自重沿柱高呈直线规律变化。

由 $\sum X_i=0 \Rightarrow N（x）+G（x）+P=0$

$\Rightarrow N(x)=-G(x)-P=-(\gamma Ax+P)$ 　$（0<x<h）$

上式即为混凝土柱的轴力方程，从方程可以看出，在考虑自重的情况下，杆内轴力按直线规律变化。

（三）轴力图

为了直观、形象地表示轴力沿杆轴的变化情况，工程上常采用图形表示法。即以杆轴线为"作图基线"，规定拉力画在作图基线的上方，压力画在下方，将各截面轴力大小按适当的比例标注在作图基线上并用直线连接，得到一个表示轴力沿杆轴变化规律的图形，这个图形就称为**轴力图**。

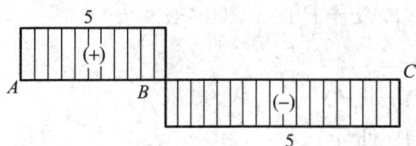

图Ⅱ-2-7

作轴力图通常有两种方法：一是根据轴力方程作图；二是用简便方法作图。当轴向拉压杆不考虑自重时，轴力图绘制通常采用第二种方法（因轴力在每个分段内为一个常数，其图形为一条水平线）。

用简便方法作轴力图的基本步骤如下：

（1）建立作图基线。

（2）分段（对多力作用杆）。

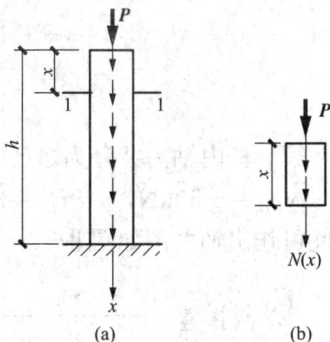

N图(kN)

图Ⅱ-2-8

（3）用截面法求出各分段内轴力，绘制轴力图。

【例Ⅱ-2-5】 作图Ⅱ-2-3（a）所示轴向拉压杆的轴力图。

解　在例Ⅱ-2-1中已求得 AB 段内的轴力 $N_1=$ 5kN，BC 段内的轴力 $N_2=-5$kN。据此可作出轴力图如图Ⅱ-2-8所示。

【例Ⅱ-2-6】 作图Ⅱ-2-9（a）所示轴向拉压

杆的轴力图。

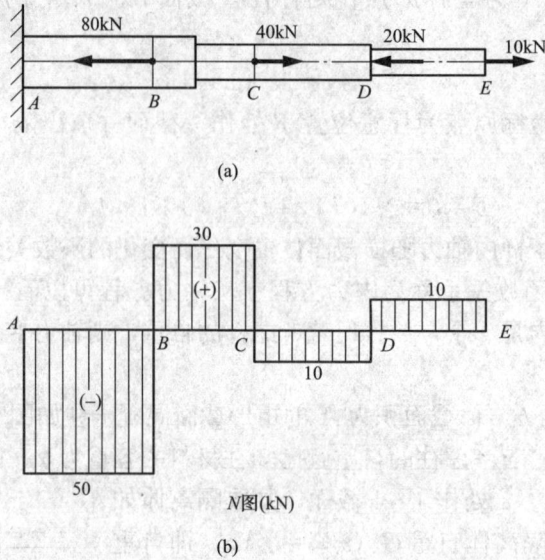

(a)

(b)

N图(kN)

图Ⅱ-2-9

解 杆内轴力共分为 AB、BC、CD、DE 四段，用截面法求得各分段轴力大小为

$$N_{AB}=-50kN, \quad N_{BC}=30kN, \quad N_{CD}=-10kN, \quad N_{DB}=10kN$$

据此可作出轴力图如图Ⅱ-2-9（b）所示。

📢 **注 意**

（1）轴力图上须标注正、负号，轴力数值大小，图的性质及单位（无单位时不可随意标注）。

（2）图中添加的竖向线必须与作图基线垂直，不可随意绘制。

（3）图中外力作用点处截面上轴力出现两个数值，如图Ⅱ-2-9（b）中 B 截面有 $-50kN$ 和 $30kN$ 两个值，C 截面有 $30kN$ 和 $-10kN$ 两个值；D 截面中有 $-10kN$ 和 $10kN$ 两个值。这种现象称为"突变"，同一截面上内力从一个数值变化到另一个数值的变化值称为突变值，且整个突变值的绝对值一定等于作用于该截面处集中力的大小。

【例Ⅱ-2-7】 作图Ⅱ-2-7（a）所示混凝土柱的轴力图。

解 由于该混凝土柱内的轴力是随截面位置不同而按直线规律变化的，因此其轴力图不能用简便方法绘制。

根据轴力方程：$N(x)=-(\gamma Ax+P)$ $(0<x<h)$

当 $x=0$ 时，$N(0)=-P$

当 $x=h$ 时，$N(h)=-(\gamma Ah+P)$

据此可作出轴力图如图Ⅱ-2-10所示。

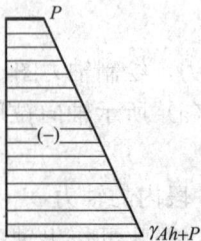

N图

图Ⅱ-2-10

二、轴向拉压杆横截面上的应力

掌握了轴向拉压杆的内力计算，是否已能解决其强度与刚度问题。如图Ⅱ-2-11所示轴向受拉杆。若已知两杆的材料、长度、横

截面形状以及所承受的拉力 P 大小均相同，但横截面积大小不同（$A_2 > A_1$），当外力 P 增大到一定程度时，(a)、(b) 两杆是同时产生破坏？还是哪一杆先破坏？显然，从生活基本常识可知，(a) 杆应首先破坏。这个问题说明，轴向拉压杆的强度不仅与轴力大小有关，而且还与杆件横截面面积的大小有关。为进一步了解和分析轴向拉压杆的强度与刚度问题，我们首先引入应力与应变的概念。

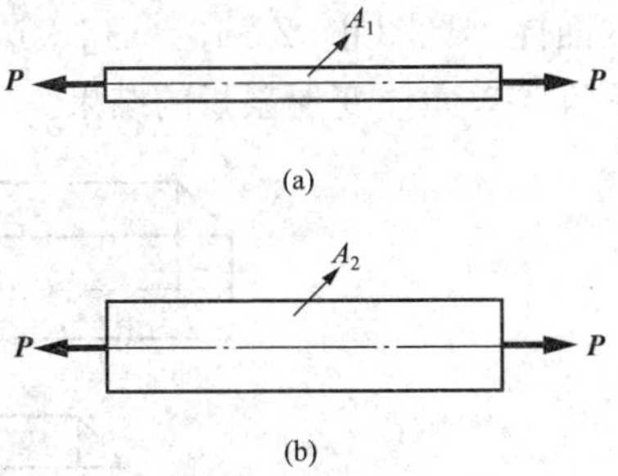

图Ⅱ-2-11

（一）应力与应变的概念

1. 应力

通过内力的分析可知，用截面法求得的内力是整个横截面上各点处分布的内力的合力，同样大小的内力分布在大小不同的面积上对杆件的作用效果是不相同的。在研究强度问题时，不但需要知道整个截面上分布内力的合力，还需要进一步了解截面上各点处内力分布的密集程度（简称内力集度）。

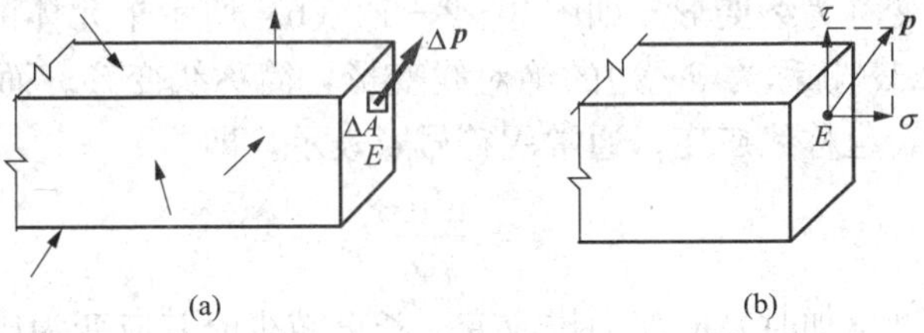

图Ⅱ-2-12

内力在一点处分布的密集程度称为应力。为了说明截面上任一点 E 处的应力，可在截面上围绕点 E 取一微小面积 ΔA，若作用于 ΔA 上的内力的合力为 Δp ［图Ⅱ-2-12 (a)］，则比值

$$p_m = \frac{\Delta p}{\Delta A} \qquad\qquad (\text{Ⅱ-2-1})$$

式中　P_m——ΔA 上的平均应力。

一般情况下，截面上各点处的内力虽连续分布，但并不一定是均匀分布的，因此 P_m 将随所取 ΔA 的大小而异，并不能真实反映内力在一点处的强弱程度。为消除 ΔA 带来的影响，可令 $\Delta A \to 0$，则 P_m 的极限值即为点 E 处的应力 p

$$p = \lim_{\Delta A \to 0} \frac{\Delta p}{\Delta A} = \frac{\mathrm{d}p}{\mathrm{d}A} \qquad\qquad (\text{Ⅱ-2-2})$$

应力是一个矢量，与截面既不垂直，也不相切。在工程力学中，通常将应力分解为垂直于截面和相切于截面的两个分量 ［图Ⅱ-2-12 (b)］，垂直于截面的应力分量称为**正应力**，用符号 σ 表示；相切于截面的应力分量称为**剪应力**，用符号 τ 表示。

应力的单位是 Pa（N/m²），常用单位是 MPa 或 GPa。

$1\text{MPa} = 10^6\text{Pa} = 1\text{N/mm}^2$；　　$1\text{GPa} = 10^9\text{Pa}$

2. 应变

为了研究整体杆件的变形，从微观角度出发可设想将杆件分成若干个边长极其微小的正六面体〔见图Ⅱ-2-13（a）〕，这种正六面体称为单元体。那么，整个杆件的变形可视为是所有各单元体变形累积的结果。

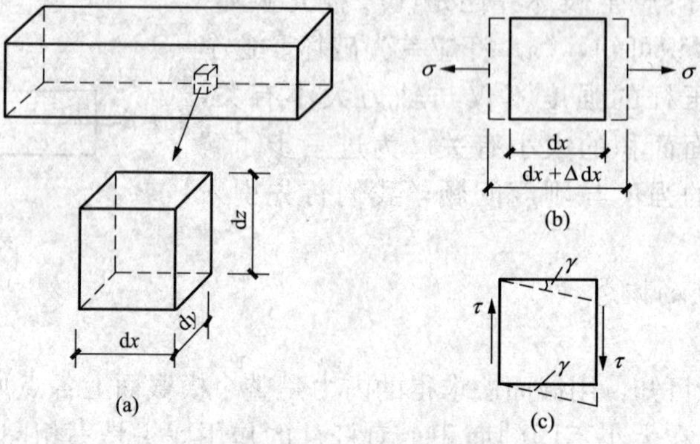

图Ⅱ-2-13

一个单元体的变形有边长的改变和各边夹角的改变两种形式。

单元体边长的改变称为**线变形**。如图Ⅱ-2-13（b）所示单元体的 dx 边，变形后的边长为 $dx+\Delta dx$，则 Δdx 就称为 dx 边的绝对线变形，简称线变形。而 Δdx 与原边长 dx 的比值称为相对线变形，也称**线应变**，通常用符号 ε 表示。即

$$\varepsilon=\frac{\Delta dx}{dx} \qquad\qquad (Ⅱ-2-3)$$

单元体变形后长度增加时其应变为拉应变，长度减少时其应变为压应变。

单元体相邻各边间的夹角变形前互为直角，变形后直角的改变量称为**剪应变**，通常用符号 γ 表示〔见图Ⅱ-2-13（c）〕。

线应变 ε 和剪应变 γ 均为无单位的量。

试验证明：应力与应变之间存在着一一对应的关系，即**正应力 σ 只引起线应变 ε；剪应力 τ 只引起剪应变 γ**。弹性体的变形在弹性范围内时，应力与应变（σ 与 ε、τ 与 γ）之间成正比例关系。

（二）轴向拉压杆横截面上的应力分析

在解决了轴向拉压杆的内力问题之后，要解决其强度问题还需进一步分析横截面上的应力。

杆件产生轴向拉压变形时：

（1）横截面上有何种应力存在？

（2）应力沿截面如何分布？

（3）应力的大小如何计算？

分析和研究杆件横截面上的应力状况，通常采用的方法是：①通过相关的力学实验从几何方面观察杆件的变形情况，提出假设并得出相应的结论；②从物理方面给出实验条件，并根据分布内力与变形间的物理关系找出应力的分布规律；③通过静力平衡条件推导出应力计算公式。基于上述思路，现在来分析轴向拉压杆横截面上的应力。

1. 几何方面

取一矩形截面直杆，受力前在其表面画上一系列彼此相互平行的垂直于杆轴线的横向线

aa、bb 和平行于杆轴线的纵向线 cc、dd ［见图Ⅱ-2-14 (a)］。然后加上一对轴向拉力 P，使杆产生轴向拉伸变形。观察实验现象可以看到：横向线 aa、bb 分别平移到 $a'a'$、$b'b'$，且仍为垂直于杆轴线的直线；纵向线 cc、dd 都有相同的伸长且仍与杆轴线平行 ［图Ⅱ-2-14 (b)］。

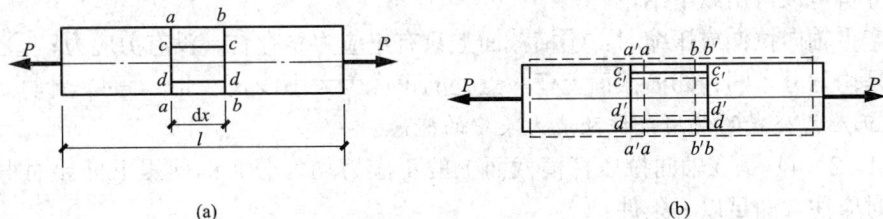

图Ⅱ-2-14

根据上述实验现象，可作出如下假设：

（1）若 aa、bb 代表垂直于杆轴线的平面，那么，拉伸变形后仍为垂直于杆轴线的平面，称为平面假设。

（2）设想杆件是由无数根平行于杆轴线的纤维所组成的，杆件拉伸变形后，各条纵向线有相同的伸长且与横向线间的夹角没有发生改变。

推论：杆件拉伸前、后，相邻两横向线间的距离增大，且横向线与纵向线间的夹角始终保持不变。这说明杆件横截面上有线应变产生，没有剪应变；另一方面，从平面假设可知横截面上各点处的线应变是相同的。

2. 物理方面

（1）实验时，杆件条件符合均匀性、连续性假设和各向同性假设，杆件的变形在弹性范围内。

（2）根据应力与应变之间存在着一一对应的关系可知：杆件横截面上只有正应力而没有剪应力，且正应力沿截面是均匀分布的。这一结论对受压杆也是成立的。

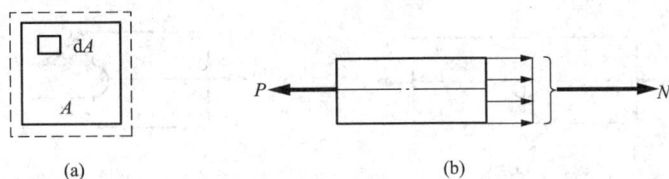

图Ⅱ-2-15

3. 静力平衡方面

在杆内任取一横截面，根据整个截面上的内力是截面上各点处微内力合力的概念，在横截面上取一微面积 dA ［见图Ⅱ-2-15 (a)］，作用在该微面积上的微内力 $dN = \sigma \cdot dA$，则整个横截面 A 上微内力的总和即为轴力 N ［见图Ⅱ-2-15 (b)］，即

$$N = \int_A \sigma dA = \sigma \int_A dA = \sigma A$$

$$\Rightarrow \sigma = \frac{N}{A} \qquad\qquad (Ⅱ-2-4)$$

式中　N——横截面上的轴力；

σ——轴向拉压杆横截面上的正应力;

A——横截面面积。

若杆件产生轴向压缩变形,则正应力为负值。故规定:拉应力为正,压应力为负。

通过分析可以得出以下结论:

杆件产生轴向拉伸或压缩时:①横截面上只有正应力 σ 存在,没有剪应力;②正应力沿整个截面是均匀分布的;③横截面上任一点处的正应力大小按式(Ⅱ-2-4)计算。

(三)正应力公式的使用条件及应力集中的概念

式(Ⅱ-2-4)是在轴向拉压杆横截面上的正应力均匀分布的前提下推导而得,因此,使用该式时应注意满足以下条件:

(1)外力作用线必须与杆轴线重合。若不重合,横截面上的正应力将不再是均匀分布的。

(2)式(Ⅱ-2-4)只在杆件距外力作用点较远部分才正确。因外力作用点附近杆内的应力分布是很复杂的,但理论分析和实验结果都证明:力作用于杆端的方式不同,只会使作用点附近不大的范围内受到影响(称为圣维南原理)。因此,作用在杆端上的各种力可用其合力来代替,只要合力作用线与杆轴线重合,则除了力作用点附近不大的区域外,仍可用式(Ⅱ-2-4)计算杆内正应力。

(3)杆件必须是等截面直杆。若杆件截面尺寸沿杆轴线方向发生变化,则截面上的正应力将不再是均匀分布的。但当截面变化比较缓慢(图Ⅱ-2-16)时,仍可近似应用公式(Ⅱ-2-4),但若截面尺寸产生突然变化[见图Ⅱ-2-17(a)],在截面突然变化处会出现局部应力急剧升高的现象,称为**应力集中**[图Ⅱ-2-17(b)]。

图Ⅱ-2-16

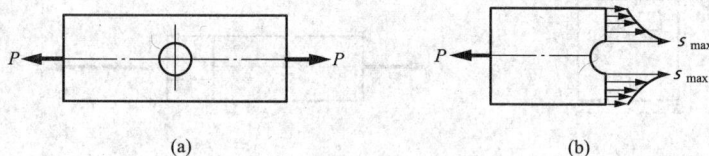

(a)   (b)

图Ⅱ-2-17

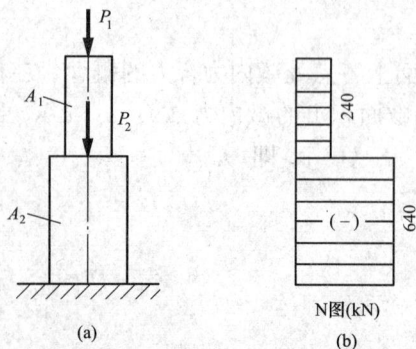

(a)

图Ⅱ-2-18

(b)

【例Ⅱ-2-8】 矩形截面混凝土柱受轴向压力作用如图Ⅱ-2-18(a)所示。若已知 $P_1 = 240\text{kN}$, $P_2 = 400\text{kN}$, $A_1 = 12\text{cm}^2$, $A_2 = 20\text{cm}^2$,试求上下两柱内的正应力 σ_1 和 σ_2。

解 作柱的轴力图如图Ⅱ-2-18(b)所示。

上段轴力 $N_1 = -240\text{kN}$;下段轴力 $N_2 = -640\text{kN}$

所以

$$\sigma_1 = \frac{N_1}{A_1} = \frac{-240 \times 10^3}{12 \times 10^{-4}} = -200 \times 10^6 (\text{Pa}) =$$

-200（MPa）（压应力）

$$\sigma_2 = \frac{N_2}{A_2} = \frac{-640 \times 10^3}{20 \times 10^{-4}} = -320 \times 10^6 (\text{Pa}) = -320 (\text{MPa}) \text{（压应力）}$$

【例Ⅱ-2-9】 三角形支架受力如图Ⅱ-2-19（a）所示。若已知杆 AB 为直径 $d = 16\text{mm}$ 的圆型截面杆，杆 AC 为边长 $a = 10\text{mm}$ 的正方形截面杆，$P = 15\text{kN}$，试求杆 AB、AC 横截面上的正应力。

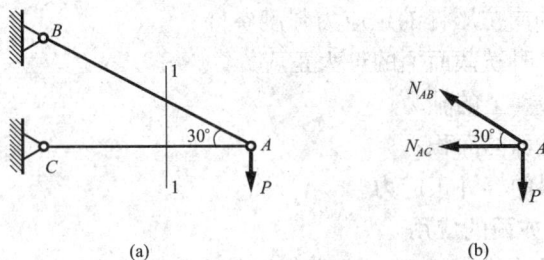

图Ⅱ-2-19

解　作 1-1 截面，取隔离体如图Ⅱ-2-19（b）所示。

由　　　　　　　　　$\sum X_i = 0 \Rightarrow -N_{AC} - N_{AB}\cos 30° = 0$　　　　　　　①

由　　　　　　　　　$\sum Y_i = 0 \Rightarrow N_{AB}\sin 30° - P = 0$　　　　　　　　②

解方程①、②得

$$N_{AB} = \frac{P}{\sin 30°} = \frac{15}{\sin 30°} = 30\text{kN} \qquad \text{（拉力）}$$

$$N_{AC} = -N_{AB}\cos 30° = -30\cos 30° = -26(\text{kN}) \qquad \text{（压力）}$$

所以

$$\sigma_{AB} = \frac{N_{AB}}{A_{AB}} = \frac{30 \times 10^3}{\frac{\pi}{4} \times 0.016^2} = 149 \times 10^6 (\text{Pa}) = 149 (\text{MPa}) \qquad \text{（拉应力）}$$

$$\sigma_{AC} = \frac{N_{AC}}{A_{AC}} = \frac{-26 \times 10^3}{10 \times 10 \times 10^{-4}} = -2.6 \times 10^6 (\text{Pa}) = -2.6 (\text{MPa}) \qquad \text{（压应力）}$$

三、轴向拉（压）杆件的强度计算

（一）容许应力与安全系数

根据式Ⅱ-2-4求得的正应力是轴向拉压杆工作时杆内的实际应力，要判别它会不会造成杆件的破坏，还需要知道杆件材料能承受的最大应力。任何一种杆件材料都存在着一个能够承受应力的固有极限，称为极限应力，用符号 σ^0 来表示。每一种不同材料的极限应力值通常是由实验来测定的，当杆内应力达到此值时，杆件即宣告破坏。但在实际工程构件的设计中，考虑到诸多差异及无法预计的不利因素，为了使杆件能够安全可靠地工作，必须给予杆件材料一定的安全储备，即规定将极限应力 σ^0 除以一个大于1的数 k，并将所得结果作为衡量材料承载能力的依据，这种降低数值后的应力值称为材料的**容许应力**，也就是材料的强度标准，用符号 $[\sigma]$ 来表示，即

$$[\sigma] = \frac{\sigma^0}{k} \qquad\qquad （Ⅱ-2-5）$$

式中　k——材料的安全系数，是一个大于1的数，其值由设计规范规定。

（二）轴向拉压杆的强度条件

1. 强度条件

若轴向拉压杆工作时要满足安全可靠的基本要求，就必使杆内的实际最大工作应力不超过杆件材料的容许正应力，即

$$\sigma_{max} = \frac{N}{A} \leqslant [\sigma] \qquad (\text{II}-2-6)$$

式（II-2-6）为轴向拉压杆的正应力强度条件。

式中 σ_{max}——杆件工作时横截面上的最大正应力；

N——杆件横截面上的轴力；

A——杆件横截面的面积；

$[\sigma]$——杆件材料的容许正应力。

2. 强度条件在三个方面的应用

建立了杆件的强度条件之后，可根据强度条件来解决实际工作中与杆件强度有关的三类设计计算问题：

（1）校核强度。即计算出杆件在工作时杆内的实际最大应力 σ_{max}，并与材料的容许正应力 $[\sigma]$ 进行比较，若 $\sigma_{max} > [\sigma]$，则表明杆件不满足强度要求；若 $\sigma_{max} \leqslant [\sigma]$，则表明杆件满足强度要求。

（2）选择截面尺寸。即在满足强度要求的前提下，根据相关数据来设计杆件横截面的尺寸。此时公式（II-2-6）可改写为

$$A \geqslant \frac{N}{[\sigma]}$$

式中的 A 与横截面尺寸有关。

（3）确定容许荷载 $[P]$。即在满足强度要求的前提下，根据相关数据来确定杆件所能承受的最大荷载值。此时公式（II-2-6）可改写为

$$N \leqslant A[\sigma]$$

式中的 N 与荷载有关。

【例 II-2-10】 三角形支架受力如图 II-2-20（a）所示。若已知杆 AB 为直径 $d_1 = 22\text{mm}$ 的圆形截面钢杆，材料的容许正应力 $[\sigma] = 160\text{MPa}$；杆 AC 为直径 $d_2 = 72\text{mm}$ 的圆形截面铸铁杆，材料的容许压应力 $[\sigma_y] = 30\text{MPa}$，$P = 100\text{kN}$。试校核该支架的强度。

解 取结点 A 为隔离体如图 II-2-20（b）所示。

由 $\sum X_i = 0 \Rightarrow -N_{AB} - N_{AC}\cos 60° = 0$ ①

由 $\sum Y_i = 0 \Rightarrow -N_{AC}\sin 60° - P = 0$ ②

解方程①、②，得

$$N_{AB} = 57.74 \text{ (kN)} \qquad \text{（拉力）}$$

$$N_{AC} = -115.47 \text{ (kN)} \qquad \text{（压力）}$$

校核强度

图 II-2-20

$$\sigma_{AB} = \frac{N_{AB}}{A_1} = \frac{57.74 \times 10^3}{\frac{\pi}{4} \times 0.022^2} = 151.89 \times 10^6 \text{(Pa)} = 151.89\text{(MPa)} < [\sigma]$$

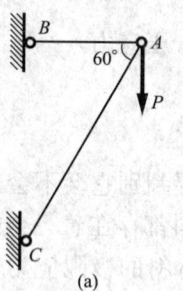

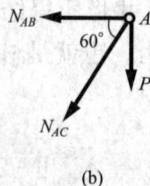

$$\sigma_{AC} = \frac{N_{AC}}{A_2} = \frac{-115.47 \times 10^3}{\frac{\pi}{4} \times 0.072^2} = -28.36 \times 10^6 (\text{Pa}) = -28.36 (\text{MPa}) < [\sigma_y]$$

该支架满足强度要求。

【例Ⅱ-2-11】 三铰钢屋架承受竖向均布荷载作用如图Ⅱ-2-21（a）所示。屋架中的拉杆 AB 为圆形截面钢杆，材料的容许正应力 $[\sigma] = 170\text{MPa}$。试选择钢拉杆 AB 的直径 d。

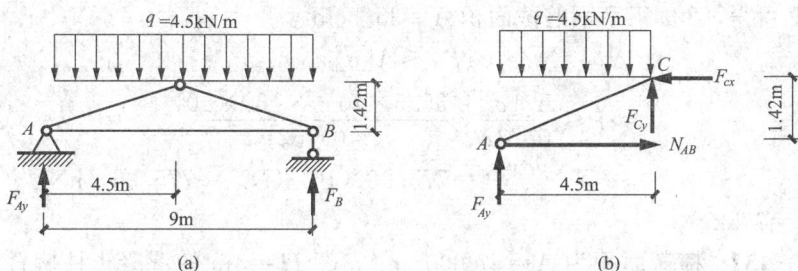

图Ⅱ-2-21

解 （1）计算支座反力。从屋架整体平衡条件可知 $F_{Ax} = 0$。为了简化计算，根据结构、荷载对称的条件可得：

$$F_{Ay} = \pmb{F_B} = \frac{1}{2}(4.5 \times 9) = 20.25(\text{kN})$$

（2）计算钢拉杆 AB 的轴力。取隔离体如图Ⅱ-2-21（b）所示。

由 $\sum M_C = 0 \Rightarrow N_{AB} \times 1.42 + (4.5 \times 4.5) \times \frac{4.5}{2} - F_{Ay} \times 4.5 = 0$

$\Rightarrow N_{AB} = 32.09$ （kN） （拉力）

（3）选择 AB 杆的直径 d。

由 $A \geqslant \dfrac{N_{AB}}{[\sigma]}$ 和 $A = \dfrac{\pi d^2}{4}$

$$\Rightarrow d \geqslant \sqrt{\frac{4N_{AB}}{\pi[\sigma]}} = \sqrt{\frac{4 \times 32.09 \times 10^3}{\pi \times 170 \times 10^6}} = 0.0155 \text{ (m)} = 15.50 \text{ (mm)}$$

取 $d = 16$ （mm）

在工程结构中，有些类型的结构为了减轻自重，增大跨径，组成结构的杆件均采用型钢。例如：某些运动场馆、大型厂房的屋顶、大跨径桥梁、脚手架等。为了在今后计算杆件的承载能力时选用相关的几何参数，附录A中给出了几种常见型钢的几何参数，以便查阅。

【例Ⅱ-2-12】 图Ⅱ-2-22（a）所示结构中杆 AB、AC 均是 20a 工字钢，若已知材料的容许应力 $[\sigma] = 160\text{MPa}$。试确定该结构所能承受的容许荷载 $[P]$。

解 取结点为隔离体如图Ⅱ-2-22（b）所示。

由 $\sum X_i = 0 \Rightarrow N_{AC}\sin 30° - N_{AB}\sin 45° = 0$ ①

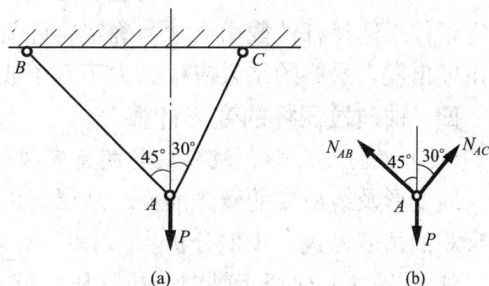

图Ⅱ-2-22

由　　　　　　　　　$\sum Y_i = 0 \Rightarrow N_{AB}\cos45° + N_{AC}\cos30° - P = 0$　　　　　②

解方程①、②，得

$$N_{AB} = 0.518P \quad （拉力）$$

$$N_{AC} = 0.732P \quad （拉力）$$

因　　　　　　　　　　　　$N_{AC} > N_{AB}$

故整个结构的容许荷载由 AC 杆的强度条件确定。

查附录 A 可得，20a 工字钢的截面积 $A = 35.5\text{cm}^2$。

由　　　　　　　　　　　　$N_{AC} \leqslant A[\sigma]$

$$\Rightarrow P \leqslant \frac{A\ [\sigma]}{0.732} = \frac{35.5 \times 10^{-4} \times 160 \times 10^6}{0.732}$$

$$= 775.96 \times 10^3 \ (\text{N}) = 775.96 \ (\text{kN})$$

取 $[P] = 775\text{kN}$

【例Ⅱ-2-13】　横截面积为 $A = 57\ 600\text{mm}^2$，高 $H = 4\text{m}$ 的混凝土柱搁置在边长为 a，厚度为 $h = 0.4\text{m}$ 的正方形混凝土基础上，如图Ⅱ-2-23 所示。若已知柱所承受的轴向压力 $P = 800\text{kN}$，柱与基础材料的容重 $\gamma = 19\text{kN/m}^3$，基底土壤的容许压应力 $[\sigma_v] = 220\text{kPa}$。试计算基础所需的边长 a。

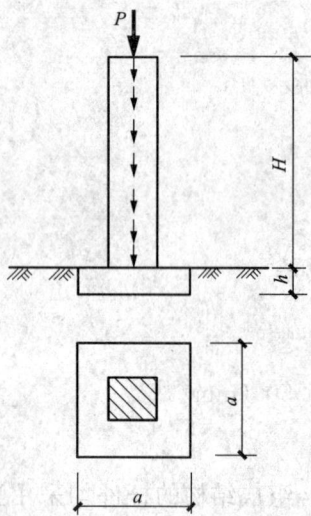

图Ⅱ-2-23

解　基础底面土壤所承受的总压力 P' 为柱顶传下的轴向压力 P 与柱的自重和基础自重的总和。即

$$P' = P + \gamma AH + \gamma a^2 h$$

根据地基土壤的抗压强度条件，有

$$\sigma_y = \frac{P'}{a^2} \leqslant [\sigma]$$

$$\Rightarrow a^2 \geqslant \frac{P + \gamma AH}{[\sigma_y] - \gamma h}$$

$$= \frac{800 \times 10^3 + 19 \times 10^3 \times 57600 \times 10^{-6} \times 4}{220 \times 10^3 - 19 \times 10^3 \times 0.4} = 3.75 (\text{m}^2)$$

$$\Rightarrow a \geqslant 1.94\text{m}$$

取 $a = 2\text{m}$

从以上示例分析可以看出，利用强度条件解决轴向拉压杆的三类计算问题时，首先需要计算出杆内的轴力，因此，对各类结构或杆件的内力计算应熟练掌握。另一方面，利用强度条件来选择杆件截面尺寸和确定容许荷载，其计算结果只是一个取值的范围，从工程实际角度出发，最终的结果应根据大于等于或小于等于的条件给出确定的数值。

四、轴向拉压杆的变形计算

（一）纵向线变形、线应变与胡克定律

线变形及线应变的概念前面已从微观的角度做了论述。下面结合轴向拉压杆的变形情况从宏观的角度做进一步地分析。

如图Ⅱ-2-24 所示轴向受拉（压）杆，当杆受轴向力作用时，杆的长度将产生纵向伸长（或缩短），即产生纵向线变形。若设杆的原长为 L，受力后杆长度变为 L'，则杆的纵向线变形为 $\Delta L = L' - L$。

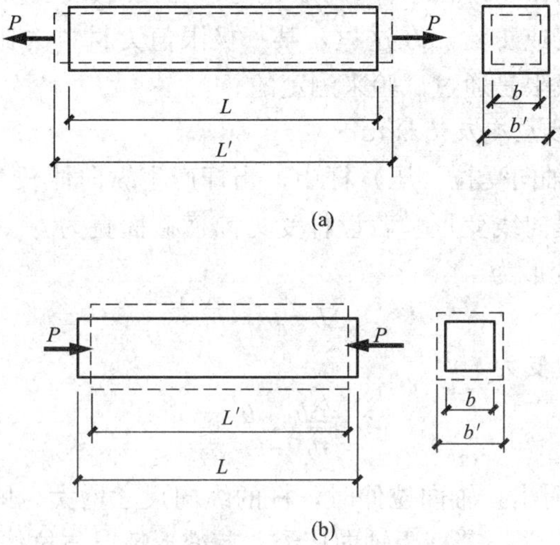

(a)

(b)

图Ⅱ-2-24

纵向线变形 ΔL 即为杆内各单元体沿杆长方向线变形累积的结果。

为消除杆件原长对变形的影响，且更准确地描述杆件的变形程度，将 ΔL 除以杆件原长 L，即得杆件的纵向线应变为

$$\varepsilon = \frac{\Delta L}{L} = \frac{L' - L}{L} \qquad (Ⅱ-2-7)$$

实验表明：杆件在轴向拉伸或压缩时，当外力 P 不超过一定范围或杆的变形在弹性范围内时，杆的纵向线变形 ΔL 与轴力 N（$N = P$）、杆长及横截面面积 A 之间存在着比例关系，即

$$\Delta L \propto \frac{NL}{A}$$

引入比例系数 E 后，得

$$\Delta L = \frac{NL}{EA} \qquad (Ⅱ-2-8)$$

式（Ⅱ-2-8）称为**胡克定律**。它表明轴向拉压杆的变形在弹性变形范围内时，杆件纵向线变形 ΔL 与轴力 N、杆长 L 成正比，而与横截面面积 A 成反比。

在式（Ⅱ-2-8）中，比例系数 E 称为材料的**拉压弹性模量**。其单位为 Pa，常用单位为 GPa。各种材料的 E 值通常由试验测定。

从式（Ⅱ-2-8）可以看出：杆件的纵向线变形 ΔL 与 EA 成反比，即杆的 EA 值越大，杆的线变形就越小，反之线变形就越大。所以，**杆的 EA 值反映了杆件抵抗拉伸（或压缩）变形的能力，称为杆件的抗拉（压）刚度。**

需指出的是：应用式（Ⅱ-2-8）计算杆件的变形时，式中的 N、L、E 及 A 均应是不变的常量。

在式（Ⅱ-2-8）中，若将 $\frac{\Delta L}{L} = \varepsilon$ 及 $\frac{N}{A} = \sigma$ 代入，可得到胡克定律的另一种表达形式为

$$\varepsilon = \frac{\sigma}{E} \ 或 \ \sigma = E\varepsilon \qquad\qquad (\text{II}-2-9)$$

式（II-2-9）所表示的胡克定律又可表述为：当轴向拉压杆内的应力不超过材料的某一极限值时，应力与应变成正比。在这里，某一极限值为材料的比例极限，通常用符号 σ_p 表示。各种材料的比例极限是通过试验来测定的。

（二）横向线变形、线应变及泊松比

在图 II-2-24 所示轴向受拉（压）杆中，当杆产生纵向伸长（或缩短）时，其横向尺寸也随之减小，即产生横向线变形。若设杆受力前横截面宽为 b（高也相似），受力作用后变为 b'，则杆的横向线变形为

$$\Delta b = b' - b$$

此时，杆的横向线应变为

$$\varepsilon' = \frac{\Delta b}{b} = \frac{b' - b}{b} \qquad\qquad (\text{II}-2-10)$$

从图 II-2-24 可以看出：轴向拉伸时，杆的纵向尺寸增大，即 $\Delta L > 0$，$\varepsilon > 0$；而横向尺寸减小，即 $\Delta b < 0$，$\varepsilon' < 0$。若杆为轴向压缩，其变形情况与拉伸时相反，即 $\Delta L < 0$，$\varepsilon < 0$；$\Delta b > 0$，$\varepsilon' > 0$。这说明当杆件产生轴向拉压变形时，其纵向线变形与横向线变形相反，即 ε 与 ε' 恒为异号。

试验表明，当杆的变形在弹性范围内或杆内应力不超过比例极限 σ_p 时，轴向拉压杆的横向线应变 ε' 与纵向线应变 ε 的比值的绝对值是一个常数，通常用符号 μ 表示，即

$$\mu = \left| \frac{\varepsilon'}{\varepsilon} \right| \qquad\qquad (\text{II}-2-11)$$

结合 ε 与 ε' 的符号情况，轴向拉压杆的纵向线应变与横向线应变间存在的关系可表示为

$$\varepsilon' = -\mu\varepsilon \qquad\qquad (\text{II}-2-12)$$

式中　μ——泊松比或横向变形系数，各种材料的 μ 值通常由试验测定。

E 与 μ 都是反映材料弹性性能的常数。表 II-2-1 给出了工程中几种常用材料的弹性模量 E 和 μ 值。

表 II-2-1　　　　　　　　　　　　常用材料的 E 和 μ 值

材料名称	弹性模量 E（GPa）	泊松比 μ
低碳钢	200～220	0.25～0.33
16 锰钢	200～220	0.25～0.33
铸铁	115～160	0.23～0.27
铜及其合金	74～130	0.31～0.42
铝及硬铝合金	71	0.33
花岗石	49	—
混凝土	14.6～36	0.16～0.18
木材（顺纹）	10～12	—
橡胶	0.008	0.47

【例 II-2-14】　如图 II-2-25（a）所示边长为的 a 正方形截面混凝土受压柱。若已知 $P_1 = 2000\text{kN}$，$P_2 = 800\text{kN}$，$L = 3\text{m}$，$a = 40\text{cm}$。柱材料的拉压弹性模量 $E = 25\text{GPa}$。试求：

（1）柱顶截面 A 的位移Δ_A；

（2）柱 AB 段与 BC 段纵向线应变的比值$\dfrac{\varepsilon_{AB}}{\varepsilon_{BC}}$。

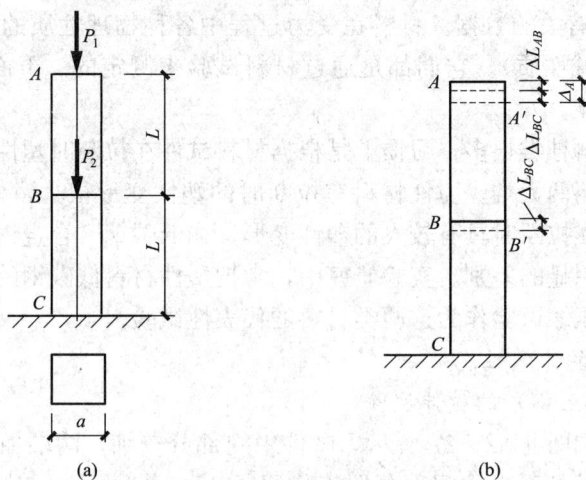

图Ⅱ-2-25

解 （1）应用截面法可求得 AB 段和 BC 段内轴力为

$$N_{AB}=-P_1=-2000\text{kN}, \quad N_{BC}=-(P_1+P_2)=-2800\text{kN}$$

AB、BC 段均产生轴向压缩变形，则柱顶截面 A 的位移由两部分组成：① AB 段自身产生的压缩变形 ΔL_{AB}；② AB 段整体随 BC 段产生的压缩变形 ΔL_{BC} 向下的位移［图Ⅱ-2-25（b）］。即

$$\Delta_A=\Delta L_{AB}+\Delta L_{BC}$$

因为 $\Delta L_{AB}=\dfrac{N_{AB}L}{EA}=\dfrac{-2000\times10^3\times3}{25\times10^9\times0.4^2}=-1.5\times10^{-3}\text{（m）}=-1.5\text{（mm）}$

$\Delta L_{BC}=\dfrac{N_{BC}L}{EA}=\dfrac{-2800\times10^3\times3}{25\times10^9\times0.4^2}=-2.1\times10^{-3}\text{（m）}=-2.1\text{（mm）}$

所以 $\Delta_A=\Delta L_{AB}+\Delta L_{BC}=-1.5+(-2.1)=-3.6\text{（mm）}$ （向下）

（2）因为 $\varepsilon_{AB}=\dfrac{\Delta L_{AB}}{L}=\dfrac{-1.5\times10^{-3}}{3}=-0.5\times10^{-3}$

$$\varepsilon_{BC}=\dfrac{\Delta L_{AB}}{L}=\dfrac{-2.1\times10^{-3}}{3}=-0.7\times10^{-3}$$

所以 $\dfrac{\varepsilon_{AB}}{\varepsilon_{BC}}=\dfrac{-0.5\times10^{-3}}{-0.7\times10^{-3}}=0.714$

【例Ⅱ-2-15】 一轴向受拉杆如图Ⅱ-2-26所示。若在杆的表面 a 点处测得其纵向线应变 $\varepsilon=1.25\times10^{-5}$，杆材料的拉压弹性模量 $E=210\text{GPa}$，杆的横截面面积 $A=200\text{mm}^2$，试求拉力 P 的大小。

解 根据胡克定律可求得杆内正应力为

$\sigma=E\varepsilon=210\times10^9\times1.25\times10^{-5}=262.5\times10^4\text{（Pa）}$

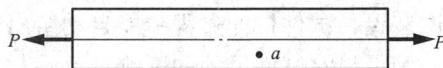

图Ⅱ-2-26

根据截面法可知作用于杆上的力 P 的大小为

$$P = N = A\sigma = 200 \times 10^{-6} \times 262.5 \times 10^4 = 525 \ (\text{N})$$

五、对材料在拉伸和压缩时力学性能的认识

在对杆件进行强度和变形计算时，需要知道极限应力 σ^0、胡克定律的适用范围和弹性模量 E 等与材料性质有关的数据。材料在受力过程中各种物理性质的数据称为材料的力学性能（又称材料的机械性质）。它们都是通过材料试验来测定的。下面将讨论材料在常温、静载作用下的力学性能。

工程中使用的材料种类很多，习惯上是根据材料试件在拉断时塑性变形的大小将其划分为**脆性材料**和**塑性材料**两大类。脆性材料在拉断时的塑性变形很小，如石料、玻璃、铸铁、混凝土等；塑性材料在拉断时具有较大的塑性变形，如低碳钢、合金钢、铜、铝等。这两类材料的力学性能有着明显的差别。实验研究中，常把塑性材料低碳钢的拉伸与压缩试验和脆性材料铸铁的拉伸与压缩试验作为这两类材料的代表性试验。

（一）材料拉伸时的力学性能

1. 低碳钢（Q235A 钢）的拉伸试验

拉伸试验的试件如图Ⅱ-2-27 所示。试件中间部分较细，两端加粗，是为了便于装夹和避免装夹部分发生破坏。在中间部分取工作段长 L，称为标距。对试件的加工要求及尺寸、加载速度、试验温度等有规定。圆截面试件标距与截面直径 d 有两种比例：$L = 10d$ 和 $L = 5d$。矩形截面试件标距和截面面积 A 之间的关系规定为 $L = 11.3\sqrt{A}$ 和 $L = 5.65\sqrt{A}$。

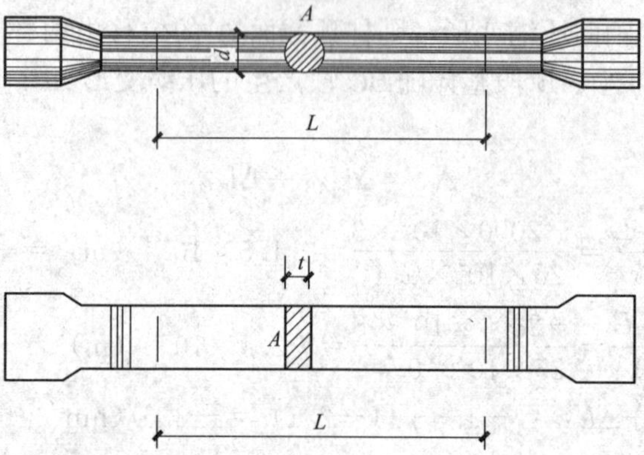

图Ⅱ-2-27

材料的拉伸与压缩试验一般是在万能材料试验机上进行，试件夹在试验机的夹头上，便于进行试验。开动机器、缓慢加力（使加力符合静力的要求）。加力从零开始直到试件破坏，每隔一定时间，记录下拉力 P（$N = P$）的数值及标距段 L 对应的伸长 ΔL。若以纵坐标表示拉力 P 的大小，横坐标表示标距段 L 内试件的伸长量 ΔL，建立一个直角坐标系，在此直角坐标系内，根据实验数据可绘制出低碳钢试件在整个拉伸实验过程中，试件内轴力与其变形 ΔL 之间的关系曲线，称为拉伸图或 P—ΔL 曲线（图Ⅱ-2-28）。一般试验机有自动绘图装置，试件拉伸过程中能自动绘出拉伸图。拉伸图的纵、横坐标均和试件尺寸 L、A 有关。为了消除试件尺寸的影响，反映材料本身的性质，将纵坐标 P 除以横截面的原始面积 A，以应力 $\sigma = \dfrac{P}{A}$ 表示；将横坐标 ΔL 除以原始标距 L，以应变 $\varepsilon = \dfrac{\Delta L}{L}$ 表示，画出的曲线称为应力—应变图或 σ—ε 曲线（见图Ⅱ-2-29）。

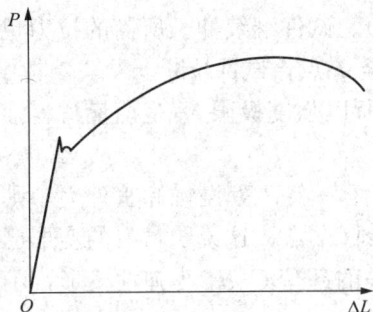

图Ⅱ-2-28

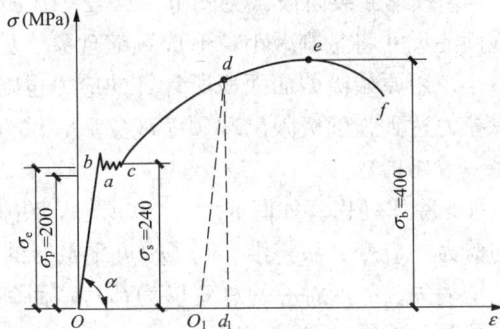

图Ⅱ-2-29

下面根据 σ—ε 曲线来讨论低碳钢拉伸时的力学性能。

（1）**弹性阶段**（图Ⅱ-2-29中 Ob 段）。拉伸初始阶段为直线，表明 σ 与 ε 成正比。a 点对应的应力称为比例极限，用 σ_p 表示。低碳钢的比例极限 $\sigma_p = 200MPa$。当应力不超过 σ_p 时

$$\sigma \propto \varepsilon \text{ 或者} \sigma = E\varepsilon$$

这就是前面所讲的胡克定律。弹性模量 E 即为直线 Oa 的斜率：

$$E = \frac{\sigma}{\varepsilon} = \tan\alpha$$

应力超过比例极限后，σ 与 ε 已不再是直线关系，但只要应力不超过 b 点对应的应力值，材料的变形就全部是弹性的，即卸除拉力 P，试件的变形将全部消失。b 点对应的应力称为弹性极限，用 σ_e 表示。由于 a、b 两点非常接近，即 $\sigma_e \approx \sigma_p$，工程上对弹性极限和比例极限不加以严格区分。因而常说应力低于弹性极限时，应力与应变成正比。

应力超过弹性极限后，如再卸去拉力 P，试件的变形就不能完全消失，将有残留的变形即塑性变形产生。

（2）**屈服阶段**（见图Ⅱ-2-29中 bc 段）。当应力超过 b 点对应的值后，应变增加很快，应力仅在一微小范围内波动。在 σ—ε 图上出现一段接近水平线的小锯齿形线段。这种应力基本不变，应变不断增加，从而明显地产生塑性变形的现象，称为屈服（或流动）。bc 阶段称为屈服阶段。屈服阶段中的最低应力称为屈服极限（或流动极限），用 σ_s 表示。低碳钢的屈服极限 $\sigma_s = 240MPa$。

材料到达屈服极限时，在磨光的试件表面上会出现许多与轴线大致成45°倾角的纹路（称滑移线）。这是由于材料的晶体发生相对滑移造成的，之所以成45°角，是与剪应力有关（这将在今后讨论）。

应力到达屈服极限时，材料出现了显著的塑性变形。可以想象，若构件应力到达屈服极限而发生明显的塑性变形，就会影响构件的正常使用，所以屈服极限是衡量材料强度的一个重要指标。

（3）**强化阶段**（见图Ⅱ-2-29中 ce 段）。经过屈服阶段后，材料又恢复了抵抗变形的能力，要使材料继续变形必须增加拉力，图Ⅱ-2-29中曲线表现为应力、应变都增加。这种现象称为材料的强化。强化阶段的最高点 e 所对应的应力是材料所能承受的最大应力，称为

强度极限，用 σ_b 表示。低碳钢的强度极限 σ_b 约为 400MPa。

(4) **颈缩断裂阶段**（见图Ⅱ-2-29中 ef 段）。过 e 点后，在试件的某一局部范围内，横截面的尺寸将急剧减小，形成颈缩现象（见图Ⅱ-2-30）。试件继续伸长所需的拉力也相应减小，用原始横截面面积所计算的应力也随之下降。降至 f 点，试件拉断。

拉力达到强度极限出现颈缩现象后，试件随之拉断，所以强度极限 σ_b 是衡量材料强度的另一重要指标。

(5) **冷作硬化**。如图Ⅱ-2-29所示，在强化阶段内的任一点 d 处慢慢卸去外力，则此时的应力—应变关系将沿着与 Oa 近乎平行的直线 O_1d 回到 O_1 点，这说明材料的变形已不能完全消失。d 点对应的总变形为 Od_1，回到 O_1 时所消失的部分 O_1d_1 为弹性变形，不能消失的部分 OO_1 为塑性变形。

如果卸载后立即重新加载，应力—应变关系将大致沿着 O_1d 直线变化，直到 d 点后又沿着 def 变化，这表示再次加载到达 d 点以前，材料变形是弹性的。

比较图中 $Oabcdef$ 和 O_1def 两条曲线，可见第二次加载时，其比例极限和屈服极限都将提高，但塑性变形和延伸率却有所降低。材料这种预拉到强化阶段，使之发生塑性变形，然后卸载，当再次加载时，比例极限和屈服极限提高，塑性降低的现象称为冷作硬化。

工程中常利用冷作硬化来提高材料的承载能力，如冷拉钢筋、冷拔钢丝等。

2. 铸铁的拉伸试验

铸铁作为典型的脆性材料，拉伸时的应力—应变图如图Ⅱ-2-30所示。图中没有明显的直线部分，没有比例极限及屈服点，断裂时的应力就是强度极限 σ_b。试件拉断时没有颈缩现象，塑性变形很小。由于拉断时的变形极小，通常规定试件在产生 0.1% 的应变时所对应的应力范围作为弹性范围，并认为材料在这范围内的变形近似地服从胡克定律。其弹性模量是用割线代替 σ—ε 曲线，以割线的斜率 $\tan\alpha$ 为近似的 E 值，称为割线弹性模量。铸铁的弹性模量 $E=115\sim160$GPa。

3. **延伸率和截面收缩率**

在工程中，对材料性质的划分主要是通过其塑性指标来判断的。在图Ⅱ-2-31中，试件拉断后，弹性变形消失，塑性变形保留。试件的标距由原来的 L 变为 L_1。长度的变化 L_1-L 与原标距 L 的比值用百分比表示，称为材料的延伸率 δ，这是衡量材料塑性的重要指标，即

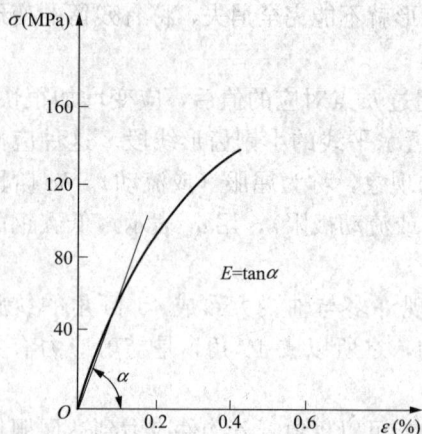

图Ⅱ-2-30

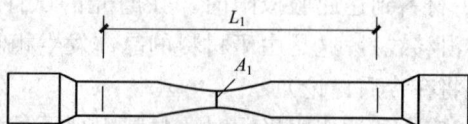

图Ⅱ-2-31

$$\delta = \frac{L_1-L}{L} \times 100\% \qquad (Ⅱ-2-13)$$

工程上把 $\delta \geqslant 5\%$ 的材料称为塑性材料；$\delta < 5\%$ 的材料称为脆性材料。

试件断裂后，若颈缩处的最小面积用 A_1 表示，则比值 ψ 为

$$\psi = \frac{A - A_1}{A} \times 100\% \qquad (\text{Ⅱ}-2-14)$$

式中 ψ——截面收缩率，也是衡量材料塑性的一个指标。低碳钢的截面收缩率约为 ψ 的 60%。

4. 其他塑性材料的拉伸

图Ⅱ-2-32 表示了几种塑性材料的 σ—ε 曲线。共同特点是延伸率 δ 都比较大。有些金属没有明显的屈服点，对于这些塑性材料，通常规定对应于塑性应变 $\varepsilon_s = 0.2\%$ 时的应力为名义屈服极限，用 $\sigma_{0.2}$ 表示（见图Ⅱ-2-33）。

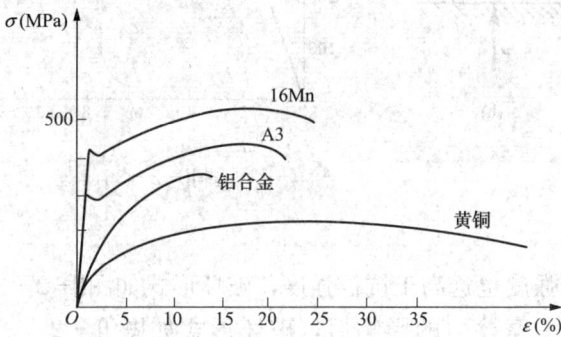

图Ⅱ-2-32

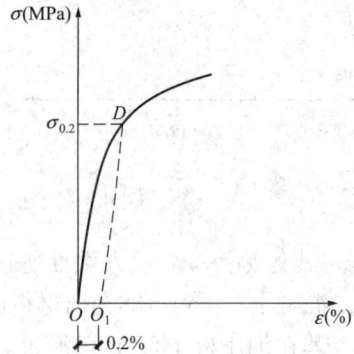

图Ⅱ-2-33

（二）材料在压缩时的力学性能

由于材料在受压时的力学性能与受拉时的力学性能不完全相同，因此除拉伸试验外，还必须要做压缩试验。

金属材料（如碳钢、铸铁等）压缩试验的试件为圆柱体，高为直径的 $1.5 \sim 3.0$ 倍［见图Ⅱ-2-34（a）］。非金属材料（如混凝土、石料等）试件为立方块［见图Ⅱ-2-34（b）］。

1. 低碳钢的压缩试验

低碳钢压缩试验时的 σ—ε 曲线如图Ⅱ-2-35（a）中实线所示，图中的虚线表示拉伸时的 σ—ε 曲线。两条曲线的主要部分基本重合。低碳钢压缩时的比例极限 σ_p、弹性模量 E、屈服极限 σ_s 都与拉伸时相同。

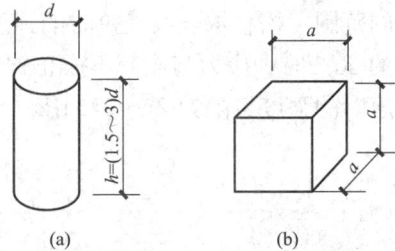

图Ⅱ-2-34

当应力到达屈服极限后，试件出现显著的塑性变形，加压时，试件明显缩短，横截面增大。由于试件两端面与压头之间摩擦的影响，试件两端的横向变形受到阻碍，试件被压成鼓形。随着外力的增加，越压越扁，但并不破坏［见图Ⅱ-2-35（b）］。

低碳钢的力学指标通过拉伸试验都可测得，因此一般无需做压缩试验。类似情况在其他塑性材料中也存在。

2. 铸铁的压缩试验

脆性材料压缩时的力学性能与拉伸时有较大差别，图Ⅱ-2-36 为铸铁压缩时的 σ—ε 曲

线。压缩时 σ—ε 仍然是条曲线，只能认为在低应力区近似符合胡克定律。铸铁在拉伸变形很小时就发生了破坏，只能求得它的强度极限 σ_b，但压缩时的强度极限比拉伸时的大 4～5 倍。铸铁试验破坏时，断口与轴线成 45°～55°角。

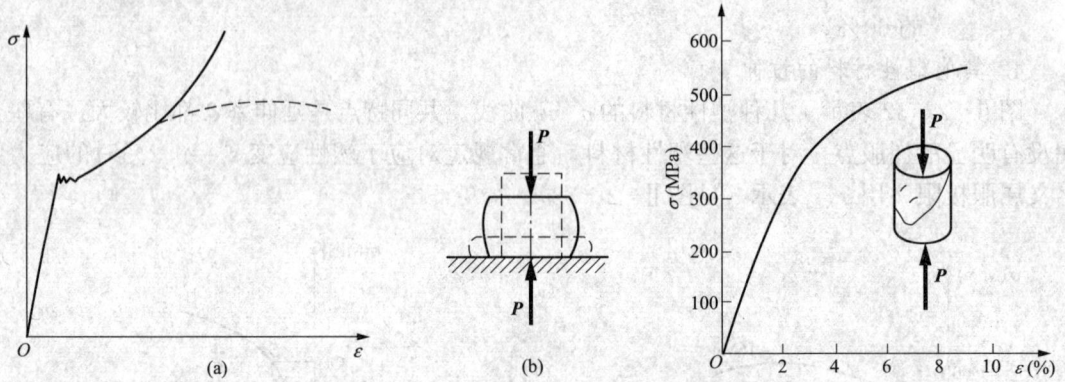

图Ⅱ-2-35　　　　　　　　　　　图Ⅱ-2-36

3. 其他脆性材料的力学性能

如混凝土、石料等非金属材料的抗压强度也远高于抗拉强度，破坏形式如图Ⅱ-2-37(a) 所示。若在加压板上涂上润滑油，减弱了摩擦力的影响后，破坏形式如图Ⅱ-2-37(b) 所示。

4. 工程中常用木材的力学性能具有方向性

顺纹方向的强度比横纹方向的强度高得多，而且抗拉强度高于抗压强度。图Ⅱ-2-38 是木材顺纹拉、压时的应力—应变图。拉、压都有直线阶段，弹性模量 E 为 10～12MPa。受拉时，只有接近破坏的一小段，应力与应变不成正比，破坏时塑性变形很小，属于脆性材料的范围。松杉木顺纹受拉时的强度极限为 69～118MPa。木材受压时的应力达抗拉强度极限的 60% 时，应力与应变不成正比，破坏时的塑性变形很大，属于塑性材料的范围。顺纹受压时的强度极限为 29～54MPa。

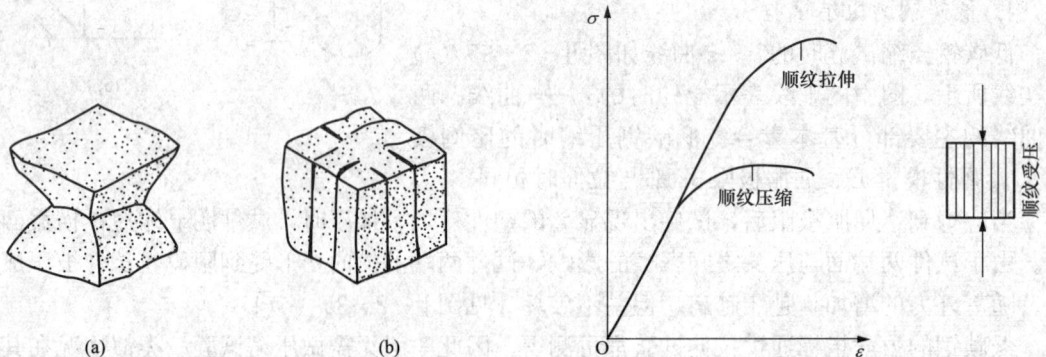

图Ⅱ-2-37　　　　　　　　　　　图Ⅱ-2-38

木材在生成过程中产生的木节、斜纹、虫眼、裂缝等疵病都会影响木材的力学性能。木材的含水率、树种、荷载的加载速度和加载持续时间对其性能也都有较大的影响。工程中常用的是针叶树的松木和杉木。

表Ⅱ-2-2列出了一些常用材料的主要力学性能。

表Ⅱ-2-2 常用材料的主要力学性能

材料名称	牌号	强度指标（MPa）			塑性指标（延伸率）$\delta(\%)$
		屈服极限 σ_s	抗拉强度极限 σ_b^+	抗压强度极限 σ_b^-	
普通碳素钢	Q235	220～240	370～460		25～27
低合金钢	16Mn	280～340	470～510		19～21
灰口铸铁			98～390	640～1300	＜0.5
混凝土	C20		1.6	14.2	
	C30		2.1	21	
红松（顺纹）			96	32.2	

（三）两类材料力学性能的比较

图Ⅱ-2-39是按相同比例画出的低碳钢和铸铁拉伸时的 σ—ε 图。现将它们从以下几方面进行比较。

1. 强度

塑性材料拉伸和压缩的弹性极限、屈服极限基本相同，对受拉和受压构件都能适用。脆性材料的压缩强度极限远比拉伸时大，一般只适用于受压构件。塑性材料在应力超过弹性极限后有屈服现象；脆性材料破坏前看不出任何征兆，破坏是突然的。

2. 变形

塑性材料的 δ 和 ψ 值都比较大，表示材料破坏前能发生很大的塑性变形，材料的可塑性大，便于加工。脆性材料的 δ 和 ψ 值都较小，难以加工。在工程中安装构件时，往往需要矫正构件的形状，脆性材料所能容许的变形很小，矫正中很容易产生裂纹，塑性材料能进行这种矫正，不易损坏。

图Ⅱ-2-39

3. 对应力集中的敏感性

两类材料对应力集中的反应有着很大的差别。构件截面有突变时会在突变部分发生应力集中现象，截面上应力呈不均匀分布［见图Ⅱ-2-40（a）］。继续增大外力时，塑性材料构件截面上的应力最高点首先到达屈服极限 σ_s，应力就几乎保持不变，只是应变增加，其他点处的应力继续提高，以保持内外力平衡。外力不断加大，截面上到达屈服极限的区域也逐渐扩大［见图Ⅱ-2-40（b）、（c）］，截面上应力趋于均匀分布。这种现象称为应力重分布。因此，塑性材料构件尽管有应力集中，却并不显著降低其抵抗荷载的能力。脆性材料没有屈服阶段，在荷载增加的情况下，应力集中处最大应力点的应力始终最大，当它一旦到达 σ_b 时，便导致构件突然断裂。所以，应力集中对脆性材料的危害比对塑性材料要严重。

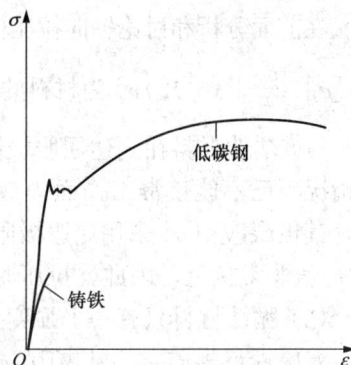

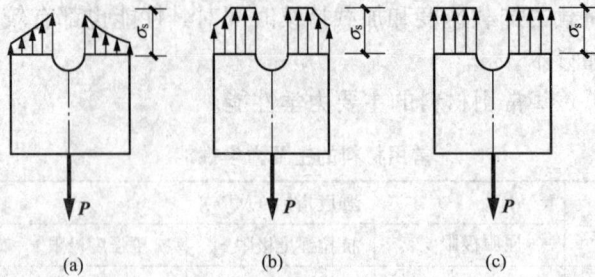

图Ⅱ-2-40

总的来说，塑性材料的力学性能较脆性材料好。在实际应用中，不但要从材料本身的力学性能方面考虑，还必须从合理发挥材料性能和经济性方面考虑。脆性材料（铸铁、砖石、混凝土）的价格一般要比塑性材料低很多。因此，脆性材料能承担工作的构件应尽量用脆性材料，如承受压力的基础、墙身、柱等。

必须指出，上述关于塑性材料和脆性材料的概念是指常温、静力荷载作用时的情况。实际上，同一种材料在不同的外界因素（如加载速度、温度高低、受力状态等）的影响下，可能表现为塑性，也可能表现为脆性。例如，典型的塑性材料低碳钢在低温时也会变得很脆。

4. 容许应力

在前面分析和讨论轴向拉压杆的强度问题时，曾介绍过杆件材料的强度标准，即容许正应力 $[\sigma]=\dfrac{\sigma^0}{k}$，式中的 σ^0 为材料的极限应力。通过对材料力学性能的试验分析和认识可以看出：

（1）塑性材料在到达屈服极限 σ_s 时，将出现显著的塑性变形，这也就意味着杆件在这种情况下已不能正常工作而失效，通常把这种情况称为**失效破坏**。因此，对于塑性材料而言，其极限应力 σ^0 采用屈服极限 σ_s，即 $\sigma^0=\sigma_s$。另一方面，由于塑性材料在拉伸与压缩时的 σ_s 值非常接近，因此，拉压时的容许正应力采用同一个标准 $[\sigma]$。

（2）脆性材料只有一个强度极限 σ_b，当材料到达强度极限 σ_b 时就会产生断裂破坏。因此，对脆性材料而言，其极限应力 σ^0 采用强度极限 σ_b，即 $\sigma^0=\sigma_b$。但由于脆性材料拉伸时的强度极限与压缩时的强度极限值有很大的差距，因此，其容许正应力分为容许拉应力 $[\sigma_L]$ 和容许压应力 $[\sigma_y]$ 两个标准。

常用材料的容许应力见表Ⅱ-2-3。

表Ⅱ-2-3　　　　　　　　　　　常用材料的容许应力

材料名称	牌号	容许应力	
		轴向拉伸	轴向压缩
		MPa	MPa
低碳钢	Q235	170	170
低合金钢	16Mn	230	230
灰口铸铁		34～54	160～200
混凝土	C20	0.44	7
	C30	0.6	10.3
红松（顺纹）		6.4	10

练习题

一、填空题

1. 作用于直杆上的外力，当作用线与杆件的轴线＿＿＿＿＿＿时，直杆只产生沿轴线方向的＿＿＿＿＿＿或＿＿＿＿＿＿变形，这种变形称为轴向拉伸或压缩。

2. 当轴力为拉力时，拉力的指向为＿＿＿＿＿＿截面，杆件将产生＿＿＿＿＿＿变形。当轴力为压力时，压力的指向为＿＿＿＿＿＿截面，杆件将产生＿＿＿＿＿＿变形。

3. 轴力的正负号规定：拉力为＿＿＿＿＿＿，压力为＿＿＿＿＿＿。

4. 用截面法求杆件内力大致可以分为两个步骤：第一步为＿＿＿＿＿＿＿＿＿；第二步为＿＿＿＿＿＿＿＿＿。

5. 当杆件受多个共线力作用时，轴力需＿＿＿＿＿＿计算，分段点为＿＿＿＿＿＿力作用点，各分段内所取截面不能选在＿＿＿＿＿＿作用点处。

6. 作轴力图的方法通常有两种，一是根据＿＿＿＿＿＿作图；二是用＿＿＿＿＿＿方法作图。

7. 画轴力图时，表示拉力大小的纵坐标画在作图基线的＿＿＿＿＿＿，压力画在作图基线的＿＿＿＿＿＿。

8. 轴力的突变发生在＿＿＿＿＿＿力作用点处，其突变量的绝对值等于＿＿＿＿＿＿的大小。

9. 横截面上的应力是指内力在一点处分布的＿＿＿＿＿＿程度，是一个矢量，其方向与截面既不＿＿＿＿＿＿，也不＿＿＿＿＿＿。

10. 横截面上的应力可以分解为两个分应力，一个是＿＿＿＿＿＿于截面的＿＿＿＿＿＿应力，用符号＿＿＿＿＿＿表示；另一个是＿＿＿＿＿＿于截面的＿＿＿＿＿＿应力，用符号＿＿＿＿＿＿表示。

11. 应力的标准国际单位是＿＿＿＿＿＿，符号为 Pa，$1Pa =$＿＿＿＿＿＿N/m^2，$1MPa =$＿＿＿＿＿＿Pa，$1GPa =$＿＿＿＿＿＿Pa。

12. 杆件的应变包括＿＿＿＿＿＿应变和＿＿＿＿＿＿应变，分别用符号＿＿＿＿＿＿和＿＿＿＿＿＿表示。

13. 受力杆件横截面上的应力和应变之间存在一一对应的关系，即正应力只产生＿＿＿＿＿＿应变，而剪应力只产生＿＿＿＿＿＿应变。

14. 应力集中是指在截面突然变化处出现局部应力急剧＿＿＿＿＿＿的现象。

15. 安全系数是一个大于 1 的数，如果安全系数取值过大，则容许应力的值就＿＿＿＿＿＿，需要的材料就＿＿＿＿＿＿；反之，安全系数取值过小，构件的＿＿＿＿＿＿就可能不够。

16. 轴向拉压杆的强度条件表达式为＿＿＿＿＿＿，工程中，强度条件可以解决三类有关强度的设计计算问题：(1)＿＿＿＿＿＿＿＿＿；(2)＿＿＿＿＿＿＿＿＿；(3)＿＿＿＿＿＿＿＿＿。

17. EA 称为杆件的抗拉（压）＿＿＿＿＿＿，其值反映了杆件抵抗＿＿＿＿＿＿的能力。

18. 材料的弹性模量 E 反映了材料抵抗弹性＿＿＿＿＿＿的能力，是一个＿＿＿＿＿＿数，其值通常通过＿＿＿＿＿＿测定。

19. 拉压杆的胡克定律有两种表达形式，一种是以变形和力的形式表示，其表达式为＿＿＿＿＿＿＿＿＿；另一种是以应力和应变的形式表示，其表达式为＿＿＿＿＿＿＿＿＿。

20. 已知低碳钢的弹性模量 $E_s = 2.1 \times 10^5 MPa$，混凝土的弹性模量 $E_h = 2.8 \times 10^4 MPa$，在横截面上正应力相等的情况下，钢杆与混凝土杆的纵向线应变 ε_s 与 ε_h 之比为＿＿＿＿＿＿；

在纵向线应变相等的情况下，钢杆与混凝土杆横截面上的正应力 σ_s 与 σ_h 之比为_____。

21. 材料按塑性变形的大小可分为_____材料和_____材料两大类。

22. 低碳钢拉伸试验的 σ—ε 图可以分成四个阶段，分别为_____阶段、_____阶段、_____阶段和_____阶段；其中，衡量材料强度的两个重要指标是_____和_____。

23. 冷作硬化使材料的_____极限和_____极限得到提高，但同时也使材料的_____下降了。

24. 铸铁拉伸时无_____现象和_____现象；断口与轴线_____，塑性变形很小。

25. 铸铁拉伸时的唯一一个强度指标是_____。

26. _____和_____是衡量材料塑性性能的两个重要指标，工程上把延伸率 δ _____的材料称为塑性材料；把 δ _____的材料称为脆性材料。

27. 图 II-2-41 所示四种材料的应力—应变曲线中：(1) 弹性模量最大的是_____；(2) 强度最高的材料是_____；(3) 塑性性能最好的材料是_____。

28. 现有铸铁管和钢管两种管材，在图 II-2-42 所示的结构中，若从合理设计的角度出发，①杆应选用_____；②杆应选用_____。

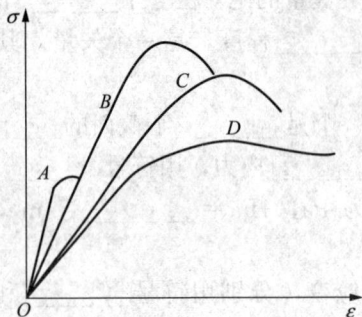
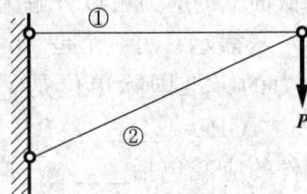

图 II-2-41   图 II-2-42

二、判断题（对的在括号内打"√"，错的打"×"）

1. 轴力的大小只与外力有关，而与材料性质、截面形状和尺寸无关。　　（　　）

2. 用截面法求轴力时，选取的研究对象不同，所得的轴力大小也就不同。　　（　　）

3. 杆件的轴力越大，强度也就越大，也就越容易破坏。　　（　　）

4. 对于轴向拉压杆，面积最小的截面就是最危险的截面。　　（　　）

5. 正应力总是与横截面垂直。　　（　　）

6. 轴向拉压杆横截面上产生的应力既有正应力，又有剪应力。　　（　　）

7. 轴向拉压杆横截面上正应力的正负号规定和轴力的规定一致，即拉应力为正，压应力为负。　　（　　）

8. 轴向拉压杆横截面上正应力的分布呈线性分布。　　（　　）

9. E 与 μ 都是反映材料弹性性能的常数。　　（　　）

10. 低碳钢在拉伸的全过程中，始终遵守胡克定律。　　（　　）

11. 低碳钢在拉断时对应的应力就是其强度极限。　　（　　）

12. 铸铁压缩时的强度极限和拉伸时的强度极限是相同的。　　　　　　　（　　）

13. 铸铁试件无论受拉还是受压，都沿 45°斜截面方向破坏。　　　　　　（　　）

14. 塑性材料拉伸和压缩时的比例极限和屈服极限基本相同。　　　　　　（　　）

15. 塑性材料和脆性材料对应力集中的影响是相同的。　　　　　　　　　（　　）

三、单项选择题

1. 轴向受拉杆的变形特征是（　　）。

　　A. 轴向伸长横向缩短　　　　　　　　B. 横向伸长轴向缩短

　　C. 轴向伸长横向伸长　　　　　　　　D. 横向线应变 ε' 与轴向线应变 ε 的关系是 $\varepsilon'=\mu\varepsilon$

2. 变截面杆 AC 如图 Ⅱ-2-43 所示，设 N_{AB} 和 N_{BC} 分别表示 AB 段和 BC 段的轴力，σ_{AB} 和 σ_{BC} 表示 AB 段和 BC 段上的应力，则下列结论正确的是（　　）。

　　A. $N_{AB}=N_{BC}$，$\sigma_{AB}=\sigma_{BC}$　　　　B. $N_{AB}=N_{BC}$，$\sigma_{AB}\neq\sigma_{BC}$

　　C. $N_{AB}\neq N_{BC}$，$\sigma_{AB}=\sigma_{BC}$　　　　D. $N_{AB}\neq N_{BC}$，$\sigma_{AB}\neq\sigma_{BC}$

3. 胡克定律的适用条件是（　　）。

　　A. 应力不超过屈服极限　　　　　　　B. 应力不超过强度极限

　　C. 变形不超过极限变形　　　　　　　D. 应力不超过比例极限

4. 图 Ⅱ-2-44 所示结构，已知 $q=1\mathrm{kN/m}$，$L=4\mathrm{m}$，BC 为圆截面钢杆，直径为 $d=10\mathrm{mm}$，BC 杆内的应力为（　　）。

　　A. $\sigma=25.5\mathrm{MPa}$

　　B. $\sigma=30\mathrm{MPa}$

　　C. $\sigma=16.8\mathrm{MPa}$

　　D. $\sigma=20.1\mathrm{MPa}$

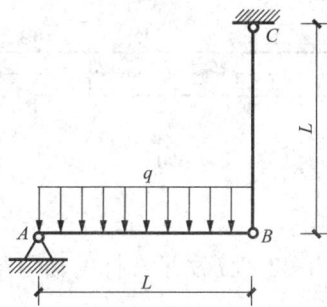

图 Ⅱ-2-43　　　　　　　　　　　　　　图 Ⅱ-2-44

5. 纵向线应变的单位为（　　）。

　　A. Pa　　　　　　　　B. MPa　　　　　　　　C. 无单位　　　　　　　　D. mm

6. 弹性模量的常用单位为（　　）。

　　A. kN　　　　　　　　B. GPa　　　　　　　　C. 无单位　　　　　　　　D. cm

7. 两个轴向拉压杆的轴力和横截面面积相等，但材料不同，则以下结论正确的是（　　）。

　　A. 应变不同，应力相同　　　　　　　B. 应变相同，应力相同

　　C. 应变相同，应力不同　　　　　　　D. 应变不同，应力不同

8. 在其他条件不变的情况下，若圆形截面轴向拉压杆的直径增大 1 倍，则杆件横截面上的正应力将等于原来的（　　）。

　　A. 1 倍　　　　　　　　B. 1/2 倍　　　　　　　　C. 2/3 倍　　　　　　　　D. 1/4 倍

9. 横截面积大小相同、长度也相同的钢杆和铜杆，在相同的轴向拉力作用下，其伸长比为 8∶15，若钢杆的弹性模量为 $E_1=200\mathrm{GPa}$。那么，在比例极限内，铜杆的弹性模量 E_2 为（　　）。

A. $\dfrac{15E_1}{8}$　　　　B. $\dfrac{8}{15E_1}$　　　　C. $\dfrac{8E_1}{15}$　　　　D. E_1

10. 低碳钢拉伸试验中，弹性阶段可以测定的材料力学性能指标有（　　）。

A. σ_s　　　　B. σ_b　　　　C. σ_b 和 E　　　　D. σ_p 和 E

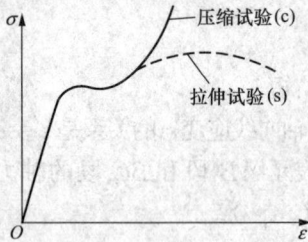

图Ⅱ-2-45

11. 低碳钢拉伸与压缩时的 $\sigma-\varepsilon$ 曲线如图Ⅱ-2-45所示，压缩试验为实线，拉伸试验为虚线。在强化阶段之前，两条实验曲线基本重合，E 代表弹性模量，σ_s 代表屈服极限。两者有（　　）。

A. $E_s=E_c$，$\sigma_s=\sigma_c$

B. $E_s=E_c$，$\sigma_s\neq\sigma_c$

C. $E_s\neq E_c$，$\sigma_s\neq\sigma_c$

D. $E_s\neq E_c$，$\sigma_s=\sigma_c$

12. 冷作硬化的目的是（　　）。

A. 提高材料的延伸率　　　　B. 提高材料的截面收缩率

C. 提高材料的屈服极限　　　　D. 提高材料的塑性性能

四、计算题

1. 求图Ⅱ-2-46所示各杆指定截面处的轴力。

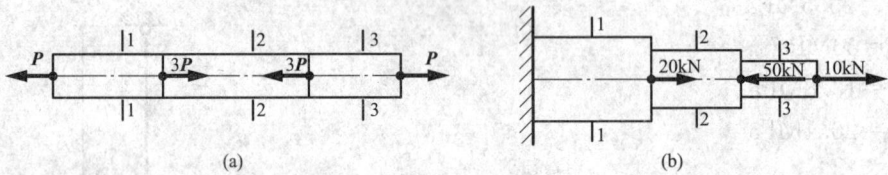

(a)　　　　(b)

图Ⅱ-2-46

2. 画出图Ⅱ-2-47所示各杆的轴力图，并确定其 $|N|_{max}$。

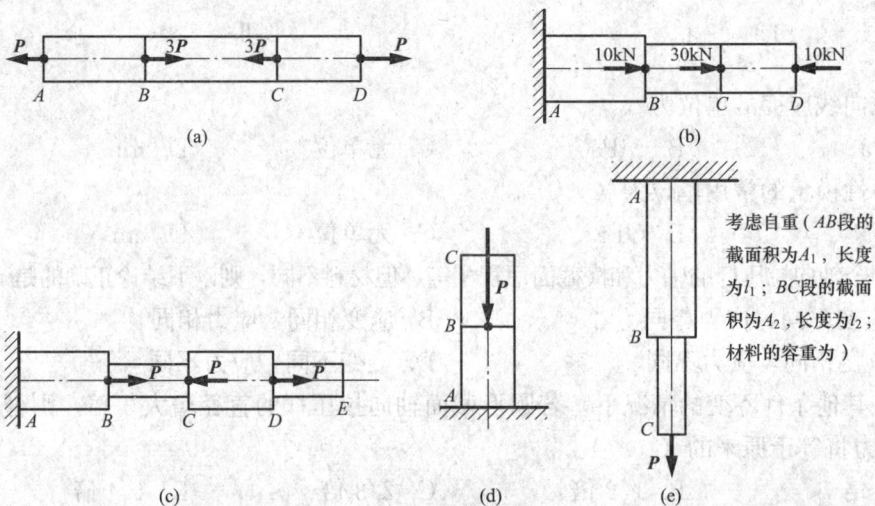

(a)　　　　(b)

(c)　　　　(d)　　　　(e)

图Ⅱ-2-47

3. 图Ⅱ-2-48所示圆截面杆上有槽,杆直径为 $d=20\text{mm}$,受到拉力 $P=15\text{kN}$ 的作用,求1—1和2—2截面上的应力。(槽的面积可近似看成矩形,不考虑应力集中的影响)

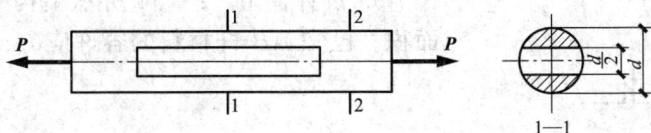

图Ⅱ-2-48

4. 某阶梯杆受力如图Ⅱ-2-49所示,已知 AB 段的横截面面积 $A_1=300\text{mm}^2$,BC 和 CD 段的横截面面积 $A_2=200\text{mm}^2$。求:杆的最大正应力(不考虑杆的自重)。

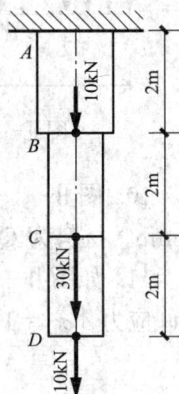

5. 图Ⅱ-2-50所示矩形截面木杆,两端的截面被圆孔削弱,中间的截面被两个切口减弱,验算在承受拉力 $P=70\text{kN}$ 时杆是否安全。已知 $[\sigma]=7\text{MPa}$。(不考虑应力集中的影响)

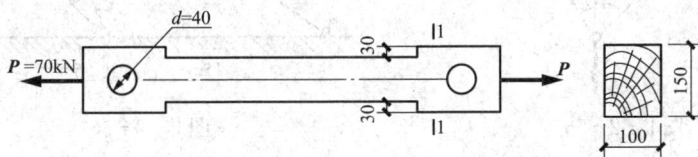

6. 图Ⅱ-2-51所示支架,已知杆①为直径 $d=16\text{mm}$ 的圆截面钢杆,容许应力为 $[\sigma]=162\text{MPa}$;杆②为边长 $a=100\text{mm}$ 的正方形木杆,容许应力 $[\sigma]=10\text{MPa}$。B 点处挂一重力为 $W=36\text{kN}$ 的重物,试校核两杆的强度。

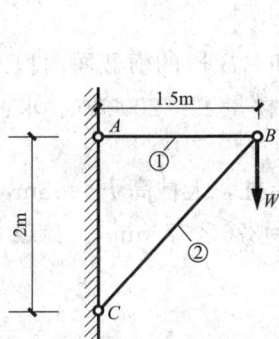

7. 图Ⅱ-2-52所示轴向受压柱的基础,已知轴向压力 $F_N=490\text{kN}$,基础埋深 $H=1.8\text{m}$,基础和土的平均容重 $\gamma=19.6\text{kN/m}^3$,地基土壤的容许应力 $[\sigma]=0.196\text{MPa}$,求正方形基础底边的边长 a。

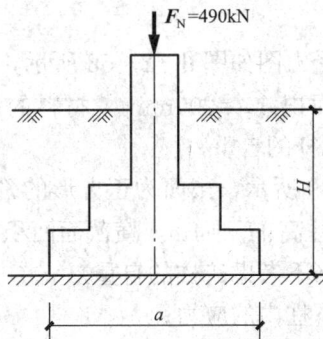

图Ⅱ-2-49

图Ⅱ-2-50

图Ⅱ-2-51

图Ⅱ-2-52

8. 如图Ⅱ-2-53所示的雨棚结构,水平梁 AB 上承受均布荷载 $q=10\text{kN/m}$,B 端用斜杆 BC 拉住。按下列两种情况设计截面:

(1)若斜杆由两根等边角钢制造,角钢的容许应力 $[\sigma]=160\text{MPa}$,选择角钢的型号。

（2）若斜杆由钢丝绳代替，每根钢丝的直径 $d=2\text{mm}$，钢丝的容许应力 $[\sigma]=160\text{MPa}$，求钢丝的根数。

9. 设计图Ⅱ-2-54所示结构中拉杆 AB 的截面面积。已知 AB 杆材料的容许应力 $[\sigma]=170\text{MPa}$。

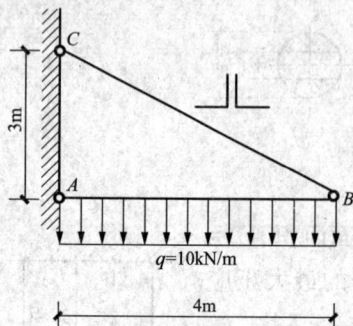

图Ⅱ-2-53

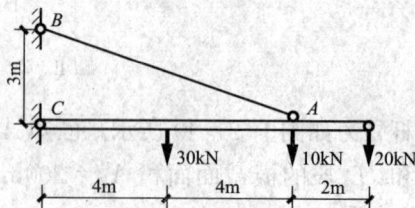

图Ⅱ-2-54

10. 图Ⅱ-2-55所示的结构中，杆 AC 和杆 BC 都是圆形截面钢杆，其直径均为 $d=20\text{mm}$，材料为 Q235 钢，容许应力为 $[\sigma]=160\text{MPa}$。求作用在节点 C 处的容许荷载 $[F]$。

11. 如图Ⅱ-2-56所示起重机的 BC 杆由钢丝绳 AB 拉住，钢丝绳的直径 $d=26\text{mm}$，容许应力 $[\sigma]=162\text{MPa}$，求起重机的最大起重量 W 的值。

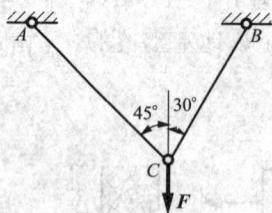

图Ⅱ-2-55

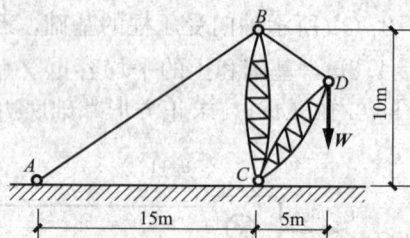

图Ⅱ-2-56

12. 图Ⅱ-2-57所示墙体，已知墙体材料的容许应力为 $[\sigma]_W=1.2\text{MPa}$，容重 $\gamma=16\text{kN/m}^3$；地基的容许应力 $[\sigma]_B=0.5\text{MPa}$。求墙上每米长的容许荷载 $[q]$ 及下层墙体的厚度 b。

13. 某阶梯杆受力图如图Ⅱ-2-58所示，已知 AB 段的横截面面积 $A_1=300\text{mm}^2$，BC 和 CD 段的横截面面积 $A_2=200\text{mm}^2$，材料的弹性模量 $E=200\text{GPa}$。求：杆下端 D 截面的轴向位移。（不考虑杆的自重）

14. 图Ⅱ-2-59所示，截面为正方形的阶梯砖柱，上柱高 $H_1=3\text{m}$，横截面面积 $A_1=240\times240\text{mm}^2$；下柱高 $H_2=4\text{m}$，横截面面积 $A_2=370\times370\text{mm}^2$。荷载 $F=40\text{kN}$，砖的弹性模量 $E=3\text{GPa}$。（不考虑砖柱的自重）

求：（1）上、下柱内的应力；

（2）上、下柱的应变；

（3）A 截面和 B 截面的位移。

15. 平板拉伸试件的宽度 $b=29.8\text{mm}$，厚度 $h=4.1\text{mm}$。在拉伸试验时，每增加 3kN 的拉力，测得沿轴线方向产生的纵向线应变 $\varepsilon_1=120\times10^{-6}$，横向线应变 $\varepsilon_2=-38\times10^{-6}$。求试件材料的弹性模量 E 和泊松比 μ。

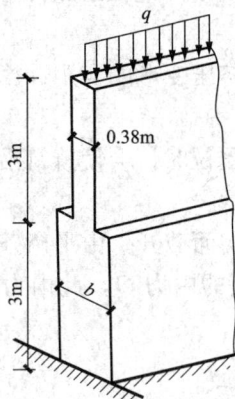

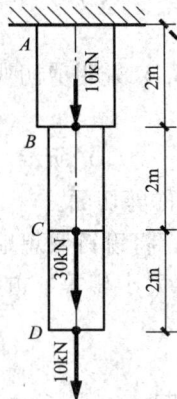

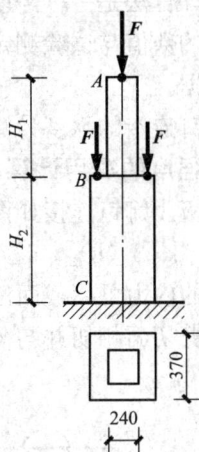

图Ⅱ-2-57　　　　　　图Ⅱ-2-58　　　　　图Ⅱ-2-59

Ⅱ-3　剪切变形的实用计算分析

前面已经介绍了杆件产生剪切变形的概念，在实际工程中，剪切变形常常出现在构件与构件的连接部分。如连接两块钢板的螺栓接头［见图Ⅱ-3-1（a）］，钢结构中广泛应用的铆钉连接［见图Ⅱ-3-1（b）］，木结构中的榫接［见图Ⅱ-3-1（c）］等。连接对结构的整体牢固性和安全性起着重要的作用，因此，研究和分析杆件连接部分的强度问题也是工程力学的基本任务之一。

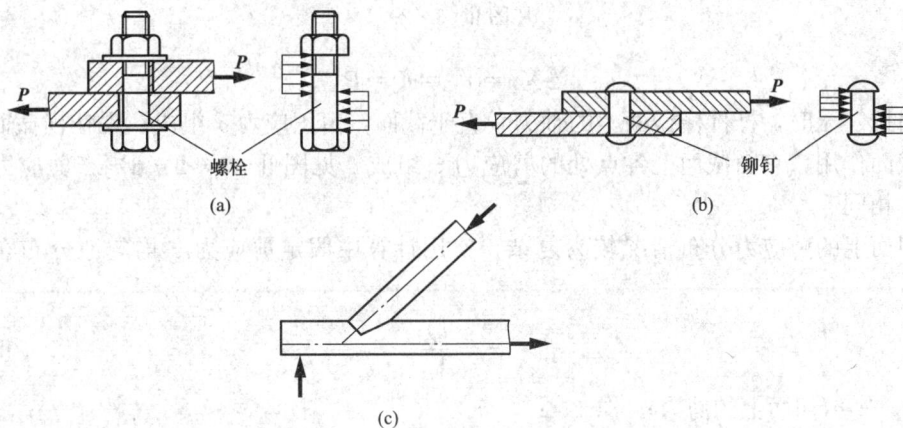

图Ⅱ-3-1

当杆件发生剪切变形时，通常总伴随着其他形式的变形出现，其中挤压变形问题是不可忽视的。如图Ⅱ-3-1（a）所示的螺栓与钢板相互接触部分，在很小的面积上传递着很大的压力，容易造成接触部分的压溃而导致连接部位丧失其使用功能。

在实际工程中广泛应用的连接件一般尺寸都较小，其受力与变形较为复杂，难以进行理论分析及从理论上计算它们的真实工作应力。因此，它们的强度计算通常是采用实用计算法来进行。实用计算法是一种经验计算方法，它计算出的应力并不是连接件的真实应力，但用此方法计算出的数值与试验测定的连接件破坏时的应力数值较接近，因此，工程中用来作为强度计算的依据。

下面以铆钉连接的强度计算为例，来说明剪切变形和挤压变形的实用计算方法。

一、剪切强度的实用计算

设两块钢板用铆钉连接如图Ⅱ-3-2（a）所示。钢板受拉时，会使铆钉沿两力间的截面剪断［见图Ⅱ-3-2（b）］。这个截面称剪切面。

剪切面上的内力可用截面法求得。将铆钉假想地沿剪切面截开，由平衡条件可知，剪切面上存在着与剪切面相切并与外力 P 大小相等、方向相反的内力 Q，此内力即为剪力［见图Ⅱ-3-2（c）］。

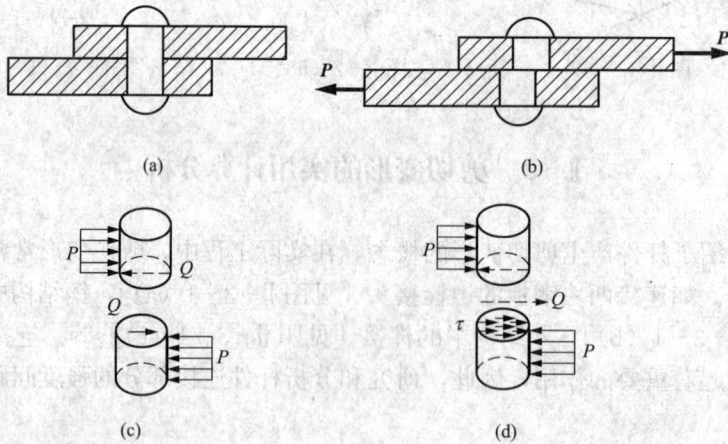

图Ⅱ-3-2

由 $\sum X_i = 0 \quad \Rightarrow Q = P$

轴向拉、压时，杆件横截面上的轴力垂直于截面，由正应力 σ 组成；现在横截面上的剪力是沿截面作用，它由截面上各点处的剪应力 τ 组成［见图Ⅱ-3-2（d）］。剪应力的单位与正应力相同。

剪切面上的剪应力分布情况较为复杂，实用计算中假定剪应力 τ 均匀地分布在剪切面上。则

$$\tau = \frac{Q}{A_Q} \tag{Ⅱ-3-1}$$

式中 Q——剪切面上的剪力；

A_Q——剪切面的面积。

在螺栓或铆钉这类连接件中，通常用于连接板的螺栓或铆钉的个数不止一个。在剪切的实用计算中，若用于连接的螺栓或铆钉的个数为 n，那么每个螺栓或铆钉所承受的力为 $\frac{P}{n}$。另外，若螺栓或铆钉只有一个受剪面，习惯上称为**单剪**［见图Ⅱ-3-2（b）］，此时受剪面上的剪力 $Q = \frac{P}{n}$；若螺栓或铆钉有两个受剪面，习惯上称为**双剪**（见图Ⅱ-3-3），此时，

受剪面上的剪力 $Q = \dfrac{P}{2n}$。

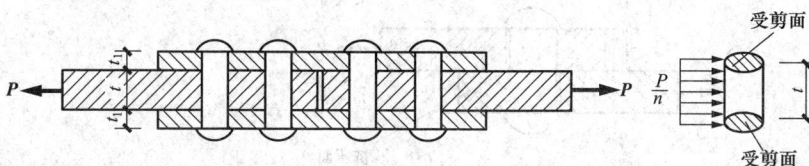

图Ⅱ-3-3

剪切强度条件为

$$\tau = \frac{Q}{A_Q} \leqslant [\tau] \qquad (Ⅱ-3-2)$$

式中 $[\tau]$——材料的容许剪应力。

容许剪应力的确定方法：先测出材料发生剪切破坏时的荷载，代入式（Ⅱ-3-1）算出此时的极限应力，然后除以安全系数。各种材料的容许剪应力值可在有关手册中查得，也可由下列经验公式确定：

塑性材料　$[\tau] = (0.6 \sim 0.8)[\sigma_1]$

脆性材料　$[\tau] = (0.8 \sim 1.0)[\sigma_1]$

其中，$[\sigma_1]$ 为材料的容许拉应力。

二、挤压强度的实用计算

连接件除可能产生剪切破坏外，还可能发生挤压破坏。挤压，是指两个构件相互传递压力时接触面上的受压现象。图Ⅱ-3-4（a）所示铆钉连接中，铆钉与钢板接触面上的压力过大时，接触面将发生显著的塑性变形或压溃，圆孔变成了椭圆状，孔径增大，连接件松动，不能正常使用 [见图Ⅱ-3-4（b）]。接触面上的压力 P_c 成为挤压力，在接触面上发生的变形成为挤压变形，挤压力作用的面 A_c 称为挤压面 [见图Ⅱ-3-4（c）]，挤压面上的应力称为挤压应力。

挤压面上挤压应力的分布也很复杂，它与接触面的形状及材料性质有关。例如：钢板上铆钉孔附近的挤压应力分布如图Ⅱ-3-4（d）所示，挤压面上各点的应力大小与方向都不相同。在实用计算中通常是假定挤压应力 σ_c 均匀地分布在挤压面上，即

$$\sigma_c = \frac{P_c}{A_c} \qquad (Ⅱ-3-3)$$

式中 P_c——挤压面上的挤压力；

A_c——计算挤压面面积。

与剪切强度计算类似，在螺栓或铆钉连接件中，若螺栓或铆钉的个数为 n 个，则 $P_c = \dfrac{P}{n}$。

当挤压面为平面时，计算挤压面即为实际挤压面；当挤压面为圆柱面时，通常是用圆柱截面的直径平面代替实际挤压面，即以直径面面积作为计算挤压面面积 [见图Ⅱ-3-4（e）]。这样，算出的最大挤压应力 σ_c 和实际发生的最大挤压应力 [见图Ⅱ-3-4（d）中的 σ_{max}] 很接近。

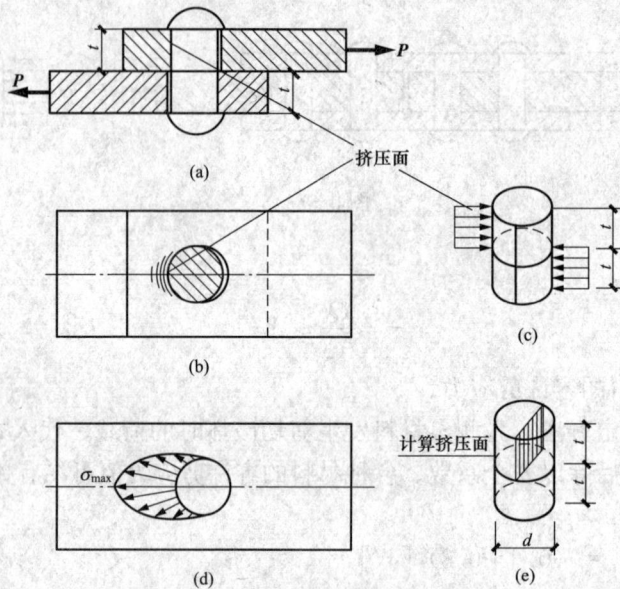

图Ⅱ-3-4

挤压强度条件为

$$\sigma_c = \frac{P_c}{A_c} \leqslant [\sigma_c] \qquad (Ⅱ-3-4)$$

式中　$[\sigma_c]$——材料的容许挤压应力。

容许挤压应力的值由实验测定：先测出挤压破坏时的挤压力，代入式（Ⅱ-3-3），计算出破坏时的极限挤压应力，然后除以安全系数。各种材料的容许挤压应力 $[\sigma_c]$ 可在有关手册中查到。$[\sigma_c]$ 与材料的容许拉应力 $[\sigma_1]$ 之间存在一定的近似关系：

塑性材料 $[\sigma_c] = (1.5 \sim 2.5)[\sigma_1]$

脆性材料 $[\sigma_c] = (0.9 \sim 1.5)[\sigma_1]$

挤压计算中须注意，如果两个相互挤压构件的材料不同，应对挤压强度较小的构件进行计算。

上述剪切与挤压的实用计算公式表达了一种经验性的强度计算方法，计算结果和实际构件的破坏结果相近，所以，在实际连接件的剪切与挤压计算中得到了广泛地应用。

三、板的拉伸强度计算

在螺栓、铆钉这类连接件的强度计算中，除了螺栓或铆钉的剪切强度和挤压强度问题外，从整个连接件的使用安全角度来看，还应考虑连接板的拉伸强度问题。如图Ⅱ-3-5（a）中所示连接件。1—1、2—2 截面因钻孔而使横截面积减小，若板内的拉应力在连接前非常接近其材料的容许拉应力，那么，连接后由于钻孔处横截面积的减小，从而使得板内的最大拉应力很可能会超过板的容许拉应力而断裂。因此，需对板进行拉伸强度的校核。注意，计算钻孔处横截面上的拉应力时，横截面积应为削弱后的净面积，例如图Ⅱ-3-5（b）中的横截面为图（a）中的 2—2 截面，则 $A_2 = (b-2d)t$。

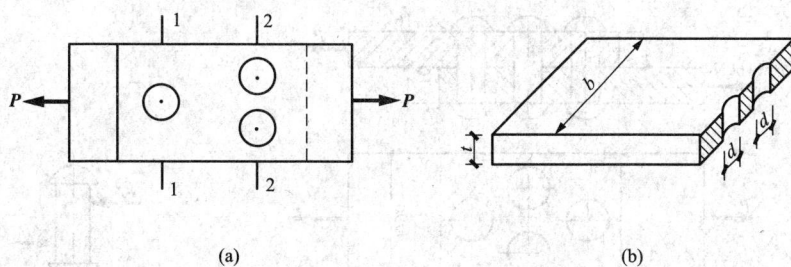

图Ⅱ-3-5

上述关于剪切与挤压的实用计算法在其他形式的连接中，如销连接［见图Ⅱ-3-6（a）］、键连接［见图Ⅱ-3-6（b）］、榫连接［见图Ⅱ-3-6（c）］中都有相同的应用。

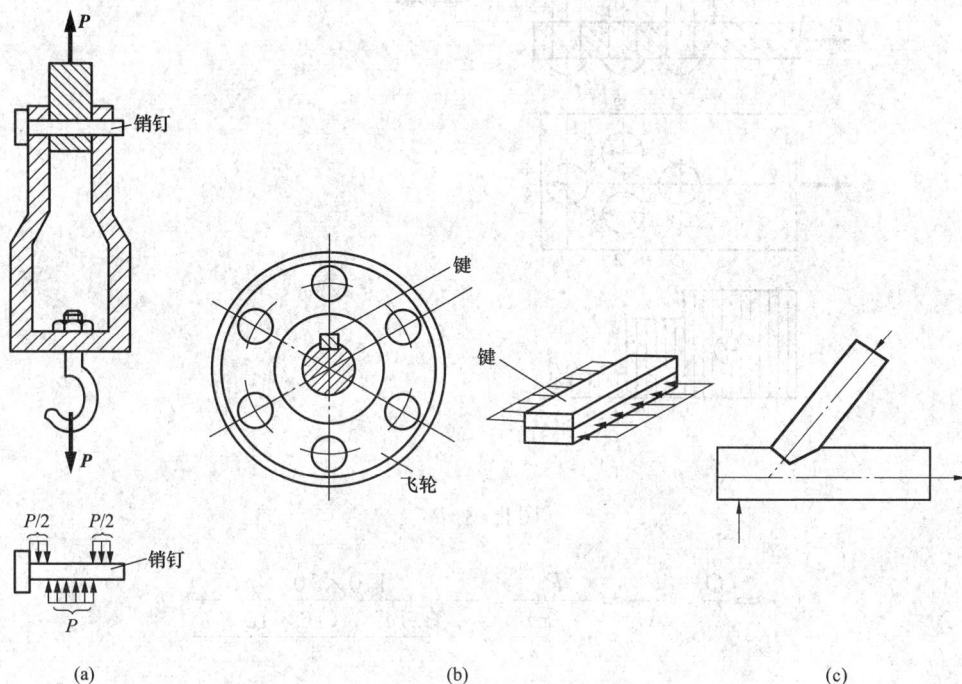

图Ⅱ-3-6

【例Ⅱ-3-1】　校核图Ⅱ-3-7（a）所示铆接件的强度。已知钢板和铆钉材料相同，容许应力 $[\sigma]=160\text{MPa}$，$[\tau]=140\text{MPa}$，$[\sigma_c]=320\text{MPa}$；铆钉直径 $d=16\text{mm}$；$P=110\text{kN}$。

解　（1）以铆钉作为计算对象，画出铆钉受力图［见图Ⅱ-3-7（b）］。连接件上有 n 个铆钉时，可假定各铆钉剪切变形相同，当铆钉直径一样时，所受的剪力也相同，拉力 P 将平均分配在每个铆钉上。每个铆钉受到的作用力：

$$P_1=\frac{P}{n}=\frac{P}{4}$$

（2）校核铆钉的剪切强度（每个铆钉受剪面面积相同）。由剪切强度条件，得

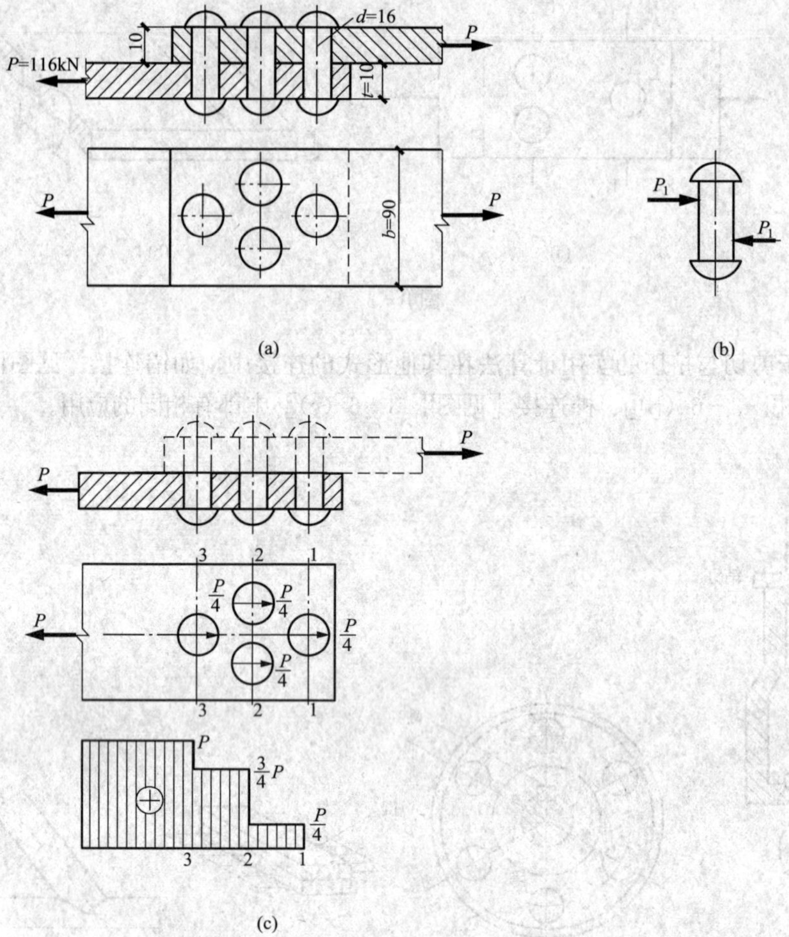

图Ⅱ-3-7

$$\tau = \frac{Q}{A_Q} = \frac{P_1}{A_Q} = \frac{P}{n \times \frac{\pi d^2}{4}} = \frac{110 \times 10^3}{4 \times \frac{3.14 \times (16 \times 10^{-3})^2}{4}}$$

$$= 136.8 \times 10^6 \text{ (Pa)} = 136.8 \text{ (MPa)} < [\tau]$$

所以，满足剪切强度要求。

（3）校核挤压强度。

挤压力：$P_c = P_1$

挤压面的计算面积：$A_c = td$

由挤压强度条件：
$$\sigma_c = \frac{P_c}{A_c} = \frac{P}{ntd} = \frac{110 \times 10^3}{4 \times 10 \times 16 \times 10^{-6}}$$

$$= 172 \times 10^6 \text{ (Pa)} = 172 \text{ (MPa)} < [\sigma_c]$$

所以，满足挤压强度要求。

（4）校核钢板的拉伸强度。两块钢板受力及开孔情况相同，只要校核其中一块即可。现计算下面一块钢板。先作出钢板的轴力图如图Ⅱ-3-7（c）所示。

1—1 截面与 3—3 截面受铆钉孔削弱后的净面积相同，而 1—1 截面的轴力比 3—3 截面轴力的小，所以 3—3 截面比 1—1 截面危险。

2—2 截面与 3—3 截面比较，前者净面积小，轴力较大；后者净面积大而轴力更大，所以两个截面都应校核。

截面 2—2　$\sigma_{2-2} = \dfrac{N_2}{(b-2d)\,t} = \dfrac{\frac{3}{4} \times 110 \times 10^3}{(90 - 2 \times 16) \times 10 \times 10^{-6}}$

$\qquad\qquad\qquad = 142 \times 10^6 \,(\text{Pa}) = 142\,(\text{MPa}) < [\sigma]$

截面 3—3　$\sigma_{3-3} = \dfrac{N_3}{(b-d)\,t} = \dfrac{110 \times 10^3}{(90-16) \times 10 \times 10^{-6}}$

$\qquad\qquad\qquad = 149 \times 10^6\,(\text{Pa}) = 149\,(\text{MPa}) < [\sigma]$

所以，满足拉伸强度要求。

因此，整个连接件的强度都得到满足。

【例Ⅱ-3-2】　如图Ⅱ-3-8所示铆接件，若已知钢板与铆钉材料相同，容许应力 $[\tau] = 140\text{MPa}$，$[\sigma_c] = 300\text{MPa}$，$P = 220\text{kN}$，$t = 12\text{mm}$。试确定铆钉直径 d。

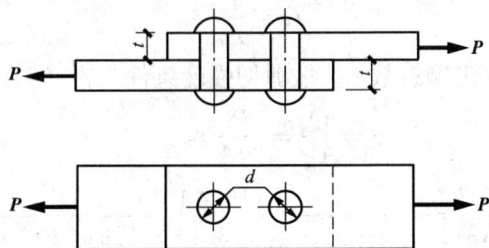

图Ⅱ-3-8

解　（1）按剪切强度条件选择 d。

$$Q = \frac{P}{n} = \frac{220}{2} = 110(\text{kN})$$

由　$A_Q \geqslant \dfrac{Q}{[\tau]}$ 和 $A_Q = \dfrac{\pi d^2}{4} \Rightarrow d \geqslant \sqrt{\dfrac{4Q}{\pi [\tau]}} = \sqrt{\dfrac{4 \times 110 \times 10^6}{\pi \times 140 \times 10^6}} = 0.0316\,(\text{m}) = 31.6\,(\text{mm})$

取　$d = 32\text{mm}$。

（2）按挤压强度条件选择 d。

$$P_c = \frac{P}{n} = \frac{220}{2} = 110(\text{kN})$$

由　$A_c \geqslant \dfrac{P_c}{[\tau]}$ 和 $A_c = dt \Rightarrow d \geqslant \dfrac{P_c}{t\,[\sigma_c]} = \dfrac{110 \times 10^3}{12 \times 10^{-3} \times 300 \times 10^6} = 0.0306\,(\text{m}) = 30.6\,(\text{mm})$

取　$d = 31\text{mm}$

比较以上计算结果可知：铆钉直径应为 $d = 32\text{mm}$。

【例Ⅱ-3-3】　选择图Ⅱ-3-9（a）所示铆接件每块主板（中间所夹之板）上所需铆钉的数目 n 及板宽 b。已知材料的容许应力 $[\sigma] = 160\text{MPa}$，$[\tau] = 140\text{MPa}$，$[\sigma_c] = 320\text{MPa}$；铆钉直径 $d = 16\text{mm}$；$P = 110\text{kN}$。

解　（1）取铆钉为研究对象，画出受力图如图Ⅱ-3-9（b）所示。主板内的铆钉为双

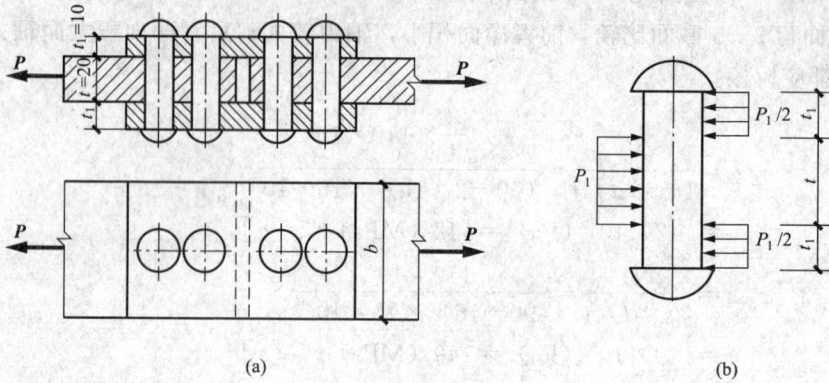

图 Ⅱ - 3 - 9

剪，每个铆钉受到的作用力 $P_1 = \dfrac{P}{n}$。用截面法求得剪切面上的剪力：

$$Q = \frac{P}{2n}$$

（2）由剪切强度条件决定铆钉数 n。按剪切强度条件，得

$$\tau = \frac{Q}{A_Q} = \frac{P}{2nA} \leqslant [\tau]$$

$$n \geqslant \frac{P}{2[\tau]A_Q} = \frac{110 \times 10^3}{2 \times 140 \times 10^6 \times \dfrac{3.14 \times (16 \times 10^{-3})^2}{4}} = 1.78$$

取 $n = 2$。

（3）由挤压强度条件决定铆钉数 n。铆钉与主板间的挤压力 $P_c = P_1$，挤压计算面积 $A_c = td$。按挤压强度条件，得

$$\sigma_c = \frac{P_c}{A_c} = \frac{P}{ntd} \leqslant [\sigma_c]$$

$$n \geqslant \frac{P}{[\sigma_c]td} = \frac{110 \times 10^3}{320 \times 10^6 \times 20 \times 10^{-3} \times 16 \times 10^{-3}} \approx 1$$

取 $n = 1$。

要同时满足剪切与挤压强度要求，铆钉数应取 $n = 2$。

（4）根据主板的拉伸强度决定板宽 b。将两个铆钉排列如图 Ⅱ - 3 - 9（a）所示，铆钉孔直径平面是危险截面，其上的最大应力为

$$\sigma = \frac{P}{(b-d)t} = \frac{110 \times 10^3}{(b - 16 \times 10^{-3}) \times 20 \times 10^{-3}} \leqslant [\sigma] = 160$$

$$\Rightarrow b \geqslant 47.3 \times 10^{-3} \ (\text{m}) = 47.3 \ (\text{mm})$$

取 $b = 48\text{mm}$。若根据上、下盖板的拉伸强度决定板宽 b，所得结果一样。

【例 Ⅱ - 3 - 4】　某接头部分的销钉如图 Ⅱ - 3 - 10（a）所示，已知 $F = 100\text{kN}$，$D = 45\text{mm}$，$d_1 = 32\text{mm}$，$d_2 = 34\text{mm}$，$\delta = 12\text{mm}$。试求销钉的剪应力 τ 和挤压应力 σ_c。

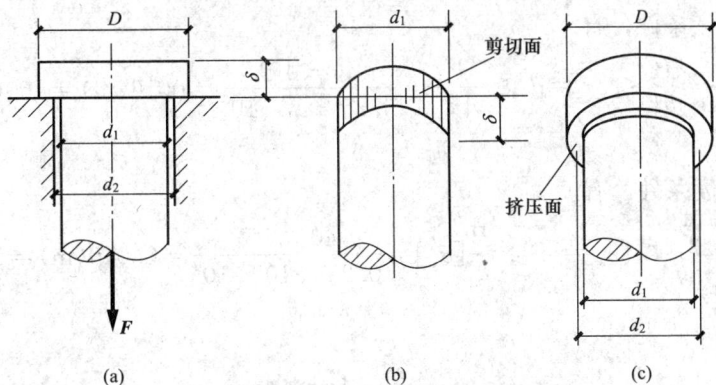

图Ⅱ-3-10

解　由图Ⅱ-3-10（b）可以看出，销钉的剪切面是一个高度为$\delta=12$mm，直径为$d_1=32$mm 的圆柱体的外表面图，由图Ⅱ-3-10（c）可以看出挤压面是一个外径 $D=45$mm、内径 $d_2=34$mm 的圆环面。

剪切面积：$A_Q=\pi d_1\delta=3.14\times32\times12=1206$（mm²）

挤压面积：$A_c=\dfrac{\pi}{4}(D^2-d_2^2)=\dfrac{3.14}{4}\times(45^2-34^2)=683$（mm²）

根据力的平衡条件可得

剪力：$Q=F=100$（kN）

挤压力：$P_c=F=100$（kN）

于是根据式（Ⅱ-3-1）和式（Ⅱ-3-3）可分别求得：

剪应力：$\tau=\dfrac{Q}{A_Q}=\dfrac{100\times10^3}{1206}=82.9\times10^6$（Pa）$=82.9$（MPa）

挤压应力：$\sigma_c=\dfrac{100\times10^3}{683}=146.4\times10^6$（Pa）$=146.4$（MPa）

【例Ⅱ-3-5】　一矩形截面的木拉杆接头如图Ⅱ-3-11（a）所示，已知轴向拉力 $P=40$kN，截面宽度 $b=250$mm，木材顺纹容许挤压应力 $[\sigma_c]=10$MPa，顺纹容许剪应力 $[\tau]=1$MPa。求接头处所需尺寸 l 和 a。

图Ⅱ-3-11

解　本例中，拉杆接头的破坏有剪切破坏和挤压破坏两种形式，剪切面和挤压面如图Ⅱ-3-11（b)所示。

剪切面面积：$A_Q=bl$；剪切面上的剪力：$Q=P$

挤压面面积：$A_c=ab$；挤压面上的挤压力：$P_c=P$

根据剪切强度条件，有

$$\tau = \frac{Q}{A_Q} = \frac{P}{bl} \leqslant [\tau] \Rightarrow l \geqslant \frac{P}{b[\tau]} = \frac{40 \times 10^3}{0.25 \times 1 \times 10^6} = 0.16(\text{m}) = 160(\text{mm})$$

取 $l = 160\text{mm}$

根据挤压强度条件，有

$$\sigma_c = \frac{P_c}{A_c} = \frac{P}{ab} \leqslant [\sigma_c] \Rightarrow a \geqslant \frac{P}{b[\sigma_c]} = \frac{40 \times 10^3}{0.25 \times 10 \times 10^6} = 0.016(\text{m}) = 16(\text{mm})$$

取 $a = 16\text{mm}$

练 习 题

一、填空题

1. 剪切变形的受力特点：构件受到一对大小_____、方向_____、作用线相距_____的横向外力作用。

2. 剪切变形的特点：两力间的截面将沿着力的作用方向发生相对_____的变形。

3. 在承受剪切的构件中，发生_____的截面称为剪切面，位于剪切面上的内力称为_____，通常用符号_____表示。

4. 构件受剪切的同时，往往也伴随着发生_____现象。

5. 剪切面位于两相邻外力作用线之间，与外力作用线_____；挤压面与外力作用线_____。（填"平行"或"垂直"）

6. 剪切面上存在的应力称为_____，用符号_____表示。它在剪切面上的分布情况比较复杂，因此工程中通常采用以试验、经验为基础的"实用计算法"来计算，即假设剪应力在受剪面上是_____分布的。剪切强度条件的表达式为_____。

7. 若螺栓或铆钉只有一个受剪面，习惯上称为_____；若有两个受剪面，习惯上称为_____。

8. 挤压破坏是指两构件相互传递压力时，接触面上_____的现象。

9. 挤压应力的分布也很复杂，在实用计算中，假设挤压应力在挤压面上是_____分布的。挤压强度条件的表达式为_____。

10. 一般情况下，连接件需做三种强度计算，分别是：（1）_____；（2）_____；（3）_____。

二、判断题

1. 剪应力的单位与正应力相同。   （   ）

2. 剪力的作用线垂直于横截面。   （   ）

3. 作用在挤压面上的挤压应力，其分布情况与接触面的形状和材料性质无关。（   ）

4. 挤压的变形特点相同于压缩的变形特点。   （   ）

5. 在任何情况下，计算挤压面的面积等于实际挤压面的面积。   （   ）

三、单项选择题

1. 工程中一些常见的连接件，如销钉、平键等主要承受（   ）。

A. 拉压   B. 扭转

C. 剪切 D. 弯曲

2. 当挤压面为圆柱面时，计算挤压面取（　　）。

A. 实际挤压面 B. 圆柱的表面

C. 圆柱截面的直径平面 D. 圆柱截面的半径平面

3. 当挤压面为平面时，计算挤压面取（　　）。

A. 实际挤压面 B. 圆柱的表面

C. 圆柱截面的直径平面 D. 圆柱截面的半径平面

4. 图Ⅱ-3-12 所示销钉受拉力 P 作用，其钉头直径为 D，高度为 h，钉杆直径为 d。其剪切面面积和挤压面面积分别为（　　）。

A. πDh；$\dfrac{\pi}{4}(D^2-d^2)$　　　　B. πdh；$\dfrac{\pi}{4}(D^2-d^2)$

C. πDh；(D^2-d^2)　　　　　　D. πdh；(D^2-d^2)

5. 图Ⅱ-3-13 所示为两钢板用圆锥销连接，尺寸如图Ⅱ-3-13 所示，其剪切面面积和计算挤压面面积分别为（　　）。

A. $\dfrac{\pi(D+d)^2}{4}$；$\dfrac{1}{2}\Big(d+\dfrac{D+d}{2}\Big)h$　　　　B. $\dfrac{\pi(D+d)^2}{16}$；$\dfrac{1}{2}\Big(D+\dfrac{D+d}{2}\Big)h$

C. $\dfrac{\pi(D+d)^2}{16}$；$\dfrac{1}{2}\Big(d+\dfrac{D+d}{2}\Big)h$　　　　D. $\dfrac{\pi(D+d)^2}{4}$；$\dfrac{1}{2}\Big(d+\dfrac{D+d}{2}\Big)h$

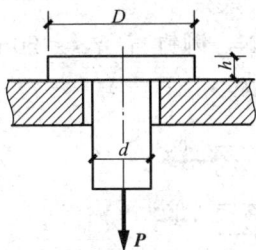 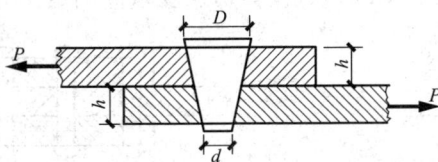

图Ⅱ-3-12　　　　　　　　　　图Ⅱ-3-13

四、计算题

1. 图Ⅱ-3-14 所示，用夹剪剪断直径为 3mm 的铅丝，若铅丝的剪切极限应力为 100MPa，求需要多大的力？若销钉 B 的直径为 10mm，求销钉内产生的剪应力值。

2. 图Ⅱ-3-15 所示两块钢板用一颗铆钉连接，铆钉的直径 $d=24$mm，每块钢板的厚度为 $t=12$mm，拉力 $P=40$kN，铆钉的容许剪应力 $[\tau]=100$MPa，容许挤压应力 $[\sigma_c]=250$MPa，试对铆钉进行强度校核。

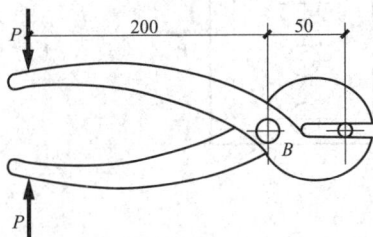 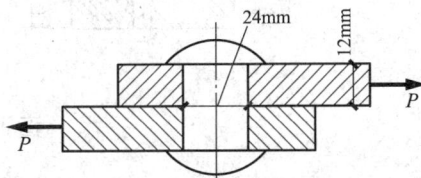

图Ⅱ-3-14　　　　　　　　　　图Ⅱ-3-15

3. 图Ⅱ-3-16 所示铆接钢板的厚度为 $t=10\text{mm}$，铆钉的直径 $d=18\text{mm}$，拉力 $P=30\text{kN}$，铆钉的容许剪应力 $[\tau]=140\text{MPa}$，容许挤压应力 $[\sigma_c]=320\text{MPa}$，试对铆钉进行强度校核。

4. 图Ⅱ-3-17 所示，基底边长 $b=1\text{m}$ 的正方形混凝土板上有一边长 $a=200\text{m}$ 的正方形混凝土柱，作用在柱上的轴向压力 $P=160\text{kN}$。设地基对混凝土板的约束反力均匀分布，已知混凝土的容许剪应力为 $[\tau]=2.0\text{MPa}$，若要使柱不穿过混凝土板，则混凝土板的最小厚度 t 为多少？

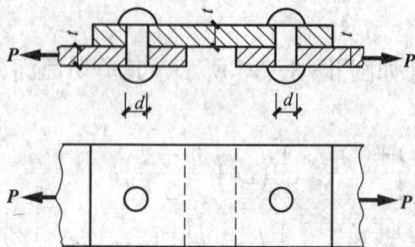

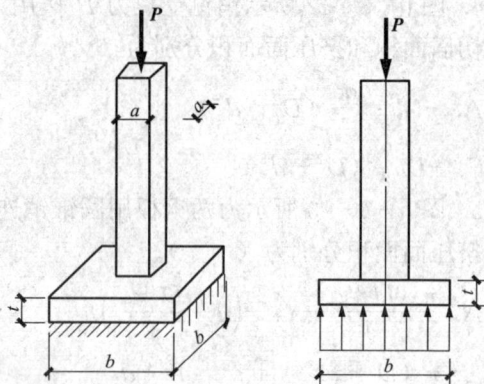

图Ⅱ-3-16   图Ⅱ-3-17

5. 图Ⅱ-3-18 所示铆钉连接，承受轴向力 $N=280\text{kN}$，铆钉直径 $d=20\text{mm}$，容许剪应力 $[\tau]=140\text{MPa}$，试按剪切强度条件确定所需铆钉个数。

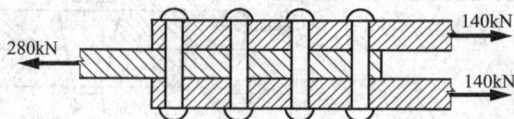

图Ⅱ-3-18

6. 图Ⅱ-3-19 所示铆接件中，钢板的厚度分别为 $t_1=10\text{mm}$，$t_2=12\text{mm}$，拉力 $P=45\text{kN}$，钢板和铆钉的材料相同，容许剪应力 $[\tau]=100\text{MPa}$，容许挤压应力 $[\sigma_c]=220\text{MPa}$，试求铆钉的直径 d。

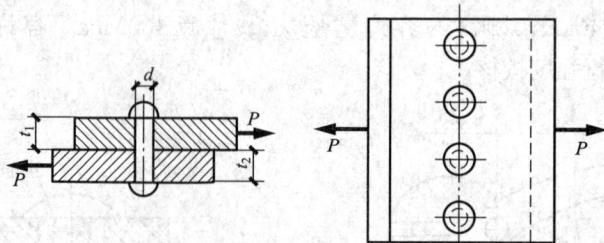

图Ⅱ-3-19

7. 图Ⅱ-3-20 所示铆接件中，铆钉直径 $d=20\text{mm}$，间距为 78mm，主板宽 $b=226\text{mm}$，厚 $t=20\text{mm}$，盖板厚 $t_1=10\text{mm}$，铆钉的容许剪应力为 $[\tau]=140\text{MPa}$，容许挤

压应力为 $[\sigma_c]=310MPa$，钢板的容许正应力为 $[\sigma]=100MPa$，求钢板所能承受的荷载 P 为多少？

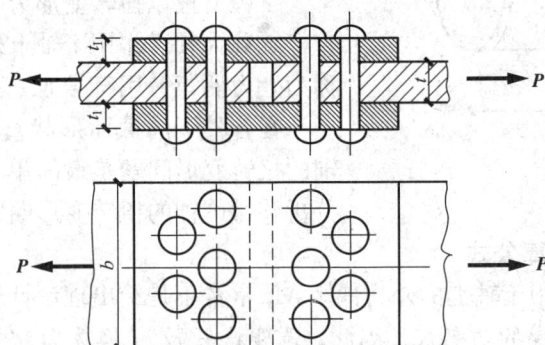

图Ⅱ-3-20

8. 图Ⅱ-3-21 所示销栓连接中，直径 $d=40mm$ 的圆杆承受拉力 P，用厚度 $\delta=10mm$ 的销栓销住。杆和销的材料相同，容许应力分别为 $[\sigma]=120MPa$，$[\tau]=90MPa$，$[\sigma_c]=240MPa$，求容许荷载 $[P]$ 及尺寸 a 和 b（圆杆横截面上槽的面积可近似按矩形计算）。

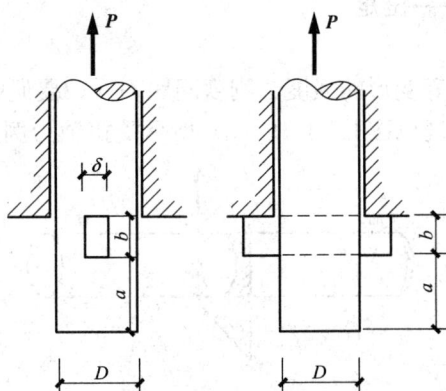

图Ⅱ-3-21

Ⅱ-4 杆件产生扭转变形时的承载能力分析

杆件产生扭转变形的概念前面已介绍，在实际工程中，产生扭转变形的杆件很多，如机器中的传动轴、汽车方向盘操纵杆、卷扬机轴、斜弯桥梁中的墩柱、梁板等。对扭转变形的研究不但是解决这类杆件强度、刚度计算的需要，也是全面了解材料的破坏形式、认识力和变形的基本性质必不可少的。因此，分析和研究扭转变形时杆件的强度和刚度问题也是工程力学的基本任务之一。

一、扭转的受力特点和变形特点

如图Ⅱ-4-1所示圆形截面杆，当位于垂直于杆轴线的平面内作用着一对大小相等、转向相反的力偶时，杆件将产生扭转变形。因此，扭转杆件的受力特点是：外力偶的作用面垂直于杆轴线。而其变形特点是：各横截面绕杆轴线发生相对转动。杆件任意两横截面间相对

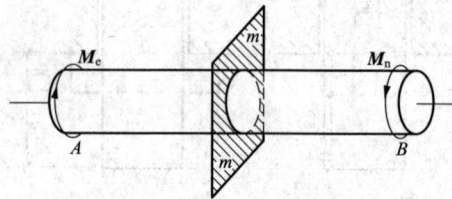

图Ⅱ-4-1

转过的角度称为相对扭转角，简称**扭转角**，通常用符号 φ 表示。

工程上把以扭转变形为主要变形形式的圆截面直杆统称为**轴**。作用于轴上外力偶的力偶矩习惯上称为外力偶矩，用符号 M_e 表示。

在各种不同截面形状直杆的扭转变形问题中，轴的扭转变形问题是最简单、最常见的，以下主要分析和讨论轴的扭转变形问题。

二、外力偶矩的换算公式

在实际工程中，作用于轴上的外力偶矩 M_e 常常不是给出理论计算所需的数值，而是给出轴的转速 n 及轴所传递的功率 N。因此，需要将 n 及 N 换算为 M_e，其换算公式为

$$M_e(\text{N} \cdot \text{m}) = 9549 \frac{N(\text{kW})}{n(\text{r/min})} \qquad (\text{Ⅱ}-4-1)$$

或

$$M_e(\text{N} \cdot \text{m}) = 7024 \frac{N(\text{马力})}{n(\text{r/min})} \qquad (\text{Ⅱ}-4-2)$$

1 马力 $=735.499\text{W}$。

三、轴扭转时的内力——扭矩

（一）扭矩的计算

与解决轴向拉压、剪切等变形的强度、刚度问题一样，要研究轴扭转时的强度与刚度问题，首先要分析轴的内力。现以图Ⅱ-4-2（a）所示受扭轴为例加以说明。

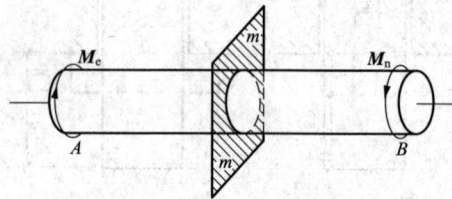

(a)

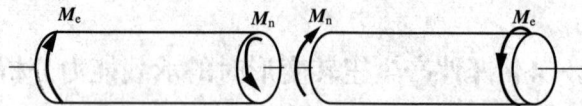

(b)

图Ⅱ-4-2

轴在外力偶矩 M_e 作用下发生扭转变形，应用截面法将轴在 m—m 处截开，取左段为研究对象［见图Ⅱ-4-2（b）］，为保持平衡，截面上必然存在一个内力偶 M_n，由 $\sum M_x = 0$ 得

$$M_n = M_e$$

这个内力偶 M_n 称为扭矩。取右段作为研究对象同样也可得到截面上的内力偶，大小与左段相同，但转向相反。为了使左右两段所表示的同一 m—m 截面上的扭矩有同样的正负号，对扭矩 M_n 做如下符号规定：以右手四指转向表示扭转旋转的方向，以右手大拇指表示扭转矢量的方向，如果拇指方向与截面外法线方向一致，则扭矩为正；反之为负（见

图Ⅱ-4-3)。图Ⅱ-4-2（b）中所示扭矩为正扭矩。这一判定扭矩正负的方法也称**右手螺旋法则**。

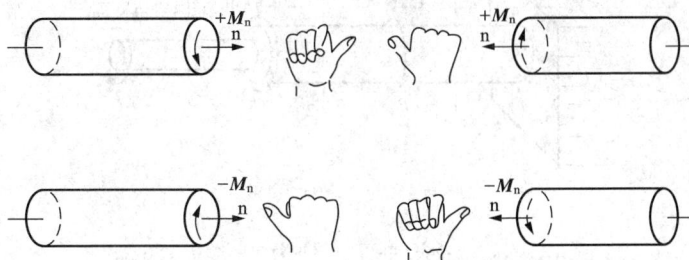

图Ⅱ-4-3

在国际单位制中，扭矩的单位为牛顿米（N·m），常用单位为千牛顿米（kN·m）。扭矩的计算仍采用截面法。下面就通过示例分析来说明扭矩的计算。

【例Ⅱ-4-1】 试用截面法求图Ⅱ-4-4（a）所示轴指定截面上的扭矩。

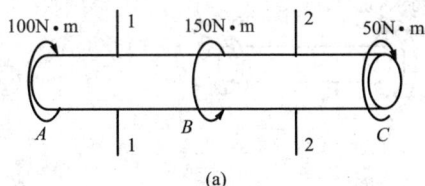

(a)

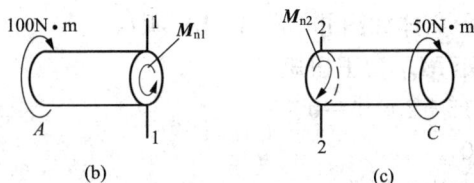

(b) (c)

图Ⅱ-4-4

解 作1-1截面，并取左段为隔离体如图Ⅱ-4-4（b）所示。

假设1-1截面上的扭矩 M_{n1} 为正扭矩

由 $\sum M_x = 0 \Rightarrow M_{n1} - 100 = 0$

$\Rightarrow M_{n1} = 100$（N·m）（正扭矩）

同理，若取右段为隔离体计算，也可得相同的结果。

作2-2截面，取出隔离体如图Ⅱ-4-4（c）所示。

由 $\sum M_x = 0 \Rightarrow M_{n2} + 50 = 0$

$\Rightarrow M_{n2} = -50$（N·m）（负扭矩）

【例Ⅱ-4-2】 试用截面法求图Ⅱ-4-5（a）所示轴指定截面上的扭矩。

解 本题有两种计算方法。第一种是先计算固定端 A 处的约束反力偶，然后再计算扭矩；第二种是不计算约束反力偶而直接计算扭矩，但前提条件是所取隔离体中不包含固定端 A。

本题采用第二种计算方法。

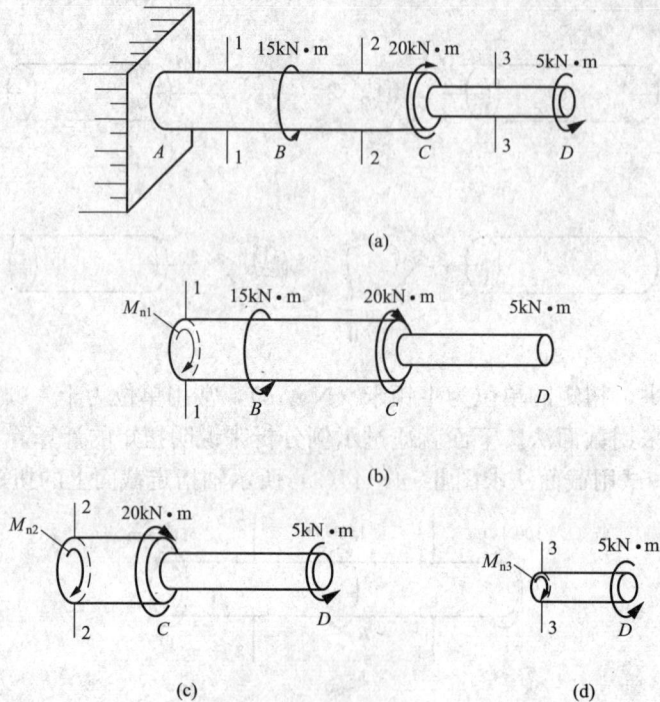

图 II-4-5

作 1-1 截面，并取出隔离体如图 II-4-5（b）所示。

假设 1-1 截面上的扭矩 M_{n1} 为正扭矩

由　$\sum M_x = 0 \Rightarrow M_{n1} - 15 + 20 - 5 = 0$

　　　　$\Rightarrow M_{n1} = 0$

作 2-2 截面，取出隔离体如图 II-4-5（c）所示。

假设 2-2 截面上的扭矩 M_{n2} 为正扭矩

由　$\sum M_x = 0 \Rightarrow M_{n2} + 20 - 5 = 0$

　　　　$\Rightarrow M_{n2} = -15 \ (\text{kN} \cdot \text{m})$（负扭矩）

作 3-3 截面，取出隔离体如图 II-4-5（d）所示。

假设 3-3 截面上的扭矩 M_{n3} 为正扭矩

由　$\sum M_x = 0 \Rightarrow M_{n3} - 5 = 0$

　　　　$\Rightarrow M_{n3} = 5 \ (\text{kN} \cdot \text{m})$（正扭矩）

（二）扭矩方程

从以上扭矩的计算可以看出，当轴只承受集中力偶作用时，在任意相邻两个力偶作用的区间内，扭矩均保持为一个常数。但当轴受分布力偶作用（如钻探中的钻杆等）时，轴内扭矩不再保持为常数，而是随其横截面的位置而变化。下面以图 II-4-6（a）所示轴为例对扭矩的变化规律做一个简要分析。

在给定坐标系下，轴内任一截面上的扭矩可表示为 x 的函数，即

$$M_n = M_n(x)$$

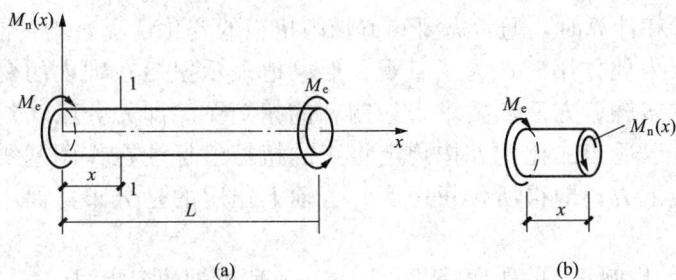

图Ⅱ-4-6

应用截面法，在距坐标原点为任意位置 x 处作 1-1 截面，并取左段为隔离体如图Ⅱ-4-6（b）所示。

由　$\sum M_x = 0 \Rightarrow M_n(x) - M_e = 0$

$\Rightarrow M_n(x) = M_e \quad (0 < x < L)$

上式即为图Ⅱ-4-6（a）所示轴的扭矩方程，它表明，在所给外力偶矩作用下，整个轴内的扭矩为一常数。

【例Ⅱ-4-3】　图Ⅱ-4-7（a）为一钻探机钻杆。若已知钻杆钻入土层的深度为 L，土壤对钻杆的阻力可近似看作是均匀分布的力偶，其分布力偶的集度为 t，试列出钻杆的扭矩方程。

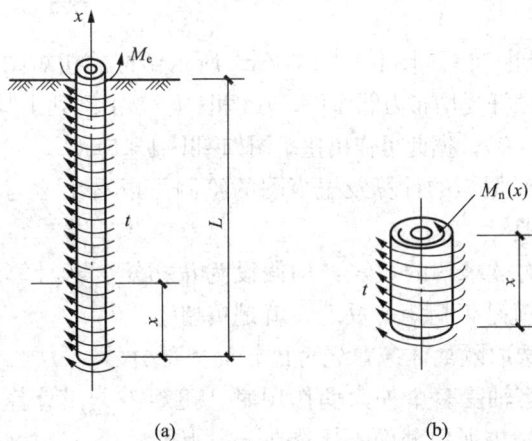

图Ⅱ-4-7

解　在距钻杆底部任意位置 x 处作一截面，并取出隔离体如图Ⅱ-4-7（b）所示。

由　$\sum M_x = 0 \Rightarrow M_n(x) - tx = 0$

$\Rightarrow M_n(x) = tx \quad (0 \leqslant x \leqslant L)$

上式即为钻杆的扭矩方程。它表明，当轴受均匀分布外力偶作用时，轴内扭矩按直线规律变化。

（三）扭矩图

对轴进行设计和计算时，通常需要知道轴内扭矩的变化情况。当一根轴上同时有多个集中外力偶或分布力偶作用时，为了直观、形象地表示扭矩在轴内的变化情况，可仿照轴力图绘制的基本步骤、方法和要求来绘制轴的扭矩图。即先分段，并用截面法求得各分段内的扭矩值，以适当的比例并按规定将正的扭矩值标注在作图基线上方，负的扭矩值标注在作图基线下方，即得所作扭矩图。若轴上作用的是分布力偶，其扭矩图可根据扭矩方程作出。

【例Ⅱ-4-4】 作例Ⅱ-4-1中图Ⅱ-4-4（a）所示轴的扭矩图。

解 该轴扭矩计算的分段点为 B，例Ⅱ-4-1中已求得 AB、CD 两分段内的扭矩分别为 $M_{n_1}=100\text{N}\cdot\text{m}$，$M_{n_2}=-50\text{N}\cdot\text{m}$。据此可作出扭矩图如图Ⅱ-4-8所示。

【例Ⅱ-4-5】 作例Ⅱ-4-2中图Ⅱ-4-5（a）所示轴的扭矩图。

解 该轴扭矩计算的分段点为 B、C，例Ⅱ-4-2中已求得 AB、BC、CD 各分段内的扭矩分别为 $M_{n_1}=0$，$M_{n_2}=-15\text{kN}\cdot\text{m}$，$M_{n_3}=5\text{kN}\cdot\text{m}$。据此可作出扭矩图如图Ⅱ-4-9所示。

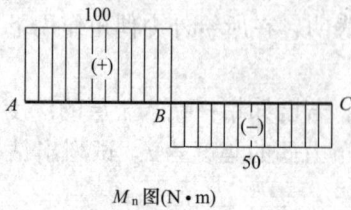

M_n 图(N·m)

图Ⅱ-4-8

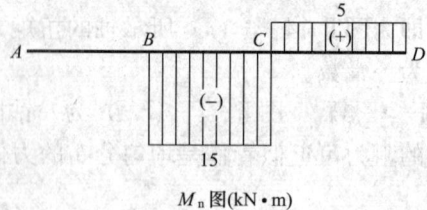

M_n 图(kN·m)

图Ⅱ-4-9

【例Ⅱ-4-6】 作例Ⅱ-4-3图Ⅱ-4-7（a）所示钻杆的扭矩图。

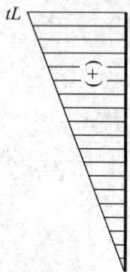

M_n 图

图Ⅱ-4-10

解 钻杆受均布力偶作用，在例Ⅱ-4-3中已列出其扭矩方程为 $M_n(x)=tx$（$0\leqslant x\leqslant L$），据此可作出扭矩图如图Ⅱ-4-10所示。

通过对扭矩的计算及扭矩图的绘制可以看出，与轴力计算及轴力图绘制相类似的是：

（1）对欲求解的扭矩，均假设为正扭矩。若计算结果为正，则表明该截面的扭矩就是正扭矩；反之，就是负扭矩。

（2）选取隔离体应首先考虑较简单部分。

（3）当轴受多个外力偶作用时，扭矩需分段计算，分段点为外力偶作用点，各分段内所取截面不能选在分段点处。

（4）扭矩大小只与外力偶矩有关，与轴材料的性质、横截面形状和尺寸大小无关。

四、剪应力互等定理与剪切胡克定律

在前述剪切变形分析中主要讨论了连接件的实用计算方法，因连接件受力的复杂性而尚未对剪切进行理论研究。现利用比较简单的薄壁圆筒扭转实验分析，来讨论有关剪切的一些重要性质，重点是阐述剪应力互等定理与剪切胡克定律。

（一）薄壁圆筒扭转时的应力分析

设有一圆筒，壁厚为 t，筒的平均半径为 R，厚度 t 比 R 要小很多，这种筒称为薄壁圆筒。当圆筒两端在垂直于筒轴的平面内作用一对大小相等、转向相反的外力偶 M_e 时，薄壁圆筒发生扭转变形。圆筒任一截面中的扭矩，可用截面法求得：$M_n = M_e$。

圆筒截面上的应力计算式可以用类似推导拉、压杆截面上的应力计算式的方法来进行。

为了观察变形，圆筒受外力偶作用前，在表面画上一些圆周线和平行于轴线的纵向线，形成许多微小矩形单元 [见图Ⅱ-4-11（a）]。加外力偶后，薄壁圆筒发生扭转变形 [见图Ⅱ-4-11（b）]，这时可以看到下列现象：

（1）各圆周线的形状、大小及相邻圆周线之间的距离都没有改变，只不过各自绕轴线转动了一个角度。

（2）纵向线都倾斜了同一个角度 γ，纵向线与圆周线所组成的微小矩形单元变成了平行四边形。

若用相距无限小的两个截面 m—m、n—n 截取微段 dx [见图Ⅱ-4-11（c）]，并且用夹角无限小的两个径向纵截面从筒壁上截取一微小单元体 $abdc$ [见图Ⅱ-4-11（d）]，那么，从上述现象可推出：单元体既没有轴向线应变，也没有横向线应变，只有相邻横截面（ab 和 cd）间发生相对错动，即只有剪应变，而且圆周上各单元体的剪应变相同，均为 γ。

从应力与应变对应关系可知，在截面上各点处只存在着相应的剪应力 τ，方向应垂直于半径 [见图Ⅱ-4-11（e）]，沿圆周大小相同。

由于筒壁厚度很小，还可近似地认为沿壁厚方向的剪应力是均匀分布的 [见图Ⅱ-4-11（f）]。

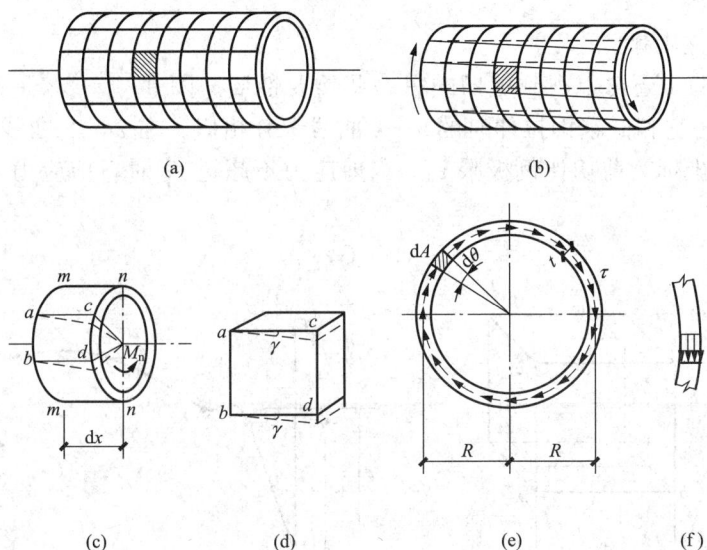

(a)　　　　　　　　　　　(b)

(c)　　　　(d)　　　　(e)　　　　(f)

图Ⅱ-4-11

圆筒截面上的扭矩 M_n 便由这些剪应力组成。取圆心角 $d\theta$ 对应的微面积 $dA = tR\,d\theta$，其上有微合力 $\tau t R\,d\theta$，对圆心的微力矩为 $\tau t R^2\,d\theta$ [图Ⅱ-4-11（5）]，则

$$M_n = \int_0^{2\pi} \tau t R^2\,d\theta = \tau t R^2 \int_0^{2\pi} d\theta = \tau t R^2 \cdot 2\pi$$

所以

$$\tau = \frac{M_{\mathrm{n}}}{2\pi t R^2} \quad \text{或} \quad \tau = \frac{M_{\mathrm{n}}}{RA} \qquad (\text{Ⅱ}-4-3)$$

式中　$A = 2\pi Rt$——薄壁圆筒横截面的面积。

当 $t \leqslant R/10$ 时，式（Ⅱ-4-3）与精确分析的结果相当吻合。

（二）剪应力互等定理

在图Ⅱ-4-11（d）所示的单元体中，若令单元体的三个边长分别为 dx、dy、t（见图Ⅱ-4-12）。横截面 cd 上的剪应力为 τ，剪力为 $\tau t dy$。根据平衡条件 $\sum Y = 0$ 可知，ab 面上有与 cd 面上大小相等、方向相反的剪力 $\tau t dy$。这两个剪力组成一个力偶，力偶矩为 $\tau t dy \cdot dx$。为保持单元体的平衡，在单元体顶面和底面（ac 及 bd）上必须有如图Ⅱ-4-12 所示的剪应力 τ' 存在，由它们相应的剪力 $\tau' t dx$ 组成一个力偶，力偶矩为 $\tau' t dx dy$，和前者大小相等、转向相反，即

$$\tau \cdot t dy \cdot dx = \tau' \cdot t dx \cdot dy$$

所以　　　　　　　　　　　　　$\tau = \tau'$ 　　　　　　　　　　　（Ⅱ-4-4）

剪应力的符号规定如下：使单元体产生顺时针方向转动的剪应力为正，逆时针转动的剪应力为负。则式（Ⅱ-4-4）可叙述为：**在两个相互垂直的平面上，垂直于公共棱边的剪应力成对存在，且数值相等、符号相反**。这种关系称为剪应力互等定理。这是剪切的一个重要性质。

上述单元体的四个侧面上只有剪应力，没有正应力，这种应力状态称为纯剪切应力状态。

（三）剪切胡克定律

通过扭转实验，还可以得到剪切的另一些重要性质。图Ⅱ-4-13 是低碳钢扭转实验时的 $\tau - \gamma$ 曲线，它和低碳钢拉伸时的 $\sigma - \varepsilon$ 曲线十分相似。在 $\tau - \gamma$ 曲线中，OA 为一条直线，A 点的纵坐标为剪切比例极限 τ_{p}。当剪应力不超过 τ_{p} 时，剪应力 τ 和剪应变 γ 成正比：

$$\tau = G\gamma \qquad (\text{Ⅱ}-4-5)$$

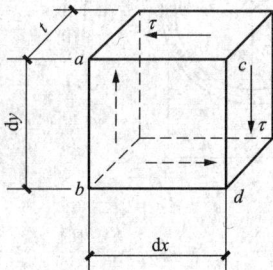

图Ⅱ-4-12

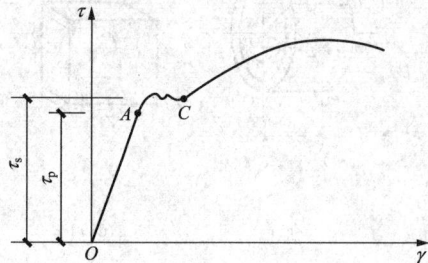

图Ⅱ-4-13

式（Ⅱ-4-5）称为**剪切胡克定律**。

其中 G 为材料的剪切弹性模量，单位与拉、压弹性模量 E 相同。

表Ⅱ-4-1 是常用材料的 G 值。

表Ⅱ-4-1　　　　　　　　　　　常用材料的 G

材料	数值（GPa）
钢	80～81
铸铁	45
铜	40～46
铝	26～27
木材	0.55

在 τ—γ 曲线上，过点 A 后也有屈服阶段。点 C 对应的剪应力为剪切屈服极限 τ_s。低碳钢等塑性材料的剪切屈服极限 τ_s 约为拉伸时屈服极限 σ_s 的 $0.55\sim0.6$。

铸铁的 τ—γ 曲线如图Ⅱ-4-14 所示。这类脆性材料的比例极限很低，没有屈服点。

剪切胡克定律、剪应力互等定理和拉、压胡克定律是材料力学的基本定律和基本定理，在理论分析和实验研究中经常应用。拉、压弹性模量 E、剪切弹性模量 G 和泊松比 μ 是材料的三个弹性系数。对于各向同性的弹性材料，这三者间存在下列关系：

$$G=\frac{E}{2\,(1+\mu)} \qquad (\text{Ⅱ}-4-6)$$

三个弹性系数中只要知道其中两个，便可求出第三个。

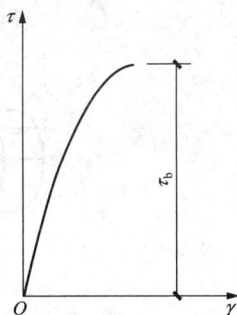

图Ⅱ-4-14

五、轴扭转时的强度计算

（一）轴扭转时横截面上的应力分析

轴扭转时的应力分析及应力公式推导较为复杂，但不论复杂程度怎样，对其应力分析所要达到的目的主要是解决以下三方面问题，即轴产生扭转变形时：

（1）横截面上有何种应力存在？

（2）应力沿截面如何分布？

（3）应力的大小如何计算？

对以上三个问题的分析讨论可参照轴向拉压变形问题中应力分析的基本思路，即从几何方面、物理方面及静力平衡方面来进行。

1. 从几何变形方面分析

圆轴扭转时所发生的变形现象与薄壁圆筒扭转时的变形现象相似［见图Ⅱ-4-15（a）、（b）］即圆周线的形状、大小、相邻间的距离都没有变化，只是绕轴线旋转了一个角度；各纵向线倾斜了一个相同的角度 γ。

根据上述现象可假设：

（1）横截面在圆轴扭转变形后仍保持为平面，形状、大小均不改变，半径仍为直线，只是绕轴线转动了一个角度（这个假设称为平面假设）。

（2）横截面间距离不变。

现在从受扭的圆轴中用两截面截取相距为 $\mathrm{d}x$ 的微段 $\mathrm{d}x$［见图Ⅱ-4-15（c）］，并且用夹角无限小的两个径向纵截面从微段中截取一楔形体［见图Ⅱ-4-15（d）］。根据前面的假设，轴变形后，两截面相对转动了 $\mathrm{d}\varphi$ 角，使表面上的矩形 $abdc$ 变成平行四边形 $abd'c'$，

直角 bac 的角度改变 γ 即是圆周上任一点处的剪应变。直角 feg 的角度改变 γ_ρ 即为横截面上距圆心为 ρ 的任意一点 e 处的剪应变。由图上的几何关系可以看出：

$$\gamma_\rho \approx \tan\gamma_\rho = \frac{gg'}{eg} = \frac{\rho \mathrm{d}\varphi}{\mathrm{d}x}$$

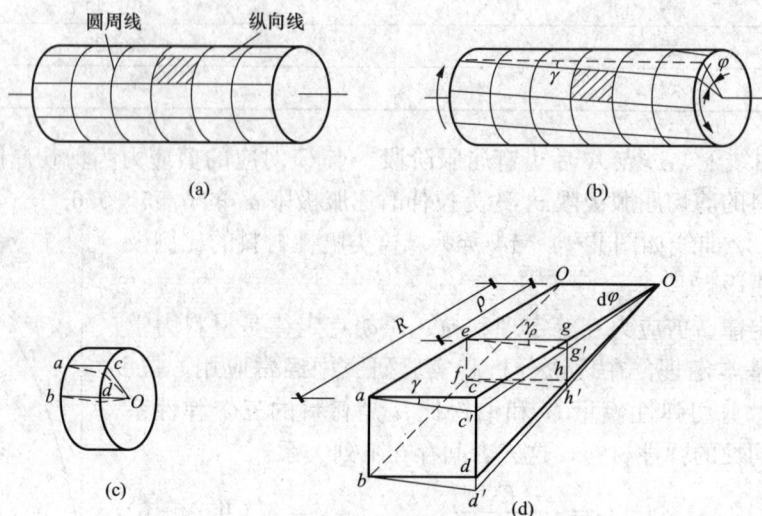

图Ⅱ-4-15

所以

$$\gamma_\rho = \rho \frac{\mathrm{d}\varphi}{\mathrm{d}x} \qquad\qquad ①$$

式中　$\dfrac{\mathrm{d}\varphi}{\mathrm{d}x}$——单位长度扭转角，同一横截面上 $\dfrac{\mathrm{d}\varphi}{\mathrm{d}x}$ 为一定值。

由此可见，剪应变 γ_ρ 与 ρ 成正比。

2. 从物理方面分析

由剪切胡克定律可知，在弹性范围内剪应力与剪应变成正比，即

$$\tau = G\gamma$$

将式①代入 $\tau = G\gamma$ 中，得到横截面上半径为 ρ 处的剪应力 τ_ρ 为

$$\tau_\rho = G\gamma_\rho = G\rho \frac{\mathrm{d}\varphi}{\mathrm{d}x} \qquad\qquad ②$$

因剪应变发生在垂直于半径的平面内，所以剪应力的方向垂直于半径。式②说明圆轴扭转时横截面上剪应力的数值随 ρ 按直线变化（见图Ⅱ-4-16）。但式中 $\dfrac{\mathrm{d}\varphi}{\mathrm{d}x}$ 尚是未知数，式②还不能用于具体计算。

3. 从静力平衡方面分析

应用截面上各点处微剪力组成截面上扭矩的静力条件可确定 $\dfrac{\mathrm{d}\varphi}{\mathrm{d}x}$。在横截面上距圆心 ρ 处取微面积 $\mathrm{d}A$，微面积上有微剪力 $\tau_\rho \mathrm{d}A$（见图Ⅱ-4-17），各微剪力对截面圆心之矩的总

和便是该截面的扭矩 M_n：

$$M_n = \int_A \rho \tau_p \, dA$$

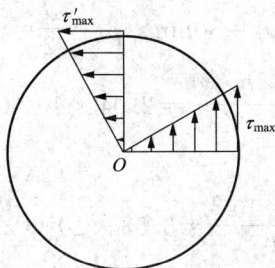

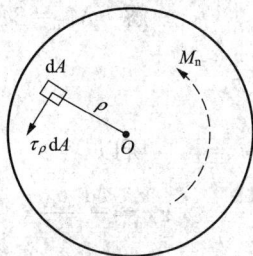

图Ⅱ-4-16   图Ⅱ-4-17

将式②代入，得

$$M_n = \int_A \rho \left(G\rho \frac{d\varphi}{dx} \right) dA = G \frac{d\varphi}{dx} \int_A \rho^2 \, dA$$

其中，$\int_A \rho^2 \, dA = I_p$ 为轴截面图形对圆心的极惯性矩。由此可得

$$\frac{d\varphi}{dx} = \frac{M_n}{GI_p} \tag{Ⅱ-4-7}$$

式（Ⅱ-4-7）为单位长度扭转角的计算公式。

将式（Ⅱ-4-7）代入式②，可得

$$\tau_\rho = G\rho \frac{d\varphi}{dx} = G\rho \frac{M_n}{GI_p} = \frac{M_n \rho}{I_p}$$

即横截面上任一点处的剪应力为

$$\tau_\rho = \frac{M_n \rho}{I_p} \tag{Ⅱ-4-8}$$

式中　M_n——横截面上的扭矩；

　　　　ρ——所计算剪应力处到圆心的距离；

　　　　I_p——轴截面图形对圆心的极惯性矩。

对于直径为 d 的实心轴：$I_p = \dfrac{\pi d^4}{32}$ $\hphantom{xxxxxxxxxxxxxx}$ （Ⅱ-4-9）

对于外径为 D、内径为 d 的空心轴：$I_p = \dfrac{\pi D^4}{32}(1 - \alpha^4)$ $\hphantom{xxx}$ （Ⅱ-4-10）

式中 $\hphantom{xxxxxxxxxxxxxxxxxx} \alpha = \dfrac{d}{D}$

式（Ⅱ-4-8）是在平面假设及材料符合胡克定律的前提下推导出来的，因此它只能适用于符合上述条件的等直圆轴在弹性范围内的计算。

通过以上分析可以得出以下结论：

轴产生扭转变形时：①横截面上只有剪应力 τ 产生，没有正应力；②剪应力沿横截面呈线性分布，圆心处剪应力为零，截面边缘各点处剪应力取得最大（最小）值；③横截面上任一点处的剪应力大小按式（Ⅱ-4-8）计算。

【例Ⅱ-4-7】　　一直径为 $d=120$mm 的实心轴承受的扭矩 $M_n=2400$N·m；试求轴截面上 A、B 两点处（见图Ⅱ-4-18）的剪应力。A 点距圆心 o 的距离 $\rho_A=30$mm，B 点位于截面边缘处。

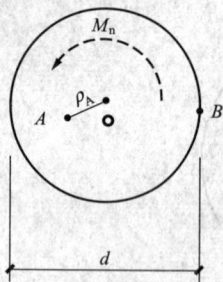

解　$M_n=2400$N·m，$\rho_A=30$mm，$\rho_B=\dfrac{d}{2}=60$mm

$$I_p=\frac{\pi d^4}{32}=\frac{\pi \times 0.12^4}{32}=2.04\times 10^{-5}(\text{m}^4)$$

所以

$$\tau_A=\frac{M_n\rho_A}{I_p}=\frac{2400\times 30\times 10^{-3}}{2.04\times 10^{-5}}=3.53\times 10^6(\text{Pa})=3.53(\text{MPa})$$

图Ⅱ-4-18

$$\tau_B=\frac{M_n\rho_B}{I_p}=\frac{2400\times 60\times 10^{-3}}{2.04\times 10^{-5}}=7.06\times 10^6(\text{Pa})=7.06(\text{MPa})$$

（二）轴扭转时的强度计算

1. 轴扭转时横截面上的最大剪应力

从式（Ⅱ-4-8）即 $\tau_\rho=\dfrac{M_n\rho}{I_p}$ 可以看出：①当轴内扭矩 M_n 发生变化时，轴内的最大剪应力应产生在最大扭矩 $M_{n\max}$ 所在的截面上；②轴截面上任一点处剪应力的大小与该点到圆心的距离 ρ 成正比，因此，若剪应力要取得最大值，就必须使 ρ 取得最大值，即 $\rho=\rho_{\max}$，显然，位于轴截面边缘处的各点满足这一条件。

通过以上分析可知，轴扭转时的最大剪应力为

$$\tau_{\max}=\frac{M_{n\max}\rho_{\max}}{I_p} \tag{Ⅱ-4-11}$$

令 $W_P=\dfrac{I_P}{\rho_{\max}}$，则

$$\tau_{\max}=\frac{M_{n\max}}{W_p} \tag{Ⅱ-4-12}$$

式中　W_p——抗扭截面系数，其常用单位为 m^3、mm^3。

对于直径为 d 的实心轴 $\rho_{\max}=\dfrac{d}{2}$、$I_p=\dfrac{\pi d^4}{32}$，则

$$W_p=\frac{\pi d^3}{16} \tag{Ⅱ-4-13}$$

对于外径为 D、内径为 d 的空心轴 $\rho_{\max}=\dfrac{D}{2}$，$I_p=\dfrac{\pi d^4}{32}$ 则

$$\begin{cases} W_p=\dfrac{\pi D^3}{16}(1-\alpha^4) \\[2mm] \alpha=\dfrac{d}{D} \end{cases} \tag{Ⅱ-4-14}$$

2. 轴扭转时的强度条件

为保证轴的正常工作，轴内最大剪应力应不超过材料的容许剪应力。因此，轴扭转时的强度条件为

$$\tau_{max} = \frac{M_{n\max}}{W_p} \leqslant [\tau] \qquad\qquad （Ⅱ-4-15）$$

其中，$[\tau]$ 为材料的容许剪应力，其确定方法是通过扭转试验测出极限剪应力 τ^0 后，除以安全系数。各种材料的容许剪应力可在有关手册中查到，它与材料的容许拉应力 $[\sigma_1]$ 间存在下列关系：

对于塑性材料：$[\tau] = (0.5\sim0.6)[\sigma_1]$；

对于脆性材料：$[\tau] = (0.8\sim1.0)[\sigma_1]$。

3. 强度条件的应用

与轴向拉、压杆强度条件的应用类似，轴扭转时的强度条件也有以下三方面的应用。

（1）校核强度。即根据已知条件计算出轴内实际的最大剪应力 τ_{max}，并与轴材料的容许剪应力 $[\tau]$ 进行比较，若 $\tau_{max} \leqslant [\tau]$，轴满足强度要求，否则，轴不满足强度要求。

（2）选择截面尺寸。即轴在满足强度条件的前提下，可通过其强度条件求出所需抗扭截面系数 W_p，进而计算出轴的直径。此时式（Ⅱ-4-15）可改写为

$$W_p \geqslant \frac{M_{n\max}}{[\tau]}$$

（3）确定容许荷载。即轴在满足强度要求的前提下，可通过其强度条件求出轴所能承受的最大扭矩 $M_{n\max}$，进而计算出轴所能承受的最大外力偶矩，此时式（Ⅱ-4-15）可改写为

$$M_{n\max} \leqslant W_p[\tau]$$

【例Ⅱ-4-8】　一直径为 $d=48\text{mm}$ 的实心轴承受外力偶作用如图Ⅱ-4-19（a）所示。若已知轴材料的容许剪应力 $[\tau]=100\text{MPa}$，试校核轴的强度。

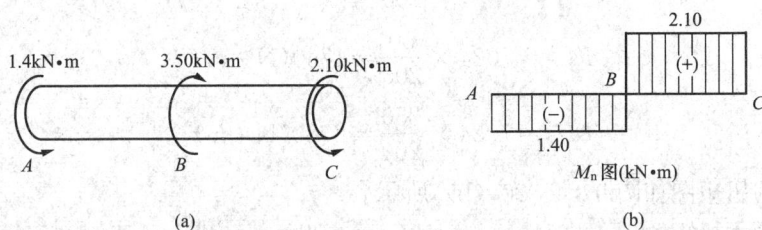

图Ⅱ-4-19

解　作轴的扭矩图如图Ⅱ-4-19（b）所示。

$$M_{n\max} = 2.1\text{kN} \cdot \text{m}$$

因

$$W_p = \frac{\pi d^3}{16} = \frac{\pi \times 0.048^3}{16} = 2.17 \times 10^{-5}(\text{m}^3)$$

所以

$$\tau_{max} = \frac{M_{n\max}}{W_p} = \frac{2.1 \times 10^3}{2.17 \times 10^{-5}} = 96.77 \times 10^6(\text{Pa}) = 96.77(\text{MPa}) < [\tau]$$

因此，轴满足强度要求。

【例Ⅱ-4-9】　如图Ⅱ-4-20（a）所示传动轴。已知主动轮 A 输入的功率 $N_A=400$ 马力，从动轮 B、C、D 输出的功率分别为 $N_B=100$ 马力，$N_C=50$ 马力，$N_D=250$ 马力。轴作匀速转动，转速为 $n=200\text{r/min}$。轴的容用剪应力 $[\tau]=100\text{MPa}$。试选择轴的直径 d。

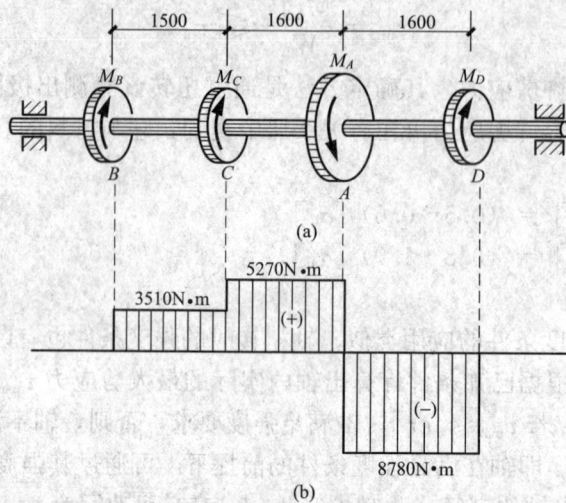

图 Ⅱ-4-20

解 (1) 单位换算

根据公式

$$M_{\mathrm{e}} = 7024 \times \frac{N}{n}(\mathrm{N \cdot m})$$

则：

$$M_{\mathrm{eA}} = 7024 \times \frac{400}{200} = 1\,4050(\mathrm{N \cdot m})$$

$$M_{\mathrm{eB}} = 7024 \times \frac{100}{200} = 3510(\mathrm{N \cdot m})$$

$$M_{\mathrm{eC}} = 7024 \times \frac{50}{200} = 1760(\mathrm{N \cdot m})$$

$$M_{\mathrm{eD}} = 7024 \times \frac{250}{200} = 8780(\mathrm{N \cdot m})$$

(2) 作轴的扭矩图如图 Ⅱ-4-20 (b) 所示。

AD 段有最大扭矩 $M_{n\max} = 8780\mathrm{N \cdot m}$

(3) 选择轴的直径 d。

由：$W_{\mathrm{p}} \geqslant \dfrac{M_{n\max}}{[\tau]}$ 和 $W_{\mathrm{p}} = \dfrac{\pi d^3}{16}$

$$\Rightarrow d \geqslant \sqrt[3]{\frac{16M_{n\max}}{\pi[\tau]}} = \sqrt[3]{\frac{16 \times 8780}{3.14 \times 100 \times 10^6}} = 7.65 \times 10^{-2}(\mathrm{m}) = 76.5(\mathrm{mm})$$

取 $d = 77\mathrm{mm}$。

【例 Ⅱ-4-10】 一外径为 $D = 100\mathrm{mm}$，内径为 $d = 80\mathrm{mm}$ 的空心轴承受外力偶的作用而产生扭转变形，若已知轴材料的容许剪应力 $[\tau] = 100\mathrm{MPa}$，试确定容许外力偶矩 $[M_{\mathrm{e}}]$。

解 根据题意 $M_{\mathrm{n}} = M_{\mathrm{e}}$

$$W_{\mathrm{p}} = \frac{\pi D^3}{16}(1 - \alpha^4) = \frac{\pi \times 0.1^3}{16}\left[1 - \left(\frac{80}{100}\right)^4\right] = 1.16 \times 10^{-4}(\mathrm{m}^3)$$

由 $M_{n\max} \leqslant M_{\mathrm{p}}[\tau]$

$$\Rightarrow M_e \leqslant 1.16 \times 10^{-4} \times 100 \times 10^6 = 11.60 \times 10^3 \ (\text{N} \cdot \text{m}) = 11.6 \ (\text{kN} \cdot \text{m})$$

取　$[M_e] = 11 \text{kN} \cdot \text{m}$。

六、轴的扭转变形与刚度条件

1. 轴的扭转变形

轴产生扭转变形时，各横截面绕其轴线产生相对转动，任一两横截面间的相对扭转角 φ 反映了轴扭转变形的大小。对于长度为 L 的等截面轴，当轴内扭矩保持为一常数时，其扭转角可按下式计算：

$$\varphi = \frac{M_n L}{G I_p} (\text{rad}) \tag{Ⅱ-4-16}$$

从式（Ⅱ-4-16）可以看出：扭转角 φ 与扭矩 M_n、轴长 L 成正比，与 $G I_p$ 成反比。在扭矩 M_n 一定时，$G I_p$ 的值越大，φ 值就越小；$G I_p$ 的值越小，φ 值就越大；所以 $G I_p$ 反映了轴抵抗扭转变形的能力，称为**截面抗扭刚度**。

2. 轴的刚度条件

构件除应满足强度要求外，有时还需满足刚度要求。特别是在机械传动轴中，对刚度的要求就比较高。例如，车床的丝杆扭转变形过大就会影响螺纹加工精度；镗床主轴变形过大会产生剧烈的振动，影响加工精度和光洁度。

为避免因刚度不足而影响轴的正常使用，工程上通常采用单位长度扭转角 θ 对轴的变形加以控制，即

$$\theta = \frac{\varphi}{L} = \frac{M_n}{G I_p} (\text{rad/m}) \tag{Ⅱ-4-17}$$

由于相关规范和手册给出的轴的容许单位长度扭转角 $[\theta]$ 是以 °/m 为单位，因此，应用式（Ⅱ-4-17）来建立轴的刚度条件时，θ 的单位应转换为 °/m，由此可得轴的刚度条件为

$$\theta = \frac{M_n}{G I_p} \times \frac{180°}{\pi} \leqslant [\theta] \tag{Ⅱ-4-18}$$

与强度条件有三方面的应用相类似，轴的刚度条件也可作刚度校核、选择截面尺寸和确定容许荷载等方面的计算。

【例Ⅱ-4-11】　一直径 $d = 45 \text{mm}$ 的传动轴如图Ⅱ-4-21（a）所示。若已知主动轮 A 输入的功率为 $N_A = 50 \text{kW}$，从动轮 B、C 输出的功率分别为 $N_B = 20 \text{kW}$、$N_C = 30 \text{kW}$，轴作匀速转动，转速 $n = 200 \text{r/min}$，轴材料的剪切弹性模量 $G = 80 \text{GPa}$，容许剪应力 $[\tau] = 100 \text{MPa}$，容许单位长度扭转角 $[\theta] = 1.5°/\text{m}$。试校核轴的强度和刚度。

解　（1）单位换算

$$M_{eA} = 9549 \times \frac{50}{200} = 2387.25 \ (\text{N} \cdot \text{m})$$

$$M_{eB} = 9549 \times \frac{20}{200} = 954.90 \ (\text{N} \cdot \text{m})$$

$$M_{eC} = 9549 \times \frac{30}{200} = 1432.35 \ (\text{N} \cdot \text{m})$$

（2）作扭矩图如图Ⅱ-4-21（b）所示。

$$M_{n\max} = 1432.35 \text{N} \cdot \text{m}$$

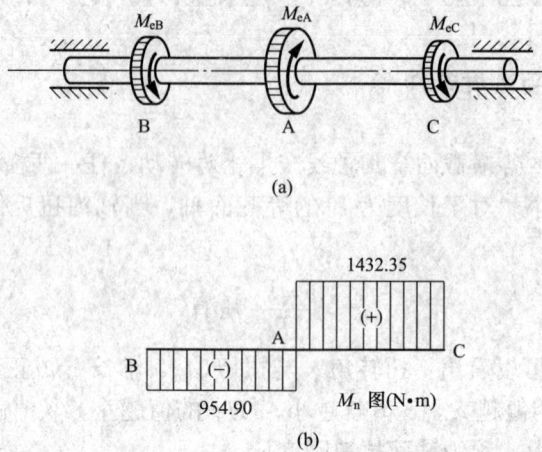

(a)

(b)

图Ⅱ-4-21

（3）校核轴的强度

$$\tau_{\max} = \frac{M_{n\max}}{W_p} = \frac{16 \times 1432.35}{\pi \times 0.045^3} = 80 \times 10^6 (\text{Pa}) = 80(\text{MPa}) < [\tau]$$

所以，轴满足强度要求。

（4）校核轴的刚度。

$$\theta = \frac{M_{n\max}}{GI_p} \times \frac{180°}{\pi} = \frac{32 \times 1432.35}{80 \times 10^9 \times \pi \times 0.045^4} \times \frac{180°}{\pi} = 2.55(°/\text{m}) > [\theta]$$

所以，轴不满足刚度要求。

按刚度条件重新选择轴径。

由 $\theta = \dfrac{M_{n\max}}{GI_p} \times \dfrac{180°}{\pi} \leqslant [\theta]$

$$\Rightarrow d \geqslant \sqrt[4]{\frac{32M_{n\max}}{G\pi[\theta]} \times \frac{180°}{\pi}}$$

$$= \sqrt[4]{\frac{32 \times 1432.35}{80 \times 10^9 \times \pi \times 1.5} \times \frac{180°}{\pi}}$$

$$= 0.0514 (\text{m}) = 51.4 (\text{mm})$$

取 $d = 52\text{mm}$。

七、等直非圆截面杆扭转简介

（一）非圆截面杆扭转与圆轴扭转的区别

在等直圆轴的扭转问题中，分析轴内横截面上应力的主要依据是平面假设，但对于等直非圆截面杆，其横截面在杆件受扭后将不再保持为平面。例如：一矩形截面杆，扭转前在其表面上画上横向线和纵向线［见图Ⅱ-4-22（a）］，截面杆发生扭转后，横向线和纵向线都变成了曲线［见图Ⅱ-4-22（b）］，横截面发生了翘曲。因此，轴扭转时的应力和变形计算公式都不能应用于非圆截面杆。

非圆截面杆件的扭转问题需要用弹性力学的理论和方法来进行分析和计算，以下只对矩形截面杆的扭转问题给出弹性理论分析的一些结果。

（二）矩形截面杆扭转时的应力、扭转角计算公式

土建工程中会遇到矩形截面梁的扭转。矩形截面杆扭转后，四个棱边处小方格的直角不变，截面长边中点处的角变形最大，短边中点处次之，其余各处小方格的角度都有变形。所以横截面上剪应力的分布大致如图Ⅱ-4-23 所示。

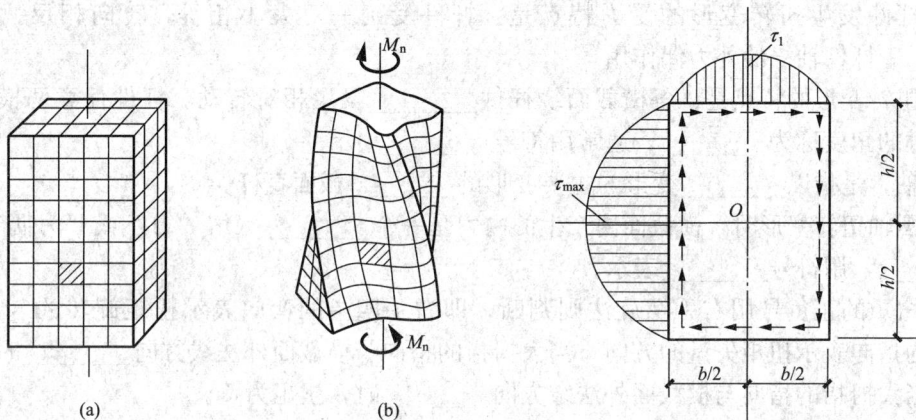

图Ⅱ-4-22

图Ⅱ-4-23

若将弹性力学分析的结果写成类似圆轴扭转计算式（Ⅱ-4-12）和式（Ⅱ-4-17）的形式，用以计算矩形截面上的最大剪应力和单位长度的扭转角，则

$$\tau_{max} = \frac{M_n}{W_n} = \frac{M_n}{\alpha h b^2} \qquad (Ⅱ-4-19)$$

$$\theta = \frac{M_n}{GI_n} = \frac{M_n}{\beta h b^3 G} \qquad (Ⅱ-4-20)$$

$$\tau_1 = \xi \tau_{max} \qquad (Ⅱ-4-21)$$

式中　W_n——抗扭截面系数，$W_n = \alpha h b^2$；

I_n——截面的相当极惯性矩，$I_n = \beta h b^3$；

GI_n——杆件的抗扭刚度；

θ——单位长度的扭转角；

τ_1——短边中点处的剪应力。

W_n、I_n 与圆截面的 W_p、I_p 除在单位、形式上相同外，在几何意义上截然不同。α、β、ξ 是与截面边长比 h/b 有关的系数，这些系数列在表Ⅱ-4-2中。

当 $h/b > 10$ 时，$\alpha = \beta = \frac{1}{3}$

$$I_n = \frac{1}{3} h b^3, \quad W_n = \frac{1}{3} h b^2$$

表Ⅱ-4-2　　　　　　　　　　　　　　　系数 α、β、ξ

h/b	1.0	1.2	1.5	1.75	2.0	2.5	3.0	4.0	5.0	6.0	8.0	10.0	∞
α	0.208	0.219	0.231	0.239	0.246	0.258	0.267	0.282	0.291	0.299	0.307	0.313	0.333
β	0.141	0.166	0.196	0.214	0.229	0.249	0.263	0.281	0.291	0.299	0.307	0.313	0.333
ξ	1.00	0.930	0.858	0.820	0.796	0.767	0.753	0.745	0.744	0.743	0.743	0.743	0.743

练 习 题

一、填空题

1. 杆件发生扭转变形的受力特点是：杆件受到一对大小相等、转向相反、作用面_____于杆件轴线的外力偶作用。

2. 扭转变形的特点是：各横截面绕杆件_____发生相对转动。杆件任意两横截面间相对转过的角度称为_____，通常用符号_____表示。

3. 轴，是指以_____变形为主要变形的_____截面直杆。

4. 圆轴扭转变形时，横截面内产生的内力是一个_____（填"力"或"力偶"），称为_____，用符号_____表示。

5. 扭矩的正负号用右手螺旋法则判断，即右手四指的弯向表示扭矩旋转的_____，大拇指的指向表示扭矩矢量的方向。当大拇指的指向与横截面外法线方向_____时，扭矩为正；当大拇指的指向与横截面外法线方向_____时，扭矩为负。

6. 当某轴受多个外力偶作用时，扭矩需_____计算，分段点为_____作用点，各分段内所取截面不能选在_____作用点处。

7. 扭矩的突变发生在_____作用处，其突变量的绝对值等于_____的大小。

8. 在两个相互垂直的平面上，垂直于公共棱边的剪应力_____出现，且数值_____，符号_____。

9. 剪切胡克定律的表达式为_____。

10. 圆轴扭转时，横截面上的剪应力沿横截面呈_____分布，方向_____于半径。

11. 圆轴扭转时，横截面上任意点处的剪应力表达式为_____；圆轴扭转时的强度条件表达式为_____。工程中，扭转强度条件可以解决三类有关强度的设计计算问题：①_____；②_____；③_____。

12. 直径为 d 的实心圆截面图形的极惯性矩 $I_p =$ _____，抗扭截面系数 $W_p =$ _____。外径为 D、内径为 d 的空心圆截面图形的极惯性矩 $I_p =$ _____，抗扭截面系数 $W_p =$ _____。式中：$\alpha =$ _____。

13. 实心圆轴横截面上_____处的剪应力最大，最小的剪应力发生在_____处且为_____。

14. 一受扭的空心圆轴，其内径与外径的比值 $\alpha = \dfrac{d}{D}$。轴内最大剪应力为 $\tau_{max} =$ _____，这时横截面上内圆圆周处的剪应力 $\tau_{min} =$ _____。

15. 在弹性范围内的等截面圆轴，长度增大 1 倍，而其他条件不变的情况下，则圆轴的最大剪应力_____；单位长度扭转角 θ _____；总相对扭转角 φ 为_____。（若有变化则填"变为原先的几倍"，没有变化则填"不变"）

16. 乘积 GI_p 称为圆轴截面的_____，其值越大，则圆轴的扭转变形值就越_____，说明其刚度越_____。

17. 圆轴扭转时的刚度条件为_____。刚度条件也可以解决三类有关刚度的设计计算问题：①_____；②_____；③_____。

18. 圆截面杆在扭转时，其变形特点是变形过程中横截面始终保持为_____，即符合_____假设；非圆截面杆在扭转时，其变形特点是变形过程中横截面发生_____，即不符合_____假设。

二、判断题（对的在括号内打"√"，错的打"×"）

1. 用截面法求同一截面的扭矩时，所取的研究对象不同，其扭矩的正负号也不同。
（　　）

2. 扭矩的大小只与外力偶矩有关，与轴的材料性质、截面图形的形状和尺寸大小无关。
（　　）

3. 传递一定功率的传动轴，轴的转速越高，则其横截面上所受的扭矩也就越大。
（　　）

4. 剪应变是一个无单位的量。　　　　　　　　　　　　　　　　　　　　（　　）

5. 剪应力的正负号规定是使单元体逆时针方向转动为正，顺时针方向转动为负。
（　　）

6. 在弹性变形范围内，圆轴扭转时的横截面形状和大小都发生了改变。（　　）

7. 圆轴扭转时，横截面上既有正应力，又有剪应力。　　　　　　　　　（　　）

8. 圆轴扭转时，横截面上任意一点的剪应力计算式 $\tau_\rho = \dfrac{M_n \rho}{I_p}$，适用于所有扭转变形构件横截面上的应力计算。　　　　　　　　　　　　　　　　　　　　　　　（　　）

9. 圆轴扭转时，横截面上的剪应力沿直径均匀分布。　　　　　　　　　（　　）

10. 两根圆截面钢杆，一个是空心的，一个是实心的，若它们的横截面面积相等，在相同扭矩的作用下，两杆横截面上的最大剪应力也相同。　　　　　　　　　　（　　）

11. 由不同材料制成的两圆轴，若长度 l、轴径 d 以及作用的扭矩均相同，则其相对扭转角也必定相同。　　　　　　　　　　　　　　　　　　　　　　　　　　（　　）

12. 材料相同、外径相同、外力偶矩也相同的条件下，空心圆轴的最大剪应力比实心圆轴的大，因而更容易破坏。　　　　　　　　　　　　　　　　　　　　　　　（　　）

13. 材料相同、直径相同、外力偶矩相同的两实心圆轴，若长度不同，则两轴的单位长度扭转角也不同。　　　　　　　　　　　　　　　　　　　　　　　　　　　（　　）

三、单项选择题

1. 以下结构不属于扭转变形的是（　　）。
A. 螺钉旋具拧螺丝钉　　　　　　　　　B. 汽车方向盘操作杆
C. 卷扬机轴　　　　　　　　　　　　　D. 阳台的挑梁

2. 扭矩的单位是（　　）。
A. N·m　　　　　　　　　　　　　　B. kN·m
C. kN/m^2　　　　　　　　　　　　　D. m^2

3. 低碳钢扭转试验中的应力和应变分别为（　　）。
A. σ 和 γ　　　　　　　　　　　　　B. σ 和 ε
C. τ 和 γ　　　　　　　　　　　　　D. τ 和 ε

4. 剪切胡克定律所应满足的条件是（　　）。
A. $\tau \leqslant \tau^0$　　　　　　　　　　　　　B. $\tau \leqslant \tau_p$

C. $\tau \leqslant \tau_s$　　　　　　　　　　　　　　　　D. $\tau \leqslant [\tau]$

5. 对于各向同性的弹性材料，其拉（压）弹性模量 E、剪切弹性模量 G 和泊松比 μ 三者之间的关系式正确的是（　　）。

A. $E = \dfrac{G}{2(1+\mu)}$　　　　　　　　　B. $E = 2G(1+\mu)$

C. $E = G(1+2\mu)$　　　　　　　　　　D. $E = \dfrac{2G}{1+\mu}$

6. 圆轴受扭转如图 II-4-24 所示，现取出 I-I 横截面上点 1 的纯剪切单元体，其成对存在的剪应力为（　　）。

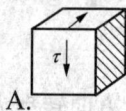

A.　　　　　　B.　　　　　　C.　　　　　　D.

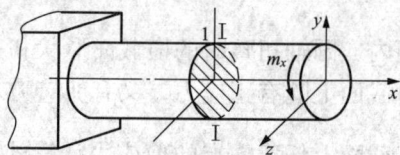

图 II-4-24

7. 在图 II-4-25 所示的状态中，按剪应力互等定理，以下结论正确的是（　　）。

A. $\tau_1 = -\tau_2$　　　　　　　　　　B. $\tau_2 = \tau_3$

C. $\tau_3 = -\tau_4$　　　　　　　　　　D. $\tau_4 = -\tau_1$

8. 抗扭截面系数 W_p 的单位是（　　）。

A. mm^2　　　　　　　　　　　　B. m^3

C. m^4　　　　　　　　　　　　　D. m^2

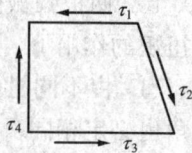

图 II-4-25

9. 以下关于抗扭截面系数 W_p 大小的说法，正确的是（　　）。

A. 其大小与轴所受的外力偶矩有关

B. 其大小与截面图形的形状、尺寸有关

C. 其大小与轴的材料性质

D. 其大小与轴所受的外力有关

10. 实心圆轴的直径增加 1 倍，其截面的抗扭截面系数增加到原来的（　　）。

A. 2 倍　　　　　　　　　　　　B. 4 倍

C. 8 倍　　　　　　　　　　　　D. 16 倍

11. 实心圆轴的直径增加 1 倍，其截面的极惯性矩增加到原来的（　　）。

A. 2 倍　　　　　　　　　　　　B. 4 倍

C. 8 倍　　　　　　　　　　　　D. 16 倍

12. 阶梯圆轴及受力如图 II-4-26 所示，AB 段的最大剪应力 τ_{max1} 与 BC 段的最大剪应力 τ_{max2} 的关系正确的是（　　）。

A. $\tau_{max1} = \tau_{max2}$　　　　　　　　　B. $\tau_{max1} = \dfrac{3}{2}\tau_{max2}$

C. $\tau_{max1}=\dfrac{1}{4}\tau_{max2}$ D. $\tau_{max1}=\dfrac{3}{8}\tau_{max2}$

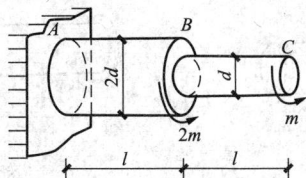

图Ⅱ-4-26

13. 图Ⅱ-4-27 所示为受扭的圆截面图形，横截面上的剪应力分布图正确的是（   ）。

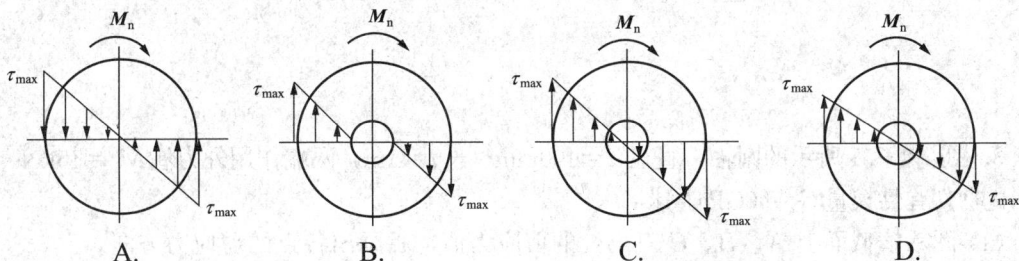

图Ⅱ-4-27

14. 直径为 d 的实心圆轴，最大的容许扭矩为 M_n，若将轴的横截面积增加一倍，则其最大容许扭矩为（   ）。

A. $\sqrt{2}M_n$ B. $2M_n$

C. $2\sqrt{2}M_n$ D. $4M_n$

15. 在图Ⅱ-4-28 所示的圆轴中，AB 段的相对扭转角 φ_1 和 BC 段的相对扭转角 φ_2 的关系是（   ）。

A. $\varphi_1=\varphi_2$ B. $\varphi_2=\dfrac{8}{3}\varphi_1$

C. $\varphi_2=\dfrac{16}{3}\varphi_1$ D. $\varphi_2=\dfrac{4}{3}\varphi_1$

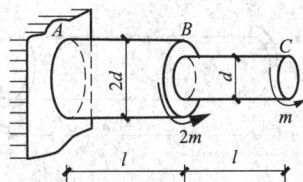

图Ⅱ-4-28

16. 矩形截面杆受扭时，横截面上的最大剪应力出现在（   ）。

A. 长边中点   B. 短边中点

C. 四个角点   D. 中心处

四、计算题

1. 求图Ⅱ-4-29 所示各轴指定截面上的扭矩。

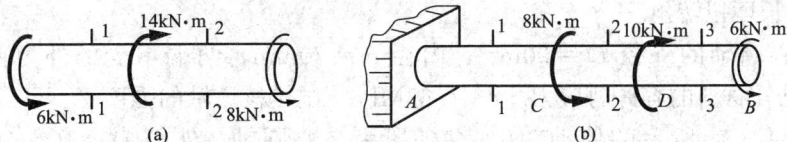

图Ⅱ-4-29

2. 画出图Ⅱ-4-30所示各结构的扭矩图, 并求出 $\left|M_\mathrm{n}\right|_{\max}$ 的值。

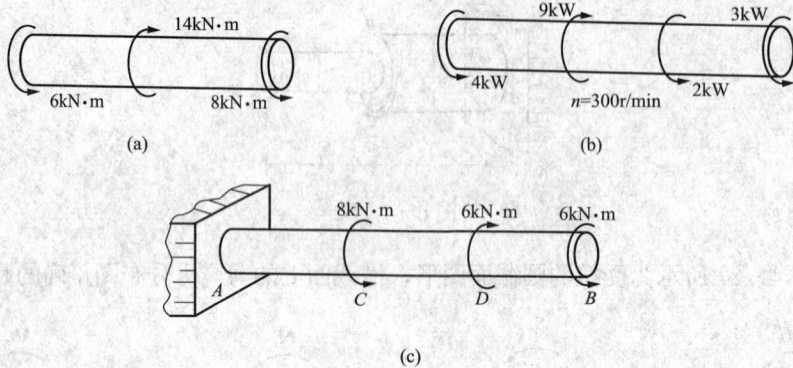

(a)   (b)

(c)

图Ⅱ-4-30

3. 图Ⅱ-4-31所示的圆轴, 直径 $d=100\mathrm{mm}$, 长 $l=1\mathrm{m}$, 两端作用外力偶 $M_\mathrm{e}=15\mathrm{kN\cdot m}$, 材料的剪切弹性模量 $G=80\mathrm{GPa}$, 求:

(1) 图示横截面上 A、B、C 三点处的剪应力值, 并画出各点的剪应力方向。

(2) 轴的最大剪应力值。

(3) 单位长度扭转角。

4. 传动轴如图Ⅱ-4-32所示, 已知轴的直径为 $d=50\mathrm{mm}$。求:

(1) 作出该传动轴的扭矩图。

(2) 轴的最大剪应力值, 并画出危险截面上的剪应力分布图。

(3) 1-1 截面上半径为 20mm 处的剪应力值。

(4) 从强度观点看三个轮子如何布置比较合理? 为什么?

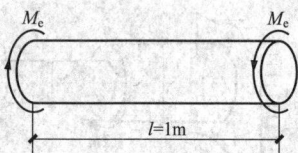
图Ⅱ-4-31

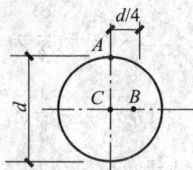

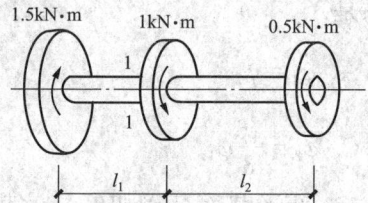
图Ⅱ-4-32

5. 图Ⅱ-4-33所示的空心圆轴, 外径 $D=80\mathrm{mm}$, 内径 $d=60\mathrm{mm}$, 轴内承受的扭矩为 $M_\mathrm{n}=1\mathrm{kN\cdot m}$, 材料的剪切弹性模量 $G=80\mathrm{GPa}$。求:

(1) $\tau_{\max}$ 和 $\tau_{\min}$。

(2) 画出危险截面上的剪应力分布图。

(3) 单位长度扭转角。

6. 一空心圆轴的外径 $D=90\mathrm{mm}$, 内径 $d=70\mathrm{mm}$, 两端承受的外力偶矩为 $M_\mathrm{e}=1.6\mathrm{kN\cdot m}$, 已知材料的容许剪应力 $[\tau]=65\mathrm{MPa}$。试校核该轴的强度。

7. 图Ⅱ-4-34所示的传动轴中, AC 段为空心圆轴, 外径 $D=100\mathrm{mm}$, 内径 $d=80\mathrm{mm}$; CD 段为实心圆轴, 直径 $d_1=80\mathrm{mm}$。B 轮输入的功率 $P_B=250\mathrm{kW}$, A 轮输出的功

率P_A=120kW，D轮输出的功率P_D=130kW。已知轴的转速n=300r/min，材料的容许剪应力$[\tau]$=40MPa，试校核该轴的强度。

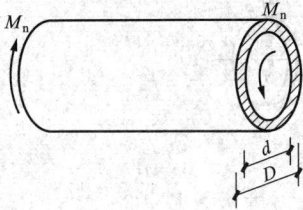

图Ⅱ-4-33

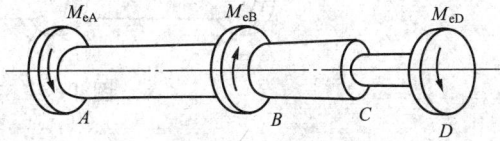

图Ⅱ-4-34

8. 图Ⅱ-4-35所示的实心圆轴，所承受的外力偶矩如图中所示。已知轴材料的容许剪应力$[\tau]$=60MPa，试按扭转的强度条件设计轴的直径。若将轴改为空心轴，其内径与外径之比为$\alpha=\dfrac{d}{D}=0.5$，其他条件不变，则其外径应为多少？

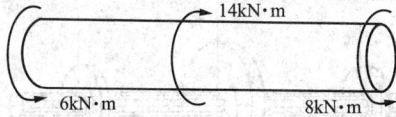

图Ⅱ-4-35

9. 有一直径为d_1=30mm的实心圆轴承受外力偶矩的作用。在相同外力偶矩作用下产生的最大剪应力相等的前提下，用内、外径之比为$\alpha=\dfrac{d}{D}=\dfrac{3}{4}$的空心圆轴代替实心圆轴，求减少了多少面积的材料？

10. 一实心圆轴的直径d=50mm，转速n=120r/min，已知材料的容许剪应力$[\tau]$=60MPa，试求它所传递的最大功率P_{max}。

11. 图Ⅱ-4-36所示的实心圆轴，AB段直径d_1=75mm，BC段直径d_2=50mm，作用的外力偶矩如图中所示。已知轴材料的剪切弹性模量G=82GPa。求：

（1）最大单位长度扭转角。

（2）C截面对A截面的相对扭转角φ_{CA}。

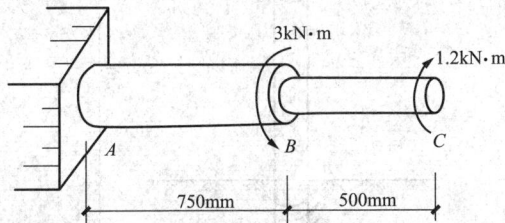

图Ⅱ-4-36

12. 图Ⅱ-4-37所示的传动轴中，AC段为空心圆轴，外径D=100mm，内径d=80mm；CD段为实心圆轴，直径d_1=80mm。B轮输入功率P_B=250kW，A轮输出功率

$P_A = 120\text{kW}$，D 轮输出功率 $P_D = 130\text{kW}$。已知轴的转速 $n = 300\text{r/min}$，轴材料的容许单位长度扭转角 $[\theta] = 2°/\text{m}$，剪切弹性模量 $G = 80\text{GPa}$。试校核该轴的刚度。

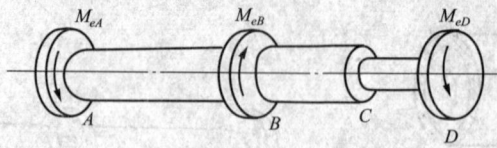

图 II - 4 - 37

13．有一直径 $d = 25\text{mm}$ 的实心钢轴，当扭转角为 6°时最大剪应力为 $\tau_{max} = 95\text{MPa}$，已知材料的剪切弹性模量 $G = 79\text{GPa}$。试确定此轴的长度。

14．图 II - 4 - 38 所示的传动轴，轴的转速 $n = 300\text{r/min}$，轮 2 输入功率 $P_2 = 50$ 马力，轮 1 输出功率 $P_1 = 20$ 马力，轮 3 输出功率 $P_3 = 30$ 马力。已知材料的容许剪应力 $[\tau] = 40\text{MPa}$，剪切弹性模量 $G = 80\text{GPa}$，容许单位长度扭转角 $[\theta] = 0.3°/\text{m}$。试按强度条件和刚度条件选择轴的直径 d。

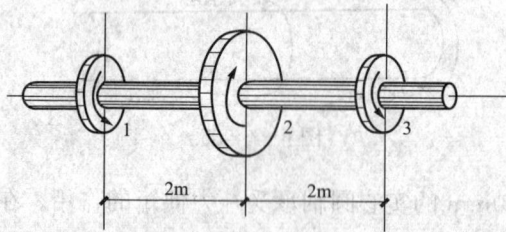

图 II - 4 - 38

15．图 II - 4 - 39 所示为一钻探机钻杆钻入土层的深度为 1m，土壤对钻杆的阻力可近似看作是均匀分布的力偶，其分布力偶的集度 $t = 5\text{kN·m/m}$，露出地面部分所承受的外力偶矩 $M_e = 5\text{kN·m}$，长度为 2m，钻杆的直径为 $d = 100\text{mm}$。已知钻杆的剪切弹性模量 $G = 80\text{GPa}$。求：

（1）画出钻轴的扭矩图。

（2）钻杆的总扭转角。

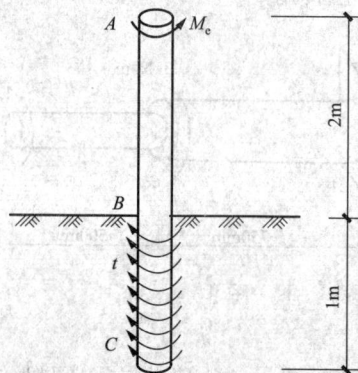

图 II - 4 - 39

Ⅱ-5 梁的承载能力分析

一、梁弯曲时的内力

(一) 弯曲变形与平面弯曲

弯曲变形的概念前面已介绍，在土建类工程中，弯曲变形是最常见的一种基本变形形式。例如：房屋建筑中的楼面梁［见图Ⅱ-5-1 (a)］，受到楼面荷载作用产生弯曲变形；阳台挑梁［见图Ⅱ-5-1 (b)］，在阳台板重力等荷载作用下产生弯曲变形；公路路基中的挡土墙［见图Ⅱ-5-1 (c)］，在土压力的作用下产生弯曲变形；桥梁中的主梁［见图Ⅱ-5-1 (d)］，在自重及移动荷载作用下产生弯曲变形等。

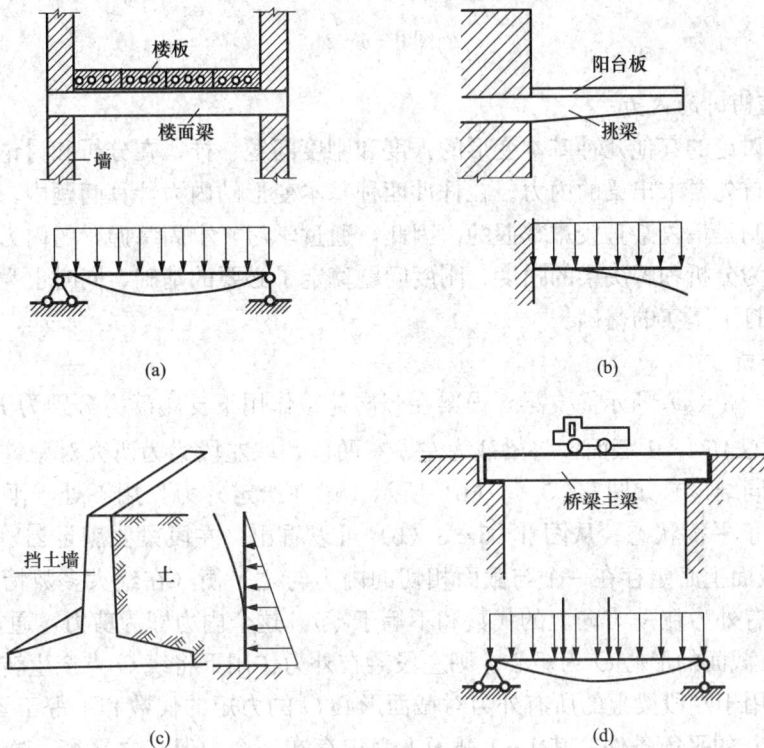

图Ⅱ-5-1

产生弯曲变形杆件的受力及变形特点是：杆件受到垂直于杆轴线的外力（即横向力）作用，杆件的轴线由直线弯曲成为曲线。

工程上把以弯曲变形为主要变形形式的杆件统称为梁或受弯杆。

梁的横截面通常都具有对称轴［如图Ⅱ-5-2 (a) 中的矩形、圆形、工字型、T 形等］，对称轴与梁轴线所组成的平面称为梁的纵向对称平面［见图Ⅱ-5-2 (b)］。若作用于梁上所有外力的作用线都位于梁的纵向对称平面内，且梁产生弯曲变形后的轴线也位于此对称平面内，则梁的这种弯曲称为**平面弯曲**（或称对称平面弯曲）。

在梁的弯曲变形中，平面弯曲是最简单的一种弯曲变形形式，也是工程实际中最常见的。在这一学习情境中所分析和讨论的弯曲问题仅限于这种平面弯曲，且作用于梁上所有外力的作用线均垂直于梁轴线。

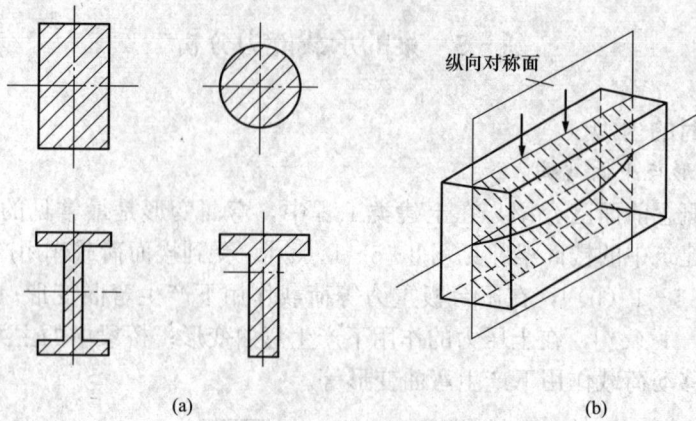

图Ⅱ-5-2

（二）梁弯曲时的内力

与此前所讨论的其他几种基本变形的强度和刚度问题一样，在分析和讨论梁的强度和刚度问题之前，首先要求出梁的内力。在杆件四种基本变形的内力计算问题中，梁的内力计算及内力图的绘制是最复杂且较难掌握的。因此，通过学习，牢固掌握梁的内力计算及内力图的绘制，不仅为分析和解决梁的强度、刚度问题奠定了必要的基础，同时也为结构力学等后续课程的学习打下坚实的基础。

1. 内力分析

如图Ⅱ-5-3（a）所示简支梁，设梁在竖向荷载作用下支座反力分别为 $F_{AX}=0$、F_{Ay}、F_B，应用截面法作 1-1 截面，将梁截为左、右两段，取左段梁为研究对象（取右段梁为研究对象也得相同结论）如图Ⅱ-5-3（b）所示。梁在给定外力作用下处于平衡状态，所取左段梁也应处于平衡状态。从图Ⅱ-5-3（b）可以看出，左段梁要满足 $\sum Y_i=0$ 的平衡条件，其 1-1 截面上必定存在一个与截面相切的内力与之平衡（在绝大多数情况下，作用于左段梁上的所有外力在 y 方向上的代数和不等于零），这个内力即为**剪力**，通常用符号 Q 表示；若以 1-1 截面的形心 O 为矩心，则左段梁在外力作用下将绕 O 点产生转动（在绝大多数情况下，作用于左段梁上的所有外力对截面形心 O 的力矩的代数和不等于零），若左段梁要满足 $\sum M_0=0$ 的平衡条件，其 1-1 截面上必定存在一个力偶与之平衡，这个力偶称为**弯矩**，通常用符号 M 表示。由此可见，梁在横向力作用下，任一横截面上存在着两种内力，即剪力 Q 和弯矩 M。剪力的单位为牛顿（N）或千牛顿（kN）；弯矩的单位为牛顿·米（N·m）或千牛顿·米（kN·m）。

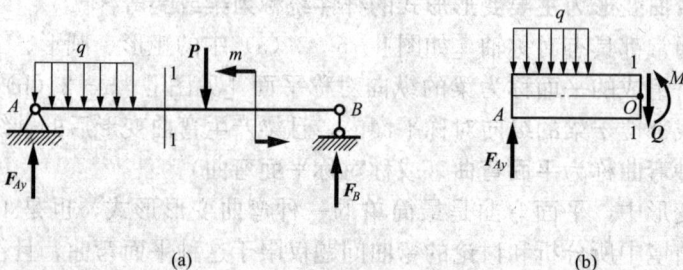

图Ⅱ-5-3

2. 剪力 Q 和弯矩 M 的符号规定

由于梁同一截面上的内力在左、右梁段上的方向不同，因此，为了使它们具有相同的符号，对剪力和弯矩的正负号做如下规定：

(1) 剪力正负号规定。**剪力以使隔离体顺时针转动者为正** [见图Ⅱ-5-4 (a)、(b)]，**反之为负** [见图Ⅱ-5-4 (c)、(d)]。

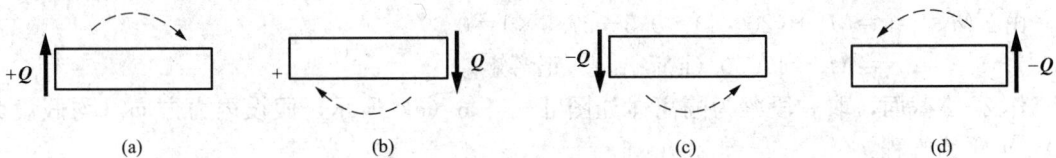

图Ⅱ-5-4

(2) 弯矩正负号规定。设想梁由若干根相互平行的纵向纤维构成 [见图Ⅱ-5-5 (a)]，若将这些纤维分成上、下两部分，那么，当梁产生弯曲变形时，一部分纤维受拉伸，同时另一部分纤维受压缩。规定：**弯矩以使隔离体下纤维受拉者为正** [见图Ⅱ-5-5 (b)、(c)]，**反之为负** [见图Ⅱ-5-5 (d)、(e)]。

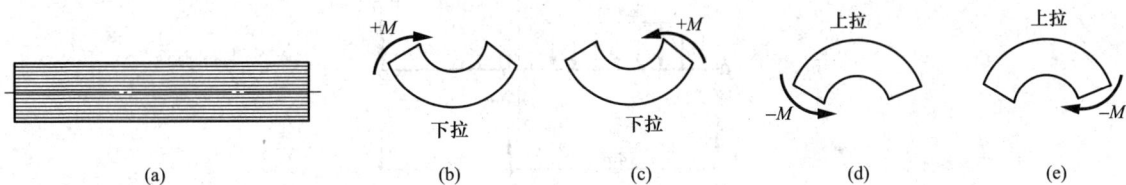

图Ⅱ-5-5

3. 用截面法计算梁的剪力和弯矩

用截面法计算梁的剪力和弯矩的一般思路：首先计算梁的支座反力（悬臂梁可不求）。其次是作截面，取出隔离体并假设剪力和弯矩（通常剪力和弯矩均假设为正）；最后列平衡方程进行求解。下面就通过示例分析来加以理解。

【例Ⅱ-5-1】 试用截面法计算图Ⅱ-5-6 (a) 所示简支梁1-1、2-2 截面上的剪力和弯矩。

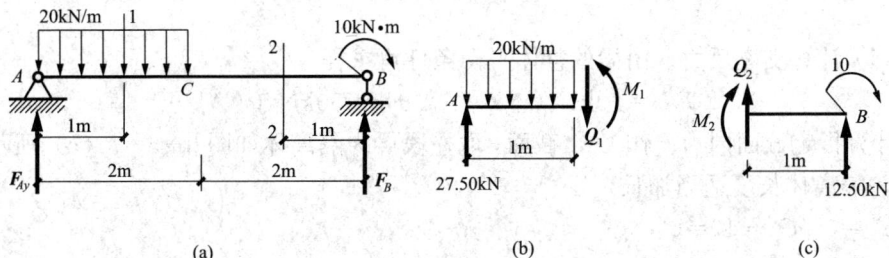

图Ⅱ-5-6

解 （1）计算支座反力。由梁的整体平衡条件可求得

$$F_{Ay}=27.50\text{kN}\qquad F_B=12.50\text{kN}$$

（2）计算指定截面内力。作1-1截面，取左段梁为隔离体如图Ⅱ-5-6（b）所示，假设内力方向（均假设为正），列平衡方程：

由 $\sum Y_i=0 \Rightarrow Q_1+20\times1-27.50=0$

$\Rightarrow Q_1=7.50$（kN）（正剪力）

由 $\sum M_{1-1}=0 \Rightarrow M_1+(20\times1)\times0.5-27.5\times1=0$

$\Rightarrow M_1=17.50$（kN·m）（正弯矩）

作2-2截面，取右段梁为隔离体如图Ⅱ-5-6（c）所示，假设内力方向（均假设为正），列平衡方程：

由 $\sum Y_i=0 \Rightarrow Q_2+12.5=0$

$\Rightarrow Q_2=-12.5$（kN）（负剪力）

由 $\sum M_{2-2}=0 \Rightarrow M_2+10-12.5\times1=0$

$\Rightarrow M_2=2.50$（kN·m）（正弯矩）

【例Ⅱ-5-2】 试用截面法计算图Ⅱ-5-7（a）所示外伸梁1-1、2-2、3-3截面上的剪力和弯矩。

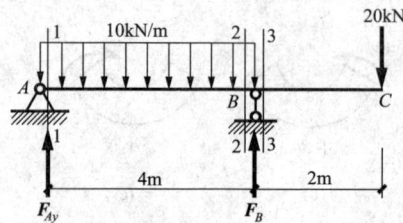

(a)

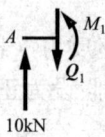

(b)

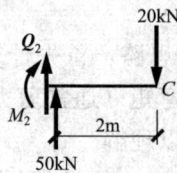

(c)

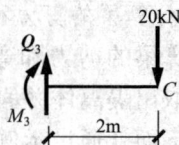

(d)

图Ⅱ-5-7

解 （1）计算支座反力。由梁的整体平衡条件可求得

$$F_{Ay}=10\text{kN}（\uparrow），\qquad F_B=50\text{kN}（\uparrow）$$

（2）计算指定截面内力。作1-1截面，取左段梁为隔离体如图Ⅱ-5-7（b）所示（为便于看清图，隔离体长度适当加长）

由 $\sum Y_i=0 \Rightarrow Q_1-10=0$

$\Rightarrow Q_1=10$（kN）（正剪力）

由 $\sum M_{1-1}=0 \Rightarrow M_1=0$

作2-2截面，取右段梁为隔离体如图Ⅱ-5-7（c）所示。

由 $\sum Y_i = 0 \Rightarrow Q_2 + 50 - 20 = 0$

$\qquad\qquad \Rightarrow Q_2 = -30$（kN）（负剪力）

由 $\sum M_{2-2} = 0 \Rightarrow M_2 + 20 \times 2 = 0$

$\qquad\qquad \Rightarrow M_2 = -40$（kN·m）（负弯矩）

作 3-3 截面，取右段梁为隔离体如图Ⅱ-5-7（d）所示。

由 $\sum Y_i = 0 \Rightarrow Q_3 - 20 = 0$

$\qquad\qquad \Rightarrow Q_3 = 20$（kN）（正剪力）

由 $\sum M_{3-3} = 0 \Rightarrow M_3 + 20 \times 2 = 0$

$\qquad\qquad \Rightarrow M_3 = -40$（kN·m）（负弯矩）

【例Ⅱ-5-3】 试用截面法计算图Ⅱ-5-8（a）所示悬臂梁 1-1、2-2、3-3 截面上的剪力和弯矩。

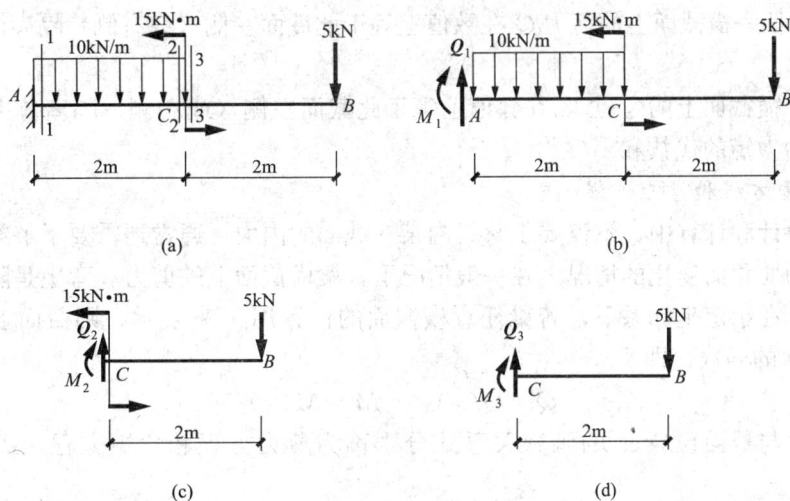

图Ⅱ-5-8

解　（1）计算支座反力。对于悬臂梁，用截面法计算其内力时，若所取隔离体不包含固定端支座，则支座反力可不求。

（2）计算指定截面内力。作 1-1 截面，取右段梁为隔离体如图Ⅱ-5-8（b）所示。

由 $\sum Y_i = 0 \Rightarrow Q_1 - 10 \times 2 - 5 = 0$

$\qquad\qquad \Rightarrow Q_1 = 25$（kN）（正剪力）

由 $\sum M_{1-1} = 0 \Rightarrow M_1 + (10 \times 2) \times 1 - 15 + 5 \times 4 = 0$

$\qquad\qquad \Rightarrow M_1 = -25$（kN·m）（负弯矩）

作 2-2 截面，取右段梁为隔离体如图Ⅱ-5-8（c）所示。

由 $\sum Y_i = 0 \Rightarrow Q_2 - 5 = 0$

$\qquad\qquad \Rightarrow Q_2 = 5$（kN）（正剪力）

由 $\sum M_{2-2} = 0 \Rightarrow M_2 - 15 + 5 \times 2 = 0$

$\qquad\qquad \Rightarrow M_2 = 5$（kN·m）（正弯矩）

作 3-3 截面，取右段梁为隔离体如图Ⅱ-5-8（d）所示。

由 $\sum Y_i = 0 \Rightarrow Q_3 - 5 = 0$

$\Rightarrow Q_3 = 5$ （kN）（正剪力）

由 $\sum M_{3\text{-}3} = 0 \Rightarrow M_3 + 5 \times 2 = 0$

$\Rightarrow M_3 = -10$ （kN·m）（负弯矩）

用截面法计算梁的内力，不仅是梁内力计算的最基本、最重要的方法，也是为本课程后续内容及相关课程的学习打下坚实的基础。通过以上示例分析可以总结出以下两点规律。

（1）为避免平衡方程计算所产生的正负号与梁内力规定的正负号产生混淆，未知内力在计算前均假设为正内力。这样，当平衡方程解得的内力值为正号时，表示内力的真实方向与所假设的方向一致，此时的内力值即为正值；若解得的内力值为负号时，表示内力的真实方向与所假设的方向相反，此时的内力值即为负值。这种事先假设未知内力为正值的方法可将内力规定的正负号与平衡方程所产生的正负号两者统一起来，并由平衡方程最终计算结果所出现的正负号就可确定出内力的正、负。

（2）梁上任一横截面上的剪力 Q 在数值上等于此截面左侧（或右侧）隔离体上所有外力的代数和。

梁上任一横截面上的弯矩 M 在数值上等于此截面左侧（或右侧）隔离体上所有外力对该截面形心的力矩的代数和。

（三）剪力方程和弯矩方程

在梁的设计和计算中，不仅要了解梁内某一截面的内力，通常还需要了解梁的内力随梁横截面位置的变化而变化的情况。在一般情况下，梁横截面上的剪力和弯矩是随横截面的位置而变化的。在给定坐标系下，若梁任意横截面的位置用 x 来表示，则截面上的剪力和弯矩可表示为 x 的函数，即

$$Q = Q(x), \qquad M = M(x)$$

这种内力与截面位置 x 的函数关系式分别称为剪力方程和弯矩方程，或统称为**内力方程**。

在给定坐标系下列梁的剪力方程和弯矩方程时，规定：剪力方程的纵坐标 $Q(x)$ 以向上为正；弯矩方程的纵坐标 $M(x)$ 以向下为正。

下面通过示例来说明如何建立梁的剪力方程和弯矩方程。

【例Ⅱ-5-4】 列出图Ⅱ-5-9（a）所示悬臂梁的剪力方程和弯矩方程。

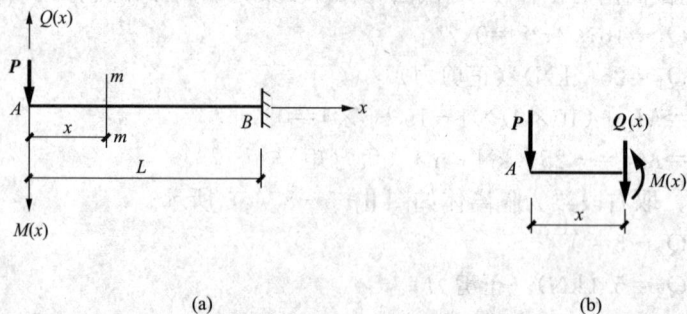

（a）　　　　　　（b）

图Ⅱ-5-9

解 （1）计算支座反力。该梁为悬臂梁，支座反力可不求。

（2）建立坐标系。以 A 为坐标原点建立直角坐标系如图Ⅱ-5-9（a）所示。

因规定剪力 Q 向上为正，弯矩 M 向下为正，故纵坐标 $Q(x)$ 的正向向上，$M(x)$ 的正向向下。

（3）列剪力方程和弯矩方程。在距 A 点为任意位置 x 处作截面 m—m，并取出隔离体如图Ⅱ-5-9（b）所示。

由 $\sum Y_i = 0 \Rightarrow Q(x) + P = 0$

$\Rightarrow Q(x) = -P \quad (0 < x < L)$

由 $\sum M_{m-m} = 0 \Rightarrow M(x) + P \cdot x = 0$

$\Rightarrow M(x) = -P \cdot x \quad (0 \leqslant x < L)$

为作图方便，今后在列写梁的剪力方程和弯矩方程时不再表示坐标轴，只以自变量 x 指明坐标系原点。

【例Ⅱ-5-5】 列出图Ⅱ-5-10（a）所示简支梁的剪力方程和弯矩方程。

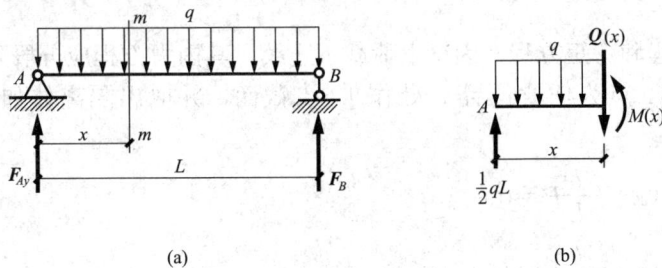

图Ⅱ-5-10

解 （1）计算支座反力。根据梁的整体平衡条件可求得

$$F_{Ay} = \frac{1}{2}qL, \quad F_B = \frac{1}{2}qL$$

（2）列剪力方程和弯矩方程。在距 A 点为任意位置 x 处作截面 m—m，并取出隔离体如图Ⅱ-5-10（b）所示。

由 $\sum Y_i = 0 \Rightarrow Q(x) + qx - \frac{1}{2}qL = 0$

$\Rightarrow Q(x) = \frac{1}{2}qL - qx \quad (0 < x < L)$

由 $\sum M_{m-m} = 0 \Rightarrow M(x) + q \cdot x \cdot \frac{x}{2} - \frac{1}{2}qLx = 0$

$\Rightarrow M(x) = \frac{1}{2}qLx - \frac{1}{2}qx^2 \quad (0 \leqslant x \leqslant L)$

【例Ⅱ-5-6】 简支梁受集中力作用如图Ⅱ-5-11（a）所示。试列出梁的剪力方程和弯矩方程。

解 （1）计算支座反力。根据梁的整体平衡条件可求得

$$F_{Ay} = \frac{b}{L}P, \quad F_B = \frac{a}{L}P$$

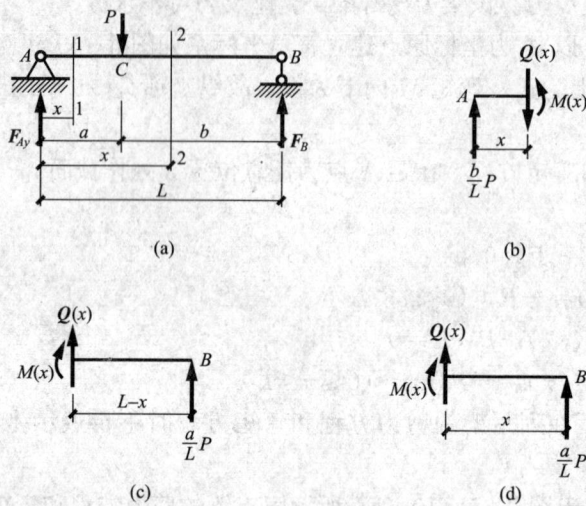

图Ⅱ-5-11

（2）列剪力方程和弯矩方程。因梁上荷载不连续，其内力方程应分段列出。

AC 段：在距 *A* 点为任意位置 x 处作 1-1 截面，并取出隔离体如图Ⅱ-5-11（b）所示。

$$由 \sum Y_i = 0 \Rightarrow Q(x) - \frac{b}{L} P = 0$$

$$\Rightarrow Q(x) = \frac{b}{L} P \quad (0 < x < a)$$

$$由 \sum M_{1\text{-}1} = 0 \Rightarrow M(x) - \frac{b}{L} P \cdot x = 0$$

$$\Rightarrow M(x) = \frac{b}{L} Px \quad (0 \leqslant x \leqslant a)$$

CB 段：在距 *A* 点为任意位置 x 处作 2-2 截面，并取出隔离体如图Ⅱ-5-11（c）所示。

$$由 \sum Y_i = 0 \Rightarrow Q(x) + \frac{a}{L} P = 0$$

$$\Rightarrow Q(x) = -\frac{a}{L} P \quad (a < x < L)$$

$$由 \sum M_{2\text{-}2} = 0 \Rightarrow M(x) - \frac{a}{L} P \cdot (L - x) = 0$$

$$\Rightarrow M(x) = \frac{a}{L} P(L - x) \quad (a \leqslant x \leqslant L)$$

列写 *CB* 段的内力方程时，可另选坐标系原点为 *B* 点如图Ⅱ-5-11（d）所示。此时的内力方程为

$$Q(x) = -\frac{a}{L} P \quad (0 < x < b)$$

$$M(x) = \frac{a}{L} Px \quad (0 \leqslant x \leqslant b)$$

通过以上示例分析，可归纳出列写梁内力方程的一般步骤：

（1）计算支座反力（悬臂梁可不求）。

（2）列内力方程。

1）选定坐标原点；

2）分段。当梁上荷载不连续时，内力方程应分段列写。分段位置为均布荷载两端截面、集中力作用截面、集中力偶作用截面（只限于列写弯矩方程）。

3）在各分段内距坐标原点为任意位置 x 处（此任意位置不能选在分段截面外）作截面并取出隔离体，然后根据平衡方程求出该截面上内力的表达式，这个内力表达式即为所求的内力方程。

注 意

在分段列写内力方程时，可选用不同坐标原点来表示任意横截面位置，同时要正确标注各方程内截面位置 x 的取值范围。

（四）剪力图和弯矩图

为了能够直观、简便地了解梁在外力作用下其内力的变化情况，工程上通常采用的方法是绘制出梁的内力图即剪力图和弯矩图。绘制梁的内力图有两种方法：①根据梁的内力方程来绘制梁的内力图；②用简便方法绘制梁的内力图。下面分别讨论这两种方法。

1. 利用剪力方程和弯矩方程作剪力图和弯矩图

利用内力方程作内力图就是根据列出的内力方程所表达的函数关系描绘出函数图形，这个函数图形即为内力图。

作梁内力图的基本要求：以梁轴线为作图基线。规定正剪力的纵坐标标注在作图基线上方，负剪力的纵坐标标注在作图基线下方；图中须标注正、负号。习惯上弯矩图中不标注正负号，但弯矩值的纵坐标必须标注在所取隔离体受拉一侧，即正弯矩值标注在作图基线下方，负弯矩值标注在作图基线上方。除此以外，内力图中须注明图的性质（Q 图或 M 图）、主要控制值及单位。

【例Ⅱ-5-7】 作例Ⅱ-5-5中图Ⅱ-5-10（a）所示简支梁的剪力图和弯矩图。

解 该梁的剪力方程为 $Q(x)=\dfrac{1}{2}qL-qx$ （0< $x<L$）

此方程为线性方程，作图时只需取自变量 x 变动区间的两个端点值即当 $x=0$ 时，$Q=\dfrac{1}{2}qL$；当 $x=L$ 时，$Q=-\dfrac{1}{2}qL$。据此可作出其剪力图如图Ⅱ-5-12（a）所示。

该梁的弯矩方程为 $M(x)=\dfrac{1}{2}qLx-\dfrac{1}{2}qx^2$ （0≤ $x\leqslant L$）

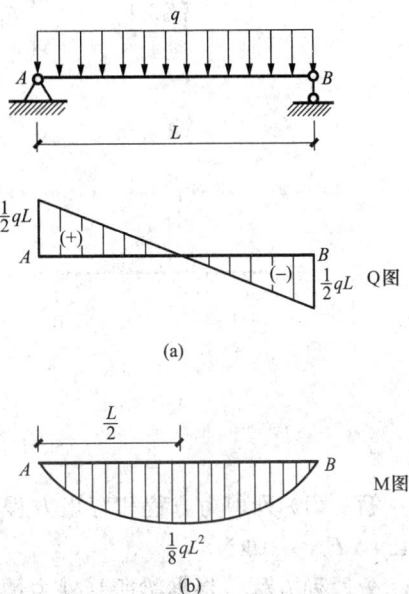

图Ⅱ-5-12

此方程为一个抛物线方程，作图时除取自变量 x 变动区间的端点值外，尚需确定一个控制值来控制曲线形状，通常是取均布荷载中点（本题也是梁跨中点）纵坐标值为控制值，即当 $x=0$ 时，$M=0$；当 $x=L$ 时，$M=0$；当 $x=\dfrac{L}{2}$ 时，$M=\dfrac{1}{8}qL^2$。据此可作出其弯矩图如图 Ⅱ-5-12（b）所示。

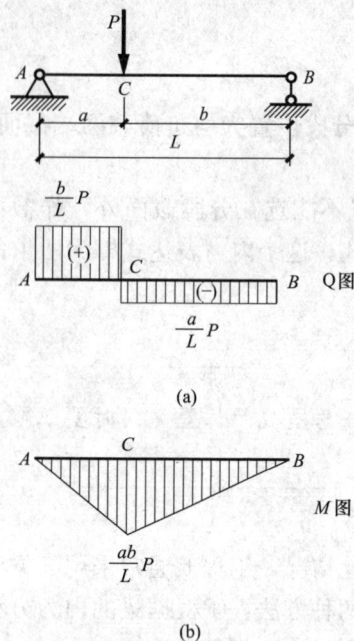

【例 Ⅱ-5-8】 作例 Ⅱ-5-6 中图 Ⅱ-5-11（a）所示简支梁的剪力图和弯矩图。

解 该梁的剪力方程为 $\quad Q(x)=\dfrac{b}{L}P \quad (0<x<a)$

$$Q(x)=-\dfrac{a}{L}P \quad (a<x<L)$$

该梁的弯矩方程为 $\quad M(x)=\dfrac{b}{L}Px \quad (0\leqslant x\leqslant a)$

$$M(x)=\dfrac{a}{L}P(L-x) \quad (a\leqslant x\leqslant L)$$

此例中，剪力方程与弯矩方程均为线性方程，故取自变量 x 变动区间的端点值即可绘出其剪力图和弯矩图，如图 Ⅱ-5-13（a）、（b）所示。

图 Ⅱ-5-13

【例 Ⅱ-5-9】 列出图 Ⅱ-5-14（a）所示外伸梁的剪力方程和弯矩方程，并作剪力图和弯矩图。

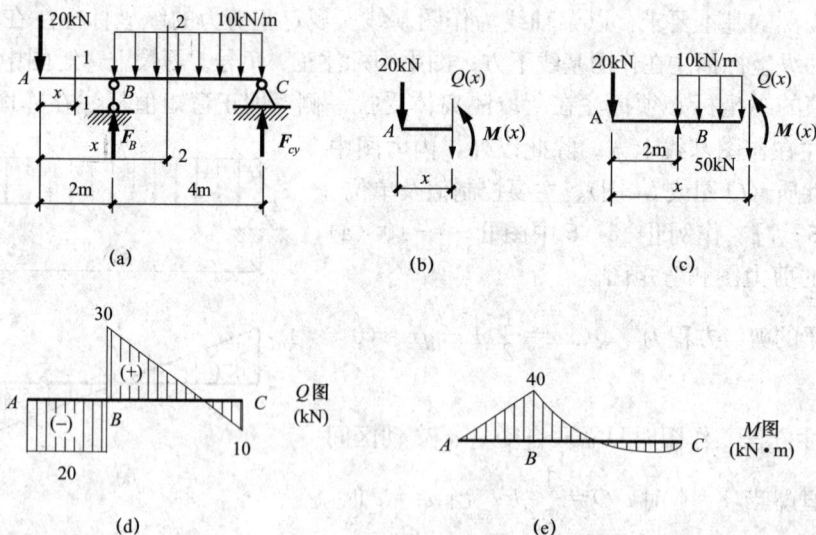

图 Ⅱ-5-14

解 （1）列剪力方程和弯矩方程。计算支座反力：根据梁的整体平衡条件可求得 $F_B=50\text{kN}$，$F_{cy}=10\text{kN}$。

分段列方程：根据梁所受外力情况，梁的内力方程须分为 AB、BC 两段列写。

AB 段：作 1-1 截面，并取出隔离体如图 Ⅱ-5-14（b）所示。

由 $\sum Y_i = 0 \Rightarrow Q(x) + 20 = 0$

$\qquad \Rightarrow Q(x) = -20\text{kN} \quad (0 < x < 2\text{m})$

由 $\sum M_{1\text{-}1} = 0 \Rightarrow M(x) + 20x = 0$

$\qquad \Rightarrow M(x) = -20x \quad (0 \leqslant x \leqslant 2\text{m})$

BC 段：作 2 - 2 截面，并取出隔离体如图Ⅱ - 5 - 14（c）所示。

由 $\sum Y_i = 0 \Rightarrow Q(x) + 20 + 10(x - 2) - 50 = 0$

$\qquad \Rightarrow Q(x) = 50 - 10x \quad (2\text{m} < x < 6\text{m})$

由 $\sum M_{2\text{-}2} = 0 \Rightarrow M(x) + 20x + 10(x-2) \times \dfrac{x-2}{2} - 50(x-2) = 0$

$\qquad \Rightarrow M(x) = -5x^2 + 50x - 120 \quad (2\text{m} \leqslant x \leqslant 6\text{m})$

（2）作剪力图和弯矩图。根据（1）所列 AC、BC 段内力方程，即可作出 AB、BC 段的剪力图和弯矩图，如图Ⅱ - 5 - 14（d）、（e）所示。注意：BC 段弯矩方程为抛物线，绘图时可取其中点弯矩值即当 $x = 4\text{m}$ 时，$M = 0$ 进行绘制。

2. 用简便方法作梁的内力图

利用内力方程作内力图的方法虽然数学关系清晰、图形精确，但当梁上荷载分布较复杂时，列写梁的内力方程将非常繁琐。工程上为了能够简捷、快速、正确地绘制出梁的内力图，通常采用简便方法作图。用简便方法作梁的内力图首先要掌握以下基本内容。

（1）弯矩、剪力与分布荷载集度间的关系及其应用。在前述方法 1 所举示例中，若将 x 的坐标原点取在梁的左端，则弯矩方程 $M(x)$ 对 x 取一阶导数，其结果正好是剪力方程 $Q(x)$，而将剪力方程 $Q(x)$ 对 x 取一阶导数，又恰好等于该梁上作用的分布荷载集度 $q(x)$。掌握弯矩、剪力、分布荷载集度之间的这种数学关系，对绘制和校核内力图有很大帮助。下面证明这种关系并说明其用途。

1）弯矩、剪力与分布荷载集度间的微分关系。设梁上作用有任意的分布荷载 $q(x)$，如图Ⅱ - 5 - 15）（a）所示。$q(x)$ 以向上为正，向下为负。现取梁中一段 $\text{d}x$ 来研究 [见图Ⅱ - 5 - 15（b）]，微段左侧横截面上剪力为 $Q(x)$，弯矩为 $M(x)$；微段右侧横截面上剪力为 $Q(x) + \text{d}Q(x)$，弯矩为 $M(x) + \text{d}M(x)$；微段上还有分布荷载 $q(x)$，因 $\text{d}x$ 很小，可以认为 $q(x)$ 在 $\text{d}x$ 段上是均匀分布的。

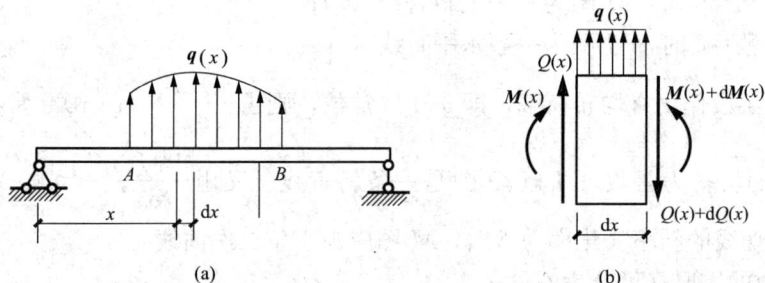

图Ⅱ - 5 - 15

由于梁处于平衡状态，所以 $\text{d}x$ 微段也应保持平衡。

由 $\sum Y_i = 0 \Rightarrow Q(x) + q(x)\text{d}x - [Q(x) + \text{d}Q(x)] = 0$

$\qquad \Rightarrow \dfrac{\text{d}Q(x)}{\text{d}x} = q(x)$ $\hfill$ （Ⅱ - 5 - 1）

即剪力对 x 的一阶导数等于作用在该截面处的分布荷载集度。

由 $\sum M_O = 0$（矩心 O 取在右侧横截面形心上）：

$$\Rightarrow M(x) + Q(x)\mathrm{d}x + q(x)\mathrm{d}x \cdot \frac{\mathrm{d}x}{2} - [M(x) + \mathrm{d}M(x)] = 0$$

经整理，并略去二阶微量 $q(x) \cdot \dfrac{(\mathrm{d}x)^2}{2}$ 后，得

$$\frac{\mathrm{d}M(x)}{\mathrm{d}x} = Q(x) \tag{Ⅱ-5-2}$$

即弯矩对 x 的一阶导数等于该截面处的剪力。 从式（Ⅱ-5-1）和（Ⅱ-5-2）又可得：

$$\frac{\mathrm{d}^2 M(x)}{\mathrm{d}x^2} = q(x) \tag{Ⅱ-5-3}$$

即弯矩对 x 的二阶导数等于作用在该截面处的分布荷载集度。

式（Ⅱ-5-1）～式（Ⅱ-5-3）就是弯矩、剪力与分布荷载集度间的微分关系。

2）弯矩、剪力与分布荷载集度间的微分关系在内力图上的应用。根据数学知识可知，函数的一阶导数表示函数图像在该点处的切线的斜率，二阶导数表示函数图像的切线斜率在该点处的变化率。所以式（Ⅱ-5-1）表明剪力图线上各点切线的斜率等于相应各点处的荷载集度；式（Ⅱ-5-2）表明弯矩图线上各点切线的斜率等于相应各点处截面上的剪力；式（Ⅱ-5-3）表明可以借助荷载集度来判定弯矩图线的凹凸情况。由上述几何意义可知，剪力图与弯矩图具有下列规律：

a. 若梁上某段没有分布荷载，即 $q(x)=0$，则有 $\dfrac{\mathrm{d}Q(x)}{\mathrm{d}x}=q(x)=0$ 可知，该段梁的剪力图线上各点切线的斜率为零，所以剪力图是一条平行于梁轴的直线，$Q(x)$ 是一个常数。又由 $\dfrac{\mathrm{d}M(x)}{\mathrm{d}x}=Q(x)=$ 常数可知，该段弯矩图线上各点切线的斜率为常数，所以弯矩图也应为一条直线。$\dfrac{\mathrm{d}M(x)}{\mathrm{d}x}=Q(x)=$ 常数可能出现下列三种情况：

$Q(x)=$ 常数 >0 时，M 图为一条下斜直线（\）；

$Q(x)=$ 常数 <0 时，M 图为一条上斜直线（/）；

$Q(x)=$ 常数 $=0$ 时，M 图为一条水平直线（—）。

b. 若梁上某段作用有均布荷载，即 $q(x)$ 常数，则由 $\dfrac{\mathrm{d}Q(x)}{\mathrm{d}x}=q(x)=$ 常数可知，该段 Q 图线上切线的斜率为常数，所以 Q 图是一条斜直线。又由 $\dfrac{\mathrm{d}^2 M(x)}{\mathrm{d}x^2}=q(x)=$ 常数可知，M 图上各点处切线的斜率变化率为常数，M 图应为一条二次曲线。

$q(x)$ 常数的情况又可分为两种：

$q(x)=$ 常数 >0 时，则 Q 图为上斜直线（/），M 图为上凸曲线（⌒）；

$q(x)=$ 常数 <0 时，则 Q 图为下斜直线（\）；M 图为下凸曲线（⌣）。

c. 由 $\dfrac{\mathrm{d}M(x)}{\mathrm{d}x}=Q(x)$ 可知，在 $Q(x)=0$ 处，$M(x)$ 有极值。即在剪力等于零的截面上，弯矩具有极值（极大值或极小值）。

梁上荷载、剪力图、弯矩图相互间的特征关系列于表Ⅱ-5-1中，以便掌握与记忆。

表Ⅱ-5-1 梁上荷载与剪力图、弯矩图相互间的特征关系

梁上荷载	剪力图	弯矩图
无分布荷载 $(q=0)$	$\dfrac{\mathrm{d}Q}{\mathrm{d}x}=0$ 剪力图平行 x 轴 $Q=0$ $Q>0$ $Q<0$	$\dfrac{\mathrm{d}M}{\mathrm{d}x}=Q=0$　$M<0$　$M=0$　$M>0$ $\dfrac{\mathrm{d}M}{\mathrm{d}x}=Q>0$　下斜直线 $\dfrac{\mathrm{d}M}{\mathrm{d}x}=Q<0$　上斜直线
均布荷载向上作用 $q>0$	$\dfrac{\mathrm{d}Q}{\mathrm{d}x}=q>0$　上斜直线	$\dfrac{\mathrm{d}^2M}{\mathrm{d}x^2}=q>0$　上凸曲线
均布荷载向下作用 $q<0$	$\dfrac{\mathrm{d}Q}{\mathrm{d}x}=q<0$　下斜直线	$\dfrac{\mathrm{d}^2M}{\mathrm{d}x^2}=q<0$　下凸曲线
集中力作用 P	在集中力作用截面突变	在集中力作用截面出现尖角
集中力偶作用 M_0	无影响	在集中力偶作用截面突变
	$Q=0$　截面	有极值

弯矩 M、剪力 Q 及荷载集度 q 之间的微分关系可以直接用来作内力图或对内力图进行校核。

（2）用叠加法绘制梁的弯矩图。在土木工程构件或结构的设计中，梁的弯矩图是一个非常重要的计算依据。在采用简便方法绘制梁的弯矩图时，若梁上外力分布较复杂，弯矩图可应用叠加原理来绘制。叠加原理是指当梁的变形在线弹性范围时，梁在若干荷载作用下所引起的某一参数（如反力、内力、应力、变形等）等于各个荷载单独作用时所引起的该参数值的代数和。运用叠加原理作梁弯矩图的方法称为**叠加法**。叠加原理不仅可用于绘制梁的弯矩图，而且在其他力学计算中也普遍应用。

在应用叠加原理作梁弯矩图的方法中，有一种既简便、实用，又能为后续课程（如结构力学）的学习打下基础的方法，称为**"新基线法"**。下面，结合实例对这种方法加以介绍。

用新基线法作梁的弯矩图，首先要熟悉并掌握以下单跨静定梁在所给荷载作用下弯矩图的形状、极值及特征。

1）简支梁承受均布荷载作用，如图Ⅱ-5-16所示。

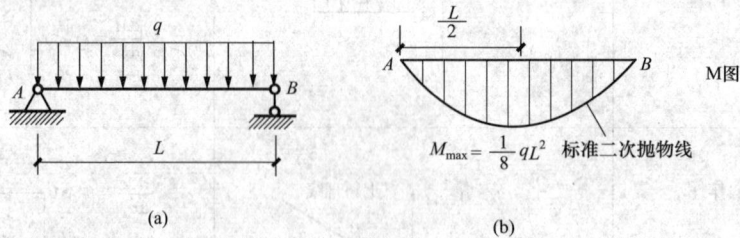

图Ⅱ-5-16

图Ⅱ-5-16（b）所示弯矩图的特征：图形两端弯矩值均为零，最大弯矩值产生在梁跨中点。由此而得到的图形抛物线称为**"标准二次抛物线"**。在均布荷载作用区间内，若弯矩图形两端的弯矩值一端等于零、一端不等于零或两端均不等于零，由此而得到的图形抛物线称为**"非标准二次抛物线"**。在作梁的弯矩图时，对于图形为标准二次抛物线的弯矩图，通常直接绘制；对于图形为非标准二次抛物线的弯矩图，通常采用叠加法绘制。

2）悬臂梁承受均布荷载作用，如图Ⅱ-5-17所示。

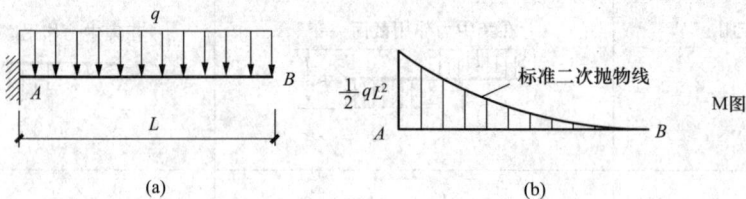

图Ⅱ-5-17

图Ⅱ-5-17（b）所示弯矩图是一条**标准二次抛物线**，此时梁上只作用有均布荷载，在这种荷载情况下，弯矩图通常是直接绘制。若梁上还有其他荷载（如集中力、集中力偶）参与作用，则弯矩图形通常采用叠加法绘制。

3）简支梁承受集中力作用，如图Ⅱ-5-18所示。

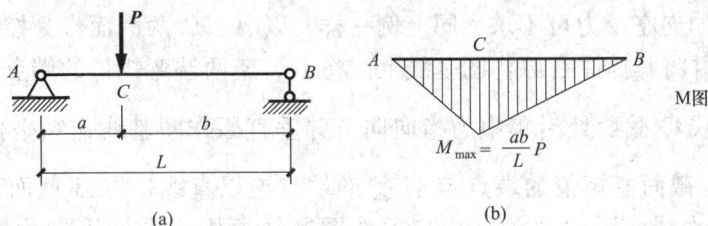

图Ⅱ-5-18

图Ⅱ-5-18（b）所示弯矩图的特征：图形两端弯矩值均为零，最大弯矩值产生在集中力作用截面，其值为 $M_{max}=\dfrac{ab}{L}P$，特别地：当 $a=b=\dfrac{L}{2}$ 时，$M_{max}=\dfrac{PL}{4}$。

下面就结合实例分析来说明用"新基线法"作梁弯矩图的过程。

【例Ⅱ-5-10】 试用"新基线法"作图Ⅱ-5-19（a）所示简支梁的弯矩图。

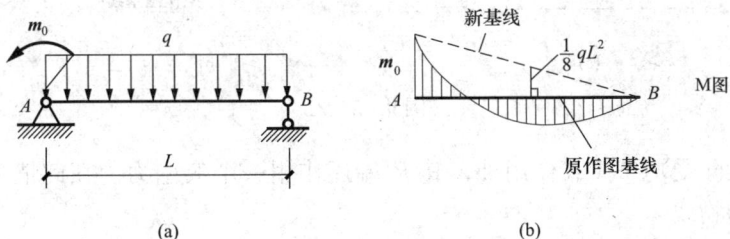

图Ⅱ-5-19

解　在本例中，梁的支座反力可不求。以梁轴线为原作图基线，将 A、B 两截面作为控制截面，并用截面法求出其弯矩值（求 A 截面的弯矩时，取左段为隔离体；求 B 截面的弯矩时，取右段为隔离体；这样，弯矩的求解就与支座反力无关）并标注在原作图基线上。将 A、B 两端弯矩值的端点连以虚线，构成一条新作图基线，简称**"新基线"**。若将新基线视为一简支梁，则两端弯矩值均为零，在均布荷载作用下，跨中有最大弯矩值产生。然后从新基线的中点**垂直原作图基线**并沿均布荷载指向向下作一纵坐标值 $M_{max}=\dfrac{1}{8}qL^2$。用一条光滑的曲线连接 A、B 弯矩值的端点及纵坐标 M_{max} 的端点，则此曲线与原作图基线所围成的图形，即为所作弯矩图 ［见图Ⅱ-5-19（b）］。注意：叠加值 $\dfrac{1}{8}qL^2$ 纵坐标所在截面处的真实弯矩值为 $M=\dfrac{1}{8}qL^2-\dfrac{m}{2}$。

【例Ⅱ-5-11】 试用新基线法作图Ⅱ-5-20（a）所示简支梁的弯矩图。

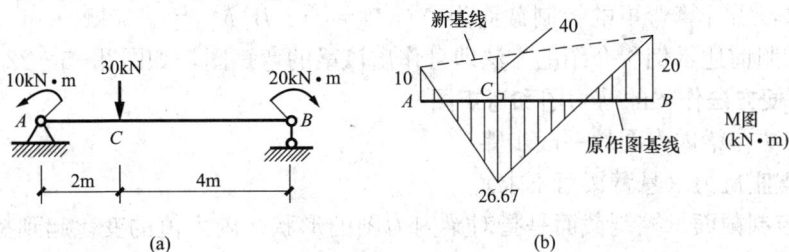

图Ⅱ-5-20

解 本例梁的支座反力可不求。同上例一样，以 A、B 两截面作为控制截面，用截面法求出其弯矩值并将其标注在原作图基线上。将 A、B 两端弯矩值的端点连以虚线，构成新基线。从新基线 C 截面处沿集中力指向向下并垂直原作图基线作纵坐标 $M_{max}=\dfrac{ab}{L}P=$ 40kN·m，将 A 截面弯矩值的端点与 M_{max} 的端点连以直线；将 B 截面弯矩值的端点与 M_{max} 的端点连以直线，则此两条直线与原作图基线所围成的图形即为所作弯矩图〔见图Ⅱ-5-20（b）〕。注意，C 截面的真实弯矩值为 13.33kN·m 而非 40kN·m。

【例Ⅱ-5-12】 试用"新基线法"作图Ⅱ-5-21（a）所示悬臂梁的弯矩图。

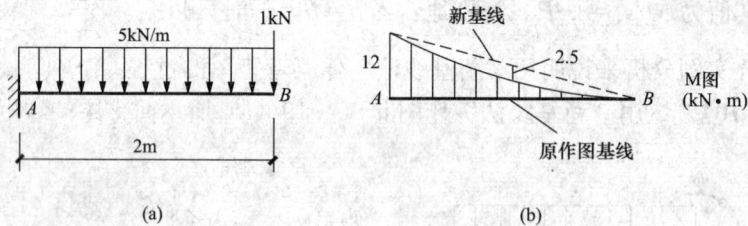

图Ⅱ-5-21

解 悬臂梁除受均布荷载作用外，其 B 端还作用一个集中力。在此情况下，弯矩图为一非标准二次抛物线。

以 A、B 两截面为控制截面，用截面法求出其弯矩值并标注在原作图基线上，将两端弯矩值的端点用虚线连接，构成新基线。从新基线中点向下作纵坐标 $M_{max}=\dfrac{1}{8}qL^2=2.5$kN·m。用一条光滑的曲线连接 A、B 两端弯矩值的端点及 M_{max} 的端点，则此曲线与原作图基线所围成的图形，即为所作弯矩图〔见图Ⅱ-5-21（b）〕。

【例Ⅱ-5-13】 试用"新基线法"作图Ⅱ-5-22（a）所示外伸梁的弯矩图。

图Ⅱ-5-22

解 本例中 AB、BC 两段梁的弯矩图均用新基线法绘制。在此情况下，支座 A、B 处的反力可不求，需计算弯矩的控制截面为 $A(M_A=0)$、$B(M_B=-30$kN·m$)$、$C(M_C=0)$ 三个截面。仿照前述示例所介绍的方法即可作出该梁的弯矩图，如图Ⅱ-5-22（b）所示。

（3）用**简便方法**作梁的剪力图和弯矩图。

用简便方法作梁内力图的一般步骤：

1）计算支座反力（悬臂梁可不求）。

2）**确定控制截面**。控制截面是指对梁内力图的形状、内力值的变化起到控制作用的截面。作剪力图时的控制截面为梁的两端截面、均布荷载分布区间两端截面、集中力作用点处左、右两截面；作弯矩图时的控制截面为梁的两端截面、均布荷载分布区间两端截面、集中力作用点截面、集中力偶作用点处左、右两截面。

3）用截面法求出各个控制截面的剪力值或弯矩值，并按照适当的比例将其标注在作图基线上。根据梁上外力与剪力图、弯矩图相互间的特征关系，将各相邻纵坐标的端点连以直线或曲线即得所作内力图。

通过学习并掌握了用简便方法作梁内力图的相关基础知识后，下面就结合实例来分析怎样用简便方法作梁的内力图。

【例Ⅱ-5-14】　用简便方法作图Ⅱ-5-23（a）所示简支梁的剪力图和弯矩图。

解　根据梁的整体平衡条件可求得支座反力为 $F_{Ay}=20kN$，$F_B=20kN$。将其计算结果的绝对值用真实指向标示于图Ⅱ-5-23（a）中。

作剪力图时，控制截面为 A、B、C、D_L、D_R 共五个截面，用截面法求得：

$Q_A=20kN$，$Q_B=-20kN$，$Q_C=0$，$Q_{DL}=0$，$Q_{DR}=20kN$。将所求各剪力值标注于作图基线上并将相邻纵坐标值的端点连以直线即得所作剪力图 [见图Ⅱ-5-23（b）]。从图Ⅱ-5-23（c）可以看出：AC 段为一条下斜直线，D 截面有突变产生，整个突变值的绝对值为 20kN，等于作用于 D 截面处的集中力大小。

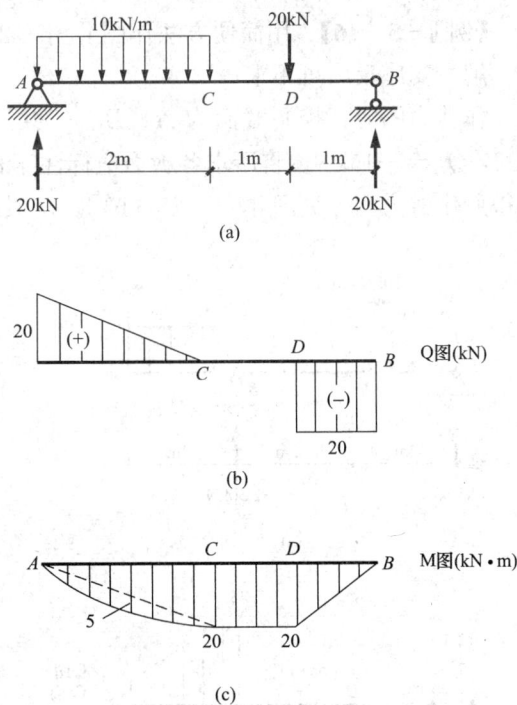

图Ⅱ-5-23

若利用梁上外力与内力图相互间的特征关系作图，可减少控制截面的数量。如在此例中，CD 段、BD 段无均布荷载作用，剪力图必定为一条水平线，因此，C 截面与 D 左截面剪力值相同，B 截面与 D 右截面剪力值相同，故 D_L、D_R 两截面的剪力值可不求，这样，控制截面可减少为 3 个。

作弯矩图时：控制截面为 A、B、C、D 共四个截面。用截面法求得 $M_A=0$，$M_B=0$，$M_C=20kN\cdot m$，$M_D=20kN\cdot m$。将所求各弯矩值标注于作图基线上。CD、BD 段内，弯矩图为直线，将 M_B、M_C、M_D 的端点连以直线即可作出这两段内的弯矩图，AC 段内弯矩图为下凸抛物线，但此抛物线为非标准抛物线，采用新基线法可作出此段内的弯矩图。据此可得该简支梁的弯矩图如图Ⅱ-5-23（c）所示。从图Ⅱ-5-23（d）中可以看出：AC 段为下凸抛物线，D 截面有尖角产生。

【例Ⅱ-5-15】　用简便方法作图Ⅱ-5-24（a）所示外伸梁的剪力图和弯矩图。

解　根据梁的整体平衡条件可求得支座反力为 $F_{Ay}=12.5kN$，$F_B=32.5kN$，并用真实指向标示于图Ⅱ-5-24（a）中。

作剪力图时，控制截面为 A、B_L、B_R、C、D 共五个截面（B_L 截面与 D 截面剪力相同），用截面法求得：$Q_A=12.5kN$，$Q_D=-7.5kN$，$Q_{BR}=25kN$，$Q_C=5kN$。将所求各剪力值

标注于作图基线上并将相邻纵坐标值的端点连以直线即得所作剪力图 [见图Ⅱ-5-24 (b)]。

从图Ⅱ-5-24 (b) 可以看出：AD、BC 段为一条下斜直线，B 截面有突变产生，整个突变值的绝对值为 32.5kN，等于作用于 B 支座处反力的大小。

作弯矩图时：控制截面为 A、B、C、D_L、D_R 共五个截面。用截面法求得 $M_A=0$、$M_B=-30$kN·m、$M_C=0$、$M_{DL}=5$kN·m、$M_{DR}=-15$kN·m。将所求各弯矩值标注于作图基线上。AD、BC 段均为非标准二次抛物线，采用新基线法可作出此段内弯矩图。DB 段内弯矩图为直线，用直线连接 M_{DR} 及 M_B 的端点即可作出此段内弯矩图。据此可得该外伸梁的弯矩图如图Ⅱ-5-24 (c) 所示。

从图Ⅱ-5-24 (c) 中可以看出：D 截面有突变产生，整个突变值的绝对值为 20kN·m，等于作用于 D 截面处集中力偶的大小，而 B 截面有尖角产生，AD、BC 段均为下凸抛物线。

【例Ⅱ-5-16】 用简便方法作图Ⅱ-5-25 (a) 所示悬臂梁的剪力图和弯矩图。

解　支座反力可不求。

作剪力图时：控制截面为 A、B、C 共三个截面，用截面法求得：$Q_A=25$kN，$Q_B=5$kN，$Q_C=-15$kN。将所求各剪力值标注于作图基线上并将相邻纵坐标值的端点连以直线即得所作剪力图 [见图Ⅱ-5-25 (b)]。

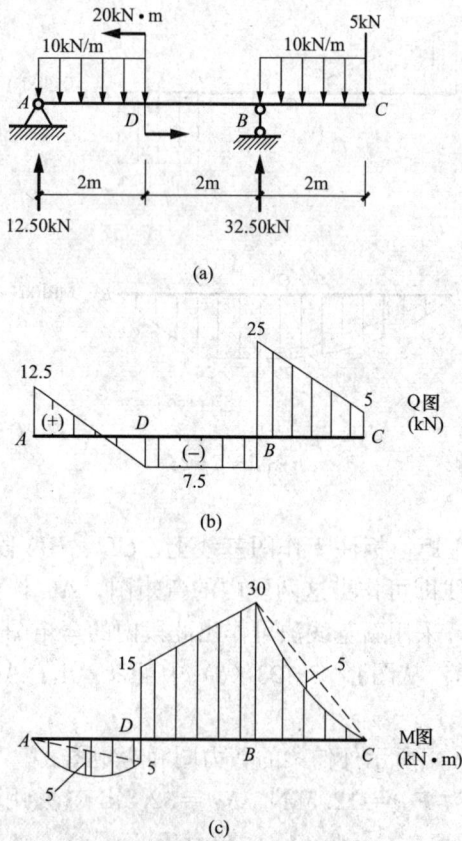

图Ⅱ-5-24

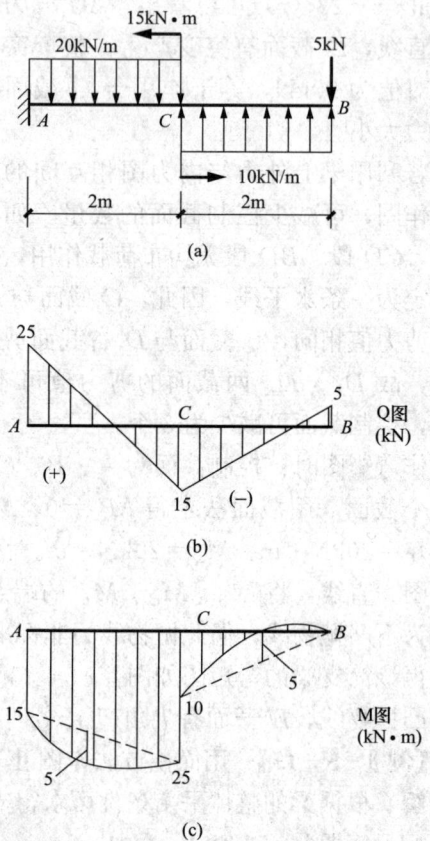

图Ⅱ-5-25

从图Ⅱ-5-25（b）中可以看出：AC 段为下斜直线，BC 段为上斜直线。

作弯矩图时：控制截面为 A、B、C_L、C_R 共四个截面，用截面法求得 $M_A = 15\text{kN·m}$，$M_B = 0$，$M_{CL} = 25\text{kN·m}$，$M_{CR} = 10\text{kN·m}$。将所求各弯矩值标注于作图基线上。AC、BC 段均为非标准抛物线，采用新基线法即可作出弯矩图如图Ⅱ-5-25（c）所示。

从图Ⅱ-5-25（c）中可以看出：AC 段为下凸抛物线；BC 段为上凸抛物线。C 截面有突变产生，整个突变值的绝对值为 15kN·m 等于作用于 C 截面处集中力偶的大小。

二、梁的应力与强度计算

梁发生弯曲变形时，在一般情况下横截面上存在有两种内力即剪力和弯矩。由于横截面上的内力是由各点处的应力构成的，因此梁横截面上沿截面切线方向作用的剪力 Q 应由各点处沿截面切线方向作用的剪应力 τ 构成，而横截面上的弯矩则由截面上的正应力构成〔见图Ⅱ-5-26〕。对梁进行强度计算时，首先要根据梁内已知的弯矩 M 来计算正应力，根据已知的剪力 Q 来计算剪应力。在大多数情况下，梁的弯曲正应力是决定梁强度的主要因素，剪应力 τ 是次要因素。下面，将着重讨论梁弯曲时的正应力及正应力强度条件、剪应力及剪应力强度条件问题。

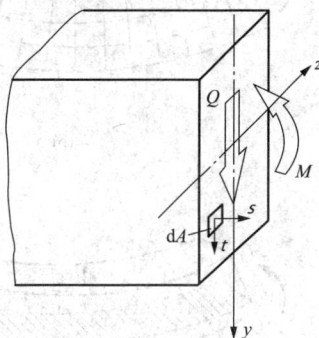

图Ⅱ-5-26

（一）纯弯曲梁横截面上的正应力

1. 正应力分析

悬臂梁受集中力偶作用如图Ⅱ-5-27（a）所示，图Ⅱ-5-27（b）、（c）为其剪力图和弯矩图。从内力图可以看出，整个梁内只有弯矩而无剪力，此时梁的弯曲变形称为**纯弯曲**。若梁产生弯曲变形时横截面上既有弯矩，又有剪力存在，那么梁的弯曲变形称为**剪切弯曲**。在梁的弯曲正应力问题分析中，纯弯曲梁的正应力分析是相对较简单、易行的，分析所要达到的目的主要是解决以下三方面的问题，即梁产生纯弯曲变形时：

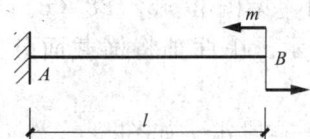

（a）

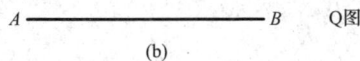

（b）

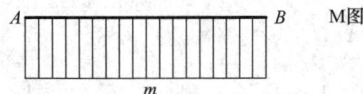

（c）

图Ⅱ-5-27

（1）横截面上有何种应力存在？

（2）应力沿截面如何分布？

（3）应力的大小如何计算？

与分析轴向拉压变形、扭转变形应力问题的基本思路一样，分析梁产生纯弯曲变形时的应力问题也是从几何方面、物理方面及静力平衡方面入手来进行的。

（1）几何变形方面：取一梁，为观察梁的变形情况，加载前先在梁的表面上画上一系列彼此相互平行且垂直于梁轴线的横向线（如 ab、cd）及一系列彼此相互平行且平行于梁轴线的纵向线，这些线组成许多小矩形〔见图Ⅱ-5-28（a）〕，然后加载。梁产生弯曲变形后可以观察到〔见图Ⅱ-5-28（b）〕：

1）各横向线仍为直线，只不过相互倾斜了一个角度。原来在一个平面上的线，变形后还在一个平面上。小矩形的各角仍为直角。

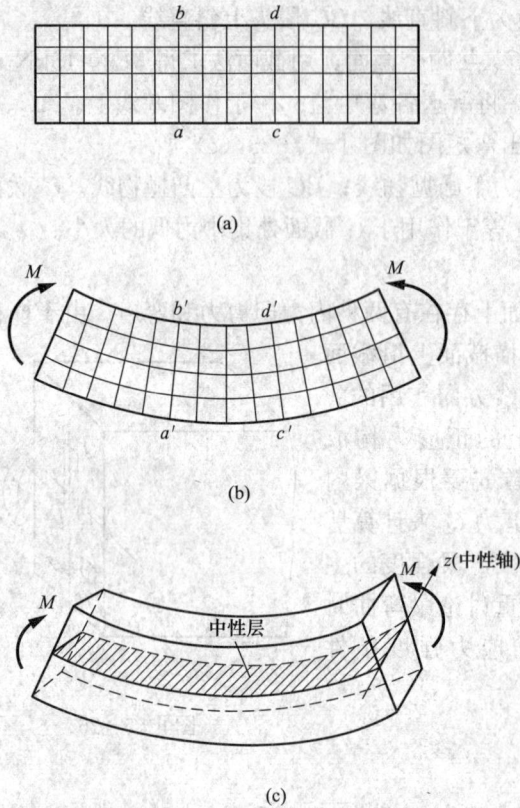

(a)

(b)

(c)

图Ⅱ-5-28

2）各纵向线都弯成圆弧形。上部（凹边）的纵向线缩短了，下部（凸边）的纵向线伸长了。横截面上部变宽，下部变窄。

从上面这些现象，可做如下假设与推理：

a. 横截面变形后仍保持为平面，只是互相倾斜了一个角度，但仍然垂直于弯曲后的梁轴线（称为平面假设）。

b. 设想梁由无数根纵向纤维组成，各纤维只受拉伸或压缩，不存在相互挤压。

梁弯曲变形后，上部的纵向线缩短，截面变宽，表示上部每根纤维产生了压缩变形；下部的纵向线伸长，截面变窄，表示下部每根纤维产生了拉伸变形。从上部各纤维缩短到下部各纤维伸长的连续变化中，必定有一层纤维既不伸长也不缩短，这层纤维称为**中性层**。中性层和横截面的交线称为**中性轴**〔见图Ⅱ-5-28（c）〕通常用 z 轴表示。中性轴将横截面分为受压和受拉两个区域。

现在用 mm、nn 两个相距无限小的截面从梁的纯弯曲段中截取一微段 dx，如图Ⅱ-5-29（a）所示。令 y 轴为截面的对称轴，z 轴为中性轴（注意，现在中性轴的具体位置尚未知）。根据上述假设，梁弯曲后〔见图Ⅱ-5-29（b）〕，下部距中性层 O_1、O_2 为 y 的某层纤维 m_1n_1 的应变为

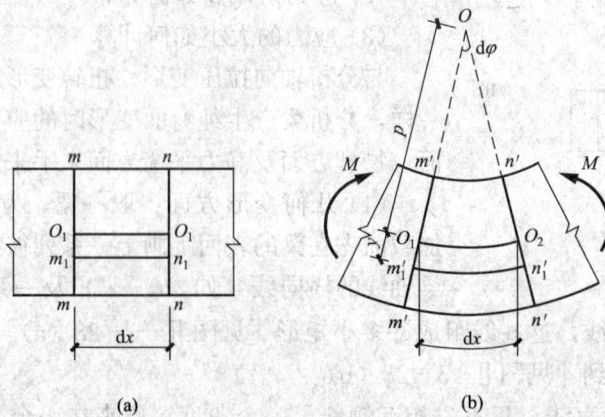

(a)

(b)

图Ⅱ-5-29

$$\varepsilon = \frac{m_1' n_1' - \mathrm{d}x}{\mathrm{d}x}$$

因为 $m'm'$ 和 $n'n'$ 截面都保持为平面，只不过相互倾斜了一个角度，所以若用 $\mathrm{d}\varphi$ 表示倾斜的角度，用 ρ 代表梁中性层 O_1O_2 弯曲后的曲率半径，则因中性层弯曲前后长度不变，可知 $O_1O_2 = \rho\mathrm{d}\varphi = \mathrm{d}x$。而 m_1n_1 这层纤维弯曲后的长度 $m_1'n_1' = (\rho + y)\mathrm{d}\varphi$，这样：

$$\varepsilon = \frac{(\rho + y)\mathrm{d}\varphi - \rho\mathrm{d}\varphi}{\rho\mathrm{d}\varphi} = \frac{y}{\rho} \qquad (\text{Ⅱ-5-4})$$

对同一截面来说，ρ 为常量，因此截面上某点处的应变与它到中性层的距离 y 成正比。

（2）物理方面：根据胡克定律，材料在弹性范围内的正应力和线应变成正比，即 $\sigma = E\varepsilon$，所以梁截面上某点处的正应力为

$$\sigma = E\frac{y}{\rho} \qquad (\text{Ⅱ-5-5})$$

式（Ⅱ-5-5）表示横截面上任一点处的正应力与该点到中性轴的距离成正比。距中性轴等远的各点处正应力 σ 相同。但式中 ρ 值还未知，且中性轴的位置还未定，所以式（Ⅱ-5-5）还不能用来具体计算应力。

（3）静力平衡方面：要确定 ρ 及中性轴的位置，还需利用静力平衡条件。在横截面上任取一微面积 $\mathrm{d}A$（坐标为 y、z），其上微力为 $\sigma\mathrm{d}A$，整个截面 A 上各点处的微力将组成内力（见图Ⅱ-5-30）为

图Ⅱ-5-30

$$N = \int_A \sigma\mathrm{d}A, \qquad M_y = \int_A z\sigma\mathrm{d}A, \qquad M_z = \int_A y\sigma\mathrm{d}A$$

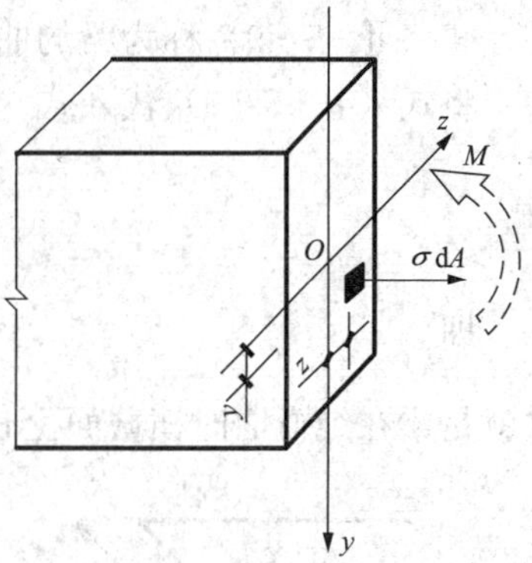

在纯弯曲时，横截面上轴力 N 和对 y 轴的力矩 M_y 都不存在，对 z 轴的力矩 M_z 即是横截面上的弯矩 M，即 $N=0$，$M_y=0$，$M_z=M$。现在来分析这三个静力方程所表示的意义。

将式（Ⅱ-5-5）代入 $N = \int_A \sigma\mathrm{d}A$，得

$$\int_A \frac{Ey}{\rho}\mathrm{d}A = 0 \qquad (\text{Ⅱ-5-6})$$

其中，曲率半径 ρ 和弹性模量都是常量且不为零，要满足式（Ⅱ-5-6），必须使 $\int_A y\mathrm{d}A = 0$，即截面对 z 轴的静矩为零。从截面的几何性质可知，截面对 z 轴的静矩为零时，z 轴一定通过截面的形心。由此可知，z 轴（即中性轴）的位置是通过截面形心的。

再将式（Ⅱ-5-5）代入 $M_y = \int_A z\sigma\mathrm{d}A = 0$，得

$$\int_A z\frac{Ey}{\rho}\mathrm{d}A = 0 \qquad (\text{Ⅱ-5-7})$$

式（Ⅱ-5-7）中 E、ρ 不为零，要满足式（Ⅱ-5-7）必须使 $\int_A zy\mathrm{d}A = 0$，即截面的惯性积为零。从截面的几何性质可知，由于 y 轴是横截面的对称轴，必然有 $I_{yz} = 0$，所以式

（Ⅱ-5-7）自然满足。

再将式（Ⅱ-5-5）代入 $M_z = \int_A y\sigma \mathrm{d}A = M$，得

$$\int_A y\frac{Ey}{\rho}\mathrm{d}A = M \qquad\qquad (\text{Ⅱ}-5-8)$$

其中 $\int_A y^2 \mathrm{d}A = I$，是截面对 z 轴（中性轴）的惯性矩（为了方便，省略了脚标）。所以式（Ⅱ-5-8）可写为

$$\frac{1}{\rho} = \frac{M}{EI} \qquad\qquad (\text{Ⅱ}-5-9)$$

其中，$\dfrac{1}{\rho}$ 为弯曲后梁轴线的曲率，它反映了梁的变形程度；从式（Ⅱ-5-9）可以看出，当梁内弯矩 M 保持不变时，EI 的值越大，曲率 $\dfrac{1}{\rho}$ 就小，即梁弯曲变形的程度越小，反之，梁弯曲变形的程度就越大。因此，**EI 反映了梁抵抗弯曲变形的能力，称为梁截面的抗弯刚度**。

式（Ⅱ-5-9）称为梁的曲率与内力的关系式，在今后研究梁的变形时十分有用。

将式（Ⅱ-5-9）代入式（Ⅱ-5-5）可得

$$\sigma = \frac{Ey}{\rho} = \frac{EyM}{EI} = \frac{My}{I}$$

即

$$\sigma = \frac{My}{I} \qquad\qquad (\text{Ⅱ}-5-10)$$

这就是梁在纯弯曲时横截面上任一点处正应力的计算公式。式（Ⅱ-5-10）表明，梁横截面上任一点处的正应力 σ 与截面上的弯矩 M 和该点到中性轴的距离 y 成正比。中性轴上各点处（$y=0$ 处）正应力为零，离中性轴越远，正应力越大，且正应力沿截面高度呈线性分布（见图Ⅱ-5-31）。

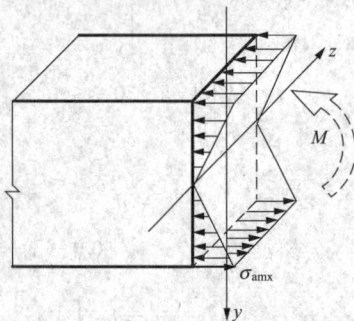

图Ⅱ-5-31

应用式（Ⅱ-5-10）计算各点应力时，M 及 y 可代入绝对值，应力 σ 的正负号可直接由弯矩 M 的正负来判断。当 M 为正时，中性轴上部截面为压应力，下部为拉应力；M 为负时，中性轴上部截面为拉应力，下部为压应力。

通过以上对梁在产生纯弯曲变形时横截面上的正应力分析可知，梁产生纯弯曲变形时

1）任意横截面上只有正应力产生，没有剪应力。

2）正应力沿截面高度呈线性分布，且中性轴处正应力等于零，截面上、下边缘处正应力有该截面上的最大值或最小值。

3）横截面上任一点处的正应力按式（Ⅱ-5-10）计算。

2. 正应力公式的使用条件

（1）式（Ⅱ-5-10）是梁在平面弯曲的前提下来推导出来的，因此，公式只能用于产生平面弯曲的梁。

（2）式（Ⅱ-5-10）对于具有纵向对称平面的各种截面梁都适用。若梁截面没有纵向对称平面时，只要外力作用在梁截面的形心主轴平面内，符合平面弯曲的条件，该式仍可适用。

（3）式（Ⅱ-5-10）只在梁材料处于弹性范围内时适用。

3. 纯弯曲理论在剪切弯曲中的推广

（1）工程中绝大多数的梁都产生剪切弯曲，由于剪力的存在，会使梁截面发生翘曲，公式推导中提出的平面假设不再成立。但按弹性理论分析后的结果指出，大多数工程构件按纯弯曲理论公式计算所得的结果与剪切弯曲计算的结果比较，其误差非常小，且梁的跨高比 L/h 越大，误差就越小（一般情况下 $L/H > 5$ 时，就可忽略剪力的影响）。故对大多数工程构件而言，也可按纯弯曲时的正应力公式计算。

（2）式（Ⅱ-5-10）是在梁轴线为直线的条件下推导出来的，一般不能用于曲梁。但当曲梁的曲率半径 ρ 与梁截面高 h 之比大于 10 倍时，也可近似应用。

【例Ⅱ-5-17】 如图Ⅱ-5-32（a）所示悬臂梁，若已知梁的横截面尺寸 $b = 200\text{mm}$，$h = 300\text{mm}$，$P = 2\text{kN}$。试求 A 截面上 a、e 两点处的正应力。

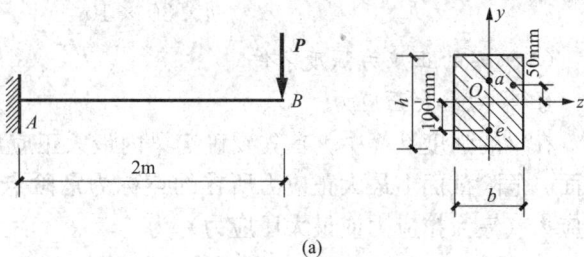

解 作梁的弯矩图如图Ⅱ-5-32（b）所示，从图中可以得到

$$M_A = -4\text{kN} \cdot \text{m}$$

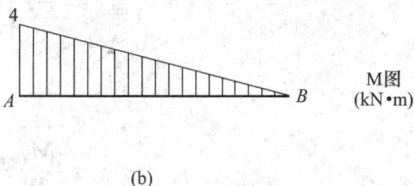

因 $I_z = \dfrac{bh^3}{12} = \dfrac{0.2 \times 0.3^3}{12} = 4.50 \times 10^{-4}$ （m⁴），$\rho_a = 50$ （mm）$= 0.05$ （m）

$$\rho_e = 100\text{mm} = 0.10\text{m}$$

图Ⅱ-5-32

所以 $\sigma_a = \dfrac{M_A \rho_A}{I_z} = \dfrac{4 \times 10^3 \times 0.05}{4.50 \times 10^{-4}}$

$= 0.44 \times 10^6$ （Pa）$= 0.44$ （MPa）（拉应力）

$$\sigma_e = \frac{M_A \rho_e}{I_z} = \frac{4 \times 10^3 \times 0.10}{4.50 \times 10^{-4}} = 0.89 \times 10^6 \text{ （Pa）} = 0.89 \text{ （MPa）（压应力）}$$

【例Ⅱ-5-18】 试计算图Ⅱ-5-33所示 T 型截面简支梁的最大拉应力和最大压应力。

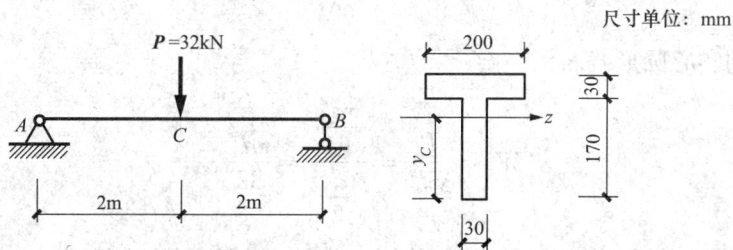

图Ⅱ-5-33

解 (1) 计算梁截面对其中性轴 z 的惯性矩 I_z

$$y_C = \frac{(30 \times 170) \times 85 + (200 \times 30) \times 185}{30 \times 170 + 200 \times 30} = 139 \text{ (mm)} = 0.139 \text{ (m)}$$

$$I_z = \left[\frac{30 \times 170^3}{12} + (139 - 85)^2 \times (30 \times 170) \right] + \left[\frac{200 \times 30^3}{12} + (185 - 139)^2 \times (200 \times 30) \right]$$

$$= 40.30 \times 10^6 \text{ (mm}^4\text{)} = 40.30 \times 10^{-6} \text{ (m}^4\text{)}$$

(2) 计算 M_{max}。梁内最大弯矩产生在 C 截面，其值为 $M_{max} = \dfrac{PL}{4} = \dfrac{32 \times 4}{4} = 32$ (kN·m)

(3) 计算梁内最大拉应力 σ_{max} 和最大压应力 σ_{min}。最大拉应力产生在 C 截面的下边缘，其值为 $\sigma_{max} = \dfrac{M_{max} y_C}{I_z} = \dfrac{32 \times 10^3 \times 0.139}{40.30 \times 10^{-6}} = 110.37 \times 10^6 \text{ (Pa)} = 110.37 \text{ (MPa)}$

最大压应力产生在 C 截面的上边缘，其值为

$$\sigma_{max} = \frac{M_{max}(h - y_C)}{I_z} = \frac{32 \times 10^3 \times (0.2 - 0.139)}{40.30 \times 10^{-6}} = 48.44 \times 10^6 \text{(Pa)} = 48.44 \text{ (MPa)}$$

（二）梁的正应力强度条件

1. 梁的最大正应力

在梁的强度计算中，首先要确定梁内最大正应力。梁内产生最大正应力的截面称为**危险截面**。危险截面上最大正应力所在的点称为**危险点**。从式（Ⅱ-5-10）可以得到梁内最大正应力（最大拉应力或最大压应力）为

$$\sigma_{max(min)} = \frac{M_{max} y_{max}}{I_z} \qquad (\text{Ⅱ-5-11})$$

令 $\dfrac{I_z}{y_{max}} = W_z$，则

$$\sigma_{max} = \frac{M_{max}}{W_z} \qquad (\text{Ⅱ-5-12})$$

式中 W_z——抗弯截面系数。它是一个与梁截面形状和尺寸有关的几何参数，反映了梁截面的几何形状和尺寸对梁弯曲强度的影响。

对于底宽为 b、高为 h 的矩形截面：

$$W_z = \frac{I_z}{y_{max}} = \frac{\frac{bh^3}{12}}{\frac{h}{2}} = \frac{bh^2}{6} \qquad (\text{Ⅱ-5-13})$$

对于直径为 d 的实心圆形截面：

$$W_z = \frac{I_z}{y_{max}} = \frac{\frac{\pi d^4}{64}}{\frac{d}{2}} = \frac{\pi d^3}{32} \qquad (\text{Ⅱ-5-14})$$

若梁采用型钢制作，各种型钢截面的 W_z 值可查附录 A 型钢规格表得到。

2. 梁的正应力强度条件

为保证工程中的梁能够安全可靠地工作，应使梁内最大正应力不超过材料的容许正应

力。但由于梁的截面形状变化多样，加之材料性质不同会使得其强度要求不一样，故相对于其他基本变形时的强度问题，梁弯曲时的正应力强度条件较为复杂。下面分别加以介绍：

（1）梁截面对称于中性轴（如矩形、圆形截面等，见图Ⅱ-5-34）。

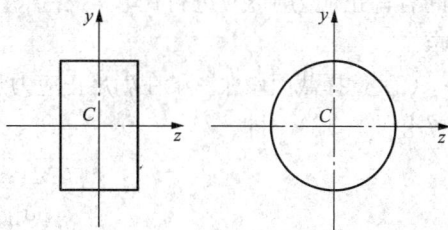

图Ⅱ-5-34

在此情况下，危险截面上最大拉应力和最大压应力数值相等，不论梁材料性质如何，其正应力强度条件可表述为

$$\sigma_{\max} = \frac{M_{\max}}{W_z} \leqslant [\sigma] \qquad (Ⅱ-5-15)$$

（2）梁截面上下不对称于中性轴（如 T 形、槽型截面等，见图Ⅱ-5-35），这又可分为两种情况：

1）若梁材料的抗拉和抗压能力相同，即 $[\sigma_L] = [\sigma_y] = [\sigma]$ 时，由于截面上下边缘到中性轴的距离不相同 ［见图Ⅱ-5-36 中 $y_1 > y_2$］，所以，梁的正应力强度条件可表述为

$$\sigma_{\max(\min)} = \frac{M_{\max} y_{\max}}{I_z} \leqslant [\sigma] \qquad (Ⅱ-5-16)$$

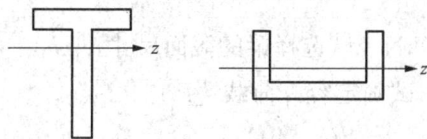

图Ⅱ-5-35

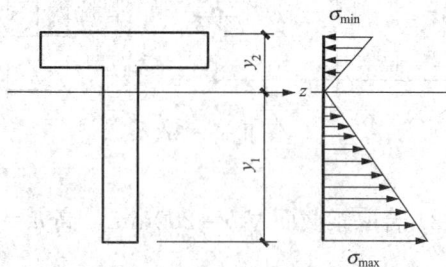

图Ⅱ-5-36

此情况下梁的正应力强度条件也可按式（Ⅱ-5-15）建立，但需分别计算两个不同的 W_z 值。

2）若梁材料的抗拉和抗压能力不相同，即 $[\sigma_L] \neq [\sigma_y]$，在此情况下，梁的正应力强度条件可表述为

$$\begin{cases} \sigma_{\max} = \dfrac{M_{\max} y_1}{I_z} \leqslant [\sigma_L] \\[3mm] \sigma_{\max} = \dfrac{M_{\max} y_2}{I_z} \leqslant [\sigma_y] \end{cases} \qquad (Ⅱ-5-17)$$

式中　y_1——受拉边缘到中性轴的距离；

y_2——受压边缘到中性轴的距离。

3. 正应力强度条件在三方面的应用

与其他基本变形的强度条件应用相类似，梁的正应力强度条件也可作强度校核、选择截面尺寸及确定容许荷载三方面的应用。

（1）校核强度。根据所给梁实际的受力情况，计算出梁内的最大正应力 σ_{max}，并与梁材料的容许正应力 $[\sigma]$ 进行比较，若 $\sigma_{max} \leqslant [\sigma]$，梁满足正应力强度要求，否则，不满足强度要求。

（2）选择截面尺寸。梁在满足正应力强度要求的前提下，通过变换强度条件公式（Ⅱ-5-15）或（Ⅱ-5-16），即

$$W_z \geqslant \frac{M_{max}}{[\sigma]} \quad \text{或} \quad I_z \geqslant \frac{M_{max}\,y_{max}}{[\sigma]}$$

计算出梁的 W_z 或 I_z，进而可确定梁的截面尺寸。

（3）确定容许荷载。梁在满足正应力强度要求的前提下，通过变换强度条件公式（Ⅱ-5-15）或（Ⅱ-5-16），即

$$M_{max} \leqslant W_z[\sigma] \quad \text{或} \quad M_{max} \leqslant \frac{I_z[\sigma]}{y_{max}}$$

计算出梁的 M_{max}，进而可确定梁的容许荷载。

【例Ⅱ-5-19】 如图Ⅱ-5-37所示矩形截面简支梁，若已知梁材料的容许正应力 $[\sigma]=140\text{MPa}$。试求：

（1）已知梁截面宽 $b=80\text{mm}$，高 $h=150\text{mm}$、$P=40\text{kN}$，校核梁的正应力强度。

（2）设梁截面的宽高比 $\dfrac{b}{h}=\dfrac{2}{3}$，$P=100\text{kN}$，试选择梁的截面尺寸 b、h。

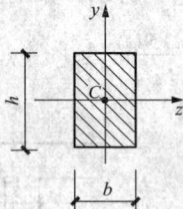

图Ⅱ-5-37

（3）若取梁截面宽 $b=200\text{mm}$，高 $h=300\text{mm}$，试确定容许荷载 $[P]$。

解　（1）梁内最大弯矩产生在 c 截面，其值为 $M_{max}=\dfrac{Pl}{4}=\dfrac{40\times4}{4}=40$（kN·m）。

所以　$\sigma_{max}=\dfrac{M_{max}}{W_z}=\dfrac{6M_{max}}{bh^2}=\dfrac{6\times40\times10^3}{0.08\times0.15^2}=133.33$（MPa）$<[\sigma]$

满足正应力强度要求。

（2）由 $\sigma_{max}=\dfrac{M_{max}}{W_z}<[\sigma]$

$$W_z=\frac{bh^2}{6}=\frac{1}{9}h^3$$

$$\Rightarrow h\geqslant\sqrt[3]{\frac{9M_{max}}{[\sigma]}}=\sqrt[3]{\frac{9\times100\times10^3}{140\times10^6}}=0.186\text{（m）}=186\text{mm}$$

取 $h=186\text{mm}$，$b=\dfrac{2}{3}h=\dfrac{2}{3}\times186=124$（mm）

（3）由 $\sigma_{max}=\dfrac{M_{max}}{W_z}<[\sigma]$

$$M_{max}=\frac{Pl}{4}=P$$

$$\Rightarrow P \leqslant W_z[\sigma] = \frac{0.2 \times 0.3^2}{6} \times 140 \times 10^6 = 420 \times 10^3 \text{ (N)} = 420 \text{ (kN)}$$

取 $[P] = 420\text{kN}$。

【例Ⅱ-5-20】 如图Ⅱ-5-38（a）所示 T 形截面外伸梁，若已知梁材料的容许拉应力 $[\sigma_1] = 32\text{MPa}$，容许压应力 $[\sigma_y] = 70\text{MPa}$，试校核梁的正应力强度。

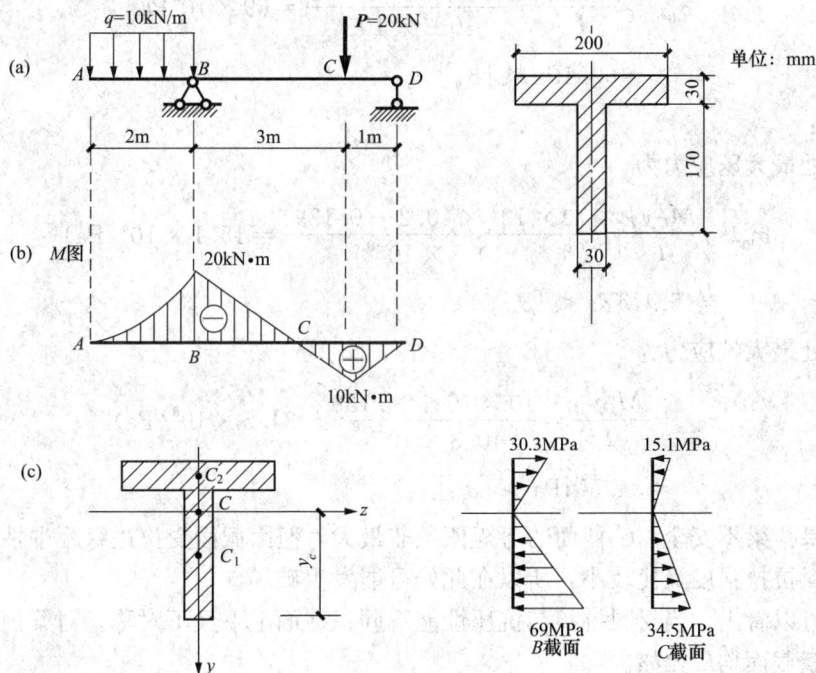

图Ⅱ-5-38

解 （1）作梁的弯矩图如图Ⅱ-5-38（b）所示。B 截面有最大的负弯矩，C 截面有最大的正弯矩：

$$M_B = -20\text{kN} \cdot \text{m}, \quad M_C = 10\text{kN} \cdot \text{m}$$

（2）计算截面的形心位置及截面对中性轴的惯性矩。

确定截面形心 C 的位置 [见图Ⅱ-5-38（c）]：

$$y_c = \frac{\sum A_i y_{Ci}}{\sum A_i} = \frac{30 \times 170 \times 85 + 200 \times 30 \times 185}{30 \times 170 + 200 \times 30} = 139 \text{ (mm)}$$

截面对中性轴 z 的惯性矩为

$$I_z = \left[\frac{30 \times 170^3}{12} + 30 \times 170 \times 54^2 \right] + \left[\frac{200 \times 30^2}{12} + 200 \times 30 \times 46^2 \right]$$

$$= 40.3 \times 10^6 \text{(mm}^4\text{)} = 40.3 \times 10^{-6} \text{ (m}^4\text{)}$$

（3）校核强度。由于梁的抗拉强度与抗压强度不同，所以最大正弯矩和最大负弯矩截面都需校核。

校核 B 截面：

上边缘处最大拉应力为

$$\sigma_{max} = \frac{M_B y_T}{I} = \frac{20 \times 10^3 \times (0.2 - 0.139)}{40.3 \times 10^{-6}} = 30.3 \times 10^6 Pa$$

$$= 30.3 MPa < [\sigma_1]$$

下边缘处最大压应力为

$$\sigma_{min} = \frac{M_B y_B}{I} = \frac{20 \times 10^3 \times 0.139}{40.3 \times 10^{-6}} = 69 \times 10^6 Pa$$

$$= 69 MPa < [\sigma_y]$$

校核 C 截面：

上边缘处最大压应力为

$$\sigma_{min} = \frac{M_C y_T}{I} = \frac{10 \times 10^3 \times (0.2 - 0.139)}{40.3 \times 10^{-6}} = 15.1 \times 10^6 (Pa)$$

$$= 15.1 MPa < [\sigma_y]$$

下边缘处最大拉应力为

$$\sigma_{max} = \frac{M_C y_B}{I} = \frac{10 \times 10^3 \times 0.139}{40.3 \times 10^{-6}} = 34.5 \times 10^6 (Pa)$$

$$= 34.5 MPa > [\sigma_1]$$

校核结果：梁不安全。C 截面的弯矩值虽非最大，但因截面受拉边缘距中性轴较远，应力较大，材料抗拉强度又比较小，所以在此处可能发生破坏。

从本例可以看出，当材料抗拉与抗压性能不同、截面上下又不对称，对梁内最大正弯矩与最大负弯矩截面均应校核。

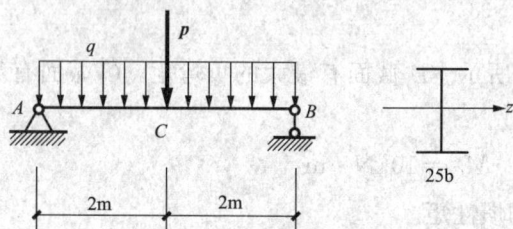

图Ⅱ-5-39

【例Ⅱ-5-21】 图Ⅱ-5-39 所示简支梁由 25b 工字钢制成，梁跨中点作用一集中力 P。已知梁材料的容许正应力 $[\sigma] = 160MPa$，若考虑梁的自重，试确定容许荷载 $[P]$。

解 查型钢表可得 25b 工字钢每米长自重 $q \approx 412N/m$，q 为梁上均布荷载集度。

已知 $W_z = 422.72 cm^3 = 422.72 \times 10^{-6} m^3$

从图中可以看出，梁内最大弯矩产生在跨中 C 截面处，其值为

$$M_{max} = \frac{1}{8} qL^2 + \frac{PL}{4} = \frac{1}{8} \times 412 \times 4^2 + \frac{P \times 4}{4} = 824 + P$$

由 $\sigma_{max} = \frac{M_{max}}{W_z} = \frac{824 + P}{422.72 \times 10^{-6}} \leqslant [\sigma]$

$\Rightarrow P \leqslant 422.72 \times 10^{-6} \times 160 \times 10^6 - 824 = 66.81 \times 10^3$ （N）$= 66.81$ （kN）

取 $[P] = 66 kN$。

【例Ⅱ-5-22】 图Ⅱ-5-40 （a）为 T 形截面铸铁梁，梁的横截面尺寸及搁置方式如图Ⅱ-5-40 （b）所示，若已知 $P = 3.5 kN$，$a = 0.5 m$，梁材料的容许拉应力 $[\sigma_1] = 80MPa$，

容许压应力 $[\sigma_y]=188\text{MPa}$，试校核梁的正应力强度。若将梁的截面倒置，情况又如何？

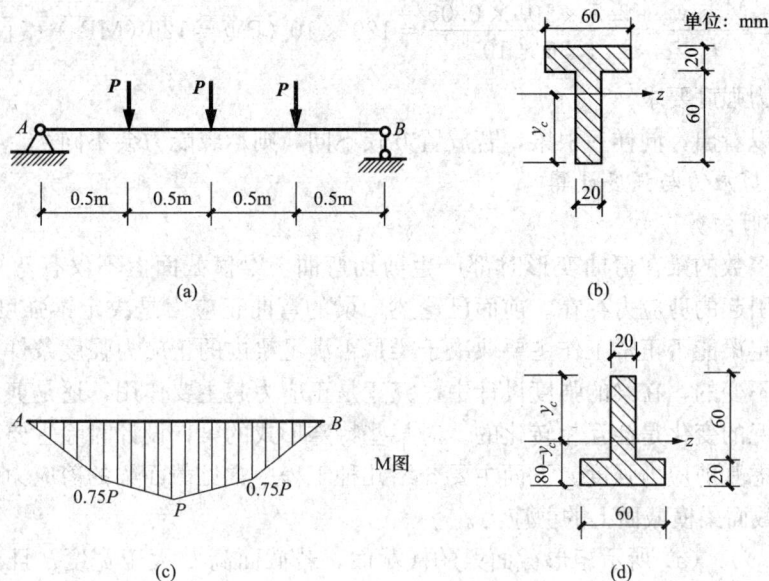

图Ⅱ-5-40

解　(1) 作梁的弯矩图 [见图Ⅱ-5-40 (c)]，则

$$M_{\max}=1.5P\times1-0.5P=P\times1=3.5\text{kN}\cdot\text{m}$$

(2) 计算 y_c 及 I_z。

$$y_c=\frac{\sum A_iy_{Ci}}{\sum A_i}=\frac{(60\times20)\times70+(60\times20)\times30}{60\times20+60\times20}=50\ (\text{mm})=0.05\ (\text{m})$$

$$I_z=\sum(I_{zci}+A_ia_i^2)=\left[\frac{60\times20^3}{12}+60\times20\times(70-50)^2\right]+\left[\frac{20\times60^3}{12}+20\times60\times(50-30)^2\right]$$
$$=1.36\times10^6\ (\text{mm}^4)=1.36\times10^{-6}\ (\text{m}^4)$$

(3) 校核强度。梁内的最大拉应力产生在下边缘处，所以

$$\sigma_{\max}=\frac{M_{\max}y_c}{I_z}=\frac{3.5\times10^3\times0.05}{1.36\times10^{-6}}=129\times10^6(\text{Pa})=129\ (\text{MPa})>[\sigma_l]$$

不满足正应力强度要求。

梁内最大压应力产生在上边缘处，所以

$$\sigma_{\min}=\frac{M_{\max}(0.08-y_c)}{I_z}=\frac{3.5\times10^3\times0.03}{1.36\times10^{-6}}=77.2\times10^6(\text{Pa})=77.2\ (\text{MPa})<[\sigma_y]$$

满足正应力强度要求。

(4) 将梁的横截面倒置并校核强度

梁的横截面如图Ⅱ-5-40 (d) 所示，最大拉应力产生在下边缘，最大压应力产生在上边缘，所以

$$\sigma_{\max}=\frac{M_{\max}(0.08-y_c)}{I_z}=\frac{3.5\times10^3\times0.03}{1.36\times10^{-6}}=77.2\times10^6(\text{Pa})=77.2\ (\text{MPa})<[\sigma_l]$$

满足正应力强度要求。

$$\sigma_{\min}=\frac{M_{\max}y_c}{I_z}=\frac{3.5\times10^3\times0.05}{1.36\times10^{-6}}=129\times10^6(\text{Pa})=129(\text{MPa})<[\sigma_y]$$

满足正应力强度要求。

由此例可以看出，同样一根梁，若放置方式不同，则承载能力会不同。

（三）梁的剪应力与强度计算

1. 梁弯曲时的剪应力

工程中大多数的梁在弯曲变形时都产生剪切弯曲，梁横截面上不仅有弯矩引起的正应力，还有剪力引起的剪应力存在。前面已论述，梁的弯曲正应力是决定梁强度的主要因素，也就是说，决定梁能否正常工作主要取决于梁是否满足梁内的正应力强度条件。然而这种情况并不是固定不变的，在梁的强度设计中，究竟是正应力起主要作用，还是剪应力起主要作用，随着梁情况的变化是会互相转化的。对某些特殊形式的梁，设计时除主要考虑正应力强度外，还需考虑其剪应力强度。下面主要介绍几种工程中常见截面梁的剪应力计算。

（1）矩形截面梁横截面上的剪应力。

如图Ⅱ-5-41（a）所示矩形截面梁的横截面，若截面高 h 大于宽度 b 且截面上的剪力 Q 沿 y 轴方向，那么，在满足以下假设条件，即

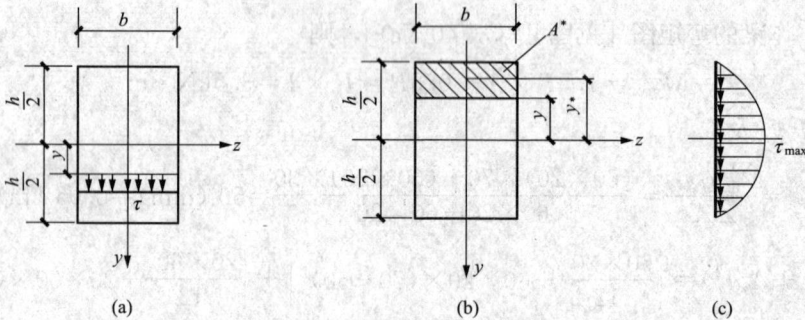

图Ⅱ-5-41

1）横截面上各点处剪应力 τ 与剪力 Q 平行。

2）剪应力沿截面宽度均匀分布。即距中性轴等距离各点处剪应力大小相等的前提下，横截面上任一点处的剪应力可按下式计算：

$$\tau=\frac{QS_z^*}{I_zb}\qquad\qquad(\text{Ⅱ-5-18})$$

式中　τ——横截面上距中性轴的距离为 y 处各点的剪应力；

　　Q——横截面上的剪力；

　　S^*——横截面上距中性轴的距离为 y 处以上一侧（或以下一侧）的部分面积对中性轴的静矩；

　　I_z——横截面对中性轴的惯性矩；

　　b——所求剪应力处横截面的宽度。

根据式（Ⅱ-5-18）可得矩形截面梁横截面上的最大剪应力计算公式为

$$\tau_{\max} = \frac{Q_{\max}S_{z\max}^*}{I_z b}$$

式中 $S_{z\max}^*$——半个矩形面积对中性轴的静矩。

在式（Ⅱ-5-18）中，Q、I_z、b 均为定值，因此，剪应力 τ 与 S^* 成正比。从图Ⅱ-5-41（b）中可以看出：

$$S^* = A^* y^* = \left[b\left(\frac{h}{2} - y\right) \right] \left[y + \frac{1}{2}\left(\frac{h}{2} - y\right) \right] = \frac{b}{2}\left(\frac{h^2}{4} - y^2\right)$$

代入式（Ⅱ-5-16）并简化后可得

$$\tau = \frac{6Q}{bh^3}\left(\frac{h^2}{4} - y^2\right)$$

上式表明，剪应力沿截面高度按二次抛物线规律变化。在横截面上、下边缘处，即 $y = \pm\frac{h}{2}$ 处，$\tau = 0$；在中性轴上各点处，即 $y = 0$ 处，S^* 取得最大值，剪应力也取得最大值为

$$\tau_{\max} = \frac{3}{2}\frac{Q_{\max}}{bh} = \frac{3}{2}\frac{Q_{\max}}{A} \tag{Ⅱ-5-19}$$

式中 $\dfrac{Q_{\max}}{A}$——横截面上的平均剪应力值。

可见，矩形截面梁上的最大剪应力为其截面上平均剪应力的 1.5 倍。

图Ⅱ-5-41（c）为剪应力沿横截面高度分布的规律。

（2）圆形截面梁横截面上的剪应力。对于圆形截面梁，横截面圆周上任意点处 K 的剪应力方向不平行于剪力 Q 而与圆周相切 ［见图Ⅱ-5-42（a）］。横截面上的最大剪应力仍位于中性轴各点处，由于中性轴两端点处的剪应力方向与圆周相切，且与剪力 Q 平行，故可假设中性轴上各点处的剪应力都平行于剪力 Q 且数值相同 ［见图Ⅱ-5-42（a）］。据此，可推得圆形截面梁最大剪应力的近似计算公式为

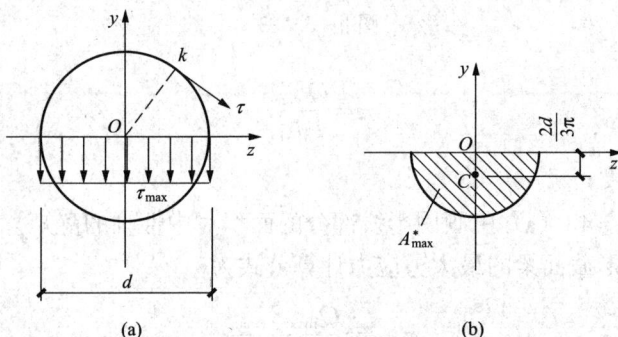

(a)　　　　　　　　(b)

图Ⅱ-5-42

$$\tau_{\max} = \frac{Q_{\max}S_{z\max}^*}{I_z d}$$

式中 d——圆的直径；

S_z^*——半圆面积对中性轴的静矩。

从图Ⅱ-5-42（b）可以看出：

$$S_{z\max}^* = A_{\max}^* y^* = \frac{1}{8}\pi d^2 \times \frac{2d}{3\pi} = \frac{d^3}{12}$$

$$I_z = \frac{\pi d^4}{64}$$

则
$$\tau_{\max} = \frac{Q_{\max} S_{z\max}^*}{I_z d} = \frac{Q_{\max} \times \dfrac{d^3}{12}}{\dfrac{\pi d^4}{64} \times d} = \frac{4}{3} \times \frac{Q_{\max}}{\dfrac{1}{4}\pi d^2} = \frac{4}{3} \cdot \frac{Q_{\max}}{A} \qquad (\text{Ⅱ-5-20})$$

式中　$\dfrac{Q_{\max}}{A}$——横截面上的平均剪应力值。

可见，圆形截面梁上的最大剪应力为其截面上平均剪应力的 $\dfrac{4}{3}$ 倍。

（3）工字型截面梁的剪应力。工字型截面是由上、下两翼板和中间的腹板组合而成 [见图Ⅱ-5-43（a）]。因腹板是矩形，对矩形截面剪应力公式的推导所做的两个假设完全适用于腹板，故腹板上任一点处的剪应力 τ 仍可用公式（Ⅱ-5-18）来计算，即

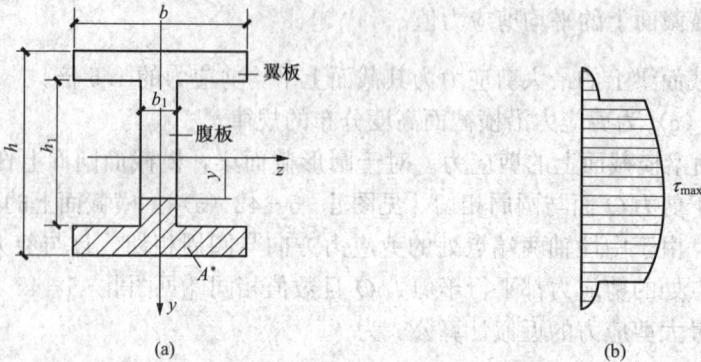

图Ⅱ-5-43

$$\tau = \frac{Q S_z^*}{I_z b_1}$$

式中　b_1——腹板宽度；

　　S_z^*——图Ⅱ-5-43（a）中画阴影线部分的面积对中性轴的静矩。

同理，可得工字形截面梁的最大剪应力计算公式为

$$\tau_{\max} = \frac{Q_{\max} S_{z\max}^*}{I_z b_1}$$

式中　$S_{z\max}^*$——中性轴以上或以下部分面积对中性轴的静矩；

　　b_1——腹板宽度。

通过与矩形截面剪应力同样的分析可知：剪应力沿腹板高度按抛物线规律分布 [见图Ⅱ-5-43（b）]。在中性轴上，剪应力最大；在腹板与翼缘的交界处，剪应力与最大剪应

力相差不多。接近均匀分布。至于翼板上的剪应力，情况比较复杂，剪应力数值很小，一般不考虑。由理论分析可知，工字型截面的腹板上几乎承受了截面上 95% 左右的剪应力，而且腹板上的剪应力又接近于均匀分布，故可得出工字型截面梁最大剪应力的近似计算公式：

$$\tau_{max} \approx \frac{Q_{max}}{b_1 h_1} \qquad\qquad (Ⅱ-5-21)$$

式中　b_1——腹板宽度；

　　　h_1——腹板高度；

　　　Q——截面上的剪力。

实际工程中，有些梁常采用工字钢来制作，工字钢是一种轧制的型钢，其最大剪应力可按下式计算：

$$\tau_{max} = \frac{Q_{max} S_{zmax}^*}{I_z b} = \frac{Q_{max}}{(I_z/S_{zmax}^*)b}$$

式中　S_{zmax}^*——工字型截面中性轴一侧面积对中性轴的静矩；

　　　I_z/S_{zmax}^* 可以直接由型钢表中查取，然后代入上式计算。

【例Ⅱ-5-23】 如图Ⅱ-5-44（a）所示矩形截面简支梁，若已知梁截面宽 $b=120mm$，高 $h=180mm$，试计算剪力最大截面上 a、b、c 三点处的剪应力。

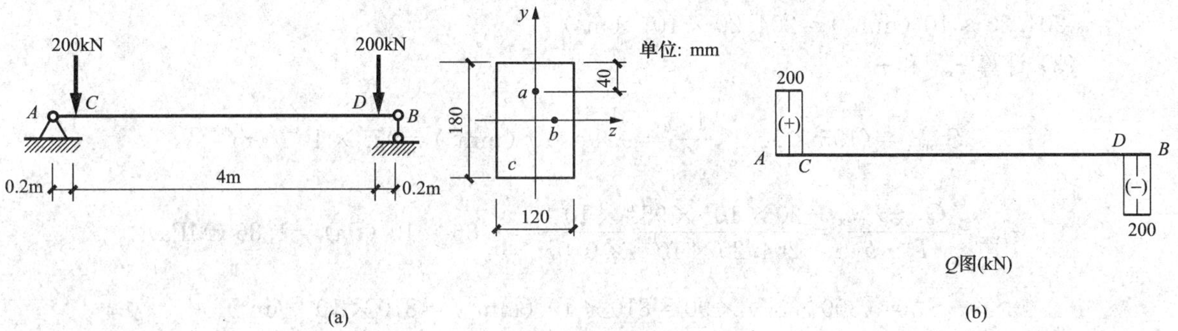

图Ⅱ-5-44

解　作剪力图如图Ⅱ-5-44（b）所示。

$$Q_{max} = 200kN$$

因　$I_z = \dfrac{bh^3}{12} = \dfrac{0.12 \times 0.18^3}{12} = 58.32 \times 10^{-6} \ (m^4)$

　　$S_a^* = (0.12 \times 0.04) \times 0.07 = 336 \times 10^{-6} \ (m^3)$

　　$S_b^* = (0.12 \times 0.09) \times 0.045 = 486 \times 10^{-6} \ (m^3)$

　　$S_c^* = 0$

所以　$\tau_a = \dfrac{Q_{max} S_{za}^*}{I_z \cdot b} = \dfrac{200 \times 10^3 \times 336 \times 10^{-6}}{58.32 \times 10^{-6} \times 0.12} = 9.60 \ (MPa)$

　　　$\tau_b = \dfrac{200 \times 10^3 \times 486 \times 10^{-6}}{58.32 \times 10^{-6} \times 0.12} = 13.89 \ (MPa)$

　　　$\tau_c = 0$

【例Ⅱ-5-24】 试求图Ⅱ-5-45（a）所示倒 T 形截面简支梁的最大剪应力 τ_{max} 及危险截面上腹板与翼板交界处的剪应力 τ_j。已知 $I_z = 20\,420\text{cm}^4$。

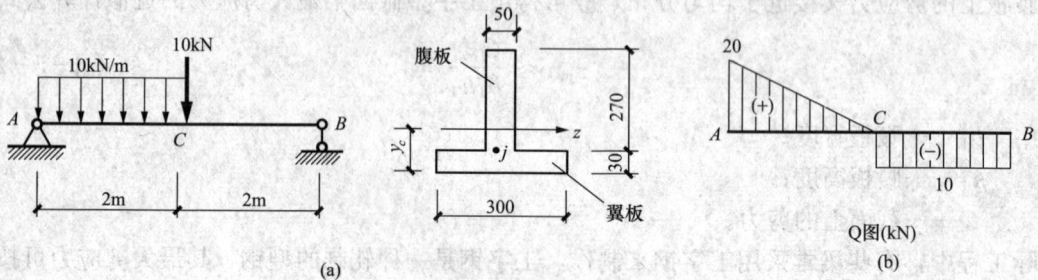

图Ⅱ-5-45

解 （1）作梁的剪力图如图Ⅱ-5-45（b）所示，危险截面为 A 截面

$$Q_{max} = 20\text{kN}$$

（2）计算 I_z

$$y_c = \frac{(50 \times 270) \times 165 + (300 \times 30) \times 15}{50 \times 270 + 300 \times 30} = 105 \text{ (mm)}$$

$$I_z = \left[\frac{50 \times 270^3}{12} + (165 - 105)^2 \times (50 \times 270)\right] + \left[\frac{300 \times 30^3}{12} + (105 - 15)^2 \times (300 \times 30)\right]$$
$$= 204.20 \times 10^6 \text{(mm}^4) = 204.20 \times 10^{-6} \text{ (m}^4)$$

（3）计算 τ_{max} 和 τ_j。

$$S_{zmax}^* = (195 \times 50) \times \frac{195}{2} = 951 \times 10^3 \text{(mm}^3) = 951 \times 10^{-6} \text{ (m}^3)$$

$$\tau_{max} = \frac{Q_{max} S_{zmax}^*}{I_z \cdot b_1} = \frac{20 \times 10^3 \times 951 \times 10^{-6}}{204.20 \times 10^{-6} \times 0.05} = 1.86 \times 10^6 \text{(Pa)} = 1.86 \text{ (MPa)}$$

$$S_{zj}^* = (300 \times 30) \times 90 = 810 \times 10^3 \text{(mm}^3) = 810 \times 10^{-6} \text{ (m}^3)$$

$$\tau_j = \frac{Q_{max} S_{zj}^*}{I_z \cdot b} = \frac{20 \times 10^3 \times 810 \times 10^{-6}}{204.20 \times 10^{-6} \times 0.05} = 1.59 \times 10^6 \text{(Pa)} = 1.59 \text{ (MPa)}$$

2. 梁的剪应力强度条件

从前面所讨论的几种常见截面梁的剪应力计算问题可以看出，梁内最大剪应力通常都产生在剪力最大截面上中性轴处各点，因此，全梁的最大剪应力一般可统一表述为

$$\tau_{max} = \frac{Q_{max} S_{zmax}^*}{I_z b} \qquad (\text{Ⅱ-5-22})$$

由于梁内中性轴处各点的正应力为零，因此。梁的剪应力强度条件为

$$\tau_{max} = \frac{Q_{max} S_{zmax}^*}{I_z b} \leqslant [\tau] \qquad (\text{Ⅱ-5-23})$$

式中　$[\tau]$——材料的容许剪应力。

在梁的强度计算中，梁应同时满足正应力和剪应力两个强度条件。但在一般情况下，梁

满足了正应力强度后，剪应力强度条件都能满足。在实际结构设计中，根据经验，下列几种情况下，通常需对梁做剪应力强度校核：

（1）弯矩较小而剪力很大的梁。这种情况常产生在梁的跨度较小而又受到很大的集中力作用或靠近支座处有较大的集中力作用。

（2）某些组合截面梁。如铆接或焊接组合截面钢梁，其腹板宽度与高度之比较一般型钢截面的相应比值为小，横截面上的剪应力数值较大。

（3）木梁。由于木材顺纹方向的抗剪强度很低，当横截面中性轴处有较大剪应力产生时，根据剪应力互等定理，梁的中性层上也产生相同值的剪应力，从而可能导致梁产生顺纹方向的剪切破坏。

通过对梁正应力强度条件和剪应力强度条件的分析讨论可以看出：正应力强度条件是以梁内最大弯矩 M_{max} 所在截面上离中性轴最远处的各点作为危险点，且危险点上只有正应力而没有剪应力；剪应力强度条件是以梁内最大剪力 Q_{max} 所在截面上中性轴处各点作为危险点，且危险点上只有剪应力而没有正应力。两种强度条件都是直接用危险点处的最大应力与材料的容许应力进行比较来建立的，即强度条件可表述为

$$\begin{cases} \sigma_{max} \leqslant [\sigma] \\ \tau_{max} \leqslant [\tau] \end{cases}$$

这与杆件产生轴向拉、压变形和扭转变形时的强度条件是一样的。除此之外，梁截面上的其余各点处既有正应力，又有剪应力存在，特殊情况下，这些点也有可能导致梁产生破坏（如工字型截面梁腹板与翼板交界处的点），由于此类破坏问题涉及两种应力的组合以及材料对两种应力作用的抵抗能力，需要应用到其他知识才能解决，留待以后讨论。

【例Ⅱ-5-25】 如图Ⅱ-5-46（a）所示矩形截面外伸梁，若已知 $L=4$m，$a=0.2$m，梁横截面的高宽比 $\dfrac{h}{b}=1.5$，梁材料的 $[\sigma]=10$MPa，$[\tau]=2$MPa，$P=200$kN。试按正应力强度条件选择截面尺寸 b、h，并校核其剪应力强度。

解 （1）作 M、Q 图，如图Ⅱ-5-46（b）、（c）所示。

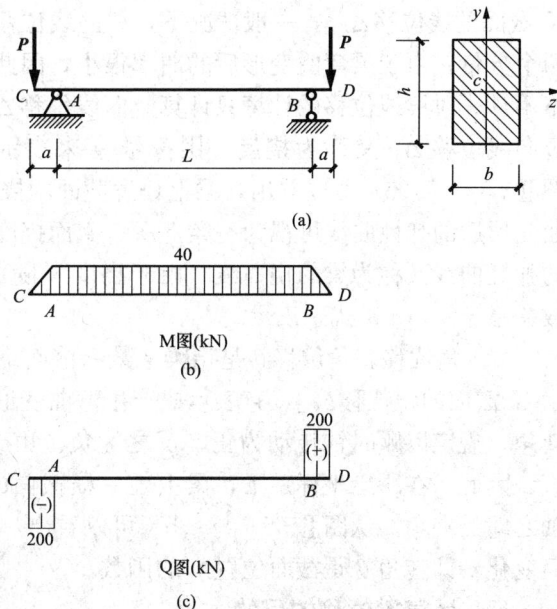

（a）

$$|M_{max}| = 40\text{kN} \cdot \text{m}$$
$$|Q_{max}| = 200\text{kN}$$

（2）选择截面尺寸 b、h。

由 $W_z \geqslant \dfrac{M_{max}}{[\sigma]}$

$$W_z = \frac{bh^2}{6} = 0.375b^3$$

$$\Rightarrow b \geqslant \sqrt[3]{\frac{M_{max}}{0.375[\sigma]}} = \sqrt[3]{\frac{40 \times 10^3}{0.375 \times 10 \times 10^6}}$$
$$= 0.220 \text{ (m)} = 220 \text{ (mm)}$$

取 $b=220$mm，$h=1.5b=330$mm。

图Ⅱ-5-46

（3）校核剪应力强度。

$$\tau_{\max} = 1.5 \times \frac{Q_{\max}}{A} = 1.5 \times \frac{200 \times 10^3}{0.22 \times 0.33} = 4.13 \times 10^6 (\text{Pa}) = 4.13 \ (\text{MPa}) > [\tau]$$

不满足剪应力强度要求，应重新选择截面尺寸。

三、梁的变形与刚度计算

1. 梁的变形

如图Ⅱ-5-47（a）所示悬臂梁梁端受一集中力的作用而产生对称弯曲变形。受力前，梁轴线是一条直线，受力后，梁产生内力，同时梁的轴线由一条直线弯曲成一条在同一平面内的曲线。像这样梁受力前、后整体形状的改变称为**梁的变形**。梁产生弯曲变形后的轴线称为**弹性曲线**。

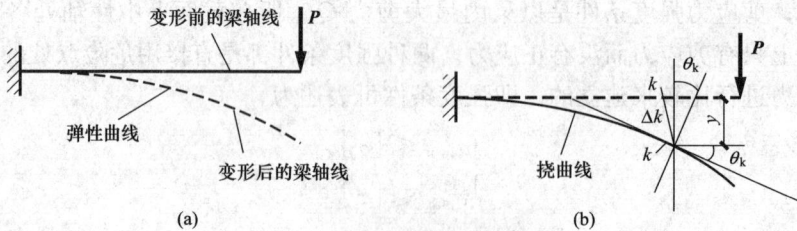

图Ⅱ-5-47

2. 梁的位移

梁产生弯曲变形后，梁上各截面的位置随之发生改变，梁截面位置的改变称为**梁的位移**。梁上任一截面的位移通常用线位移 Δ 和角位移 θ 表示［见图Ⅱ-5-47（b）］。

（1）**线位移**。线位移 Δ 是指梁上某一截面形心位置的改变量［如图Ⅱ-5-47（b）所示 K 截面的线位移 Δ_k］，一般情况下，梁的线位移 Δ 可分解为水平线位移 Δ_x 和竖向线位移 Δ_y 两个分量。由于梁弯曲变形后的曲率很小，因此，水平线位移 Δ_x 是一个非常微小的量可忽略不计。对梁线位移的计算只计算竖向线位移 Δ_y。在图Ⅱ-5-47（b）所给坐标系下，梁的竖向线位移 Δ_y 又称为**挠度**，用符号 y 来表示，并规定挠度以向下为正，向上为负。从图Ⅱ-5-47（b）可以看出，梁上任意截面的挠度 y 随截面位置 x 的变化而变化。由于梁弯曲变形后的弹性曲线可视为是梁上所有截面挠度值端点连接后所得的曲线，因此，梁弯曲后的弹性曲线又称为梁的**挠曲线**。由于挠度 y 随截面位置 x 而变，因此，梁的挠曲线可用函数关系 $y = f(x)$ 式来表示。

（2）**角位移**。角位移 θ 是指梁上某一截面绕中性轴转动的角度［如图Ⅱ-5-47（b）所示 K 截面的角位移 θ_k］，它表示梁产生弯曲变形后横截面方位的改变量。角位移通常又称为**转角**，规定以顺时针转动为正，反之为负。由于梁弯曲变形后的横截面仍与挠曲线保持垂直，因此，在所给坐标系下，梁上任一横截面的转角也就是挠曲线在该截面处的切线与 x 轴之间的夹角。从图Ⅱ-5-47（b）可以看出，梁上任意截面的转角 θ 也随截面位置的变化而变化，即转角 θ 是截面位置 x 的函数。

四、计算梁位移的目的

实际工程中的梁在荷载作用下会产生变形，若变形过大，即使梁不发生断裂破坏，也不能够正常使用。例如：列车通过桥梁时，若桥梁的挠度过大将导致桥面不平顺，以致引起较大的冲击和振动，影响行车安全；桥式起动机的大梁若变形过大将使吊车产生爬坡现象，并引起震动，致使吊车不能平稳地起吊重物；房屋中的桥面梁若变形过大会引起抹灰脱落等，因此，在对梁进行设计时除首先要考虑满足其强度外，还需要满足其刚度要求。计算梁位移的目的之一就是为了**校核梁的刚度**，以保证梁在使用过程中具有足够的刚度。其次，工程中有许多超静定结构需进行设计和计算，但它们的支座反力或内力仅依赖于静力平衡条件是无法将其全部求出的，必须引入变形协调条件建立补充方程才能求解，而变形协调条件与结构的位移计算密切相关。因此，计算梁位移的另一个目的就是**为求解超静定结构打下必要的基础**。

五、梁的变形计算

梁产生弯曲变形时，一般情况下，梁内既有弯矩又有剪力产生。通过理论分析与计算可以证明，梁的变形主要由弯矩引起，剪力所引起的变形与弯矩引起的变形相比是非常微小的，尤其是当梁的跨径 L 与梁横截面的高度 h 的比值大于 10 时，剪力的影响仅占 2%～3%。因此，在梁的变形计算中，为了简化计算，通常忽略剪力对变形的影响，只计算弯矩引起的变形。

梁的变形计算有很多种方法，如二次积分法、叠加法、共轭梁法、变形能法等，在这些方法中，二次积分法和叠加法是相对较简单且易于掌握的方法，下面就着重介绍这两种方法。

1. 用二次积分法计算梁的变形

（1）梁的挠度与转角的关系。梁上任一截面的挠度与转角之间存在着一定的关系。前已论述，梁上任一横截面的转角也就是挠曲线在该截面的切线与轴之间的夹角。从数学上看，挠曲线上任一点处切线的斜率为

$$\tan\theta = \frac{\mathrm{d}y}{\mathrm{d}x} = y'$$

由于梁的变形很小，所以 $\tan\theta \approx \theta$，即

$$\theta = \frac{\mathrm{d}y}{\mathrm{d}x} = y' \qquad\qquad （Ⅱ-5-24）$$

上式表明，**梁任一横截面的转角等于同一截面的挠度对 x 坐标的一阶导数**。

（2）梁挠曲线的近似微分方程。前面在分析和讨论梁弯曲时的正应力时，曾得到在产生纯弯曲变形时梁轴线的曲率 $\frac{1}{\rho}$ 与梁内的弯矩 M、抗弯刚度 EI 之间存在的关系，即

$$\frac{1}{\rho} = \frac{M}{EI}$$

梁产生纯弯曲变形时，弯矩 M 为一个常数，若梁的抗弯刚度保持不变，则梁弯曲变形后的挠曲线是一条圆弧线。在剪切弯曲的情况下，因忽略剪力对梁变形的影响，所以式（Ⅱ-5-24）仍能成立。但此时梁内弯矩不再保持为常数，而是随梁截面位置而变化，即 $M = M(x)$，同样，梁弯曲后的曲率半径也不再保持为常数，而是随梁截面位置而变化，即 $\rho = \rho(x)$（见图Ⅱ-5-48），于是式（Ⅱ-5-24）可改写为

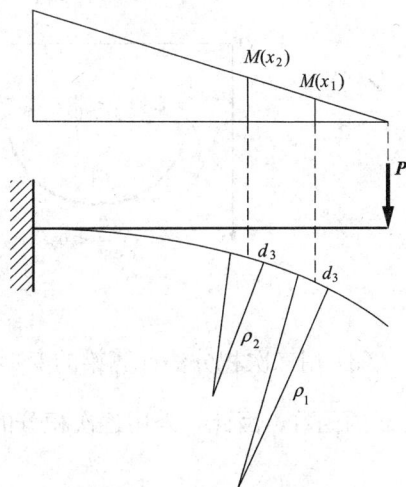

图Ⅱ-5-48

$$\frac{1}{\rho(x)} = \frac{M(x)}{EI} \qquad ①$$

式①表达了在剪切弯曲的情况下，梁挠曲线上任一点处的曲率$\frac{1}{\rho(x)}$与该点处截面的弯矩$M(x)$、抗弯刚度EI之间的力学关系。

从几何方面来看，梁挠曲线上任一点处的曲率如下：

$$\frac{1}{\rho(x)} = \pm \frac{\dfrac{\mathrm{d}^2 y}{\mathrm{d}x^2}}{\left[1 + \left(\dfrac{\mathrm{d}y}{\mathrm{d}x}\right)^2\right]^{\frac{3}{2}}} \qquad ②$$

考察两式①、②可得：

$$\pm \frac{\dfrac{\mathrm{d}^2 y}{\mathrm{d}x^2}}{\left[1 + \left(\dfrac{\mathrm{d}y}{\mathrm{d}x}\right)^2\right]^{\frac{3}{2}}} = \frac{M(x)}{EI} \qquad ③$$

由于梁的变形符合"小变形"条件，故可略去高阶微量$\left(\dfrac{\mathrm{d}y}{\mathrm{d}x}\right)^2$，则式③可近似地改写为

$$\pm \frac{\mathrm{d}^2 y}{\mathrm{d}x^2} = \frac{M(x)}{EI} \qquad ④$$

符号问题：在图Ⅱ-5-49所给坐标系下，当弯矩为正值（$M>0$）时，弯矩图向下凸，$\dfrac{\mathrm{d}^2 y}{\mathrm{d}x^2}<0$；当弯矩为负值（$M<0$）时，弯矩图向上凸，$\dfrac{\mathrm{d}^2 y}{\mathrm{d}x^2}>0$。由此可以看出，式④两边的正负号总是相反的，因此有

$$\frac{\mathrm{d}^2 y}{\mathrm{d}x^2} = -\frac{M(x)}{EI} \qquad （Ⅱ-5-25）$$

式（Ⅱ-5-25）称为梁弯曲时挠曲线的**近似微分方程**。它是计算梁变形的基本公式。

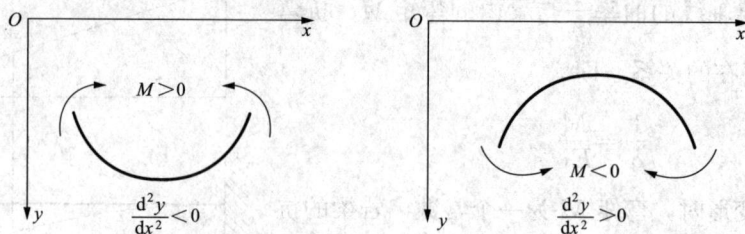

图Ⅱ-5-49

（3）用二次积分法计算梁的变形。从式（Ⅱ-5-25）可以看出，公式右边的$M(x)$仅是x的函数，因此，采用逐次积分的方法便可求解。将公式$\dfrac{\mathrm{d}^2 y}{\mathrm{d}x^2} = -\dfrac{M(x)}{EI}$积分一次可得

$$\frac{\mathrm{d}y}{\mathrm{d}x} = \theta(x) = -\frac{1}{EI}\left[\int M(x)\mathrm{d}x + C\right] \qquad （Ⅱ-5-26）$$

式（Ⅱ-5-26）称为**转角方程**。若将其再积分一次可得：

$$y(x) = -\frac{1}{EI}\left\{\iint\left[\int M(x)\mathrm{d}x\right]\mathrm{d}x + Cx + D\right\} \qquad (Ⅱ-5-27)$$

式（Ⅱ-5-27）称为**挠曲线方程**。

通过以上运算可以看出，将梁的挠曲线近似微分方程作两次积分运算后可得到含有积分常数 C、D 的转角方程和挠曲线方程。若梁为等截面梁，即梁的 $EI=$ 常数，那么，可将 EI 放在积分号外进行运算；若梁为变截面梁，即梁的 $EI(x)$ 随 x 而变化，则 $EI(x)$ 应放在积分号内与 $M(x)$ 共同积分。但由于这两个方程会有待定积分常数 C、D，所以，还不能用来计算梁的实际变形。因此，只有在确定了积分常数后才可得到不含有积分常数的转角方程和挠曲线方程，进而计算梁指定截面的挠度和转角。积分常数是根据梁挠曲线上的已知条件来确定的，有边界条件和变形连续条件两种。

1）确定积分常数的**边界条件**。边界条件也称约束条件，可根据梁在支座处的已知位移来确定。下面，介绍三种单跨静定梁的边界条件。

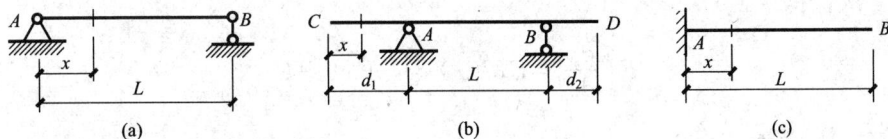

图Ⅱ-5-50

a. 简支梁［见图Ⅱ-5-50（a）］

边界条件：当 $x=0$ 时，$y_A=0$；当 $x=L$ 时，$y_B=0$。

b. 外伸梁［见图Ⅱ-5-50（b）］

边界条件：当 $x=d_1$ 时，$y_A=0$；当 $x=(d_1+L)$ 时，$y_B=0$。

c. 悬臂梁［见图Ⅱ-5-50（c）］。边界条件：当 $x=0$ 时，$y_A=0$；$\theta_A=0$。

从以上介绍可以看出，每一种单跨静定梁都能提供两个边界条件，从而可求解出两个积分常数。

2）确定积分常数的**变形连续条件**。变形连续条件也称变形协调条件，当作用于梁上的荷载较复杂（如梁上有集中力、集中力偶或局部均布荷载作用）时，梁的弯矩方程 $M(x)$ 需分段列出，同时，梁的挠曲线近似微分方程也要分段列出。若 $M(x)$ 方程有 n 个分段点，那么，$M(x)$ 方程就将分为 $(n+1)$ 段，则方程就有 $(n+1)$ 个，每个方程积分两次，有两个积分常数，$(n+1)$ 个方程就会出现 $2(n+1)$ 个积分常数，需要 $2(n+1)$ 个已知变形条件来确定。由于梁在变形后的挠曲线是一条光滑而连续的曲线，相邻两段交界点 n 处的挠度和转角一定同时满足两段的变形方程。例如图Ⅱ-5-51所示简支梁，c 截面的挠度 y_c 既是 AC 段挠曲线 $y_1(x)$ 的终点；又是 CB 段挠曲线 $y_2(x)$ 的起点。即当 $x_1=x_2=a$ 时，$y_1(x)=y_2(x)=y_c$；同理，由于整个梁的挠曲线在 c 点只有一条切线，

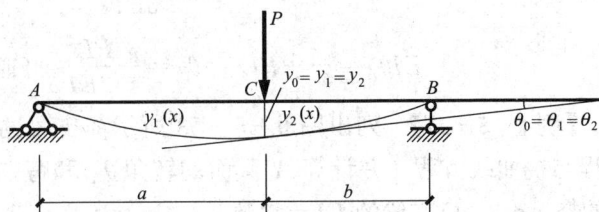

图Ⅱ-5-51

所以 $\theta_1(x) = \theta_2(x) = \theta_c$。梁的挠曲线在交界点处的这种关系就称为变形连续条件。由此可知，每个交界点可提供两个已知的变形连续条件，那么，n 个交界点就可提供 $2n$ 个变形连续条件，若再加上梁支座处的两个已知边界条件，就可得到 $(2n+2)$ 个已知条件，从而可确定出 $2(n+1)$ 个积分常数。

下面就通过示例分析来说明二次积分法的具体运用。

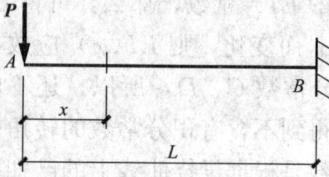

图Ⅱ-5-52

【例Ⅱ-5-26】 列出图Ⅱ-5-52所示悬臂梁的转角方程与挠曲线方程，并计算 A 截面的挠度 y_A 和转角 θ_A。已知梁的 EI＝常数。

解 （1）列梁的 $M(x)$。

$$M(x) = -Px \quad (0 \leqslant x < L)$$

（2）列梁的挠曲线近似微分方程，并积分

$$EI \frac{\mathrm{d}^2 y}{\mathrm{d}x^2} = -M(x) = Px$$

积分一次，得

$$EI \frac{\mathrm{d}y}{\mathrm{d}x} = EI\theta(x) = \frac{1}{2}Px^2 + C \qquad ①$$

再积分一次，得

$$EIy(x) = \frac{1}{6}Px^3 + Cx + D \qquad ②$$

（3）确定积分常数 C、D。

边界条件：当 $x=L$ 时，$y_B = 0$，$\theta_B = 0$。

将边界条件分别代入①、②两式，可求得：

$$C = -\frac{1}{2}PL^2, \quad D = \frac{1}{3}PL^3$$

（4）列出梁的转角方程和挠曲线方程。

$$EI\theta(x) = \frac{1}{2}Px^2 - \frac{1}{2}PL^2$$

$$EIy(x) = \frac{1}{6}Px^3 - \frac{1}{2}PL^2 x + \frac{1}{3}PL^3$$

（5）计算 y_A、θ_A。

当 $x=0$ 时：$EIy_A = \frac{1}{3}PL^3 \Rightarrow y_A = \dfrac{PL^3}{3EI}$ （向下）

$$EI\theta_A = -\frac{1}{2}PL^2 \Rightarrow \theta_A = -\dfrac{PL^2}{2EI} \quad (\text{逆时针})$$

【例Ⅱ-5-27】 列出图Ⅱ-5-53所示简支梁的转角方程与挠曲线方程，并计算 A 截面的转角 θ_A 和跨中截面 C 的挠度 y_C。已知梁的 EI＝常数。

解 （1）列梁的 $M(x)$。

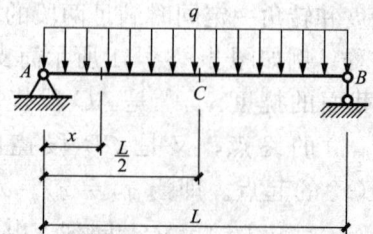

图Ⅱ-5-53

$$M(x) = \frac{1}{2}qLx - \frac{1}{2}qx^2 \quad (0 \leqslant x \leqslant L)$$

（2）列梁的挠曲线近似微分方程，并积分

$$EI\frac{d^2 y}{dx^2} = -M(x) = \frac{1}{2}qx^2 - \frac{1}{2}qLx$$

积分一次，得

$$EI\frac{d_x}{d_y} = EI\theta(x) = \frac{1}{6}qx^3 - \frac{1}{4}qLx^2 + C \quad \text{①}$$

再积分一次，得

$$EIy(x) = \frac{1}{24}q \cdot x^4 - \frac{1}{12}qLx^3 + Cx + D \quad \text{②}$$

（3）确定积分常数 C、D。

边界条件：当 $x=0$ 时，$y_A=0$；当 $x=L$ 时，$y_B=0$。

将边界条件分别代入②可求得：

$$C = \frac{1}{24}qL^3 \quad D = 0$$

（4）列出梁的转角方程和挠曲线方程。

$$EI\theta(x) = \frac{1}{6}qx^3 - \frac{1}{4}qLx^2 + \frac{1}{24}qL^3$$

$$EI\theta(x) = \frac{1}{24}qx^4 - \frac{1}{12}qLx^3 + \frac{1}{24}qL^3 x$$

（5）计算 θ_A、y_C。

当 $x=0$ 时：$EI\theta_A = \frac{1}{24}qL^3 \Rightarrow \theta_A = \frac{qL^3}{24EI}$ （顺时针）

当 $x=\frac{L}{2}$ 时：$EIy_c = \frac{1}{24}q\left(\frac{L}{2}\right)^4 - \frac{1}{12}qL\left(\frac{L}{2}\right)^3 + \frac{1}{24}qL^3\left(\frac{L}{2}\right) = \frac{5qL^4}{384EI}$ （向下）

【例Ⅱ-5-28】 列出图Ⅱ-5-54所示简支梁的转角方程与挠曲线方程，并计算 y_C 和 θ_C。已知梁的 $EI=$ 常数。

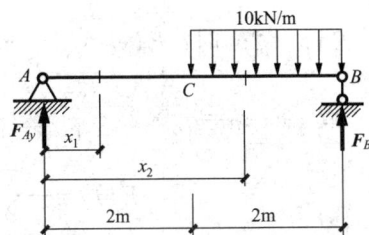

图Ⅱ-5-54

解 （1）列梁的 $M(x)$

$$\boldsymbol{F}_{Ay} = 5\text{kN}, \quad \boldsymbol{F}_B = 15\text{kN}$$

$$M(x_1) = 5x_1 \quad (0 \leqslant x_1 \leqslant 2\text{m})$$

$$M(x_2) = -5x_2^2 + 25x_2 - 20 \quad (2 \leqslant x \leqslant 4\text{m})$$

（2）列梁的挠曲线近似微分方程，并积分：

$$EI\frac{d^2 y}{dx_1^2} = -M(x_1) = -5x_1$$

$$EI\frac{d^2 y}{dx_2^2} = -M(x_2) = 5x_2^2 - 25x_2 + 20$$

积分一次，得

$$EI \frac{\mathrm{d}y}{\mathrm{d}x_1} = EI\theta(x_1) = -\frac{5}{2}x_1^2 + C_1 \qquad ①$$

$$EI \frac{\mathrm{d}y}{\mathrm{d}x_2} = EI\theta(x_2) = \frac{5}{3}x_2^3 - \frac{25}{2}x_2^2 + 20x_2 + C_2 \qquad ②$$

再积分一次，得

$$EIy(x_1) = \frac{5}{6}x_1^3 + C_1x_1 + D_1 \qquad ③$$

$$EIy(x_2) = \frac{5}{12}x_2^4 - \frac{25}{6}x_2^3 + 10x_2^2 + C_2x_2 + D_2 \qquad ④$$

（3）确定积分常数。

边界条件：当 $x=0$ 时，$y_A=0$，当 $x=4\mathrm{m}$ 时，$y_B=0$。

变形连续条件：当 $x=2\mathrm{m}$ 时，$y_{CA}=y_{CB}$，$\theta_{CA}=\theta_{CB}$。

将边界条件和变形连续条件分别代入①～④可求得：

$$C_1 = \frac{35}{3}, \quad D_1 = 0, \quad C_2 = -\frac{5}{3}, \quad D_2 = \frac{200}{3}$$

（4）列出梁的转角方程和挠曲线方程：

$$EI\theta(x_1) = -\frac{5}{2}x_1^2 + \frac{35}{3}$$

$$EI\theta(x_2) = \frac{5}{3}x_2^3 - \frac{25}{2}x_2^2 + 20x_2 - \frac{5}{3}$$

$$EIy(x_1) = -\frac{5}{6}x_1^3 + \frac{35}{3}x_1$$

$$EIy(x_2) = \frac{5}{12}x_2^4 - \frac{25}{6}x_2^3 + 10x_2^2 - \frac{5}{3}x_2 + \frac{200}{3}$$

（5）计算 y_C、θ_C。

当 $x=2\mathrm{m}$ 时：$EIy_C = -\frac{5}{6} \times 2^3 + \frac{35}{3} \times 2 = \frac{50}{3} \Rightarrow \boldsymbol{y_C} = \frac{50}{3EI}$（向下）

或 $EIy_C = \frac{5}{12} \times 2^4 - \frac{25}{6} \times 2^3 + 10 \times 2^2 - \frac{5}{3} \times 2 + \frac{200}{3} = \frac{50}{3} \Rightarrow y_C = \frac{50}{3EI}$

$$EI\theta_C = -\frac{5}{2} \times 2^2 + \frac{35}{3} = \frac{5}{3} \Rightarrow \theta_C = \frac{5}{3EI} \quad （顺时针）$$

或 $EI\theta_C = \frac{5}{3} \times 2^3 - \frac{25}{2} \times 2^2 + 20 \times 2 - \frac{5}{3} = \frac{5}{3} \Rightarrow \theta_C = \frac{5}{3EI}$

通过以上示例分析，可归纳出用二次积分法计算梁变形的一般步骤为

（1）列出梁的 $M(x)$。

（2）列出梁的挠曲线近似微分方程，并做两次积分。

（3）根据边界条件和变形连续条件确定积分常数。

（4）列出梁的转角方程和挠曲线方程。

（5）将欲求截面的横坐标值代入对应的转角方程和挠曲线方程，即可计算出欲求截面的挠度或转角。

2. 用叠加法计算梁的变形

用叠加法计算梁的变形的理论依据是叠加原理。由于梁的变形符合"小变形"假设，因此，当梁上同时作用多个荷载时，梁的支座反力、弯矩、挠度和转角均为荷载的一次函数，即保持为线性关系。在此前提下，梁在多个荷载共同作用下所产生的变形（或支座反力、弯矩），等于各个荷载单独作用时所产生的变形（或支座反力、弯矩）的代数和。这一关系就称为叠加原理。

为方便运用叠加原理计算梁的变形，表Ⅱ-5-2给出了简支梁、外伸梁、悬臂梁等三种单跨静定梁在一些简单荷载作用下的挠曲线方程和某些特殊截面的挠度和转角，以供具体求解问题时选用。

表Ⅱ-5-2　　　　　　　　　**简单荷载作用下梁的挠度和转角**

序号	梁的简图	挠曲线方程	转角和挠度
1		$y=\dfrac{Px^2}{6EI}(3l-x)$	$\theta_B=\dfrac{Pl^2}{2EI}$ $y_B=\dfrac{Pl^3}{3EI}$
2		$y=\dfrac{M_o}{2EI}x^2$	$\theta_B=\dfrac{M_0l}{EI}$ $y_B=\dfrac{M_0l^2}{2EI}$
3		$y=\dfrac{qx^2}{24EI}(x^2+6l^2-4lx)$	$\theta_B=\dfrac{ql^3}{6EI}$ $y_B=\dfrac{ql^4}{8EI}$
4		$y=\dfrac{q_0x^2}{120EIl}(10l^3-10l^2x+5lx^2$ $-x^3)$	$\theta_B=\dfrac{q_0l^3}{24EI}$ $y_B=\dfrac{q_0l^4}{30EI}$
5		$0\leqslant x\leqslant a$ $y=\dfrac{Pbx}{6EIl}(l^2-x^2-b^2)$ $a\leqslant x\leqslant l$ $y=\dfrac{Pa(l-x)}{6EIl}(2lx-x^2-a^2)$	$\theta_A=Pab(l+b)/6EIl$ $\theta_B=-Pab(l+a)/6EIl$ $x=l/2,\ a>b$ $y=\dfrac{Pb}{48EI}(3l^2-ab^2)$ $x=\sqrt{(l^2-b^2)/3}$ $y_{max}=\dfrac{Pb(l^2-b^2)^{3/2}}{9\sqrt{3}EIl}$

序号	梁的简图	挠曲线方程	转角和挠度
6	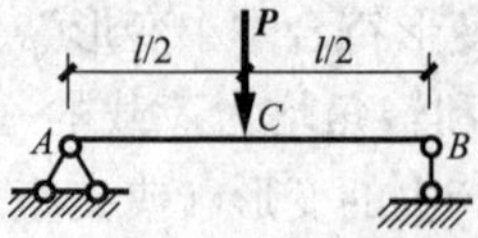	$0 \leqslant x \leqslant l/2$ $y = \dfrac{Px}{48EI}(3l^2 - 4x^2)$	$\theta_A = \dfrac{Pl^2}{16EI}$ $\theta_B = -\dfrac{Pl^2}{16EI}$ $y_C = \dfrac{Pl^3}{48EI}$
7	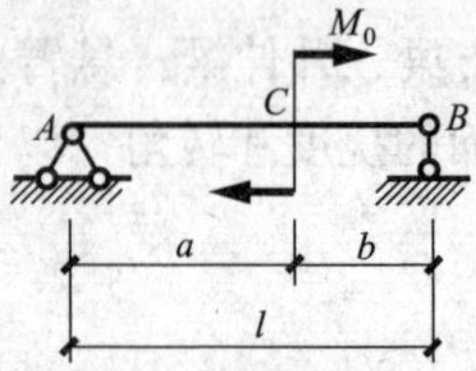	$0 \leqslant x \leqslant a$ $y = \dfrac{M_o x}{6EIl}(x^2 + 3b^2 - l^2)$ $a \leqslant x \leqslant l$ $y = -\dfrac{M_o(l-x)}{6EIl}(3a^2 - 2lx + x^2)$	$\theta_A = -\dfrac{M_o}{6EIl}(l^2 - 3b^2)$ $\theta_B = -\dfrac{M_o}{6EIl}(l^2 - 3a^2)$ 当 $a = b = l/2$ 时 $\theta_A = \theta_B = -M_o l/24EI$ $y_C = 0$
8	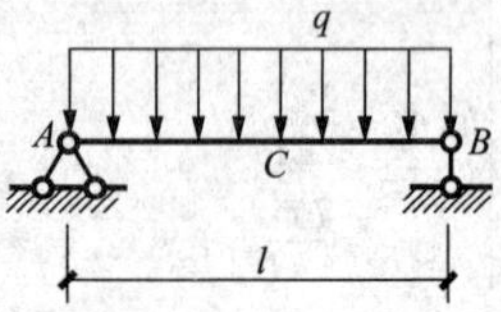	$y = \dfrac{qx}{24EI}(l^3 - 2lx^2 + x^3)$	$\theta_A = -\theta_B = \dfrac{ql^3}{24EI}$ $x = l/2$ 处 $y_C = \dfrac{5ql^4}{384EI}$
9	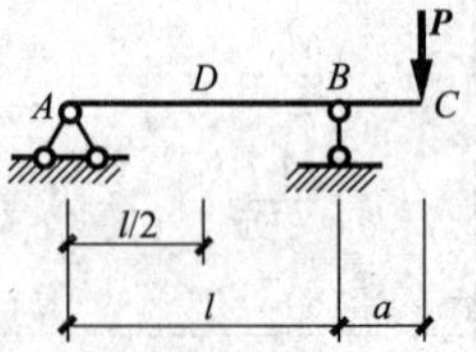	$0 \leqslant x \leqslant l$ $y = \dfrac{Pax}{6EIl}(l^2 - x^2)$ $l \leqslant x \leqslant (l+a)$ $y = -\dfrac{P(l-x)}{6EI}[(x-l)^2 - 3xa + al]$	$\theta_A = -Pal/6EI$ $\theta_B = Pal/3EI$ $\theta_C = Pa(2l+3a)/6EI$ $y_C = Pa^2(l+a)/3EI$ $y_D = -Pal^2/16EI$
10	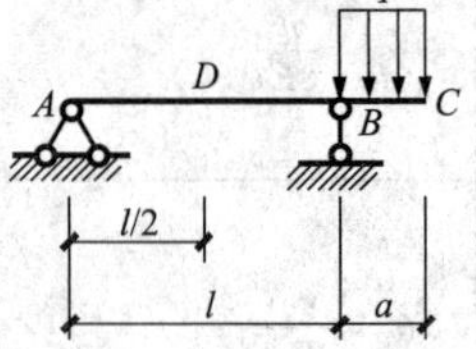	$0 \leqslant x \leqslant l$ $y = -\dfrac{qa^2 x}{12EIl}(l^2 - x^2)$ $l \leqslant x \leqslant (l+a)$ $y = \dfrac{q(x-l)}{24EI}[2a^2(3x-l) + (x-l)^2(x-l-4a)]$	$\theta_A = -qa^3 l/12EI$ $\theta_B = qa^2 l/6EI$ $\theta_C = qa^2(l+a)/6EI$ $y_C = qa^3(4l+3a)/24EI$ $y_D = -qa^2 l^2/32EI$

　　注　y 向下为正，θ 以顺时针旋转为正。

下面通过示例分析来说明叠加法的应用。

【例Ⅱ-5-29】 试用叠加法求图Ⅱ-5-55（a）所示简支梁 C 截面的挠度 y_C 和 A 截面的转角 θ_A。已知梁的 $EI =$ 常数，$P = \dfrac{1}{2}ql$。

　　解　（1）将作用于梁上的荷载 P、q 分为单独作用于梁上的荷载如图Ⅱ-5-54（b）、（c）所示。

　　（2）梁在 P 单独作用下 ［见图Ⅱ-5-55（b）］，查表Ⅱ-8可得

图Ⅱ-5-55

$$y'_C = \frac{pl^3}{48EI} = \frac{ql^4}{96EI}; \quad \theta'_A = \frac{Pl^2}{16EI} = \frac{ql^3}{32EI}$$

（3）梁在 q 单独作用下〔见图Ⅱ-5-55（c）〕，查表Ⅱ-8可得：

$$y''_C = \frac{5ql^4}{384EI}; \quad \theta''_A = \frac{ql^3}{24EI}$$

（4）梁在 P、q 共同作用下，根据叠加原理有

$$\boldsymbol{y}_C = y'_C + y''_C = \frac{ql^4}{96EI} + \frac{5ql^4}{384EI} = \frac{3ql^4}{128EI} \text{（向下）}$$

$$\theta_A = \theta'_A + \theta''_A = \frac{ql^3}{32EI} + \frac{ql^3}{24EI} = \frac{7ql^3}{96EI} \quad \text{（顺时针转动）}$$

【例Ⅱ-5-30】　试用叠加法求图Ⅱ-5-56（a）所示悬臂梁 B 截面的挠度 y_B。已知梁的 EI＝常数，$P = ql$。

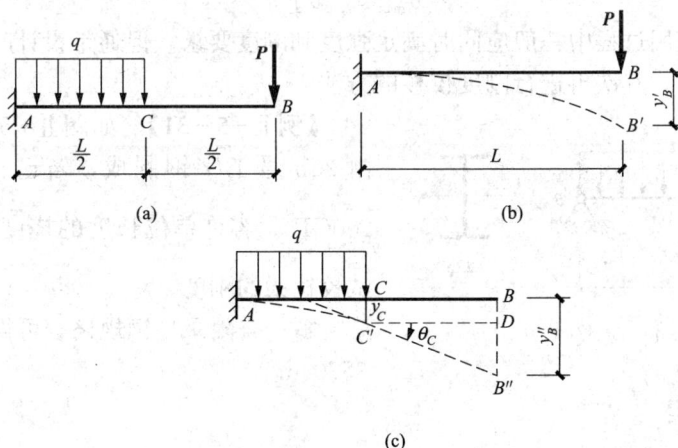

图Ⅱ-5-56

解　（1）将作用于梁上的荷载 P、q 分为单独作用于梁上的荷载如图Ⅱ-5-56（b）、（c）所示。

（2）梁在 P 单独作用下〔见图Ⅱ-5-56（b）〕，查表Ⅱ-8可得

$$y'_B = \frac{Pl^3}{3EI} = \frac{ql^4}{3EI}$$

（3）梁在 q 单独作用下〔见图Ⅱ-5-56（c）〕。梁在均布荷载 q 单独作用下的变形由两部分构成，AC 段受均布荷载作用产生弹性变形，其变形情况相当于长为 $\frac{L}{2}$ 的悬臂梁。查表Ⅱ-8可得

$$y_C = \frac{q\left(\frac{L}{2}\right)^4}{8EI} = \frac{ql^4}{128EI}, \qquad \theta_C = \frac{q\left(\frac{L}{2}\right)^3}{6EI} = \frac{ql^3}{48EI}$$

BC 段由于内力为零而不产生弹性变形，但随 C 截面的转动而产生刚体位移，从图Ⅱ-5-56（c）可以看出。$\overline{BD} = y_C$，$\overline{DB''} = \frac{L}{2}\tan\theta_C$，而

$$y''_B = \overline{BD} + \overline{DB''}$$

因 $\overline{BD} = y_C$，$\overline{DB''} = \frac{L}{2}\tan\theta_C$。由于变形很小，故 $\tan\theta_C \approx \theta_C$。

所以，$y''_B = y_C + \frac{L}{2}\theta_C = \frac{ql^4}{128EI} + \frac{L}{2} \times \frac{ql^3}{48EI} = \frac{7ql^3}{384EI}$

（4）梁在 P、q 共同作用下，根据叠加原理有

$$\boldsymbol{y}_B = y'_B + y''_B = \frac{ql^4}{3EI} + \frac{7ql^4}{384EI} = \frac{135ql^4}{384EI} \text{（向下）}$$

3. 梁的刚度校核

计算梁变形的目的之一就是对梁进行刚度校核，即梁要满足刚度要求，应使其最大挠度和转角值不超过允许的范围，对此，相关的设计规范都有明确的规定。控制梁变形的刚度条件为

$$\frac{y_{\max}}{L} \leqslant \left[\frac{y}{L}\right] \qquad\qquad （Ⅱ-5-28）$$

$$\theta_{\max} \leqslant [\theta] \qquad\qquad （Ⅱ-5-29）$$

梁在设计和使用过程中一般应同时满足强度和刚度要求，但通常设计时是采用先按强度条件选择截面尺寸，其次再进行刚度校核的方法。

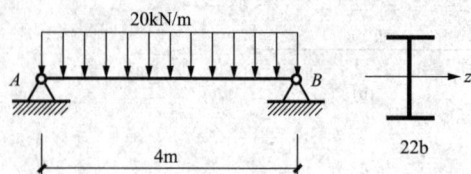

图Ⅱ-5-57

【例Ⅱ-5-31】 如图Ⅱ-5-57所示简支梁由 22b 号工字钢制成，若已知梁材料的 $E = 200\text{GPa}$，容许单位长度的挠度值为 $\left[\dfrac{y}{L}\right] = \dfrac{1}{400}$，试校核梁的刚度。

解 查附录型钢规格表可得：

$$I_z = 3570\text{cm}^4$$

查表Ⅱ-7可得

$$y_{\max} = \frac{5ql^4}{384EI_z} = \frac{5 \times 20 \times 10^3 \times 4^4}{384 \times 200 \times 10^9 \times 3570 \times 10^{-8}} = 9.3371 \times 10^{-3} \text{（m）}$$

所以 $\dfrac{y_{\max}}{L} = \dfrac{9.3371 \times 10^{-3}}{4} = \dfrac{1}{428} < \left[\dfrac{y}{L}\right] = \dfrac{1}{400}$

满足刚度要求。

【例Ⅱ-5-32】 如图Ⅱ-5-58（a）所示矩形截面悬臂梁。若已知梁截面的高宽比 $h/b=1.5$，梁材料的 $E=140\text{GPa}$，$[\sigma]=100\text{MPa}$，$\left[\dfrac{y}{L}\right]=\dfrac{1}{300}$。试按正应力强度条件选择截面尺寸 b、h，并校核其刚度。

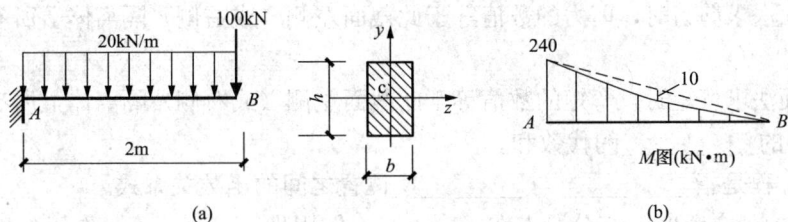

图Ⅱ-5-58

解 （1）作 M 图，如图Ⅱ-5-58（b）所示。
$$M_{\max}=240\text{kN}\cdot\text{m}$$

（2）按正应力强度条件确定 b、h。

由 $W_z\geqslant\dfrac{M_{\max}}{[\sigma]}$

$$W_z=\frac{bh^2}{6}=\frac{3}{8}b^3$$

$$\Rightarrow b\geqslant\sqrt[3]{\frac{8M_{\max}}{3[\sigma]}}=\sqrt[3]{\frac{8\times240\times10^3}{3\times100\times10^6}}=0.186(\text{m})=186\ (\text{mm})$$

取 $b=186\text{mm}$，$h=1.5b=279\text{mm}$

（3）校核刚度。

$$I_z=\frac{bh^3}{12}=\frac{0.186\times0.279^3}{12}=3.37\times10^{-4}\ (\text{m}^4)$$

查表Ⅱ-8并根据叠加原理可得：

$$y_{\max}=\frac{PL}{3EI_z}+\frac{qL^4}{8EI_z}=\frac{8PL^3+3qL^4}{24EI_z}=\frac{8\times100\times10^3+3\times20\times10^3\times2^4}{24\times140\times10^9\times3.37\times10^{-4}}=6.50\times10^{-3}\ (\text{m})$$

所以 $$\frac{y_{\max}}{L}=\frac{6.50\times10^{-3}}{2}=\frac{1}{307}<\left[\frac{y}{L}\right]=\frac{1}{300}$$

满足刚度要求。

练 习 题

一、填空题

1. 杆件发生弯曲变形的受力特点是杆件受到＿＿＿＿于杆轴线的外力作用。

2. 梁是指以＿＿＿＿变形为主要变形形式的杆件。

3. 平面弯曲是指作用在梁上所有＿＿＿＿的作用线和梁发生变形后的轴线也都位于＿＿＿＿平面内的弯曲变形。

4. 竖向荷载作用下，平面弯曲梁的横截面上有两种内力，它们是＿＿＿＿和

_____。其对应的符号分别为_____和_____。

5. 剪力的正负号规定是以使隔离体_____时针转动者为正；以使隔离体_____时针转动者为负。

6. 弯矩的正负号规定是以使隔离体_____纤维受拉者为正；以使隔离体_____纤维受拉者为负。

7. 用截面法求剪力时，剪力的数值等于此截面左侧（或右侧）隔离体上所有_____的代数和。

8. 用截面法求弯矩时，弯矩的数值等于此截面左侧（或右侧）隔离体上所有_____对该截面形心的_____的代数和。

9. 内力方程是指_____与_____位置之间的函数关系式。

10. 建立内力方程时，其分段点在_____作用处、_____作用处以及均布荷载的_____。

11. 绘制梁内力图的方法有两种：一种是根据_____绘制内力图；另一种是用_____方法绘制内力图。

12. 弯矩、剪力与分布荷载集度三者间的微分关系为：弯矩对 x 的一阶导数为_____，其表达式为_____；弯矩对 x 的二阶导数为_____；剪力对 x 的一阶导数为_____，其表达式为_____。

13. 用简便方法绘制梁的内力图时，没有均布荷载作用（即 $q=0$）的梁段区间内，其剪力图的线型为_____线；弯矩图为_____线。

14. 用简便方法绘制梁的内力图时，有均布荷载作用（即 $q \neq 0$）的梁段区间内，其剪力图的线型为_____线；弯矩图为_____线。

15. 剪力图的突变发生在_____作用处，其突变值的绝对值等于_____的大小；而弯矩图的突变发生在_____作用处，其突变值的绝对值等于_____的大小。

16. 绘制梁弯矩图的叠加原理是指梁在多个荷载共同作用下的弯矩值等于各个荷载_____作用下所产生的弯矩值的_____。

17. 纯弯曲是指整个梁内只有_____而没有_____的弯曲变形。

18. 剪切弯曲是指梁内既有_____又有_____的弯曲变形。

19. 梁的中性轴是指_____与_____的交线；中性轴将横截面分为两个区域即_____区和_____区。

20. I_z 为梁横截面对中性轴的_____，其单位为_____；乘积 EI_z 称为梁的_____，它表示梁抵抗_____的能力。

21. 梁的正应力强度条件在三方面的应用为①_____；②_____；③_____。

22. 图Ⅱ-5-59所示的矩形截面简支梁，受到均布荷载作用下，在 7 个点中，最大拉应力发生在_____点；最大压应力发生在_____点；最大剪应力发生在点。

23. 梁发生平面弯曲后，横截面形心产生了位移，横截面形心沿竖直方向的位移称为_____，通常用符号_____表示；梁的横截面绕_____轴转动了一个角度，称为_____，通常用符号_____表示。梁变形后的轴线由直线变成了曲线，此曲线称为_____。

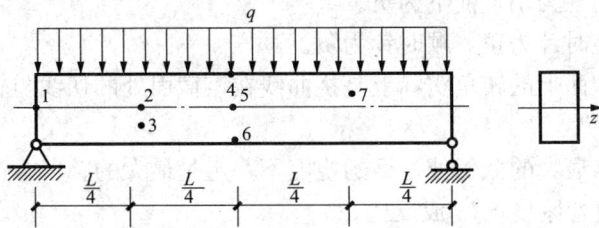

图Ⅱ-5-59

24. 在梁的变形计算中，为了简化计算，通常_____剪力对变形的影响，只计算_____引起的变形。

25. 用二次积分法计算梁的变形时，挠曲线方程的表达式为 $y(x)=$_____；转角方程的表达式为 $\theta(x)=$_____。

26. 用二次积分法计算梁的变形时，其积分常数应根据梁的已知条件即梁的_____条件和_____条件确定。

27. 用叠加法计算梁的变形是指梁在多个荷载共同作用下的变形，等于各个荷载_____作用时所产生的变形的_____。

28. 梁的刚度条件表达式为_____和_____。

二、判断题（对的在括号内打"√"，错的打"×"）

1. 梁的内力大小只与外力有关，而与梁的材料性质、截面形状和尺寸无关。　　（　　）

2. 若梁的某一内力计算值为负号，则说明此内力值就是一个负值。　　（　　）

3. 梁的剪力和弯矩的正负与所选的坐标有关。　　（　　）

4. 在建立梁各段的内力方程时，各段的坐标原点只能选在同一位置。　　（　　）

5. 在弯矩图中，画在作图基线上方的弯矩为正弯矩，画在作图基线下方的弯矩为负弯矩。

　　（　　）

6. 弯矩图上各点切线的斜率等于相应各点处截面上的弯矩。　　（　　）

7. 剪力图上各点切线的斜率等于相应各点处截面上的剪力。　　（　　）

8. 当某一梁段的剪力为零，即 $Q(x)=$ 常数 $=0$ 时，M 图为一水平直线。　　（　　）

9. 弯矩的最大值一定发生在剪力为零的截面处。　　（　　）

10. 若某段梁的弯矩为零，则该段梁的剪力也一定为零。　　（　　）

11. 中性层是梁平面弯曲时，纵向纤维伸长区和缩短区的分界面。　　（　　）

12. 中性轴处的弯曲正应力总是为零。　　（　　）

13. 当梁的横截面上作用有负弯矩时，其中性轴上方各点处的正应力为拉应力，下方各处点的正应力为压应力。　　（　　）

14. 一般情况下，梁产生纯弯曲变形时横截面上的正应力计算公式依然适用于剪切弯曲时横截面上的正应力计算。　　（　　）

15. 对于中性轴不是对称轴的梁，危险截面上最大拉应力和最大压应力的数值一定相等。

　　（　　）

16. 对于中性轴不是对称轴的梁，其危险横截面上受拉区和受压区的抗弯截面系数 W_z 不相等。　　（　　）

17. 梁的挠度以向上为正，向下为负。 （ ）

18. 梁的转角以逆时针为正，顺时针为负。 （ ）

19. 梁上任意横截面上的转角实际上是挠曲线在该截面处的切线与轴线之间夹角。

（ ）

20. 在梁的弯矩为最大的截面处，梁的挠度不一定是最大的。 （ ）

21. 梁的变形与抗弯刚度 EI_z 成反比。 （ ）

22. 梁在设计和使用过程中，一般应同时满足强度和刚度要求，但通常设计时采用先按强度条件选择截面尺寸，再进行刚度校核的方法。 （ ）

三、单项选择题

1. 以下内力图中，不需要注明正负号的内力图是（ ）。

A. 轴力图 B. 剪力图 C. 弯矩图 D. 扭矩图

2. 当某一梁段的剪力为正的常数，即 $Q(x)=$ 常数 >0 时，其弯矩图的线型正确的是（ ）。

A. 上斜直线 B. 下斜直线 C. 水平直线 D. 抛物线

3. 当某一梁段有分布荷载作用，其荷载集度 $q(x)=$ 常数 >0 时，其内力图的线型正确的是（ ）。

A. Q 图为上斜直线、M 图为上凸抛物线 B. Q 图为上斜直线、M 图为下凸抛物线

C. Q 图为下斜直线、M 图为上凸抛物线 D. Q 图为下斜直线、M 图为下凸抛物线

4. 画弯矩图时，以下截面中不属于控制截面的是（ ）。

A. 梁的两端截面 B. 集中力作用点处的左、右两截面

C. 均布荷载分布区间的两端截面 D. 力偶作用处的左、右两截面

5. 梁在弯曲变形时，横截面上的正应力沿截面的高度呈（ ）。

A. 线性分布 B. 抛物线分布 C. 均匀分布 D. 不规则分布

6. 矩形截面梁弯曲变形时，横截面上、下边缘处的正应力（ ）；中性轴处的正应力（ ）。

A. 最大/最小 B. 最大/最大 C. 最小/最小 D. 最小/最大

7. 圆形截面梁的抗弯截面系数 W_z 为（ ）。

A. $\dfrac{\pi d^3}{64}$ B. $\dfrac{\pi d^4}{64}$ C. $\dfrac{\pi d^3}{32}$ D. $\dfrac{\pi d^3}{4}$

8. 图 Ⅱ-5-60 所示的截面，其惯性矩为：$I_z=\dfrac{BH^3}{12}-\dfrac{bh^3}{12}$，其抗弯截面系数 W_z 正确的是（ ）。

A. $W_z=\dfrac{BH^2}{6}+\dfrac{bh^3}{6H}$ B. $W_z=\dfrac{BH^2}{6}-\dfrac{bh^3}{6H}$

C. $W_z=\dfrac{BH^2}{12}+\dfrac{bh^2}{12}$ D. $W_z=\dfrac{BH^2}{12}-\dfrac{bh^2}{12}$

9. 如图 Ⅱ-5-61（a）、（b）所示悬臂梁横截面的两种搁置方式，则两种情况下的最大正应力之比 $\dfrac{(\sigma_{max})_a}{(\sigma_{max})_b}$ 为（ ）。

A. $\dfrac{1}{4}$ B. $\dfrac{1}{16}$ C. $\dfrac{1}{64}$ D. 16

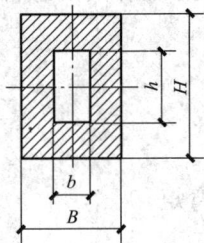

图Ⅱ-5-60

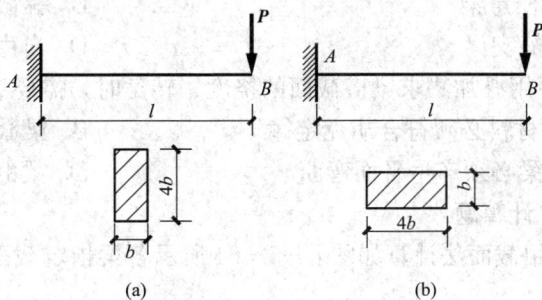

(a)　　　　　　　(b)

图Ⅱ-5-61

10. 某一梁的横截面关于中性轴对称,梁发生弯曲变形后横截面上的最大拉应力和最大压应力的数值关系正确的是(　　　)。

A. 两者相等　　　　　　　　　　B. 最大拉应力大于最大压应力

C. 最大拉应力小于最大压应力　　D. 无法确定

11. 图Ⅱ-5-62 所示的四种梁的截面形状中,当内力相同、材料相同、截面面积相等的前提下,从梁的正应力强度方面考虑,最合理的截面形状是(　　　);最不合理的截面形状是(　　　)。

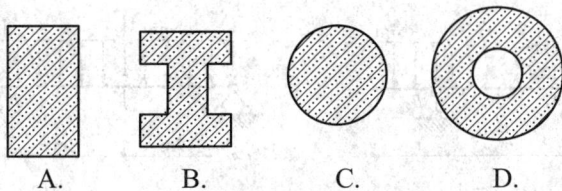

A.　　　　B.　　　　C.　　　　D.

图Ⅱ-5-62

12. 设计钢梁时,宜采用中性轴为(　　　)的截面;设计铸铁梁时,宜采用中性轴为(　　　)的截面。

A. 对称轴　　　　　　　　　　　B. 偏于受拉边的非对称轴

C. 偏于受压边的非对称轴　　　　D. 对称或非对称轴

13. 矩形截面梁在弯曲变形时,横截面上的剪应力沿宽度方向(　　　)。

A. 线性分布　　　B. 抛物线分布　　　C. 均匀分布　　　D. 不规则分布

14. 矩形截面梁弯曲变形时,横截面上、下边缘处的剪应力与中性轴处的剪应力(　　　)。

A. 最大/最小　　　B. 最大/最大　　　C. 最小/最小　　　D. 最小/最大

15. 欲求如图Ⅱ-5-63 所示 T 形截面梁上 A 点的剪应力,那么在剪应力公式 $\tau = \dfrac{QS_z^*}{bI_z}$ 中,S_z^* 表示的是(　　　)面积对中性轴的静矩。

A. 面积Ⅰ　　　　　B. 面积Ⅱ

C. 面积Ⅲ　　　　　D. 整个截面面积

16. 弯曲变形时产生最大挠度的截面,其转角也最大,这种情况成立的是(　　　)。

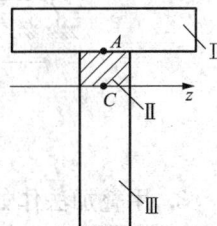

图Ⅱ-5-63

A. 任意梁　　　　　　　　　　　B. 等截面梁

C. 简支梁　　　　　　　　　　　D. 自由端只受一个集中力作用的悬臂梁

17. 用叠加法求梁横截面的挠度、转角时，需要满足的条件是（　　）。

A. 材料必须符合胡克定律　　　　B. 梁截面为等截面

C. 梁必须产生平面弯曲　　　　　D. 梁的变形方向一致

四、计算题

1. 用截面法计算如图Ⅱ-5-64 所示各梁指定截面上的剪力和弯矩。

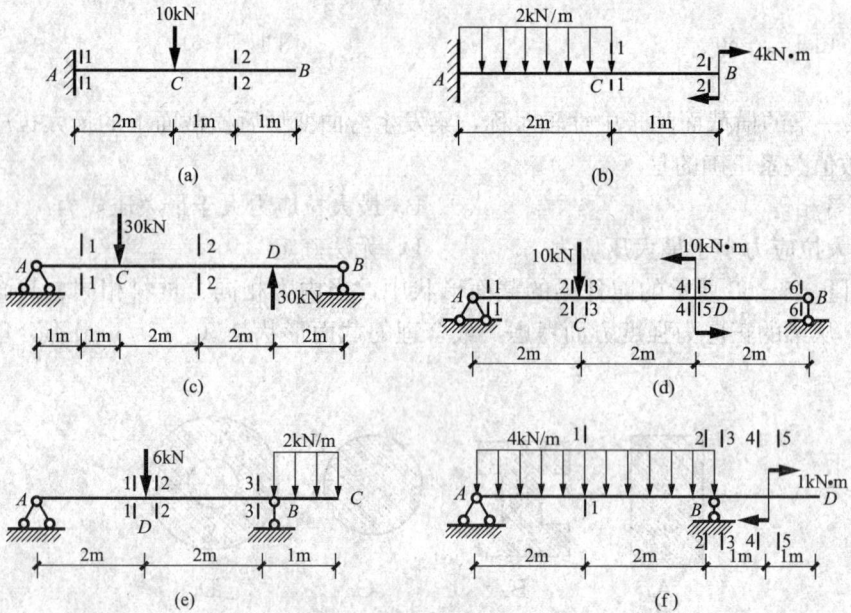

图Ⅱ-5-64

2. 列出如图Ⅱ-5-65 所示各梁的剪力方程和弯矩方程，根据内力方程作剪力图和弯矩图，并求出$|Q_{max}|$及$|M_{max}|$。

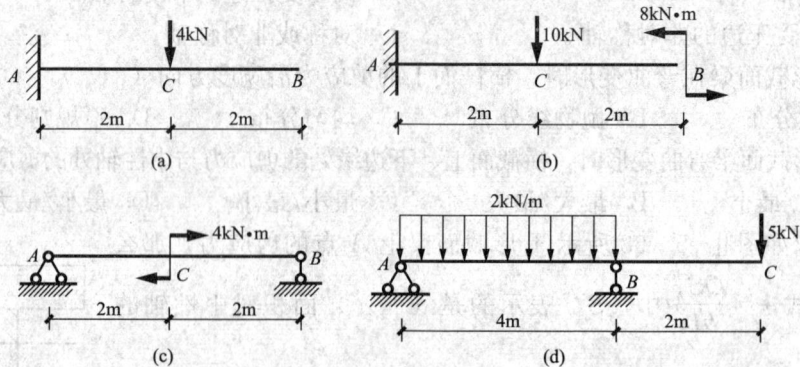

图Ⅱ-5-65

3. 用叠加法作如图Ⅱ-5-66 所示各梁的弯矩图。

4. 用简便方法作如图Ⅱ-5-67 所示各梁的弯矩图和剪力图。

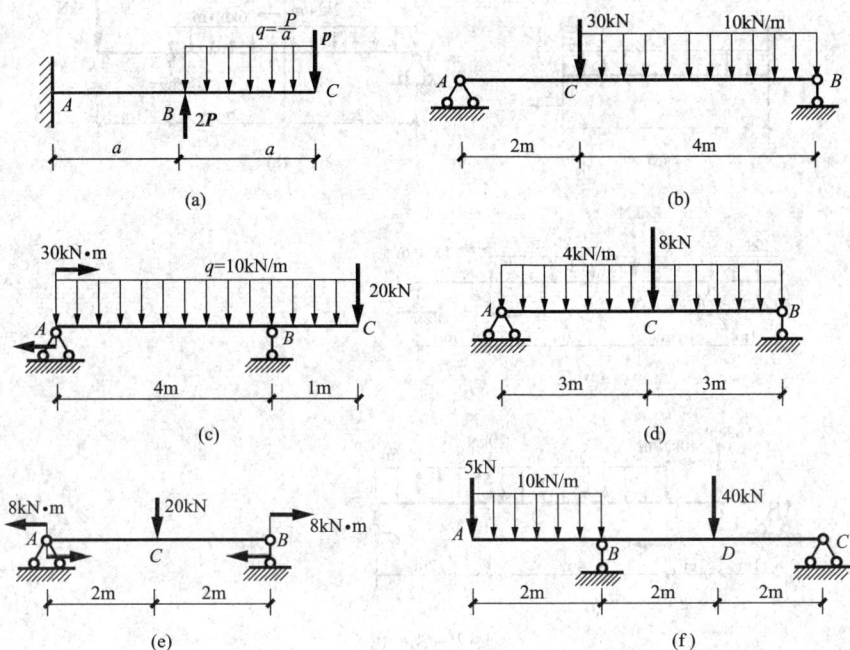

图Ⅱ-5-66

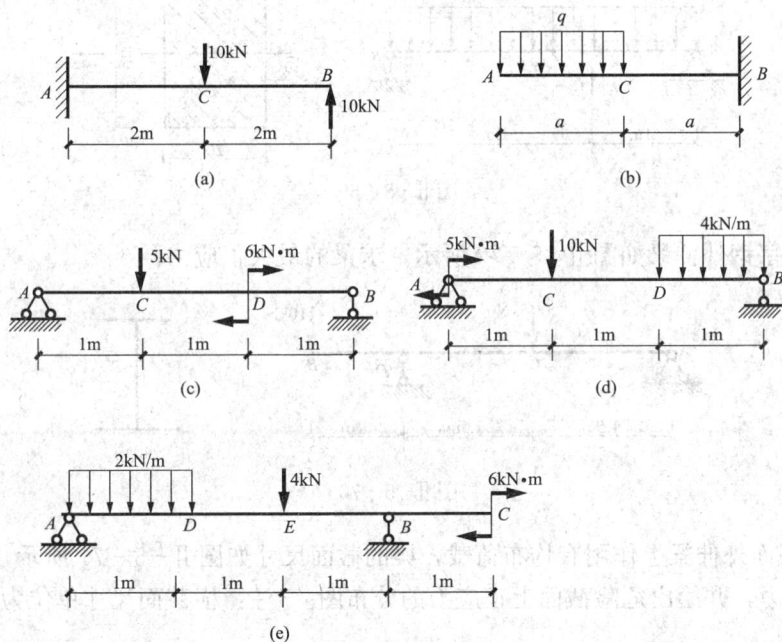

图Ⅱ-5-67

5. 选择合适的方法画出如图Ⅱ-5-68所示各梁的弯矩图和剪力图。

6. 矩形截面简支梁受均布荷载作用如图Ⅱ-5-69所示，求：

（1）1-1截面上 A、B、C、D 四点处的正应力；

（2）全梁的最大正应力。（注：横截面尺寸单位为 mm）

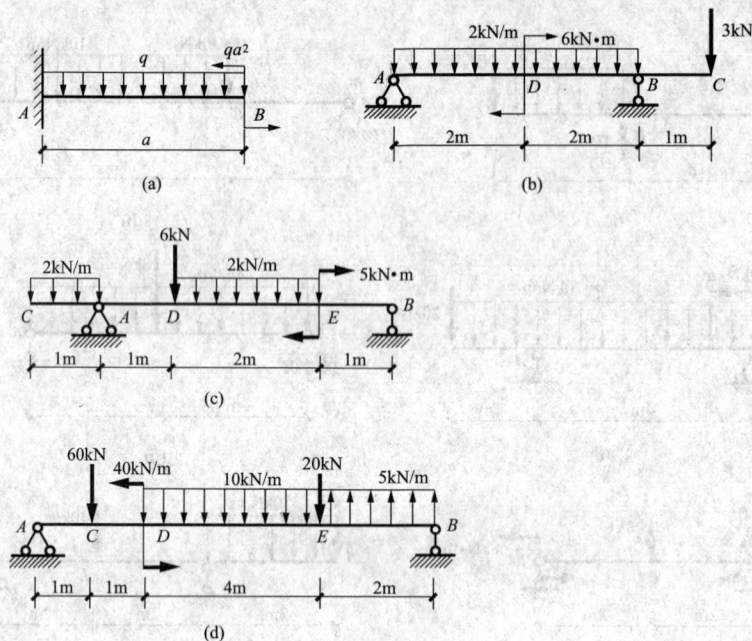

图 II-5-68

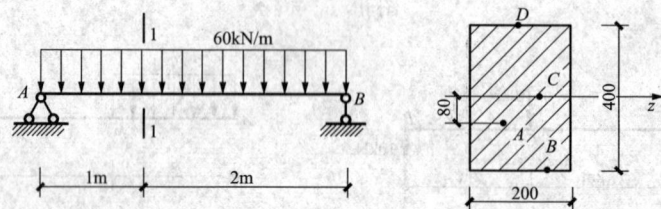

图 II-5-69

7. 40a 工字钢外伸梁如图 II-5-70 所示，求梁的最大正应力。

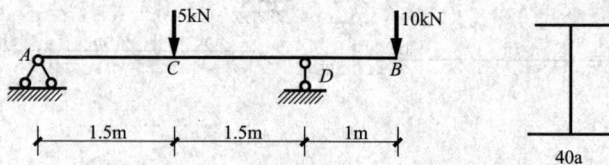

图 II-5-70

8. T 形截面外伸梁上作用有均布荷载，梁的截面尺寸如图 II-5-71 所示，求梁的最大拉应力和压应力，并绘出危险截面上正应力的分布图。（注：横截面尺寸单位为 mm）

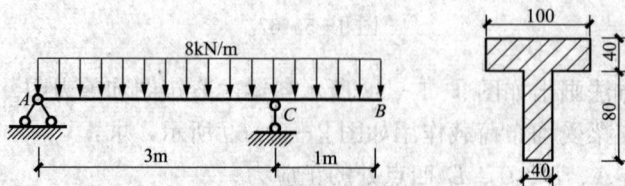

图 II-5-71

9. 矩形截面简支梁如图Ⅱ-5-72所示，已知梁材料的容许拉应力和容许压应力均为 $[\sigma]=30$ MPa。求：

(1) 全梁的最大正应力；

(2) 校核梁的正应力强度。（注：横截面尺寸单位为 mm）

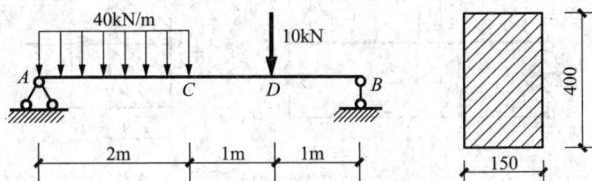

图Ⅱ-5-72

10. 倒 T 形截面铸铁悬臂梁尺寸及荷载如图Ⅱ-5-73所示，若梁材料的容许拉应力 $[\sigma_1]=40$ MPa，容许压应力 $[\sigma_y]=160$ MPa，截面图形对形心轴的惯性矩 $I_{Z_c}=10\,180$ cm^4，$h_1=96.4$ mm，$P=40$ kN，试校核梁的正应力强度。（注：横截面尺寸单位为 mm）

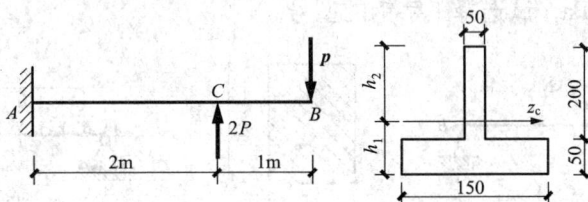

图Ⅱ-5-73

11. 矩形截面悬臂梁如图Ⅱ-5-74所示，已知 $b/h=2/3$，梁材料的容许正应力 $[\sigma]=20$ MPa，试确定此梁的横截面尺寸 b、h。

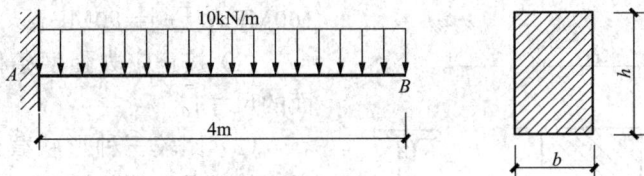

图Ⅱ-5-74

12. 图Ⅱ-5-75所示的矩形截面简支梁，已知梁材料的容许正应力 $[\sigma]=10$ MPa。求梁的容许荷载 $[q]$。（注：横截面尺寸单位为 mm）

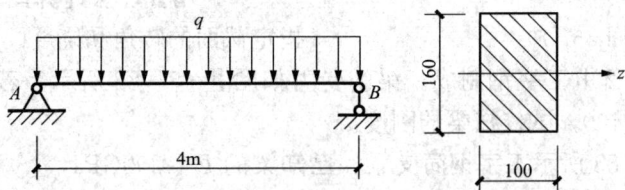

图Ⅱ-5-75

13. 矩形截面简支梁受均布荷载作用如图Ⅱ-5-76所示，求：

（1）1—1截面上 A、B、C、D 四点处的剪应力；

（2）全梁的最大剪应力，并画出危险截面上的剪应力分布图（注：横截面尺寸单位为 mm）

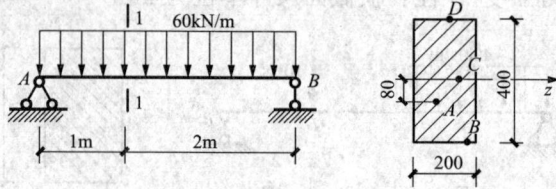

图Ⅱ-5-76

14. 求题10（图Ⅱ-5-73）中梁的最大剪应力。

15. 一矩形截面外伸梁如图Ⅱ-5-77所示，已知梁材料的容许应力 $[\sigma]=10\text{MPa}$，$[\tau]=2\text{MPa}$，试校核梁的正应力强度和剪应力强度。（注：横截面尺寸单位为 mm）

16. 一工字钢梁如图Ⅱ-5-78所示，已知 $q=20\text{kN/m}$，梁材料的容许应力 $[\sigma]=160\text{MPa}$，$[\tau]=100\text{MPa}$。试选择工字钢的型号。

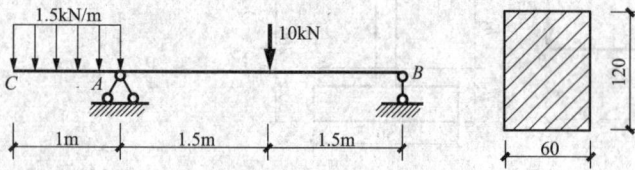

图Ⅱ-5-77

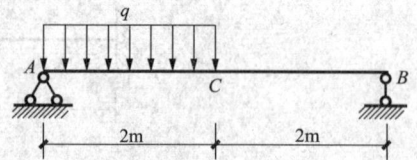

图Ⅱ-5-78

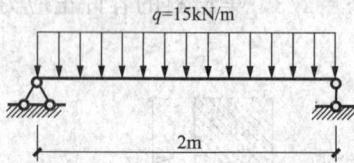

17. 简支梁受力如图Ⅱ-5-79所示，材料为钢，已知梁材料的容许应力 $[\sigma]=160\text{MPa}$，$[\tau]=80\text{MPa}$。

（1）按正应力强度条件选择三种形状截面的尺寸；

（2）比较三种形状截面的面积大小，以说明何种截面形状最好；

（3）校核三种形状截面的剪应力强度。

18. 用二次积分法计算图Ⅱ-5-80所示各梁指定截面的转角和挠度。

19. 用叠加法计算图Ⅱ-5-81所示各梁指定截面的转角和挠度。

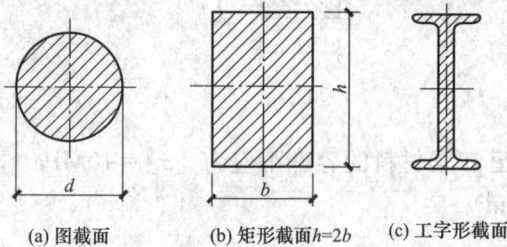

(a) 图截面　(b) 矩形截面 $h=2b$　(c) 工字形截面

图Ⅱ-5-79

20. 一简支梁用20b工字钢制成。梁的受力如图Ⅱ-5-82所示。若已知梁材料的 $E=200\text{GPa}$，$[y/l]=1/400$，试校核梁的刚度。

21. 如图Ⅱ-5-83所示工字钢简支梁，已知梁的 $E=200\text{GPa}$，$[y/l]=1/400$，$[\sigma]=160\text{MPa}$。试按强度条件选择工字钢型号，并校核梁的刚度。

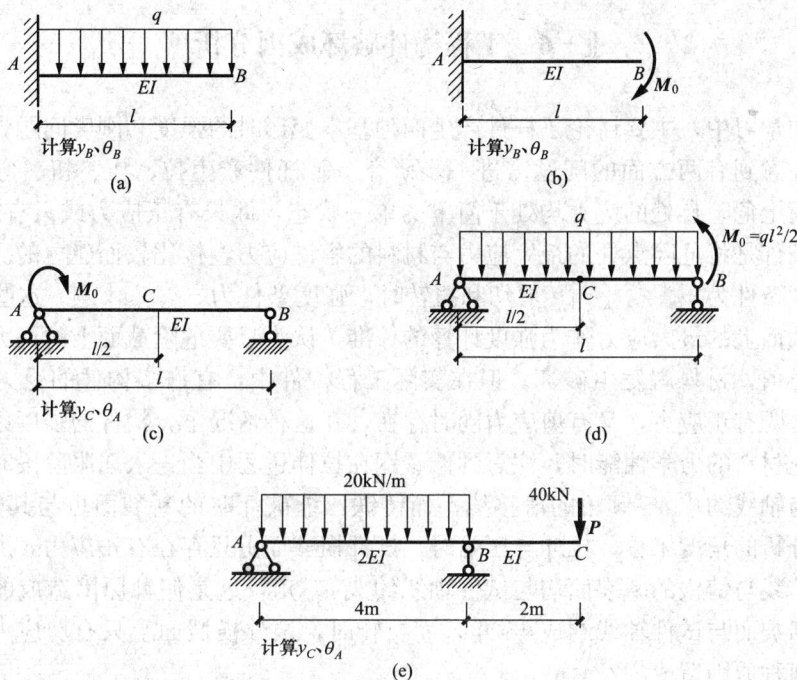

图Ⅱ-5-80

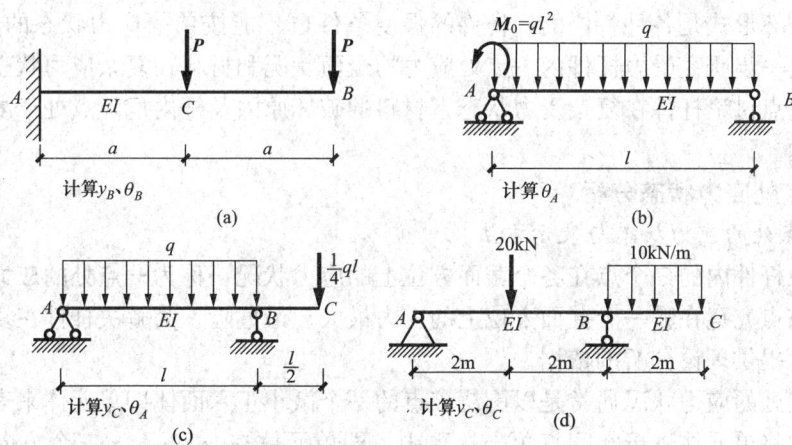

图Ⅱ-5-81

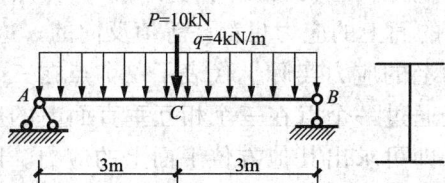

图Ⅱ-5-82

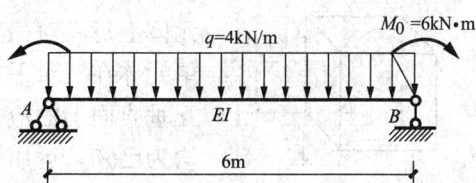

图Ⅱ-5-83

Ⅱ-6　工程构件破坏成因分析

在前面的学习中，主要讨论了杆件产生四种基本变形时的强度和刚度问题，通过分析和讨论，应该注意到有两方面的问题需进一步研究。①杆件产生拉、压、扭、弯等基本变形时，危险截面上危险点处的应力均处于简单的单一状态，即只有正应力或只有剪应力存在，此时的强度条件是将危险点处的最大应力与材料的容许应力直接比较而建立的。即拉（压）、弯曲时，强度条件为 $\sigma_{max} \leqslant [\sigma]$；剪切和扭转时，强度条件为 $\tau_{max} \leqslant [\tau]$。这些强度条件都是把杆件横截面上的最大应力作为强度计算的标准，认为只要危险截面上的最大应力超过材料的容许应力值，材料就发生破坏。但在实际工程构件中，有许多构件的受力状况并非如此，危险点上既有正应力，又有剪应力同时存在，在这种情况下，构件的强度条件应如何建立？②在研究材料的力学性能时，注意到低碳钢在拉伸过程中当进入屈服阶段时，试件表面会出现许多与轴线约成 45°倾角的滑移线，而铸铁压缩破坏时的断裂面也与其轴线约成 45°角。从应力分析的角度来看，拉伸与压缩时，试件横截面上只存在有正应力，那么，低碳钢所出现的滑移线与铸铁的断裂面均与试件轴线约成 45°角，这是何种原因造成的？铸铁扭转破坏时，其断裂面与试件轴线约成 45°角，而扭转时，试件横截面上只有剪应力，那么，这种破坏又是何种原因造成的？

通过对以上两方面问题的分析，我们认识到当杆件的受力情况较复杂时，杆内危险点在不同的截面方位上均有应力存在，且危险点的应力状态处于复杂应力状态，在复杂应力状态下，杆件的破坏形式是各种各样的，杆件的强度条件也不能按单一应力状态的方式来建立，因此，需要进一步研究受力杆件内一点处应力的全面状况和材料在复杂应力状态下的破坏规律。下面将重点讨论杆件在复杂受力状态下材料的破坏原因及杆内危险点处于复杂应力状态时的强度问题。

一、一点处应力状态分析

（一）一点处的应力状态与表示方法

研究受力杆件内的一个点在各个截面方位上的应力状况，称为**一点处的应力状态**。其目的在于寻找该点究竟在哪一个截面方位上的应力最大、最危险，为解决杆件在复杂受力形式下的强度问题提供理论分析的依据。

分析一点处的应力状况通常是以围绕该点的一个微小正六面体即单元体来表示的。为便于分析，通常将单元体置于空间直角坐标系中，即单元体在 x、y、z 三个方向上的尺寸均取为趋于零的无穷小量 dx、dy、dz（图Ⅱ-6-1）。因此，可以认为作用在单元体各个面上的应力都是均匀分布的。作用在单元体上每一对相互平行的面上的应力也都是等值反向的，这样，单元体在三对平行平面上的应力实际上代表了一个点在三个相互垂直面上的应力。若通过一个点在三个相互垂直面上的应力均为已知，运用截面法即可求出其他方位平面上的应力。即一点处的应力状态就可以完全确定。下面首先分析如何从受力杆件内截取单元体。

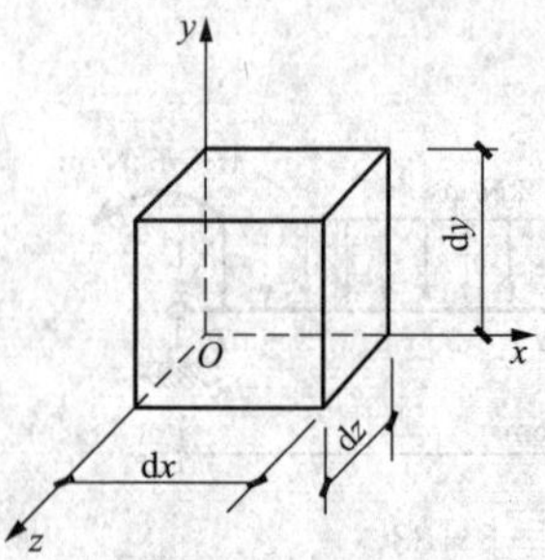

图Ⅱ-6-1

1. 杆件产生轴向拉伸与压缩变形时

如图Ⅱ-6-2（a）所示轴向受拉杆。现欲取杆件内任意点 A 的应力单元体，可以假想地用一对垂直于杆轴线的横截面、一对平行于杆轴线的水平面和一对平行于纵向对称面的平面围绕 A 点截取，轴向拉伸时，杆内任一点处在横截面上只存在有正应力 $\sigma = \dfrac{N}{A}$，将此正应力标注于单元体上即可得到轴向拉伸时杆内任一点处的应力单元体。若杆件产生轴向压缩变形。那么，单元体上的应力为压应力。

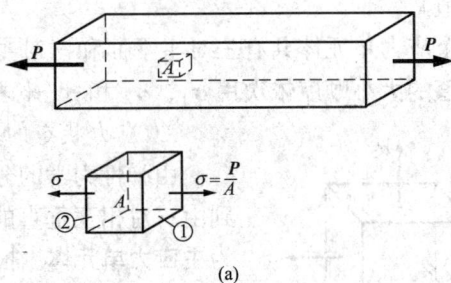

2. 杆件产生扭转变形时

如图Ⅱ-6-2（b）所示受扭圆轴，现欲取轴表面上 B 点的应力单元体，可以假想地用一对垂直于轴线的横截面、一对径向截面和一对环向截面围绕 B 点截取。轴扭转时横截面上只有剪应力 τ，轴表面上的剪应力取得最大值为 $\tau = \dfrac{M_n}{W_p}$。将此剪应力标注于单元体上即可得到圆轴扭转时表面上一点处的应力单元体。

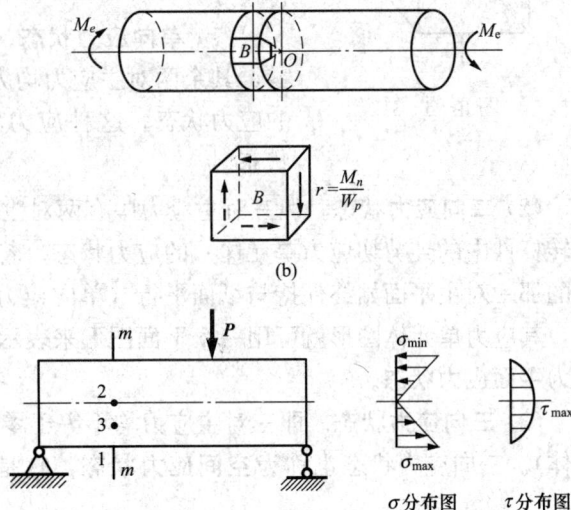

3. 杆件产生弯曲变形时

如图Ⅱ-6-2（c）所示矩形截面的简支梁，现欲取 m—m 截面上1、2、3点的应力单元体。采用与轴向拉、压

图Ⅱ-6-2

杆截取单元体相同的方法，可取出1、2、3点的单元体，从正应力 σ 与剪应力 τ 分布图上可以看出，1点处的应力单元体与 A 点的应力单元体相同，2点处的应力单元体与 B 点的应力单元体相同，3点处单元体横截面上既有正应力 σ，又有剪应力 τ，将这两种应力标注于单元体横截面上即可得到3点处的应力单元体。

单元体的截取方位可根据所研究问题的需要而变化，但不论如何截取，单元体的三对平面必相互垂直。同一点处，单元体截取的方位不同，作用在单元体各个面上的应力也不相同。知道了某一方位相互垂直的三个面上的应力后，其他方位平面上的应力便可随之求出。

（二）一点处应力状态的重要概念

1. 主平面和主应力

单元体上最大（或最小）正应力所在面上的剪应力恒等于零。剪应力为零的平面就称为**主平面**。主平面上的正应力称为**主应力**。由此可以看出，主应力便是正应力的极值（最大值或最小值)。

一个应力单元体共有三对主平面和三对主应力(包括主应力等于零的情况)。**主应力按其代数值的大小顺序依次用 σ_1、σ_2 和 σ_3 来表示,且 $\sigma_1 \geqslant \sigma_2 \geqslant \sigma_3$。**

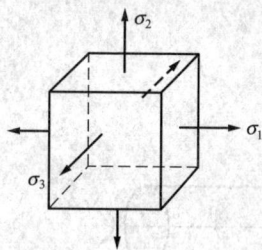

图Ⅱ-6-3

2. 应力状态的分类

由弹性力学的分析证明可知,通过受力杆件内任一点总可以找到由三对相互垂直的主平面构成的应力单元体(见图Ⅱ-6-3),称为**主应力单元体**。根据主应力单元体中主应力是否为零的条件,可将其分为

(1)**单向应力状态**。即三对主应力中只有一对主应力不等于零,其余两对主应力均为零[如轴向拉(压)杆内的应力单元体]的应力状态。这种应力状态称为单向应力状态,也称简单应力状态。

(2)**二向应力状态**。即三对主应力中有两对主应力不等于零,只有一对主应力为零(如扭转杆件中的纯剪切应力单元体)的应力状态。若设二向应力状态的应力单元体中主应力为零的那一对主平面始终保持与纸面平行(单向应力状态的应力单元体也采用相同做法),那么,其应力单元体图形就可用一个平面图形来表示。因此,单向应力状态和二向应力状态又称为**平面应力状态**。

(3)**三向应力状态**。即三对主应力均不等于零的应力状态(如深层岩体中取出的应力单元体)。三向应力状态也称为**空间应力状态**,它是一点处应力状态中最为复杂的一种应力状态。

在实际工程结构中,大多数杆件内危险点处的应力单元体均处于二向应力状态,为解决此类杆件的强度问题。下面就重点来分析和讨论二向应力状态下的相关问题。

(三)二向应力状态分析

1. 任意斜截面上的应力

图Ⅱ-6-4(a)所示为一受力杆件内取出的应力单元体,该单元体横截面上的外法线与 x 轴重合,称为 x 面,作用着已知应力 σ_x 和 τ_x;水平纵向截面的外法线与 y 轴重合,称为 y 面,作用着已知应力 σ_y 和 τ_y。由于前后两个面上无正应力和剪应力,因此,该应力单元体处于平面应力状态,是平面应力状态最一般的情况。所以,单元体图形可用图Ⅱ-6-4 (b)所示的平面图形来表示。现将单元体绕 z 轴转动任意角 α 得到一个斜截面,称为 α 面,在一般情况下,α 面上存在有正应力 σ_α 和剪应力 τ_α。若已知 σ_x、σ_y(σ_x、σ_y 均为正,且设 $\sigma_x > \sigma_y$),$\tau_x = -\tau_y$(τ_x 为正,τ_y 为负)及 α(α 规定以 x 面外法线为基准线逆时针转动至 α 面外法线者为正,反之为负),现欲求 σ_α 和 τ_α。

为求得 α 面上的正应力 σ_α 和剪应力 τ_α,可在图Ⅱ-6-4 (b)所示应力单元体中应用截面法截取一棱柱体 afc 为研究对象如图Ⅱ-6-5 所示,若设 α 面的面积为 A,则 ac 平面的面积为 $dA \cdot \cos\alpha$,af 平面的面积为 $dA \cdot \sin\alpha$。此时,α 面上由应力构成的合力 $dN_\alpha = \sigma_\alpha dA$,$dQ_\alpha = \tau dA$;$ac$ 面上由应力构成的合力 $dN_x = \sigma_x dA \cos\alpha$,$dQ_x = \tau_x dA \cos\alpha$;$af$ 面上由应力构成的合力 $dN_y = \sigma_y dA \sin\alpha$,$dQ_y = \sigma_y dA \sin\alpha$。以 α 面的法线方向和切线方向为参考坐标轴 n、t,那么,根据棱柱体 afc 的平衡条件有

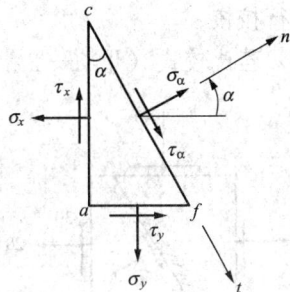

图Ⅱ-6-4

图Ⅱ-6-5

$$\sum n=0 \Rightarrow \sigma_\alpha dA-(\sigma_x dA\cos\alpha)\cos\alpha+(\tau_x dA\cos\alpha)\sin\alpha$$

$$-(\sigma_y dA\sin\alpha)\sin\alpha+(\tau_y dA\sin\alpha)\cos\alpha=0$$

$$\Rightarrow \sigma_\alpha=\frac{\sigma_x+\sigma_y}{2}+\frac{\sigma_x-\sigma_y}{2}\cos2\alpha-\tau_x\sin2\alpha \qquad (Ⅱ-6-1)$$

$$\sum t=0 \Rightarrow \tau_\alpha dA-(\sigma_x dA\cos\alpha)\sin\alpha-(\tau_x dA\cos\alpha)\cos\alpha$$

$$+(\sigma_y dA\sin\alpha)\cos\alpha+(\tau_y dA\sin\alpha)\sin\alpha=0$$

$$\Rightarrow \tau_\alpha=\frac{\sigma_x-\sigma_y}{2}\sin2\alpha+\tau_x\cos2\alpha \qquad (Ⅱ-6-2)$$

式（Ⅱ-6-1）和式（Ⅱ-6-2）为平面应力状态下的应力单元体在与 z 轴平行的任意斜截面上的应力计算公式。这两个公式反映了平面应力状态下任意斜截面上的应力值 σ_α 和 τ_α 随 α 角变化的规律，同时，这两个公式还表明，只要受力杆件内一点处的应力 σ_x、σ_y 和 τ_x、τ_y 已知，通过该点的其他斜截面上的应力情况都可一一确定。所以，知道了受力构件内单元体三个正交面上的应力之后，一点处的应力状态便可完全确定。

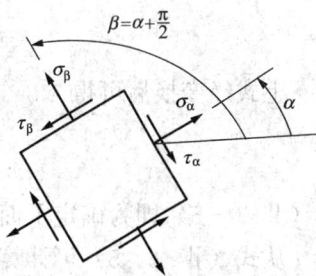

图Ⅱ-6-6

2. 两个相互垂直面上的应力特征

在图Ⅱ-6-4（b）的应力单元体中，取 α 和 $\beta=\alpha+90°$ 两个相互垂直的斜截面如图Ⅱ-6-6所示。

将 $\beta=\alpha+90°$ 代入式（Ⅱ-6-1）和式（Ⅱ-6-2）可得

$$\sigma_\beta=\frac{\sigma_x+\sigma_y}{2}+\frac{\sigma_x-\sigma_y}{2}\cos[2(\alpha+90°)]-\tau_x\sin[2(\alpha+90°)]$$

$$=\frac{\sigma_x+\sigma_y}{2}-\frac{\sigma_x-\sigma_y}{2}\cos2\alpha+\tau_x\sin2\alpha \qquad (Ⅱ-6-3)$$

$$\tau_\beta=\frac{\sigma_x-\sigma_y}{2}\sin[2(\alpha+90°)]+\tau_x\cos[2(\alpha+90°)]$$

$$=-\frac{\sigma_x-\sigma_y}{2}\sin2\alpha-\tau_x\cos2\alpha=-\left(\frac{\sigma_x-\sigma_y}{2}\sin2\alpha+\tau_x\cos2\alpha\right) \qquad (Ⅱ-6-4)$$

将式（Ⅱ-6-1）和式（Ⅱ-6-3）相加，可得

$$\sigma_\alpha + \sigma_\beta = \sigma_x + \sigma_y = 常数$$

即单元体两个相互垂直面上的正应力之和是一个常数。利用这一关系可对计算结果的正确性进行校核。

若比较式（Ⅱ-6-2）和式（Ⅱ-6-4）可得：

$$\tau_\alpha = -\tau_\beta$$

即单元体两个相互垂直面上的剪应力大小相等，转向相反。这说明剪应力互等定理在截面上同时存在有正应力的情况下也是成立的。

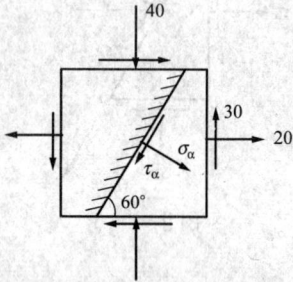

【例Ⅱ-6-1】 试求图Ⅱ-6-7所示应力单元体指定斜截面上的应力 σ_α 和 τ_α。

解 已知 $\sigma_x = 20\text{MPa}$，$\sigma_y = -40\text{MPa}$，$\tau_x = -30\text{MPa}$，$\alpha = -30°$，

图Ⅱ-6-7

所以

$$\sigma_\alpha = \frac{20 + (-40)}{2} + \frac{20 - (-40)}{2}\cos[2 \times (-30°)] - (-30)\sin[2 \times (-30°)]$$

$$= -20.98(\text{MPa})$$

$$\tau_\alpha = \frac{20 - (-40)}{2}\sin[2 \times (-30°)] + (-30)\cos[2 \times (-30°)]$$

$$= -40.98(\text{MPa})$$

3. 主平面位置的确定与主应力计算

在平面应力状态下，若设主平面的外法线与 x 面外法线的夹角为 α_0，根据主平面上剪应力恒等于零的条件，有

$$\tau_{\alpha_0} = \frac{\sigma_x - \sigma_y}{2}\sin2\alpha_0 + \tau_x\cos2\alpha_0 = 0$$

上式经变换后可得

$$\tan2\alpha_0 = -\frac{2\tau_x}{\sigma_x - \sigma_y} \tag{Ⅱ-6-5}$$

式（Ⅱ-6-5）即为确定平面应力状态下主平面位置 α_0 的计算公式。

从式（Ⅱ-6-5）可计算出 α_0 的两个数值即 α_0 和 $(\alpha_0 + 90°)$，这说明在平面应力状态下，正应力具有两个极值：一个是极大值 σ_{max}，另一个是极小值 σ_{min}，并且这两个极值的作用面是相互垂直的。应用三角函数关系，可将式（Ⅱ-6-5）中的 $\tan2\alpha_0$ 变换为 $\sin2\alpha_0$ 和 $\cos2\alpha_0$。然后代入式（Ⅱ-6-1）可得

$$\sigma_{max(min)} = \frac{\sigma_x + \sigma_y}{2} \pm \sqrt{\left(\frac{\sigma_x - \sigma_y}{2}\right)^2 + \tau_x^2} \tag{Ⅱ-6-6}$$

正应力的极大值 σ_{max} 与极小值 σ_{min} 为相应应力单元体的主应力。若 $\sigma_{max} = \sigma_1$，$\sigma_{min} = \sigma_3$，则式（Ⅱ-6-6）也可写为

$$\sigma_{max(min)} = \sigma_{1(3)} = \frac{\sigma_x + \sigma_y}{2} \pm \sqrt{\left(\frac{\sigma_x - \sigma_y}{2}\right)^2 + \tau_x^2} \tag{Ⅱ-6-7}$$

4. 最大（最小）剪应力所在面位置的确定与计算

将式（Ⅱ-6-2）对 α 求导，并令 $\dfrac{\mathrm{d}\tau_\alpha}{\mathrm{d}\alpha}=0$，即

$$\frac{\mathrm{d}\tau_\alpha}{\mathrm{d}\alpha}=(\sigma_x-\sigma_y)\cos2\alpha-2\tau_x\sin2\alpha=0$$

若用 α_1 表示剪应力极值所在面的外法线与 x 面的外法线之间的夹角，则

$$\tan2\alpha_1=\frac{\sigma_x-\sigma_y}{2\tau_x} \tag{Ⅱ-6-8}$$

式（Ⅱ-6-8）即为确定平面应力状态下最大（最小）剪应力位置 α_1 的计算公式。从式（Ⅱ-6-8）可求得 α_1 的两个数值即 α_1 和 $\left(\alpha_1+\dfrac{\pi}{2}\right)$。这说明在平面应力状态下，剪应力具有两个极值：一个是极大值 $\tau_{\max}$，另一个是极小值 $\tau_{\min}$，并且这两个极值的作用面是相互垂直的。应用三角函数关系，可将式（Ⅱ-6-8）中的 $\tan2\alpha_1$ 变换为 $\sin2\alpha_1$ 和 $\cos2\alpha_1$ 并代入式（Ⅱ-6-2）可得

$$\tau_{\max(\min)}=\pm\sqrt{\left(\frac{\sigma_x-\sigma_y}{2}\right)^2+\tau_x^2} \tag{Ⅱ-6-9}$$

比较式（Ⅱ-6-7）与式（Ⅱ-6-9）不难得到：

$$\tau_{\max(\min)}=\pm\frac{\sigma_1-\sigma_3}{2} \tag{Ⅱ-6-10}$$

另一方面，比较式（Ⅱ-6-5）与式（Ⅱ-6-8）可得

$$\tan2\alpha_1=-c\tan2\alpha_0=\tan\left(2\alpha_0\pm\frac{\pi}{2}\right)$$

即 $\alpha_1=\alpha_0\pm\dfrac{\pi}{4}$。

这说明剪应力有极值的所在面与正应力有极值的所在面互成45°角。

◉ 注 意

（1）在剪应力有极值的面上，一般还有正应力作用，其值为 $\sigma_{\alpha_1}=\dfrac{\sigma_x+\sigma_y}{2}$；（2）在平面应力状态下，垂直于 z 轴的这对主平面上的主应力始终为零。

【例Ⅱ-6-2】　试求图Ⅱ-6-8（a）所示应力单位体的主应力、最大剪应力及主平面方位角，并绘出主应力单元体。

解　已知 $\sigma_x=-10\mathrm{MPa}$，$\sigma_y=20\mathrm{MPa}$，$\tau_x=15\mathrm{MPa}$

由

$$\sigma_{\max(\min)}=\frac{-10+20}{2}\pm\sqrt{\left(\frac{-10-20}{2}\right)^2+15^2}$$
$$=5\pm21.21\ (\mathrm{MPa})$$
$$\sigma_{\max}=26.21\ (\mathrm{MPa})$$
$$\sigma_{\min}=-16.21\ (\mathrm{MPa})$$

所以，主应力 $\sigma_1=26.21\mathrm{MPa}$，$\sigma_2=0$，$\sigma_3=-16.21\mathrm{MPa}$

$$\tau_{\max} = \sqrt{\left(\frac{-10-20}{2}\right)^2 + 15^2} = 21.21(\text{MPa})$$

或

$$\tau_{\max} = \frac{\sigma_1 - \sigma_3}{2} = \frac{26.21 - (-16.21)}{2} = 21.21(\text{MPa})$$

由

$$\tan 2\alpha_0 = -\frac{2 \times 15}{-10-20} = 1 \Rightarrow \alpha_0 = 22.5° 或 22.5° + 90° = 112.5°$$

绘制主应力单元体如图Ⅱ-6-8（b）所示。

讨论：在此例中，主平面方位角有两个值即 α_0 和 α_0'，这两个角值各对应于哪一个主应力，需做出判断。判断 α_0 究竟是对应 σ_1 还是对应 σ_3 的方法有很多，较简单和常用的方法是代入法。即将 α_0 值代入公式（Ⅱ-6-1）计算 σ_{α_0}，若计算结果与 σ_1 相同，则表明 α_0 对应 σ_1，否则便是对应 σ_3。在此例中

$$\sigma_{\alpha_0} = \frac{-10+20}{2} + \frac{-10-20}{2}\cos(2 \times 22.5°) - 15\sin(2 \times 22.5°)$$

$$= -16.21(\text{MPa}) = \sigma_3$$

这表明 α_0 对应于 σ_3，而 α_0' 对应于 σ_1。

【例Ⅱ-6-3】 试求图Ⅱ-6-9所示应力单元体的主应力。

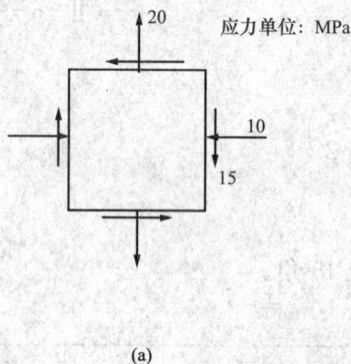

(a)　　　　　　　　　　　(b)

图Ⅱ-6-8

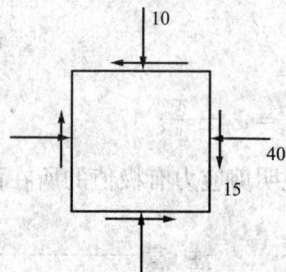

图Ⅱ-6-9

解 已知 $\sigma_x = -40\text{MPa}$，$\sigma_y = -10\text{MPa}$，$\tau_x = 15\text{MPa}$

因为

$$\sigma_{\max(\min)} = \frac{-40-10}{2} \pm \sqrt{\left(\frac{-40-(-10)}{2}\right)^2 + 15^2} = 25 \pm 21.21$$

$$\sigma_{\max} = -3.79(\text{MPa})$$

$$\sigma_{\min} = -46.21(\text{MPa})$$

所以，主应力 $\sigma_1 = 0$，$\sigma_2 = -3.79\text{MPa}$，$\sigma_3 = -46.21\text{MPa}$

注 意

主应力是按代数值大小顺序排列的。

（四）对杆件在产生轴向拉伸、压缩和扭转变形时破坏现象的分析

通过对受力构件内一点处的应力单元体在二向应力状态下的应力分析可以看出，杆件在产生轴向拉（压）、剪切、扭转和弯曲变形时，危险点处的应力单元体在绕垂直于纸面的坐标轴旋转的各个截面方位上都有可能产生正应力和剪应力的最大（最小）值，从而导致杆件的破坏面也可能出现在不同的斜截面上。根据这些分析结果，使我们能够比较全面地认识材料在拉、压及扭转试验中出现的各种破坏现象。

（1）塑性材料拉伸到屈服极限时，试件表面上出现一些与轴线成 45°的滑移线［见图Ⅱ-6-10（a）］。这种现象是由于拉伸杆件各点在 45°斜面上存在最大剪应力 τ_{max}，而塑性材料的抗剪能力比抗拉能力小，拉断前因 τ_{max} 的作用，使材料的晶体沿 45°截面产生相对滑移而导致表面上出现了滑移线。

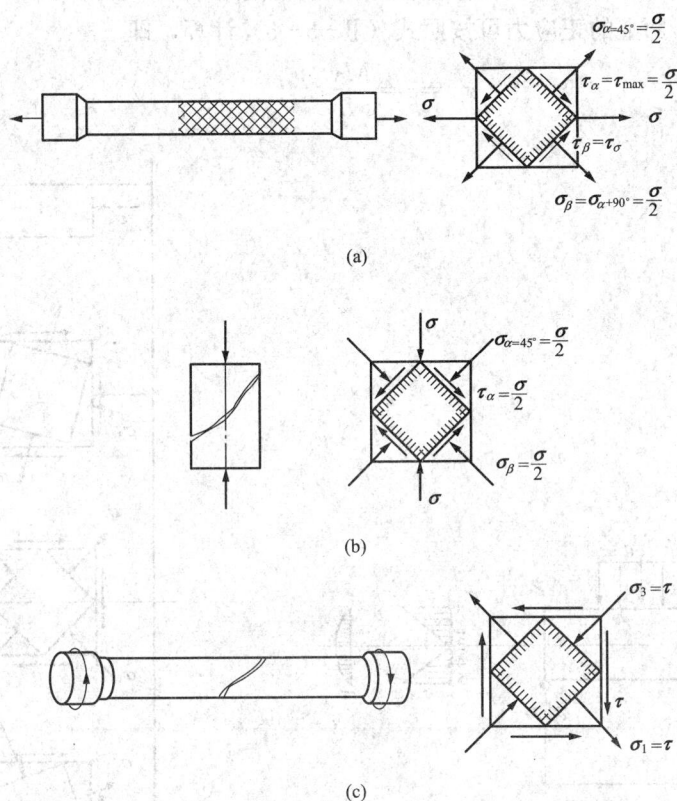

图Ⅱ-6-10

（2）铸铁试件受压时，试件不在横截面上破坏，而是沿 45°斜截面产生剪切破坏［见图Ⅱ-6-9（b）］。这是由于脆性材料抗剪能力比抗压能力小，试件在受压过程中 45°斜截面上首先产生最大剪应力 τ_{max}，从而导致试件产生剪切破坏。

（3）铸铁杆扭转时，横截面上有 τ_{max}，但试件不在横截面上剪断，而是在 45°斜截面上产生拉伸破坏［见图Ⅱ-6-10（c）］。其原因是纯剪切应力状态在 45°斜截面上有主拉应力存在，其值为 $\sigma_1 = |\tau|_{max}$，脆性材料的抗拉能力比抗剪能力小，试件在扭转过程中 45°斜截面上首先产生最大拉应力 σ_1，从而导致试件在 45°斜截面上被拉断。

以上分析表明，以前建立的横截面强度条件不能局限地理解为"横截面上的应力引起破坏"，而应该理解为"强度破坏时横截面上的应力大小"。同时说明，要全面认识破坏原因和保证构件的安全，必须通过对一点处应力状态的分析，全面考察各斜截面的强度。

（五）梁的主应力与主应力迹线分析

梁是土木工程中应用较为广泛的一种结构形式，分析梁的主应力与主应力迹线可为梁内受力钢筋的配置提供计算理论。

当梁产生剪切弯曲变形时，横截面上除了上、下边缘及中性轴上各点处只有一种应力外，其余各点处均有正应力和剪应力存在。现利用二向应力状态下应力分析的结果来确定梁内任一点处的主应力。

1. 梁的主应力

图 Ⅱ-6-11（a）表示一个剪切弯曲梁。现从任一横截面 m—m 上取 1、2、3、4、5 五个单元体。各单元体 x 面上的正应力可按照式（Ⅱ-5-5）计算，即

$$\sigma_x = \sigma = \frac{My}{I}$$

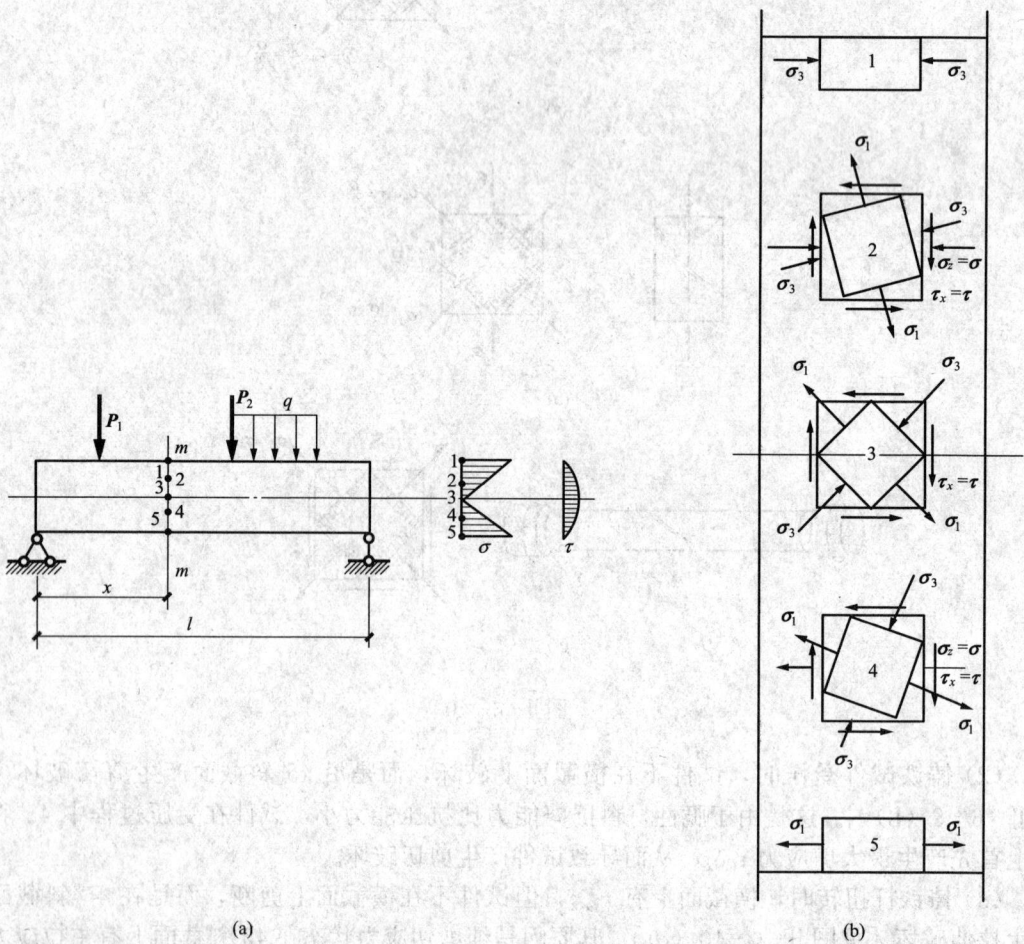

(a)   (b)

图 Ⅱ-6-11

x 面上的剪应力可按式（Ⅱ-5-11）计算，即

$$\tau_x = \tau = \frac{QS^*}{Ib}$$

单元体的 y 面上 $\sigma_y = 0$，$\tau_y = -\tau_x$。

1、5 两个单元体位于梁的上、下边缘，x 面上只有正应力（$\sigma_1 = \sigma_{max}$ 和 $\sigma_3 = \sigma_{min}$），没有剪应力，处于单向应力状态。3 点在中性轴上，单元体上只有剪应力，处于纯剪切应力状态。2、4 两个单元体是在中性轴与截面上、下边缘之间，x 面上既有正应力，又有剪应力。

对于中性轴上的 3 点，将 $\sigma_x = 0$，$\sigma_y = 0$，$\tau_x = \tau_{max}$ 代入式（Ⅱ-6-7）及式（Ⅱ-6-5）计算可得

$$\sigma_{1(3)} = \frac{\sigma_x + \sigma_y}{2} \pm \sqrt{\left(\frac{\sigma_x - \sigma_y}{2}\right)^2 + \tau_x^2} = \pm \tau_{max}$$

$$\tan 2\alpha_0 = -\frac{2\tau_x}{\sigma_x - \sigma_y} = -\infty \Rightarrow \alpha_0 = -\frac{\pi}{4}$$

对于 2、4 点，将 $\sigma_x \neq 0$，$\sigma_y = 0$，$\tau_x = \tau$ 代入式（Ⅱ-6-6）及式（Ⅱ-6-5）可得

$$\sigma_{max(min)} = \frac{\sigma}{2} \pm \sqrt{\left(\frac{\sigma}{2}\right)^2 + \tau^2} \qquad （Ⅱ-6-11）$$

$$\tan 2\alpha_0 = -\frac{2\tau}{\sigma} \qquad （Ⅱ-6-12）$$

这些计算式在后面对梁作主应力校核时将会用到。

从式（Ⅱ-6-11）可以判定 σ_{max} 一定大于零，σ_{min} 一定小于零。所以 σ_{max} 是主拉应力 σ_1，σ_{min} 是主压应力 σ_3，平行于纸面的主平面上 $\sigma_2 = 0$。

根据以上计算结果，可将各点应力单元体上的主应力及主平面位置绘出如图Ⅱ-6-11（b）所示。

2. 主应力迹线

若在梁内取若干个横截面，从其中任一横截面 1—1 上的任一点 a 开始，求出 a 点处的主应力（例如主拉应力 σ_1）方向，将它延长与邻近一个横截面 2—2 相交于 b，又求出 b 点处的主应力方向，延长后与邻近的 3—3 横截面相交，再求交点处的主应力方向，……，如此继续进行下去，便可得到一根折线如图Ⅱ-6-12（a）所示。如果截面取得很多且很密集，则折线就成为一条光滑的曲线。这根曲线上任意一点的切线就是该点处主应力的方向。此曲线就称为主应力迹线。

一根梁可以画出很多条主拉应力迹线[见图Ⅱ-6-12（b）中的实线]和主压应

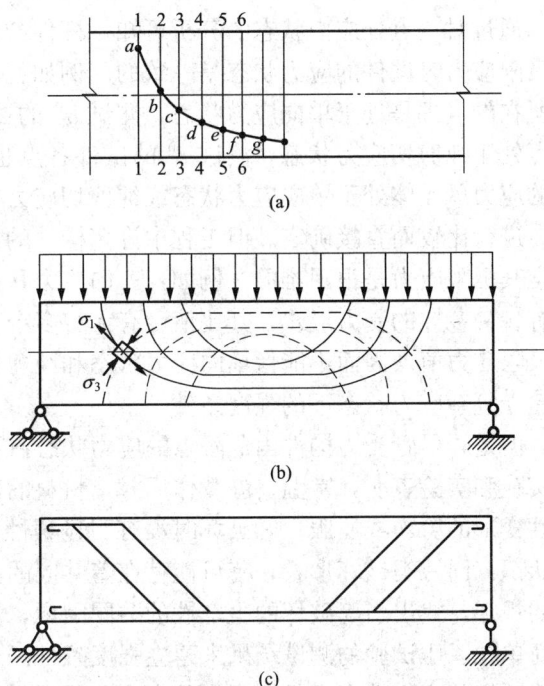

(a)

(b)

(c)

图Ⅱ-6-12

力迹线〔见图Ⅱ-6-12（b）中的虚线〕。因单元体的主拉应力与主压应力方向总是相互垂直的，所以主拉应力迹线与主压应力迹线必成正交。梁的上、下缘处主应力迹线为水平线，梁的中性层处主应力迹线的倾角为 45°。

在钢筋混凝土梁中，主拉应力会使混凝土沿主拉应力迹线方向受拉而产生裂缝，所以梁内应根据主拉应力迹线配置钢筋如图Ⅱ-6-12（c）所示。另外，在浇筑混凝土重力坝时，将施工缝留在大体上与主压应力迹线垂直的斜面，利用主压应力迹线可将施工缝互相压紧。

二、复杂应力状态下杆件的强度条件分析

（一）强度理论

前已论述，杆件在产生基本变形时的强度条件是依据杆件在工作时的实际最大（最小）应力与材料的容许应力直接比较来建立的，可分为两类强度条件：

第一类强度条件为杆件产生轴向拉伸或压缩变形与弯曲变形时的正应力强度条件，即

$$\sigma_{\max} = \frac{N_{\max}}{A} \leqslant [\sigma] \quad （轴向拉伸或压缩）$$

$$\sigma_{\max} = \frac{M_{\max}}{W} \leqslant [\sigma] \quad （弯曲）$$

第二类强度条件为杆件产生剪切变形与扭转变形时的剪应力强度条件，即

$$\tau_{\max} = \frac{Q}{A_Q} \leqslant [\tau] \quad （剪切）$$

$$\tau_{\max} = \frac{M_{n\,\max}}{W_\rho} \leqslant [\tau] \quad （扭转）$$

其中，$[\sigma] = \dfrac{\sigma^0}{K}$，$[\tau] = \dfrac{\tau^0}{K}$。$\sigma^0$ 和 τ^0 是材料的极限应力，可通过试验直接测定出来。

通过对一点处应力状态的分析可知，杆件产生四种基本变形时危险点处的应力状态和测定极限应力时试件的应力状态是一致的。例如：轴向拉、压时的危险点及弯曲时的最大正应力所在的点都是处于单向应力状态，测试 σ^0 的试件各点也处于单向应力状态；扭转时的危险点处于纯剪切应力状态，测试 τ^0 的试件各点也处于纯剪切应力状态。若受力构件内危险点的应力单元体处于单向应力状态或纯剪切应力状态时，其强度条件就可通过与材料的容许应力进行比较而直接确定。但工程中许多构件的危险点是处于复杂应力状态，要相应一致地测定其极限应力是很困难的。例如：三向应力状态单元体上的三个主应力 σ_1、σ_2、σ_3，因构件有各种各样的受力形式，其比值会有无穷多个，我们不可能对每种比值一一通过试验测出其极限应力值。因而不能像单向应力状态和纯剪切应力状态那样直接通过试验测定极限应力来建立复杂应力状态下的强度条件。

但是，尽管受力构件内危险点的应力状态有各种各样，材料发生破坏还是有规律的。大量实践和实验表明，常温、静载作用时，材料的破坏大致可分为两类形式：①破坏时有明显塑性变形的剪断或屈服；②破坏时没有明显塑性变形的"脆性断裂"。这就促使人们产生下列认识：同一类破坏形式，有可能存在着共同的因素。若设法从材料破坏的现象中总结出破坏的规律，找出引起破坏的决定性的共同因素，那么复杂应力状态和简单应力状态都可以通过简单拉、压试验的测试结果来建立强度条件。长期以来，人们曾提出过各种各样关于引起材料破坏的决定性因素的假说，其中有些假说经过实践的检验，在一定范围内能符合实际，被用于工程理论计算中。这些**关于引起材料破坏的决定性因素的假说，称为强度理论**。

（二）工程中常见的几种强度理论

下面介绍工程中常见的几种强度理论以及根据这些理论所建立的强度条件。

1. 最大拉应力理论（第一强度理论）

这个理论认为：引起材料破坏的主要因素是最大拉应力。材料在复杂应力状态下，只要危险点处的最大拉应力（$\sigma_{max} = \sigma_1$）达到了材料轴向拉伸破坏时的最大拉应力 σ^0，就会引起断裂破坏。

破坏条件为

$$\sigma_1 = \sigma^0$$

于是强度条件为

$$\sigma_1 \leqslant [\sigma] \tag{Ⅱ-6-13}$$

式中 σ_1——材料在复杂应力状态下的最大拉应力；

$[\sigma]$——材料在轴向拉伸时的容许应力，$[\sigma] = \dfrac{\sigma^0}{K}$。

试验表明：脆性材料在承受拉应力而断裂时，理论与试验结果较一致，而对塑性材料并不符合。同时，这个理论没有考虑其他两个主应力的影响，并且对只有压应力而没有拉应力的应力状态无法应用。

2. 最大拉应变理论（第二强度理论）

这个理论认为：引起材料破坏的主要因素是最大拉应变。材料在复杂应力状态下，只要危险点处的最大拉应变（$\varepsilon_{max} = \varepsilon_1$）达到了材料轴向拉伸破坏时的最大拉应变 ε^0，就会引起断裂破坏。

破坏条件为

$$\varepsilon_1 = \varepsilon^0$$

于是强度条件为

$$\sigma_1 - \mu(\sigma_2 + \sigma_3) \leqslant [\sigma] \tag{Ⅱ-6-14}$$

这个理论只对部分脆性材料适用。据此理论，单向受拉要比二向受拉及三向受拉更易破坏，这与实际是不相符合的。最大拉应变理论目前已很少使用。

3. 最大剪应力理论（第三强度理论）

这个理论认为：引起材料破坏的主要因素是最大剪应力。材料在复杂应力状态下，只要危险点处的最大剪应力 τ_{max} 达到了材料轴向拉伸破坏时的最大剪应力 τ^0，就会引起塑性破坏。

破坏条件为

$$\tau_{max} = \tau^0$$

于是强度条件为

$$\sigma_1 - \sigma_3 \leqslant [\sigma] \tag{Ⅱ-6-15}$$

实践证明这个理论对塑性材料比较符合。理论表达的强度条件形式简明，在对塑性材料制成的构件进行强度计算时，经常采用这个理论。但这个理论中忽略了中间主应力 σ_2 的影响，势必有误差。

4. 形状改变比能理论（第四强度理论）

这个理论认为：引起材料破坏的主要因素是形状改变比能。材料在复杂应力状态下，只要最大形状改变比能 u_x 达到轴向拉伸破坏时的形状改变比能 u_x^0，就会引起塑性破坏。

破坏条件为

$$u_x = u_x^0$$

所谓形状改变比能是材料单位体积内所储存的一种由形变而产生的能量。复杂应力状态下的形状改变比能为

$$u_x = \frac{1+\mu}{6E}[(\sigma_1-\sigma_2)^2+(\sigma_2-\sigma_3)^2+(\sigma_3-\sigma_1)^2]$$

轴向拉伸破坏时的形状改变比能为

$$u_x^0 = \frac{1+\mu}{3E}(\sigma^0)^2$$

破坏条件用主应力表达为

$$\sqrt{\frac{1}{2}[(\sigma_1-\sigma_2)^2+(\sigma_2-\sigma_3)^2+(\sigma_3-\sigma_1)^2]}=\sigma^0$$

所以，强度条件为

$$\sqrt{\frac{1}{2}[(\sigma_1-\sigma_2)^2+(\sigma_2-\sigma_3)^2+(\sigma_3-\sigma_1)^2]}\leqslant[\sigma] \qquad (Ⅱ-6-16)$$

第四强度理论能比较好地符合塑性材料，较第三强度理论更接近实际。在机械和钢结构设计中常用此理论。

综合四种强度理论的强度条件式（Ⅱ-6-13）～式（Ⅱ-6-16），可以统一写成下列形式：

$$\sigma_{xd} \leqslant [\sigma] \qquad (Ⅱ-6-17)$$

其中，σ_{xd} 是按不同强度理论得出的主应力的综合值，从形式上看，它与轴向拉伸时的拉应力相当，故称为**相当应力**。

四个强度理论的相当应力的表达式分别为

$$\begin{cases} \sigma_{xd_1} = \sigma_1 \\ \sigma_{xd_2} = \sigma_1 - \mu(\sigma_2+\sigma_3) \\ \sigma_{xd_3} = \sigma_1 - \sigma_3 \\ \sigma_{xd_4} = \sqrt{\frac{1}{2}[(\sigma_1-\sigma_2)^2+(\sigma_2-\sigma_3)^2+(\sigma_3-\sigma_1)^2]} \end{cases} \qquad (Ⅱ-6-18)$$

以上四个强度理论是历史上出现过的和工程设计中应用比较广泛的几个重要强度理论，除此以外，尚有其他一些强度理论如莫尔强度理论、双剪应力强度理论、联合强度理论等。通过以上分析和讨论我们应认识到强度理论是以材料的破坏本质为基础而建立的，与材料本身的性质无关，即不同材料虽然可以发生不同形式的破坏，但即使是同一种材料，在不同的环境条件和不同应力状态下也可以产生不同的破坏形式。当然，在一般情况下，脆性材料，如铸铁、石料、混凝土、玻璃等通常的破坏形式为脆性断裂。宜采用第一和第二强度理论来建立其强度条件；而塑性材料，如低碳钢、铜、铝等通常的破坏形式为屈服失效，宜采用第三和第四强度理论来建立其强度条件。由于四个强度理论都存在不同的局限性，因此，在实际工程设计中应根据材料的不同性质和应力状态来适当选择使用强度理论，以下提出几点建议。①铸铁等脆性材料在二向应力状态下，一般采用第一强度理论，若压应力很大，可采用

第二强度理论；②低碳钢等塑性材料，在复杂应力状态下一般采用第三、第四强度理论；③在接近三向均匀受压的应力状态下，不论是脆性材料还是塑性材料，都将产生屈服失效破坏，宜采用第三、第四强度理论；④在接近三向均匀拉伸的应力状态下，不论是脆性材料还是塑性材料，都将产生脆性断裂破坏，宜采用第一强度理论。

强度理论是一个很复杂的问题，各种因素间存在着错综复杂的相互影响。随着生产与科学技术的发展，对材料破坏的认识必将更进一步深化。将会建立起更符合实际，应用更为广泛的强度理论。

【例Ⅱ-6-4】 某受力构件内危险点的应力单元体如图Ⅱ-6-13所示。试求按第三、第四强度理论建立的相当应力。

解 已知 $\sigma_x = \sigma$，$\sigma_y = 0$，$\tau_x = \tau$。

根据图示应力状态有

$$\sigma_{1(3)} = \frac{\sigma + 0}{2} \pm \sqrt{\left(\frac{\sigma - 0}{2}\right)^2 + \tau^2}$$

图Ⅱ-6-13

所以 $\sigma_1 = \dfrac{\sigma}{2} + \dfrac{1}{2}\sqrt{\sigma^2 + 4\tau^2}$，　$\sigma^2 = 0$，　$\sigma_3 = \dfrac{\sigma}{2} - \dfrac{1}{2}\sqrt{\sigma^2 + 4\tau^2}$

则

$$\sigma_{xd3} = \sigma_1 - \sigma_3 = \sqrt{\sigma^2 + 4\tau^2}$$

$$\sigma_{xd4} = \sqrt{\frac{1}{2}\left[(\sigma_1 - \sigma_2)^2 + (\sigma_2 - \sigma_3)^2 + (\sigma_3 - \sigma_1)^2\right]} = \sqrt{\sigma^2 + 3\tau^2}$$

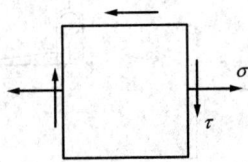

【例Ⅱ-6-5】 某受力构件内危险点的应力单元体如图Ⅱ-6-14所示。若已知材料的容许正应力 $[\sigma] = 170\text{MPa}$。试按第三强度理论校核其强度。

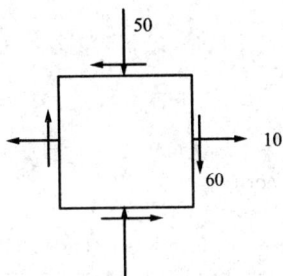

图Ⅱ-6-14

解 已知：$\sigma_x = 10\text{MPa}$，$\sigma_y = -50\text{MPa}$，$\tau_x = 60\text{MPa}$

由 $\sigma_{\max(\min)} = \dfrac{10 + (-50)}{2} \pm \sqrt{\left(\dfrac{10 - (-50)}{2}\right)^2 + 60^2}$

$= -20 \pm 67.08\ (\text{MPa})$

$\Rightarrow \begin{cases} \sigma_{\max} = 47.08(\text{MPa}) \\ \sigma_{\min} = -87.08(\text{MPa}) \end{cases}$

所以

$$\sigma_1 = 47.08\text{MPa}，\quad \sigma_2 = 0，\quad \sigma_3 = -87.08\text{MPa}$$

则：　　　　$\sigma_{xd3} = \sigma_1 - \sigma_3 = 47.08 - (-87.08) = 134.16(\text{MPa}) < [\sigma]$

材料满足强度要求。

【例Ⅱ-6-6】 图Ⅱ-6-15（a）所示简支梁由 25b 工字钢制成。若已知 $q = 25\text{kN/m}$，$P = 180\text{kN}$，$L = 2\text{m}$，$a = 0.20\text{m}$，梁材料的容许正应力 $[\sigma] = 136\text{MPa}$，容许剪应力 $[\tau] = 100\text{MPa}$。试求：

（1）校核梁的正应力和剪应力强度。

（2）按第三、第四强度理论校核 c 截面上腹板与翼板交界处的主应力强度。

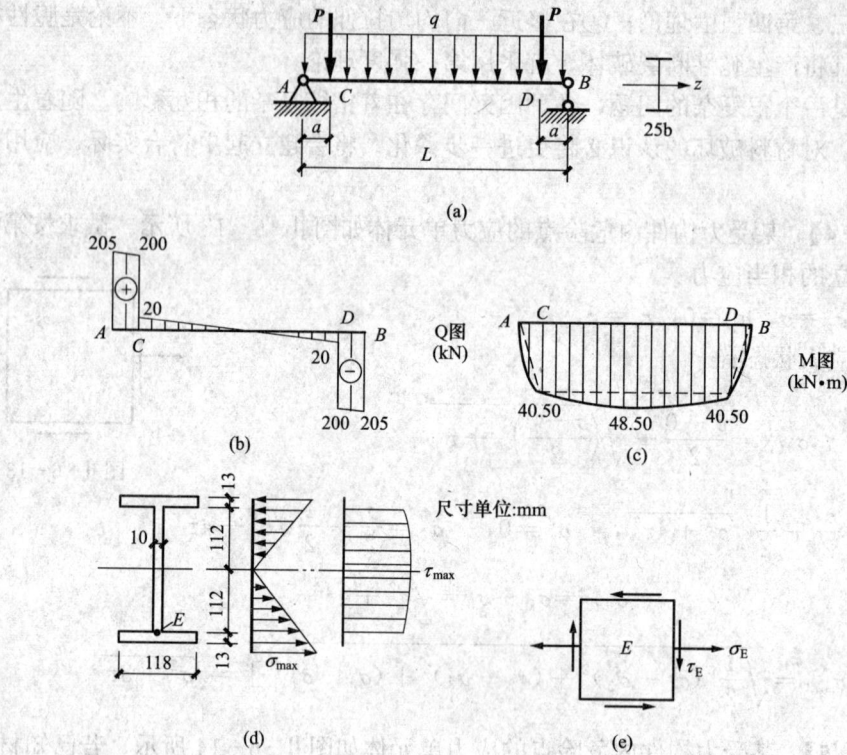

图Ⅱ-6-15

解 作梁的 Q、M 图如图Ⅱ-6-15（b）、（c）所示。

已知 1）支座 A、B 截面处，剪力取得最大值为 $Q_{max} = 205$kN。

2）梁跨中截面处，弯矩取得最大值为 $M_{max} = 48.50$kN·m。

3）查型钢表可得 25b 工字钢的 $I_z = 5283.965$cm³，$\dfrac{I_z}{S_{max}^*} = 21.27$cm

$$W_z = 422.711\text{cm}^3, \quad \text{腹板厚 } d = 10\text{mm}$$

所以

$$\sigma_{max} = \frac{M_{max}}{W_z} = \frac{48.50 \times 10^3}{422.711 \times 10^{-6}} = 114.74 \times 10^6 (\text{Pa}) = 114.74(\text{MPa}) < [\sigma]$$

满足正应力强度要求。

$$\tau_{max} = \frac{Q_{max} S_{max}^*}{I_z d} = \frac{Q_{max}}{\left(\dfrac{I_z}{S_{max}^*}\right) d} = \frac{205 \times 10^3}{21.27 \times 10^{-2} \times 10 \times 10^{-3}}$$

$$= 96.38 \times 10^6 (\text{Pa}) = 96.38(\text{MPa}) < [\tau]$$

满足剪应力强度要求。

从梁的内力图上可以看出，该梁 c 截面上的剪力值和弯矩值与全梁最大剪力值和弯矩值很接近。从应力分布的情况来看，c 截面上腹板与翼板交界处的正应力和剪应力与该截面上的最大正应力和最大剪应力很接近，这两种应力的组合作用将会使得交界处上各点应力单元体的主应力值也相应较大，有可能造成梁的破坏，因此，有必要对这样的点选择合适的强度理论进行主应力强度校核。在 c 截面腹板与翼板交界处任取一点 E 如图Ⅱ-6-15（d）所示。

由
$$M_c = 40.50\text{kN} \cdot \text{m}, \quad Q_c = 200\text{kN}$$
可得

$$\sigma_E = \frac{M_c y_E}{I_z} = \frac{40.50 \times 10^3 \times 112 \times 10^{-3}}{5283.965 \times 10^{-8}} = 85.85 \times 10^6 (\text{Pa}) = 85.85 (\text{MPa})$$

$$\tau_E = \frac{Q_c S_z^*}{I_z d} = \frac{200 \times 10^3 \times 18.18 \times 10^{-3}}{5283.965 \times 10^{-8} \times 10 \times 10^{-3}} = 68.81 \times 10^6 (\text{Pa}) = 68.81 (\text{MPa})$$

其中　　$S_E^* = (118 \times 13) \times \left(112 + \frac{13}{2}\right) = 18.18 \times 10^4 (\text{mm}^3) = 18.18 \times 10^{-5} (\text{m}^3)$

取 E 点的应力单元体如图所示Ⅱ-6-15（e），其应力状态为二向应力状态，利用例Ⅱ-6-4 所得结果可得

$$\sigma_{xd_3} = \sqrt{\sigma^2 + 4\tau^2} = \sqrt{85.85^2 + 4 \times 68.81^2} = 162.20 (\text{MPa}) > [\sigma]$$

$$\sigma_{xd_4} = \sqrt{\sigma^2 + 3\tau^2} = \sqrt{85.85^2 + 3 \times 68.81^2} = 146.88 (\text{MPa}) > [\sigma]$$

从这个示例分析可以看出，梁产生破坏的危险点有时并不在梁截面的上、下边缘或中性轴处，而是在正应力和剪应力都比较大的点处。因此，在对梁进行强度校核时除主要考虑危险截面上、下边缘处的最大（最小）正应力或中性轴处的最大剪应力外，在下列情况下，还需要考虑主应力的校核：

（1）梁截面为工字钢、槽钢一类有翼缘的薄壁截面，腹板与翼板交界处正应力与剪应力都接近该截面的最大值。

（2）梁在同一截面上的弯矩和剪力均为全梁的最大值，且剪力数值很大。

练　习　题

一、填空题

1. 一点处的应力状态是指受力杆件内一个点在各个截面_____上的应力状况。

2. 轴向拉伸或压缩变形时，杆内任意点的应力单元体是用一对_____于杆轴线的横截面、一对_____于杆轴线的水平面和一对_____于纵向对称平面的平面围绕该点截取获得。

3. 剪应力 $\tau = 0$ 的平面称为_____。作用在该平面上的正应力称为_____。

4. 作用在单元体上的主应力，用符号表示分别为_____、_____、_____。

5. 所谓单向应力状态是指三对主应力中只有一对主应力_____，其余两对主应力均_____的应力状态。

6. 图Ⅱ-6-16所示应力状态的主应力 σ_1、σ_2、σ_3 和最大剪应力 τ_{max} 的值分别为（单位：MPa）。图（a）：$\sigma_1 = \underline{\hspace{1.5cm}}$，$\sigma_2 = \underline{\hspace{1.5cm}}$，$\sigma_3 = \underline{\hspace{1.5cm}}$，$\tau_{max} = \underline{\hspace{1.5cm}}$；图（b）：$\sigma_1 = \underline{\hspace{1.5cm}}$，$\sigma_2 = \underline{\hspace{1.5cm}}$，$\sigma_3 = \underline{\hspace{1.5cm}}$，$\tau_{max} = \underline{\hspace{1.5cm}}$。

7. 在图Ⅱ-6-17所示单元体的应力状态中，最大剪应力 τ_{max} 作用面的方位角 $\alpha_1 = \underline{\hspace{1.5cm}}$。

8. 图Ⅱ-6-18所示的应力状态称为 $\underline{\hspace{1.5cm}}$ 应力状态。其中，$\sigma_1 = \underline{\hspace{1.5cm}}$，$\sigma_3 = \underline{\hspace{1.5cm}}$。

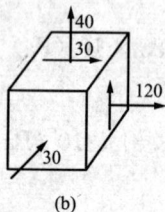 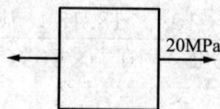 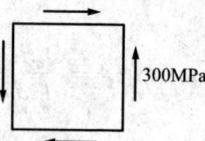

图Ⅱ-6-16   图Ⅱ-6-17   图Ⅱ-6-18

9. 单元体上两个相互垂直面上的正应力之和是一个 $\underline{\hspace{1.5cm}}$ 数。

10. 梁的上、下边缘处主应力迹线为 $\underline{\hspace{1.5cm}}$；梁的中性层处主应力迹线的倾角为 $\underline{\hspace{1.5cm}}$。

11. 梁内配置钢筋按 $\underline{\hspace{1.5cm}}$ 应力迹线配置。

12. 杆件发生基本变形时的两类强度条件分别为 $\underline{\hspace{1.5cm}}$ 应力强度条件和 $\underline{\hspace{1.5cm}}$ 应力强度条件。

13. 在常温、静载作用下，材料的破坏主要表现为两类破坏形式，一类是 $\underline{\hspace{1.5cm}}$ 破坏；一类是 $\underline{\hspace{1.5cm}}$ 破坏。

14. 强度理论是指关于引起 $\underline{\hspace{1.5cm}}$ 破坏的决定性因素的假说。

15. 第一强度理论认为，引起材料破坏的主要原因是危险点处的 $\underline{\hspace{2cm}}$ 达到材料破坏时的 $\underline{\hspace{2cm}}$ 时，就会引起脆性断裂破坏。其强度条件为 $\underline{\hspace{2cm}}$；第二强度理论认为，引起材料破坏的主要原因是危险点处的 $\underline{\hspace{2cm}}$ 达到材料破坏时的 $\underline{\hspace{2cm}}$ 时，就会引起脆性断裂破坏。其强度条件为 $\underline{\hspace{2cm}}$；第三强度理论认为，引起材料破坏的主要原因是危险点处的 $\underline{\hspace{2cm}}$ 达到材料破坏时的 $\underline{\hspace{2cm}}$ 时，就会引起屈服失效破坏。其强度条件为 $\underline{\hspace{2cm}}$；第四强度理论认为，引起材料破坏的主要原因是材料的 $\underline{\hspace{2cm}}$ 达到材料破坏时的 $\underline{\hspace{2cm}}$ 时，就会引起屈服失效破坏。其强度条件为 $\underline{\hspace{2cm}}$。

16. 一般情况下，对于脆性材料宜采用 $\underline{\hspace{2cm}}$ 强度理论；对于塑性材料，宜采用 $\underline{\hspace{2cm}}$ 强度理论。

二、判断题（对的在括号内打"√"，错的打"×"）

1. 研究单元体的目的是为了解决杆件在复杂受力状态下的刚度问题。（　　）

2. 在单元体上，剪应力取得最大值的面上，正应力一定等于零。（　　）

3. 扭转变形的轴内，任意点的应力单元体上只有剪应力。　　　　　（　　）

4. 截取单元体的三个面不一定相互垂直。　　　　　　　　　　　　（　　）

5. 同一点处，单元体截取的截面方位不同，作用在单元体各个面上的应力也不同。

　　　　　　　　　　　　　　　　　　　　　　　　　　　　　　（　　）

6. 主应力是正应力的极值。　　　　　　　　　　　　　　　　　　（　　）

7. 轴向拉压杆内的应力单元体属于单向应力状态。　　　　　　　　（　　）

8. 单向应力状态和二向应力状态都属于平面应力状态。　　　　　　（　　）

9. 单元体的主拉应力迹线和主压应力迹线互相垂直。　　　　　　　（　　）

10. 在一般情况下，第一强度理论适用于塑性材料。　　　　　　　（　　）

11. 在一般情况下，第三强度理论适用于塑性材料。　　　　　　　（　　）

12. 强度理论是以材料的性质为基础建立的，因此强度理论与材料本身的性质有关。

　　　　　　　　　　　　　　　　　　　　　　　　　　　　　　（　　）

三、单项选择题

1. 单元体上最大（或最小）正应力所在面上的剪应力（　　　）。

A. 等于零　　　　　　　B. 大于零　　　　　　　C. 小于零　　　　　　　D. 无法确定

2. 一个应力单元体共有（　　　）对主平面。

A. 2　　　　　　　　　B. 3　　　　　　　　　C. 4　　　　　　　　　D. 1

3. 主应力的数值大小顺序正确的是（　　　）。

A. $\sigma_1 \geqslant \sigma_3 \geqslant \sigma_2$ 　　　　　　　　　　　　B. $\sigma_3 \geqslant \sigma_2 \geqslant \sigma_1$

C. $\sigma_1 \geqslant \sigma_2 \geqslant \sigma_3$ 　　　　　　　　　　　　D. $\sigma_2 \geqslant \sigma_3 \geqslant \sigma_1$

4. 扭转变形中的纯剪切应力单元体属于（　　　）。

A. 单向应力状态　　　　　　　　　　B. 二向应力状态

C. 三向应力状态　　　　　　　　　　D. 空间应力状态

5. 图Ⅱ-6-19所示的单元体属于（　　　）。（应力单位：MPa）

A. 单向应力状态　　　　　　　　　　B. 二向应力状态

C. 三向应力状态　　　　　　　　　　D. 空间应力状态

6. 图Ⅱ-6-20所示的单元体属于（　　　）。（应力单位：MPa）

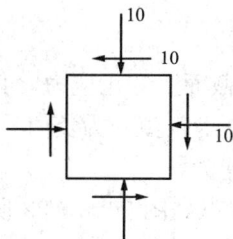 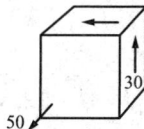

图Ⅱ-6-19　　　　　　　　　　　图Ⅱ-6-20

A. 单向应力状态　　　　　　　　　　B. 二向应力状态

C. 三向应力状态　　　　　　　　　　D. 平面应力状态

7. 剪应力极值所在的面与正应力极值所在的面互成（　　　）。

A. 90°   B. 45°   C. 60°   D. 30°

8. 铸铁试件产生压缩破坏时，破坏面不在横截面上，而是沿 45°斜截面上破坏，引起破坏的应力是（　　）。

A. τ_{max} B. σ_{max} C. σ_{min} D. 不确定

9. 铸铁试件产生扭转破坏时，破坏面不在横截面上，而是沿 45°斜截面上破坏，引起破坏的应力是（　　）。

A. τ_{max} B. σ_{max} C. σ_{min} D. 不确定

10. 矩形截面简支梁受力如图 Ⅱ-6-21（a）所示，指定横截面上各点的应力状态图 Ⅱ-6-21（b）所示，关于它们的正确性，以下答案正确的是（　　）。

A. 点 1、2 的应力状态正确   B. 点 2、3 的应力状态正确

C. 点 3、4 的应力状态正确   D. 点 1、5 的应力状态正确

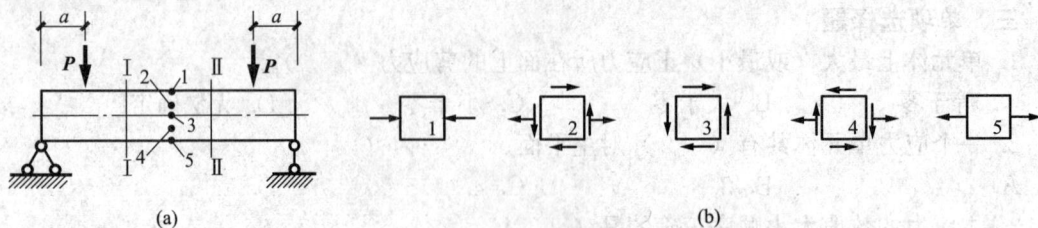

图 Ⅱ-6-21

11. 图 Ⅱ-6-22 所示悬臂梁的横截面为矩形，梁上 1、2、3、4 各点的应力状态中，错误的是（　　）。

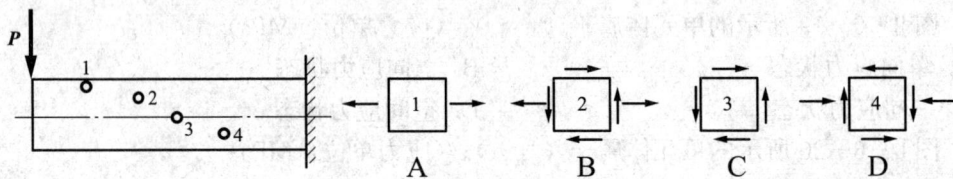

图 Ⅱ-6-22

12. 在纯剪切应力状态中，其余任意相互垂直截面上的正应力，必定是（　　）。

A. 均为正值   B. 一为正值一为负值

C. 均为负值   D. 均为零

13. 单元体的应力状态如图 Ⅱ-6-23 所示，关于其主应力正确的是（　　）。

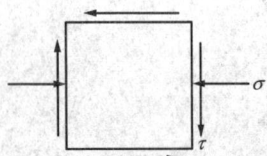

图 Ⅱ-6-23

A. $\sigma_1 > \sigma_2 > 0$，$\sigma_3 = 0$

B. $\sigma_3 < \sigma_2 < 0$，$\sigma_1 = 0$

C. $\sigma_1 > 0$，$\sigma_2 = 0$，$\sigma_3 < 0$，$|\sigma_1| < |\sigma_3|$

D. $\sigma_1 > 0$，$\sigma_2 = 0$，$\sigma_3 < 0$，$|\sigma_1| > |\sigma_3|$

14. 第四强度理论的相当应力表达式正确的是（　　）。

A. $\sigma_{xd4} = \sigma_1 - \sigma_3$

B. $\sigma_{xd4} = \sigma_1 + \sigma_3$

C. $\sigma_{xd4} = \sqrt{\dfrac{1}{2}[(\sigma_1 - \sigma_2)^2 + (\sigma_2 - \sigma_3)^2 + (\sigma_3 - \sigma_1)^2]}$

D. $\sigma_{xd4} = \sqrt{\dfrac{1}{2}[(\sigma_1 + \sigma_2)^2 + (\sigma_2 + \sigma_3)^2 + (\sigma_3 + \sigma_1)^2]}$

15. 四种应力状态单元体如图Ⅱ-6-24所示，按第三强度理论，其相当应力最大的是（　　）。

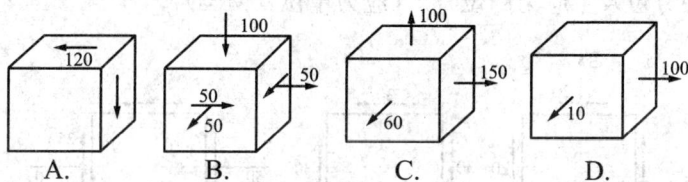

图Ⅱ-6-24

16. 图Ⅱ-6-25所示的应力状态，若用第四强度理论，则它们的相当应力公式正确的是（　　）。

A. $\sigma_{xd4} = \sqrt{\sigma^2 + 4\tau^2}$

B. $\sigma_{xd4} = \sqrt{4\sigma^2 + \tau^2}$

C. $\sigma_{xd4} = \sqrt{3\sigma^2 + \tau^2}$

D. $\sigma_{xd4} = \sqrt{\sigma^2 + 3\tau^2}$

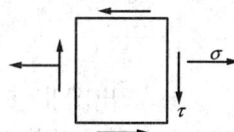

图Ⅱ-6-25

17. 图Ⅱ-6-26所示的工字形截面钢梁，若对弯矩较大且剪力也较大的危险截面上的 a 点或 b 点作强度校核，合适的强度条件为（　　）。

A. $\sigma \leqslant [\sigma]$

B. $\tau \leqslant [\tau]$

C. $\sigma \leqslant [\sigma]$，$\tau \leqslant [\tau]$

D. $\sqrt{\sigma^2 + 4\tau^2} \leqslant [\sigma]$

图Ⅱ-6-26

四、计算题

1. 如图Ⅱ-6-27所示受扭圆轴，若已知轴的直径 $d = 100\text{mm}$。试绘出危险点的应力单元体。

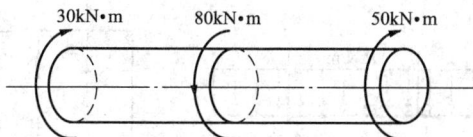

图Ⅱ-6-27

2. 计算图Ⅱ-6-28所示各单元体指定斜截面上的正应力和剪应力。（应力单位：MPa）

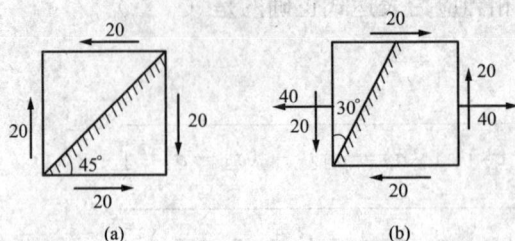

图Ⅱ-6-28

3. 计算图Ⅱ-6-29所示各单元体的主应力大小、最大剪应力及主平面方位角，并在单元体中标出主平面方位及主应力的位置。（应力单位：MPa）

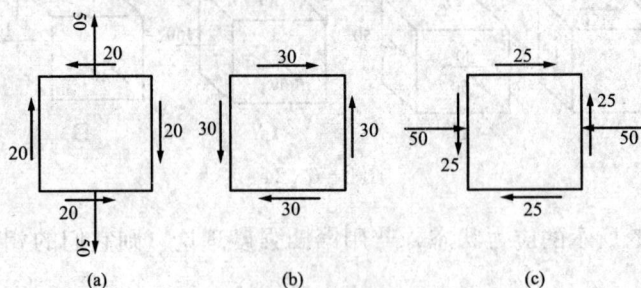

图Ⅱ-6-29

4. 画出图Ⅱ-6-30所示简支梁跨中截面 C 上点 A 和 B 处的应力单元体，并计算出这两点的主应力数值。（横截面尺寸：mm）

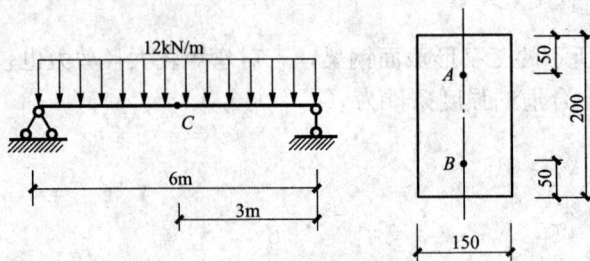

图Ⅱ-6-30

5. 画出图Ⅱ-6-31所示简支梁1—1截面上点 A 和2—2截面上点 B 处的应力单元体，并计算出这两点的主应力数值。（横截面尺寸：mm）

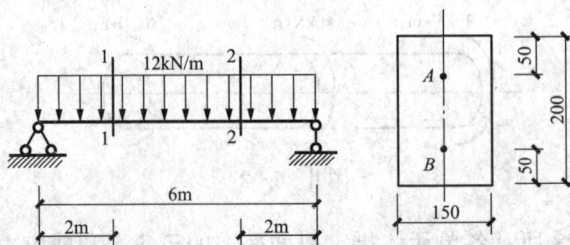

图Ⅱ-6-31

6. 图Ⅱ-6-32 所示为二向应力状态单元体，已知 $\sigma = 100$MPa，$\tau = 50$MPa，试求按第三强度理论和第四强度理论计算所得的相当应力。

7. 钢制圆形截面杆受力如图Ⅱ-6-33 所示，已知 $L = 1$m，$d = 0.1$m，$P = 7$kN，$m = 12$kN·m，材料的容许应力 $[\sigma] = 160$MPa。试求：

(1) 画出 A 点的应力状态单元体，并计算出 A 点的正应力 σ 和剪应力 τ；

(2) 用第三强度理论校核杆件是否安全。

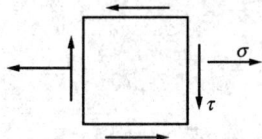

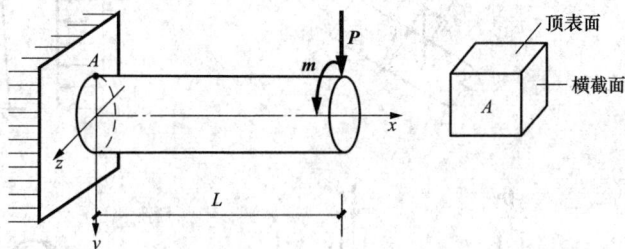

图Ⅱ-6-32   图Ⅱ-6-33

8. 图Ⅱ-6-34 所示简支梁由三块钢板焊接成工字形截面，若已知 $l = 4$m，$P = 200$kN，梁材料的容许应力 $[\sigma] = 180$MPa，$[\tau] = 100$MPa。试求：

(1) 危险截面上翼缘与腹板交界处 A、B 两点的主应力值；

(2) 用第三强度理论校核梁是否安全。

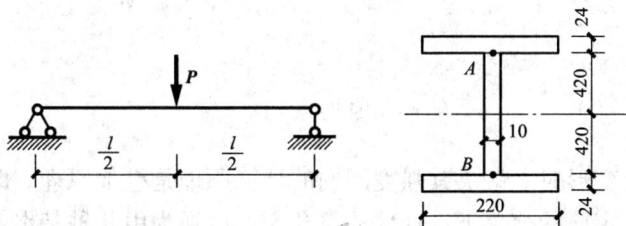

图Ⅱ-6-34

Ⅱ-7　工程构件在多种变形同时发生时的承载能力分析

一、组合变形的概念及计算原理

外力以一定的方式作用于杆件上时，杆件将产生一定形式的变形，如轴向拉伸与压缩变形、剪切变形、扭转变形和弯曲变形。这些变形工程上通常称为基本变形。它们是杆件变形形式中最基本、最常见的变形。但在实际工程结构中，有许多杆件受力形式较复杂，往往导致在杆件横截面内同时出现几种内力，从而使杆件产生两种或两种以上的基本变形。**杆件同时产生两种或两种以上的基本变形时，这类变形就称为组合变形**。例如图Ⅱ-7-1 (a) 所示屋架上的檩条在竖向荷载作用下会在 y、z 两个方向同时产生弯曲变形；图Ⅱ-7-1 (b) 所示在自重 G 和水平风力 q 作用下的烟囱、图Ⅱ-7-1 (c) 所示工厂厂房内受到屋面荷载 P_1 和桁车荷载 P_2 作用下的牛腿柱，它们将同时产生轴向压缩变形和弯曲变形；图Ⅱ-7-1 (d) 所示某机械传动轴将同时产生扭转和弯曲变形等。

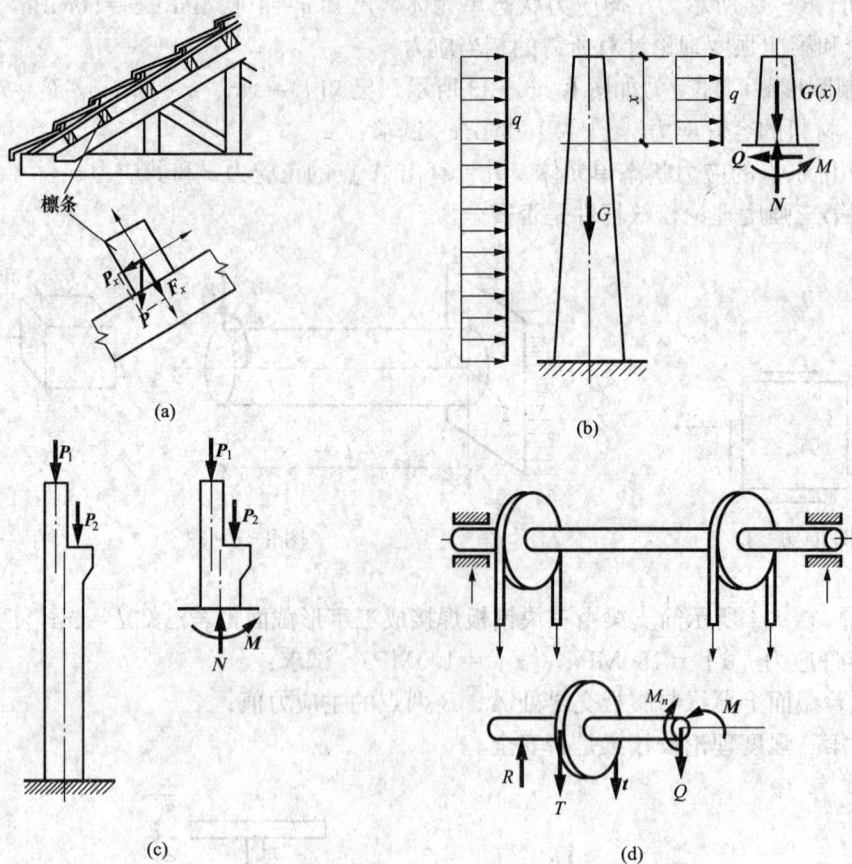

图Ⅱ-7-1

当杆件产生组合变形时,解决其强度问题的计算原理是叠加原理。即杆件在满足小变形条件和材料服从胡克定律的前提下,杆件的组合变形可视为由几种基本变形的叠加。

应用叠加原理分析和解决杆件产生组合变形的强度问题通常按以下步骤进行。

(1) 外力分析。即将作用于产生组合变形杆件上的外力进行分解或简化,使杆件符合基本变形的受力方式,从而确定其计算简图。

(2) 内力分析。即应用截面法求出每一个外力所产生的最大内力,从而确定危险截面的位置。

(3) 应力分析。即根据各基本变形所引起的危险截面上的应力分布规律,确定危险点的位置,并计算危险点的应力,然后应用叠加原理对产生于危险点处同类型的应力进行叠加,从而得到危险点处的应力。

(4) 强度计算。即通过危险点取出一应力单元体,并根据应力单元体所处的应力状态建立相应的强度条件,进行强度计算。

下面,就分别讨论工程上常见的几种组合变形。

二、斜弯曲

在讨论梁的弯曲问题时,曾指出平面弯曲的特点是:外力作用在形心主平面内(截面对称时,便是作用在纵向对称面内;对于开口薄壁杆件,则需作用在通过弯曲中心的主平面内），且垂直于梁的轴线；弯曲后的梁轴线仍在外力作用的平面内，即梁的弯曲平面和外力的作用平面相重合。在图Ⅱ-7-1（a）所示的檩条上，外力虽然通过截面形心，但与两条形心主轴都不重合，梁弯曲后的轴线不再在力作用的平面内。这种**与截面形心主轴成一角度的外力所引起的弯曲，称为斜弯曲。**

1. 外力的分解

设有一个底宽为 b，高为 h 的矩形截面梁如图Ⅱ-7-2（a）所示，梁长为 L，xOy 及 xOz 为梁的两个形心主平面，横截面上的坐标轴 y 和 z 是形心主轴。梁上的荷载 P 与截面形心主轴 y 的夹角为 φ。为了便于说明问题，将 P 力作用在所取坐标系的第一象限内。

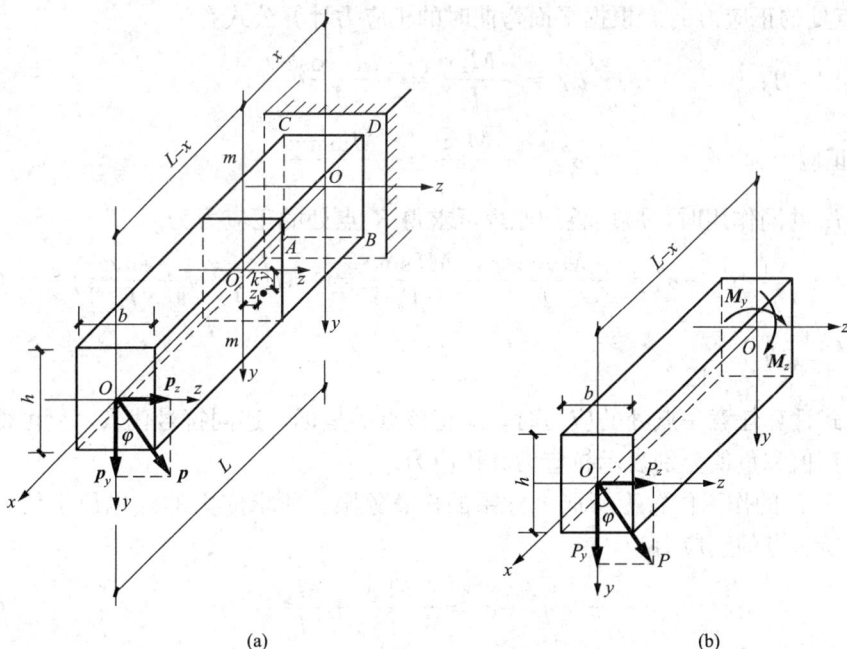

(a)　　　　　(b)

图Ⅱ-7-2

根据组合变形计算的原理，先将力 P 沿 y 轴和 z 轴分解，得到两个主轴平面内的分力：

$$P_y = P\cos\varphi, \qquad P_z = P\sin\varphi$$

两个分力均符合平面弯曲的受力特点，引起的都是平面弯曲。即在 P_y 的单独作用下，梁将在 xOy 平面内产生平面弯曲；在 P_z 的单独作用下，梁将在 xOz 平面内产生平面弯曲。因此，梁在斜向荷载作用下，将产生两个方向平面弯曲的组合变形。

2. 内力分析

在斜向力 P 的作用下，梁任意横截面上一般有剪力 Q 和弯矩 M 产生，但由于剪力所引起的剪应力对梁强度的影响很小，斜弯曲时梁的强度主要由弯曲正应力控制。因此，在斜弯曲梁的计算中，通常只考虑弯曲正应力而忽略剪力的影响。

在距固定端为 x 处作截面 m—m，并取 $L-x$ 段为隔离体如图Ⅱ-7-2（b）所示，现分析该截面上的弯矩。

从隔离体的平衡条件可知，若以所作截面的形心 o 为矩心取矩，则 P_y 单独作用时所产生的弯矩绕 z 轴转动，其大小为

$$M_z = P_y(L-x) = P\cos\varphi(L-x) = M\cos\varphi$$

P_z 单独作用时所产生的弯矩绕 y 轴转动：

$$M_y = P_z(L-x) = P\sin\varphi(L-x) = M\sin\varphi$$

其中，$M=P$（$L-x$）为斜向力 P 所引起的 x 截面上的总弯矩，且

$$M = \sqrt{M_y^2 + M_z^2}$$

为了便于说明问题，计算时将使第一象限产生压应力的弯矩视为正弯矩。

3. 应力分析

在 $m—m$ 截面上第一象限内任取一点 K ［见图Ⅱ-7-2（a）］，K 点的坐标为 y、z，现欲求 K 点处的正应力 σ_k。根据平面弯曲时的正应力计算公式有

M_z 引起的正应力：
$$\sigma'_k = -\frac{M_z y}{I_z} = -\frac{My\cos\varphi}{I_z}$$

M_y 引起的正应力：
$$\sigma''_k = -\frac{M_y z}{I_y} = -\frac{Mz\sin\varphi}{I_y}$$

M_z、M_y 共同作用时，应用叠加原理可求得 K 点处的正应力为

$$\sigma_k = \sigma'_k + \sigma''_k = -\frac{My\cos\varphi}{I_z} - \frac{MI\sin\varphi}{I_y} = -M\left(\frac{\cos\varphi}{I_z}y + \frac{\sin\varphi}{I_y}z\right) \qquad （Ⅱ-7-1）$$

其中，$I_z = \dfrac{bh^3}{12}$，$I_y = \dfrac{hb^3}{12}$。

应用上式计算任意一点处的应力时，应将该点的坐标，连同符号代入，便可得该点应力的代数值，正值和负值分别表示拉应力和压应力。

若斜向力 P 的作用位置为所取坐标系的任意象限，所求应力的点也位于任意象限，在此情况下，所求点的正应力为

$$\sigma = \sigma' + \sigma'' = \pm\frac{M_z y}{I_z} \pm \frac{M_y z}{I_y} \qquad （Ⅱ-7-2）$$

用式（Ⅱ-7-2）计算任一点处的应力时，为避免弯矩的正负号及所求点坐标的正负号带来的麻烦，可由 M_z 及 M_y 的转向与所求点所在的象限直接判别 σ' 和 σ'' 的正负，叠加后便可知 σ 的正负和大小。注意，用此方法来确定所求正应力的正负时，欲求点的坐标值 y、z 应代入绝对值。

4. 斜弯曲强度条件

（1）斜弯曲时的最大正应力。在图Ⅱ-7-2（a）所示斜弯曲梁中固定端截面有最大弯矩产生，是危险截面。从平面弯曲时梁横截面上的正应力分布情况来看：

P_y 单独作用时：$M_{z\,max} = P_y L = PL\cos\varphi = M_{max}\cos\varphi$。

其中，$M_{max} = PL$ 为斜向力所引起的最大总弯矩。

由 P_y 作用所产生的最大拉应力 σ'_{max} 位于 CD 边上；最大压应力 σ'_{min} 位于 AB 边上［见图Ⅱ-7-3（a）］。

P_z 单独作用时：$M_{y\,max} = P_z L = PL\sin\varphi = M_{max}\sin\varphi$。

由 P_z 作用所产生的最大拉应力 σ''_{max} 位于 AC 边上；最大压应力 σ''_{min} 位于 BD 边上［见图Ⅱ-7-3（b）］

P_y、P_z 共同作用时，根据叠加原理有

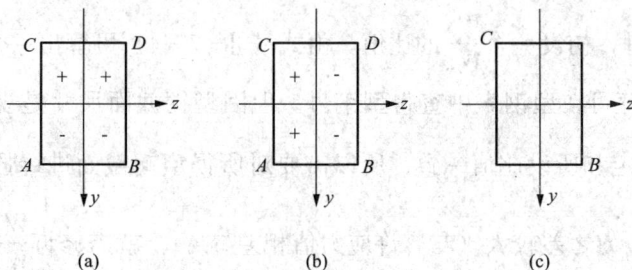

图Ⅱ-7-3

$$\sigma_{max} = \sigma'_{max} + \sigma''_{max} = \frac{M_{z\,max}}{W_z} + \frac{M_{y\,max}}{W_y}$$

应力叠加后，σ_{max} 位于角点 C 处［见图Ⅱ-7-3 (c)］。

$$\sigma_{min} = \sigma'_{min} + \sigma''_{min} = -\frac{M_{z\,max}}{W_z} - \frac{M_{y\,max}}{W_y}$$

应力叠加后，σ_{min} 位于角点 B 处［见图Ⅱ-7-3 (c)］。

上两式中：$W_z = \dfrac{bh^2}{6}$，$W_y = \dfrac{hb^2}{6}$

　　通过以上分析可以看出，对矩形、工字型等具有两个对称轴及棱角的截面，最大（最小）正应力必定发生在角点上。最大（最小）应力所在的点称为危险点。由于截面对中性轴对称，所以 $|\sigma_{max}| = |\sigma_{min}|$。危险点处的应力可写为

$$\sigma_{max} = \frac{M_{z\,max}}{W_z} + \frac{M_{y\,max}}{W_y} = M_{max}\left(\frac{\cos\varphi}{W_z} + \frac{\sin\varphi}{W_y}\right)$$

$$= \frac{M_{max}}{W_z}\left(\cos\varphi + \frac{W_z}{W_y}\sin\varphi\right) \tag{Ⅱ-7-3}$$

　　(2) 强度条件。从危险点处取出应力单元体进行分析后可知，危险点处于单向应力状态，因此，它的强度条件可写为

$$\sigma_{max} = \frac{M_{z\,max}}{W_z} + \frac{M_{y\,max}}{W_y} \leqslant [\sigma] \tag{Ⅱ-7-4}$$

或写为

$$\sigma_{max} = \frac{M_{max}}{W_z}\left(\cos\varphi + \frac{W_z}{W_y}\sin\varphi\right) \leqslant [\sigma] \tag{Ⅱ-7-5}$$

　　对抗拉能力与抗压能力不相同的梁，则应分别计算出最大拉应力和最大压应力，进行强度校核。

　　若进行截面选择，由式（Ⅱ-7-4）可以看出不能同时确定 W_z 与 W_y 两个值。通常的做法是根据经验先设定一个 $\dfrac{M_z}{W_y}$ 的比值，然后由式（Ⅱ-7-5）求出其中一个后，再由比值求出另一个。

　　对矩形截面，常取 $\dfrac{W_z}{W_y} = \dfrac{\frac{1}{6}bh^2}{\frac{1}{6}b^2h} = \dfrac{h}{b} = 1.2 \sim 2$

选择型钢截面时，初设一个 $\dfrac{W_z}{W_y}$ 的比值，由式（Ⅱ-7-4）可算出一个 W_z（或 W_y）值，根据 W_z（或 W_y）值可在型钢表中查得型钢号。但因型钢截面尺寸是规格化的，所得型号的实际 $\dfrac{W_z}{W_y}$ 比值不一定和所设比值一致，所以需要对所得型钢截面进行强度校核。若截面实际工作应力与容许应力之差较大（与容许应力值相差 5%），就需修订 $\dfrac{W_z}{W_y}$ 的比值，重新选择型号，并重新核算，直至合适为止。这种方法称为逐次渐进法（参看例Ⅱ-7-2）。通常对工字钢截面取 $\dfrac{W_z}{W_y}=8\sim10$，对槽钢截面取 $\dfrac{W_z}{W_y}=6\sim8$。

5. 讨论

（1）对一般形状的截面，最大正应力发生在离中性轴最远处，进行强度计算时需先确定中性轴的位置。

设中性轴上各点坐标用 y_0、z_0 表示，因中性轴上各点处应力为零，则以 y_0、z_0 代入式（Ⅱ-7-1）后得：

$$\sigma=-M\left(\frac{\cos\varphi}{I_z}y_0+\frac{\sin\varphi}{I_y}z_0\right)=0$$

由此得中性轴方程为

$$\frac{\cos\varphi}{I_z}y_0+\frac{\sin\varphi}{I_y}z_0=0 \qquad (\text{Ⅱ-7-6})$$

式（Ⅱ-7-6）表明中性轴是一条通过形心的直线（见图Ⅱ-7-4）。

若中性轴与 z 轴的交角用 α_0 表示，则

$$\tan\alpha_0=\left|\frac{y_0}{z_0}\right|=\frac{I_z}{I_y}\tan\varphi \qquad (\text{Ⅱ-7-7})$$

由式（Ⅱ-7-7）可见，对 $I_z\neq I_y$ 的截面，$\alpha_0\neq\varphi$，表明中性轴与荷载作用面不相垂直。只有在 $\varphi=0$、$\varphi=90°$ 及 $I_z=I_y$ 三种情况下，才有 $\alpha_0=\varphi$，中性轴才垂直于荷载作用面。显然 $\varphi=0$ 或 $\varphi=90°$ 时，荷载平面与形心主轴平面重合，这正是前面所研究的平面弯曲问题。而 $I_z=I_y$，则说明截面是正方形（或圆形等），截面的两个形心主惯性矩相等。由于正方形截面通过形心的轴都是形心主轴，永远有 $I_z=I_y$，所以不管荷载平面方向如何，都发生平面弯曲。

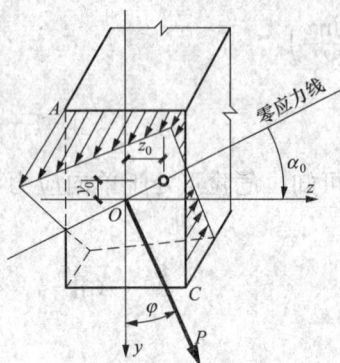

图Ⅱ-7-4

（2）斜弯曲时梁的变形也可按叠加原理计算。例如：计算图Ⅱ-7-2所示梁自由端的挠度 f 时，先分别计算两个平面弯曲时所发生的挠度，然后叠加。

在 xOy 平面内的挠度为

$$f'=\frac{P_yL^3}{3EI_z}=\frac{PL^3\cos\varphi}{3EI_z}$$

在 xOz 平面内的挠度为

$$f''=\frac{P_zL^3}{3EI_y}=\frac{PL^3\sin\varphi}{3EI_y}$$

因 f' 与 f'' 互相垂直，叠加时应该是几何相加，总挠度为

$$f=\sqrt{(f')^2+(f'')^2}$$

若总挠度所在平面与 y 轴的夹角为 α（见图Ⅱ-7-5），则有

$$\tan\alpha=\frac{f''}{f'}=\frac{I_z\sin\varphi}{I_y\cos\varphi}=\frac{I_z}{I_y}\tan\varphi \qquad （Ⅱ-7-8）$$

比较式（Ⅱ-7-8）和式（Ⅱ-7-7），可得 $\alpha=\alpha_0$，说明挠曲平面和中性层相互垂直。由此可知，斜弯曲时，梁的挠曲平面垂直于中性轴，外力作用面不垂直于中性轴，挠曲平面与外力作用面不相重合而成一交角（这便是"斜"弯曲名称之由来）。

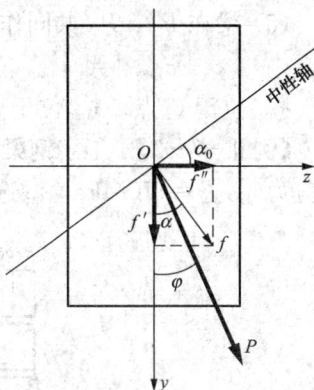

图Ⅱ-7-5

【例Ⅱ-7-1】 如图Ⅱ-7-6所示矩形截面悬臂梁。若已知荷载 P_1 位于 xoz 平面内，P_2 位于 xoy 平面内，且 $P_1=2kN$，$P_2=6kN$。梁的横截面尺寸 $b=120mm$，$h=180mm$。试求梁内最大拉、压应力的值，并指明所在位置。

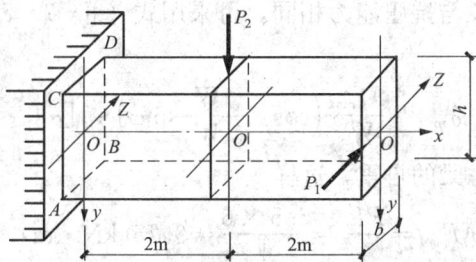

图Ⅱ-7-6

解 （1）从梁上荷载作用情况可以看出，梁内最大弯矩产生在固定端截面处。即

$$M_{y\max}=P_1\times4=2\times4=8(kN\cdot m)$$
$$M_{z\max}=P_2\times2=6\times2=12(kN\cdot m)$$

（2）P_1 单独作用时：$M_{y\max}$ 绕 y 轴转动，最大拉应力 $\sigma'_{\max}$ 产生在 AC 边，最大压应力 $\sigma'_{\min}$ 产生在 BD 边，其值为

$$|\sigma'_{\max}|=|\sigma'_{\min}|=\frac{M_{y\max}}{W_y}=\frac{M_{y\max}}{\frac{hb^2}{6}}$$

$$=\frac{6\times8\times10^3}{0.18\times0.12^2}=18.52\times10^6(Pa)=18.52(MPa)$$

P_2 单独作用时：$M_{z\max}$ 绕 z 轴转动，最大拉应力 $\sigma''_{\max}$ 产生在 CD 边，最大压应力 $\sigma''_{\min}$ 产生在 AB 边，其值为

$$|\sigma''_{\max}|=|\sigma''_{\min}|=\frac{M_{z\max}}{W_z}=\frac{M_{z\max}}{\frac{hb^2}{6}}$$

$$=\frac{6\times12\times10^3}{0.12\times0.18^2}=18.52\times10^6(Pa)=18.52(MPa)$$

（3）梁在 P_1、P_2 共同作用下时，根据叠加原理有

$$| \sigma_{max} |=| \sigma'_{max} |+| \sigma''_{max} |=18.52+18.52=37.04(MPa)=| \sigma_{min} |$$

σ_{max}位于 C 点，σ_{min}位于 B 点。

【例Ⅱ-7-2】 工字钢梁受力如图Ⅱ-7-7所示。已知梁的跨径 $L=6m$，梁材料的容许正应力 $[\sigma]=170MPa$，试选择工字钢型号（考虑自重）。

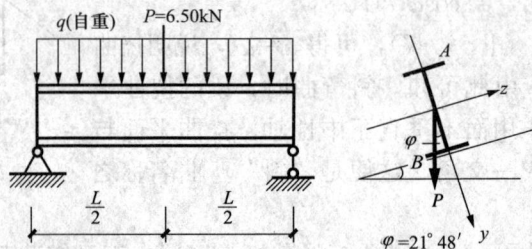

图Ⅱ-7-7

解 梁的最大弯矩产生在跨中点截面。该截面中最大拉应力位于角点 A，最大压应力位于角点 B。由于材料的抗拉与抗压能力相同，可采用式（Ⅱ-7-5）给出的强度条件进行计算，即

$$\sigma_{max}=\frac{M_{max}}{W_z}\left(\cos\varphi+\frac{W_z}{W_y}\sin\varphi\right)\leqslant[\sigma]$$

初选截面时可暂不考虑梁的自重，这样

$$M_{max}=\frac{PL}{4}=\frac{6.5\times6}{4}=9.75(kN\cdot m)$$

$$\cos\varphi=\cos21°48'=0.928,\qquad \sin\varphi=\sin21°48'=0.371$$

初设 $\dfrac{W_z}{W_y}=10$，由式（Ⅱ-7-5）可得

$$W_z\geqslant\frac{M_{max}}{[\sigma]}\left(\cos\varphi+\frac{W_z}{W_y}\sin\varphi\right)$$

$$\geqslant\frac{9.75\times10^3}{170\times10^6}(0.928+10\times0.371)=266\times10^{-6}(m^3)=266(cm^3)$$

查型钢表，选用 22a 工字钢，$W_z=309cm^3$，$W_y=40.9cm^3$，自重 $q=323.4N/m$。

对所选截面进行强度校核，此时应将梁自重引起的弯矩考虑进去。自重引起跨中点截面上的弯矩为

$$M_q=\frac{1}{8}qL^2=\frac{1}{8}\times323.4\times6^2=1455(N\cdot m)=1.46(kN\cdot m)$$

梁跨中点截面上的总弯矩：

$$M_{max}=9.75+1.46=11.21(kN\cdot m)$$

$$\sigma_{max}=\frac{M_{max}}{W_z}\left(\cos\varphi+\frac{W_z}{W_y}\sin\varphi\right)$$

$$=\frac{11.21\times10^3}{309\times10^{-6}}\left(0.928+\frac{309\times10^{-6}}{40.9\times10^{-6}}\times0.371\right)$$

$$=135.35\times10^6(Pa)=135.35(MPa)<[\sigma]=170(MPa)$$

$$\frac{170 - 135.35}{170} \times 100\% = 20.38\% > 5\%$$

实际工作应力比容许应力小很多（安全应力富余 20.38%），应改小截面。现选 20b，$W_z = 250\text{cm}^3$，$W_y = 33.1\text{cm}^3$，自重 $q = 305\text{N/m}$。对更改后的截面再作验算：

$$M_q = \frac{1}{8}qL^2 = \frac{1}{8} \times 305 \times 6^2 = 1373(\text{N} \cdot \text{m}) = 1.37(\text{kN} \cdot \text{m})$$

$$M_{max} = 9.75 + 1.37 = 11.12(\text{kN} \cdot \text{m})$$

$$\sigma_{max} = \frac{M_{max}}{W_z}\left(\cos\varphi + \frac{W_z}{W_y}\sin\varphi\right)$$

$$= \frac{11.12 \times 10^3}{250 \times 10^{-6}}\left(0.928 + \frac{250 \times 10^{-6}}{33.1 \times 10^{-6}} \times 0.371\right)$$

$$= 165.92 \times 10^6(\text{Pa}) = 165.92(\text{MPa}) < [\sigma]$$

$$\frac{170 - 165.92}{170} \times 100\% = 2.4\% < 5\%$$

实际工作应力小于容许应力又使富余度在 5% 以内，比较合适。故选用 20b 工字钢。

【例Ⅱ-7-3】 20a 工字钢悬臂梁受集度为 q 的均布荷载和集中力 $P = \dfrac{qa}{2}$ 作用，如图Ⅱ-7-8 (a) 所示。已知钢的容许正应力 $[\sigma] = 160\text{MPa}$，$a = 1\text{m}$。试求此梁的容许荷载集度 $[q]$。

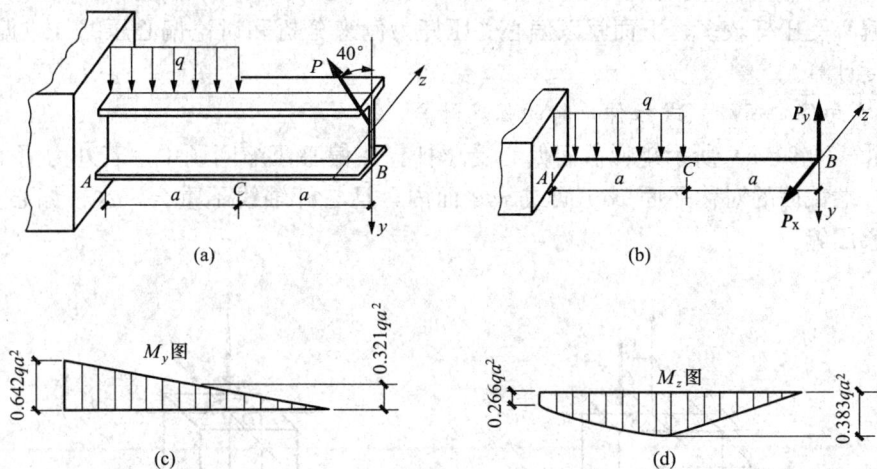

(a)   (b)

(c)   (d)

图Ⅱ-7-8

解 将自由端 B 截面上的集中力沿两主轴分解为

$$P_y = P\cos 40° = \frac{qa}{2}\cos 40° = 0.383qa$$

$$P_z = P\sin 40° = \frac{qa}{2}\sin 40° = 0.321qa$$

进而可作出此梁的计算简图如图Ⅱ-7-8（b）所示。分别绘出两个主轴平面内的弯矩图如图Ⅱ-7-8（c）、（d）所示。由型钢表查得 20a 工字钢的抗弯截面系数 W_z 和 W_y 值分别为

$$W_z = 237 \times 10^{-6}\text{m}^3, \quad W_y = 31.5 \times 10^{-6}\text{m}^3$$

根据工字钢截面 $W_z \neq W_y$ 的特点并结合内力图情况，可按叠加原理分别计算出 A 截面

及 C 截面上的最大拉应力，即

$$\sigma_{A\ max} = \frac{M_{Ay}}{W_y} + \frac{M_{Az}}{W_z} = \frac{0.642q \times 1^2}{31.5 \times 10^{-6}} + \frac{0.266q \times 1^2}{237 \times 10^{-6}} = 21.5 \times 10^3 q$$

$$\sigma_{C\ max} = \frac{M_{cy}}{W_y} + \frac{M_{cz}}{W_z} = \frac{0.321q \times 1^2}{31.5 \times 10^{-6}} + \frac{0.383q \times 1^2}{237 \times 10^{-6}} = 11.8 \times 10^3 q$$

由此可见，该梁的危险点在固定端 A 截面的棱角处。由于危险点处是单向应力状态，故可将最大弯曲正应力与容许正应力相比较来建立强度条件，即

$$\sigma_{max} = (\sigma_{A max}) = 21.5 \times 10^3 q \leqslant [\sigma] = 160 \times 10^6$$

从而解得

$$[q] \leqslant \frac{160 \times 10^3}{21.5} = 7.44 (kN/m)$$

取
$$[q] = 7kN/m$$

三、偏心压缩（或偏心拉伸）

在前面的学习中，我们曾经分析和讨论过杆件产生轴向拉伸或压缩变形的有关问题，杆件产生轴向拉、压的受力特点是外力作用线与杆轴线重合。但在实际工程中，有许多受压（或受拉）杆所受外力的作用线并不与杆轴线重合。例如：桥梁中的墩、柱，工厂厂房内用于支承吊车梁的立柱等。当作用于直杆上外力的作用线与杆轴线平行但不重合时，杆件所产生的变形就称为**偏心压缩**或**偏心拉伸**。偏心压缩与偏心拉伸的分析与计算方法相同。由于土建工程中偏心受压杆较多，下面就以偏心受压杆为例来分析和讨论偏心压缩（或偏心拉伸）杆件的强度计算。

（一）单向偏心压缩（或拉伸）时的强度计算

如图Ⅱ-7-9（a）所示矩形截面偏心受压杆。在偏心压缩问题中，若外力 P 的作用线位于受压杆端截面的对称平面 xoy 面或 xoz 面内，且与杆轴线不重合，这种偏心受压就称为**单向偏心压缩**。

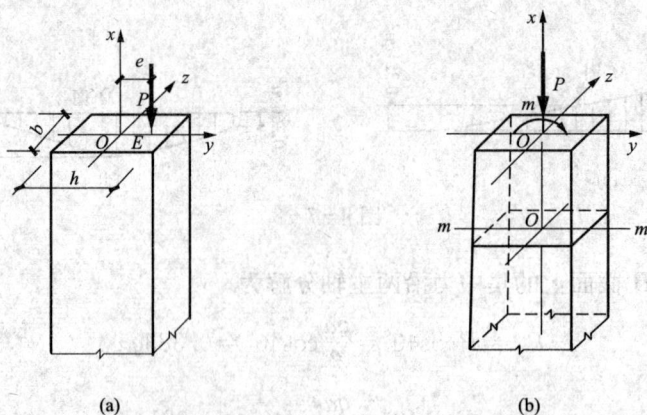

图Ⅱ-7-9

单向偏心压缩是偏心压缩的一种特殊情况。下面就着重来分析单向偏心压缩时的强度问题。

1. 外力的简化

在图Ⅱ-7-9（a）所示偏心受压杆中，偏心压力 P 作用在 y 轴上的 E 点处，E 点到端截面形心 O 的距离为 e，e 称为**偏心距**。将力 P 向端截面形心 O 简化（平移），根据力的平移定理，可得到一个轴向压力 P 与作用面位于 xOy 平面内的力偶 m，此力偶的力偶矩为 $m_e = Pe$ [见图Ⅱ-7-9（b）]。

2. 内力分析

在距压杆顶端为任意位置处作 $m—m$ 截面，并取上部为隔离体如图Ⅱ-7-10（a）所示，从图中可以看出，隔离体要保持平衡，$m—m$ 截面上一定存在有轴力 N 和作用面位于 xoy 平面内的弯矩 M_z。

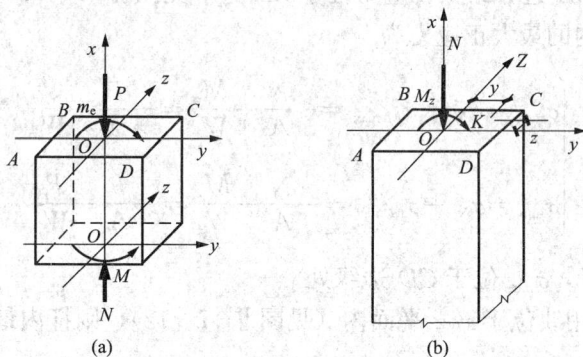

图Ⅱ-7-10

由

$$\sum X_i = 0 \Rightarrow N - P = 0$$
$$\Rightarrow N = P（压力）$$

由

$$\sum M_o = 0 \Rightarrow M_z - m_e = 0$$
$$\Rightarrow M_z = m_e = Pe$$

轴力 N 使杆件产生压缩变形，弯矩 M_z 使杆件产生弯曲变形。因此，杆件产生单向偏心压缩时的变形就是轴向压缩变形与平面弯曲变形的组合变形。

3. 应力分析

为分析方便，现取 $m—m$ 截面下部为隔离体如图Ⅱ-7-10（b）所示。在 $m—m$ 截面上第一象限内任取一点 k，k 点的坐标为 y、z，现欲求 k 点处的正应力 σ_k。

轴力 N 引起的正应力 $\sigma_N = -\dfrac{N}{A} = -\dfrac{P}{A}$

弯矩 M_z 引起的正应力 $\sigma_M = -\dfrac{M_z y}{I_z}$

在偏心力 P 的作用下，根据力的叠加原理有

$$\sigma_k = \sigma_N + \sigma_M = -\frac{P}{A} - \frac{M_z y}{I_x}$$

对于一般截面形状的单向偏心受压杆，若偏心力 P 的作用线位于 xOy 或 xOz 平面内任意位置，且所求应力点也位于任意象限内，那么，所求任意点处的正应力为

$$\sigma = -\frac{N}{A} \pm \frac{M_z y}{I_z} \quad \text{或} \quad \sigma = -\frac{N}{A} \pm \frac{M_y z}{I_y} \qquad (\text{Ⅱ}-7-9)$$

式中　A——压杆横截面面积；

I_z、I_y——压杆横截面图形对 z、y 轴的惯性矩。

应用式（Ⅱ-7-9）计算时，为避免坐标符号引起的麻烦，式中弯曲正应力的正、负号取舍可直接根据 M 的转向判别，但坐标 z、y 应代入绝对值。

4. 强度计算

(1) 最大正应力。从图Ⅱ-7-10 (b) 中可以看出，压杆任意横截面上有轴向压力 P 所引起的压应力 σ_N 是均匀分布的，各点处均相同〔见图Ⅱ-7-11 (a)〕。而由弯矩 M_z 所引起的最大拉应力位于 AB 边，最大压应力位于 CD 边〔见图Ⅱ-7-11 (b)〕。因此，在偏心压力的作用下，压杆内的最大正应力为

$$\begin{cases} \sigma_{\max} = \sigma_N + \sigma_{M\,\max} = -\dfrac{N}{A} + \dfrac{M_z}{W_z} = -\dfrac{P}{A} + \dfrac{P_e}{W_z} \\[3mm] \sigma_{\min} = \sigma_N + \sigma_{M\,\max} = -\dfrac{N}{A} - \dfrac{M_z}{W_z} = -\dfrac{P}{A} - \dfrac{P_e}{W_z} \end{cases} \qquad (\text{Ⅱ}-7-10)$$

$\sigma_{\max}$ 位于 AB 边缘，$\sigma_{\min}$ 位于 CD 边缘处。

若偏心力 P 的作用线位于 xoz 平面内（见图Ⅱ-7-12），则杆内最大、最小正应力的计算公式可写为

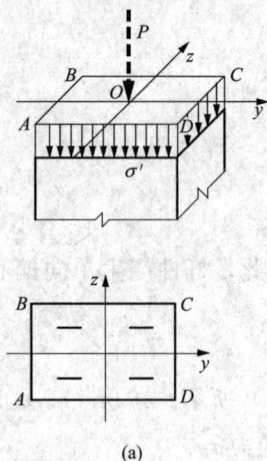

(a)

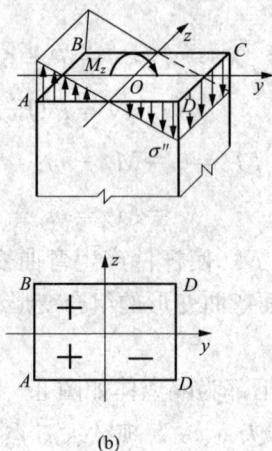

(b)

图Ⅱ-7-11

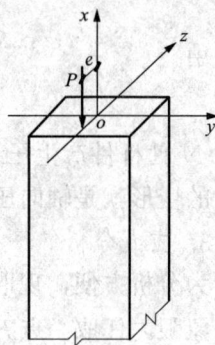

图Ⅱ-7-12

$$\begin{cases} \sigma_{\max} = -\dfrac{N}{A} + \dfrac{M_y}{W_y} = -\dfrac{P}{A} + \dfrac{Pe}{W_y} \\[3mm] \sigma_{\min} = -\dfrac{N}{A} - \dfrac{M_y}{W_y} = -\dfrac{P}{A} - \dfrac{Pe}{W_y} \end{cases} \qquad (\text{Ⅱ}-7-11)$$

$\sigma_{\max}$ 位于 BC 边缘，$\sigma_{\min}$ 位于 AD 边缘处。

(2) 强度条件。从以上应力分析可以看出，杆件在单向偏心压缩时，最大拉应力和最大压应力均产生在任一截面边缘处，危险点处于单向应力状态。因此，强度条件为

$$\begin{cases} \sigma_{\max} = -\dfrac{N}{A} + \dfrac{M_z}{W_z} = -\dfrac{P}{A} + \dfrac{Pe}{W_z} \leqslant [\sigma_L] \\[3mm] \sigma_{\min} = -\dfrac{N}{A} - \dfrac{M_z}{W_z} = -\dfrac{P}{A} - \dfrac{Pe}{W_z} \leqslant [\sigma_y] \end{cases} \qquad (\text{Ⅱ-7-12})$$

5. 对 $b \times h$ 矩形截面偏心受压杆偏心距 e 的讨论

如图Ⅱ-7-13（a）所示 $b \times h$ 矩形截面偏心受压杆，任一截面上的 $N = P$，$M_z = Pe$，$A = bh$，$W_z = \dfrac{bh^2}{6}$

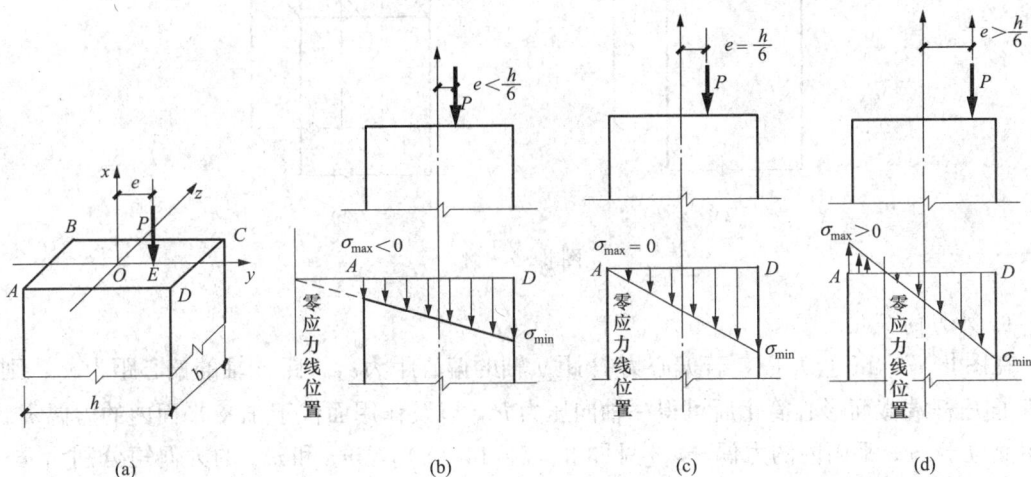

图Ⅱ-7-13

根据式（Ⅱ-7-10）可得

$$\sigma_{\max(\min)} = -\frac{N}{A} \pm \frac{M_z}{W_z} = -\left(\frac{P}{bh} \mp \frac{6Pe}{bh^2}\right) = -\frac{P}{bh}\left(1 \mp \frac{6e}{h}\right)$$

AB 边缘上最大正应力 $\sigma_{\max}$ 的正负号，由式中 $\left(1 - \dfrac{6e}{h}\right)$ 决定，可能出现三种情况：

（1）当 $e < \dfrac{h}{6}$ 时，$\sigma_{\max}$ 为压应力。截面上应力分布如图Ⅱ-7-13（b）所示，整个截面上均为压应力。

（2）当 $e = \dfrac{h}{6}$ 时，$\sigma_{\max}$ 为零。截面上应力分布如图Ⅱ-7-13（c）所示，整个截面上均为压应力，一个边缘处应力为零。

（3）当 $e > \dfrac{h}{6}$ 时，$\sigma_{\max}$ 为拉应力。截面上应力分布如图Ⅱ-7-13（d）所示。整个截面上有压应力及拉应力两种应力同时存在。

可见，偏心距 e 的大小决定着截面上有无拉应力，而 $e = \dfrac{h}{6}$ 成为有无拉应力的分界线。

（二）偏心受压的一般情况

如图Ⅱ-7-14（a）所示偏心受压杆，偏心力 P 作用于压杆端截面 G 点，其作用线既不

位于 xOy 平面内，也不位于 xOz 平面内，这种偏心受压为偏心受压的一般情况。一般偏心受压杆的分析与计算与单向偏心受压杆的分析与计算相类似。

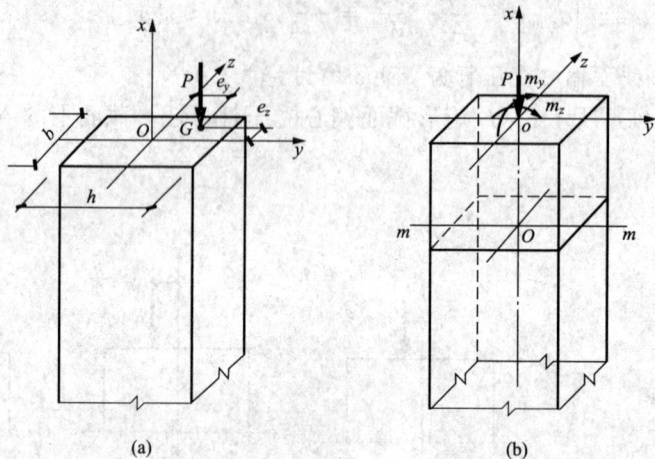

图Ⅱ- 7 - 14

1. 外力的简化

在图Ⅱ- 7 - 14 （a）中，若偏心力 P 距 y 轴的偏心距为 e_z，距 z 轴的偏心距为 e_y，则将力 P 向压杆端截面形心简化后可得一轴向压力 P，以及作用面位于 xoy 平面内的力偶 m_z 和作用面位于 xoz 平面内的力偶 m_y ［见图Ⅱ- 7 - 14 （b）］，m_z 和 m_y 的力偶矩分别为 $m_z = Pe_y$、$m_y = Pe_z$。

2. 内力分析

距压杆端截面任意位置处作 m—m 截面，并取上部为隔离体如图Ⅱ- 7 - 15 （a）所示，从隔离体的平衡条件可知，m—m 截面上作用有轴力 $N = P$，及作用面位于 xoy 平面内的弯矩 $M_z = m_z = Pe_y$，和作用面位于 xoz 平面内的弯矩 $M_y = m_y = Pe_z$。

压杆在这三个内力作用下所产生的变形为轴向压缩变形与两个平面弯曲变形的组合变形。

3. 应力分析

为分析方便，现取 m—m 截面下部为隔离体并将三个内力分别作用如图Ⅱ- 7 - 15 （b）、（c）、（d）所示。现欲求截面上任一点 K（K 点坐标为 y、z）的正应力。从图中可以看出：

N 单独作用时：
$$\sigma_N = -\frac{N}{A} = -\frac{P}{A}$$

M_z 单独作用时：
$$\sigma_{M_z} = -\frac{M_z y}{I_z}$$

M_y 单独作用时：
$$\sigma_{M_y} = -\frac{M_y z}{I_y}$$

因此，在偏心力 P 作用下，根据叠加原理可求得 K 点处的应力为

$$\sigma_K = \sigma_N + \sigma_{M_z} + \sigma_{M_y} = -\frac{N}{A} - \frac{M_z y}{I_z} - \frac{M_y z}{I_y}$$

从以上分析可以看出，当偏心力 P 作用于端截面任意位置，那么，压杆任一截面上任

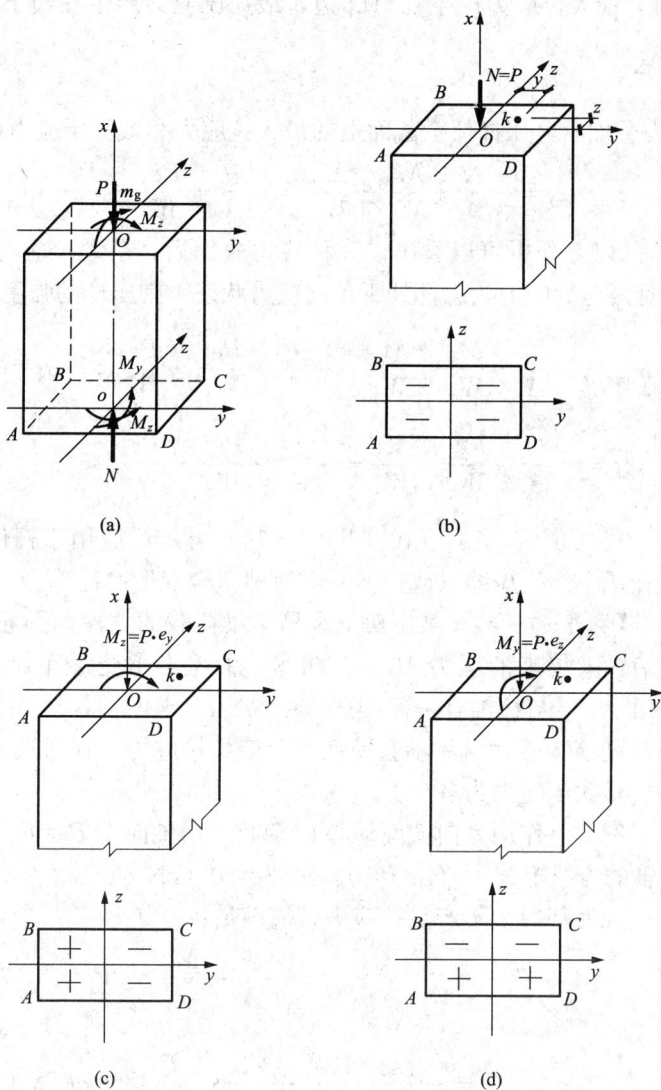

图Ⅱ-7-15

一点处的正应力为

$$\sigma = -\frac{N}{A} \pm \frac{M_z y}{I_z} \pm \frac{M_y z}{I_y}$$

（Ⅱ-7-13）

应用式（Ⅱ-7-13）计算时，弯矩项的正负号可根据 M_z 和 M_y 的转向和所求点的位置判定，计算时所求点的坐标 y、z 代入绝对值。

4. 强度计算

（1）最大正应力。从图Ⅱ-7-15（b）、（c）、（d）中可以看出：

N 单独作用时，整个截面只有压应力 σ_N，且各点处大小相同；

M_z 单独作用时，最大拉应力产生在 AB 边，最大压应力产生在边 DC，且 $|\sigma_{M_z \max}| =$

$|\sigma_{M_z \min}| = \dfrac{M_z}{W_z} = \dfrac{P e_y}{W_z}$ ；

M_y 单独作用时，最大拉应力产生在 AD 边，最大压应力产生在边 BC，且 $|\sigma_{M_y\max}| = |\sigma_{M_y\min}| = \dfrac{M_y}{W_y} = \dfrac{Pe_z}{W_y}$。

因此，三种应力叠加后，压杆任意截面上的最大拉应力和最大压应力可表述为

$$\sigma_{\max(\min)} = -\frac{N}{A} \pm \frac{M_z}{W_z} \pm \frac{M_y}{W_y} = -\frac{P}{A} \pm \frac{Pe_y}{W_z} \pm \frac{Pe_z}{W_y} \qquad (\text{II}-7-14)$$

（2）强度条件。从以上分析可以看出，三种应力叠加后，最大拉应力位于 A 点，最大压应力位于 C 点，且两点的应力状态都处于单向应力状态。则压杆的强度条件可表述为

$$\begin{cases} \sigma_{\max} = -\dfrac{N}{A} + \dfrac{M_z}{W_z} + \dfrac{M_y}{W_y} = -\dfrac{P}{A} + \dfrac{Pe_y}{W_z} + \dfrac{Pe_z}{W_y} \leqslant [\sigma_L] \\[4mm] \sigma_{\min} = -\dfrac{N}{A} - \dfrac{M_z}{W_z} - \dfrac{M_y}{W_y} = -\dfrac{P}{A} - \dfrac{Pe_y}{W_z} - \dfrac{Pe_z}{W_y} \leqslant [\sigma_y] \end{cases} \qquad (\text{II}-7-15)$$

式（II-7-13）、式（II-7-14）可推广应用于杆件在其他形式的荷载作用下产生压缩（或拉伸）与弯曲组合变形的计算。

【例 II-7-4】 某厂房支承吊车梁荷载的立柱如图 II-7-16 所示，柱顶有屋架传来的压力 $P_1 = 100\text{kN}$，牛腿上承受吊车梁传来的压力 $P_2 = 30\text{kN}$，P_2 与柱轴有一偏心距 $e = 0.2\text{m}$。现已知柱宽 $b = 180\text{mm}$，试问截面高度 h 为多大时才不会使截面上产生拉应力？在所选 h 尺寸下，柱截面中的最大压应力为多少？

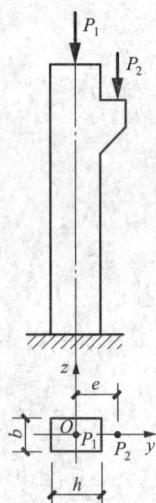

解 将作用力向截面形心 O 简化，得轴向力 $P = P_1 + P_2 = 130\text{kN}$，对 z 轴的力偶矩 $M_z = P_2 e = 100 \times 0.2 = 20$（kN·m）。

要使截面上不产生拉应力，应满足：

$$\sigma_{\max} = -\frac{P}{A} + \frac{M_z}{W_z} \leqslant 0$$

即

$$\sigma_{\max} = -\frac{130 \times 10^3}{0.18h} + \frac{20 \times 10^3}{\dfrac{0.18h^2}{6}} \leqslant 0 \Rightarrow h \geqslant 0.92\text{m}$$

图 II-7-16

取 $h = 0.92\text{m}$，此时截面中的最大压应力为

$$\sigma_{\min} = -\frac{P}{A} - \frac{M_z}{W_z} = -\frac{130 \times 10^3}{0.18 \times 0.92} - \frac{20 \times 10^3}{\dfrac{0.18 \times 0.92^2}{6}} = -1.57 \times 10^6\,(\text{Pa}) = -1.57\,(\text{MPa})$$

【例 II-7-5】 某公路挡土墙截面尺寸如图 II-7-17（a）所示，C 为形心。土壤对墙的侧压力每米长为 $P = 30\text{kN}$，作用点简化在离底面 $\dfrac{h}{3}$ 处。挡土墙材料的容重 $\gamma = 25\text{kN/m}^3$。试求基础面 $m—n$ 上的最大正应力。

解 挡土墙很长，通常取单位长度 1m 进行计算。

每米墙自重为

$$G = \frac{1}{2}(b_1 + b_2)h\gamma = 4.5 \times 25 = 112.5\,(\text{kN})$$

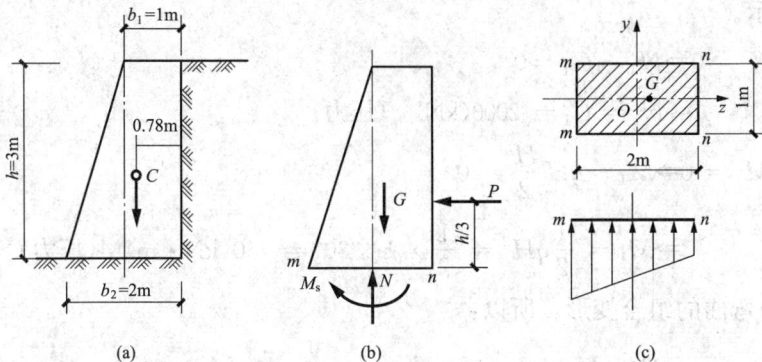

图Ⅱ-7-17

每米挡土墙受土壤侧压力为

$$P = 30\text{kN}$$

由图Ⅱ-7-17（b）的平衡条件可求得基础面 $m-n$ 上的内力为

$$N = G = 112.5(\text{kN}) \quad （压力）$$

$$M_y = P \times \frac{h}{3} - Ge = 30 \times \frac{3}{3} - 112.5(1-0.78) = 5.25(\text{kN} \cdot \text{m})$$

基础面图Ⅱ-7-17（c）面积 $A = b_2 \times 1 = 2\text{m}^2$

$$W_y = \frac{1}{6} \times 1 \times b_2^2 = \frac{1}{6} \times 1 \times 2^2 = 0.67(\text{m}^3)$$

基础面 $m-m$ 边上的最大压应力为

$$\sigma_{m-m} = -\frac{N}{A} - \frac{M_y}{W_y} = -\frac{112.5 \times 10^3}{2} - \frac{5.25 \times 10^3}{0.67}$$

$$= -56.25 \times 10^3 - 7.84 \times 10^3 = -64.10 \times 10^3(\text{Pa}) = -64.10(\text{kPa})$$

$n-n$ 边上的应力为

$$\sigma_{n-n} = -\frac{N}{A} + \frac{M_y}{W_y} = -56.25 \times 10^3 + 7.84 \times 10^3$$

$$= -48.40 \times 10^3(\text{Pa}) = -48.40(\text{kPa})$$

【例Ⅱ-7-6】　某工厂砖砌烟筒如图Ⅱ-7-18（a）所示。若已知烟筒高 $H = 30\text{m}$，烟筒底部1-1截面的外径 $D = 3\text{m}$，内径 $d = 2\text{m}$，自重 $G_1 = 2000\text{kN}$，所受横向风力（简化为均布荷载）的荷载集度 $q = 1\text{kN/m}$。试求：

（1）烟筒底部1-1截面上的最大压应力；

（2）若烟筒的基础埋深 $h = 4\text{m}$，基础及填土自重按 $G_2 = 1000\text{kN}$ 计算，土壤的容许压应力 $[\sigma_y] = 0.3\text{MPa}$，圆形基础的直径 d_1 应为多大？

解　作 1-1 截面，取出隔离体如

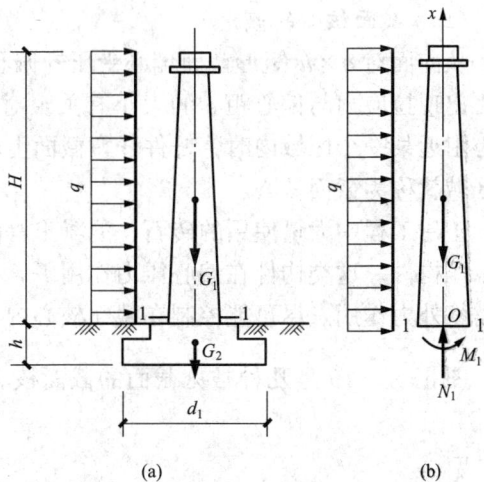

（a）　　　　（b）

图Ⅱ-7-18

图 Ⅱ - 7 - 18（b）所示。

由 $\sum X_i = 0 \Rightarrow N_1 - G_1 = 0$

$$\Rightarrow N_1 = G_1 = 2000(\text{kN}) \quad (压力)$$

由 $\sum M_0 = 0 \Rightarrow M_1 - qH\dfrac{H}{2} = 0$

$$\Rightarrow M_1 = \frac{1}{2}qH^2 = \frac{1}{2} \times 1 \times 30^2 = 450(\text{kN} \cdot \text{m}) \quad (压力)$$

烟筒产生轴向压缩与弯曲的组合变形，所以：

$$\sigma_{\min} = -\frac{N}{A} - \frac{M_1}{W} = -\frac{N_1}{\frac{1}{4}\pi(D^2 - d^2)} - \frac{M_1}{\frac{\pi D^3}{32}(1 - \alpha^4)}$$

$$= -\frac{4 \times 2000 \times 10^3}{\pi(3^2 - 2^2)} - \frac{32 \times 450 \times 10^3}{\pi \times 3^3 \left[1 - \left(\frac{2}{3}\right)^4\right]}$$

$$= -0.51 \times 10^6 - 0.21 \times 10^6 = -0.72 \times 10^6(\text{Pa}) = -0.72(\text{MPa})$$

（3）以烟筒及基础整体为研究对象，根据平衡条件求得

基础底面的轴向压力： $N = G_1 + G_2 = 2000 + 1000 = 3000(\text{kN})$

基础底面的弯矩：$M = qH\left(\dfrac{H}{2} + h\right) = 1 \times 30 \times \left(\dfrac{30}{2} + 2\right) = 510(\text{kN} \cdot \text{m})$

根据题意有：

基础底面的最大压应力：$\sigma_{\min} = -\dfrac{N}{A} - \dfrac{M}{W} = -\dfrac{4N}{\pi d_1^2} - \dfrac{32M}{\pi d_1^3} \leqslant [\sigma_y]$

$$\Rightarrow d_1^3 + 12.73 d_1 + 17.32 \geqslant 0$$

解不等式得

$$d_1 \geqslant 4.16\text{m}$$

取 $d_1 = 4.20\text{m}$。

（三）截面核心的概念

从前面对 $b \times h$ 矩形截面偏心受压杆偏心距 e 的讨论可以看出，偏心受压杆任意截面上是否出现拉应力与偏心距 e 的大小有关。对于一般偏心受压杆，当外力 P 作用在杆端截面形心附近某一个区域内时，杆件任意截面上就只有压应力而无拉应力，则这个外力作用的特定区域就称为截面核心。

土建工程中大量使用的砖石、混凝土等脆性材料，其抗拉能力远低于抗压能力，主要用作承压构件。这类构件在偏心压力作用下，截面中最好不出现拉应力，以避免拉裂。为此，就需将外力作用点尽可能控制在截面核心内。

图 Ⅱ - 7 - 19 是几种常见截面的截面核心图形及其尺寸。i_y 与 i_z 为惯性半径，$i_y^2 = \dfrac{I_y}{A}$，

$i_z^2 = \dfrac{I_z}{A}$。

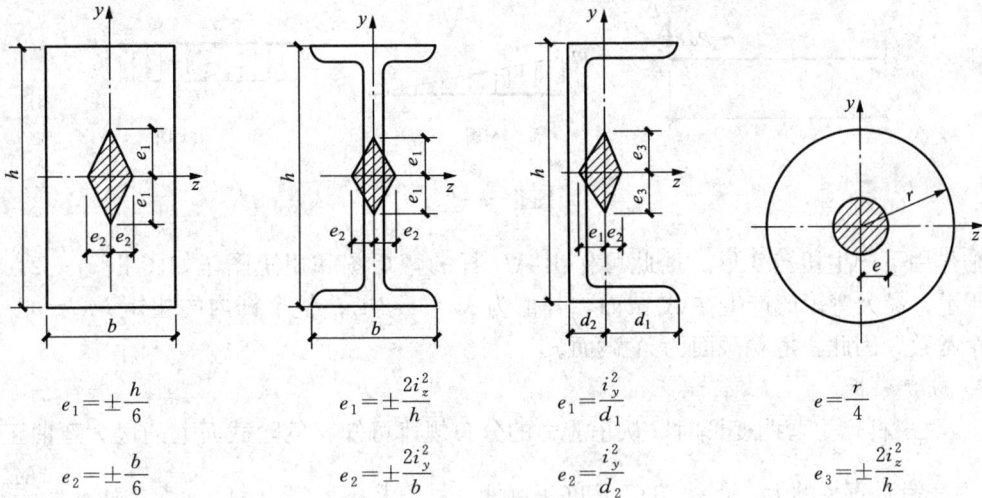

$$e_1 = \pm\frac{h}{6}$$

$$e_2 = \pm\frac{b}{6}$$

$$e_1 = \pm\frac{2i_z^2}{h}$$

$$e_2 = \pm\frac{2i_y^2}{b}$$

$$e_1 = \pm\frac{i_z^2}{d_1}$$

$$e_2 = \pm\frac{i_y^2}{d_2}$$

$$e = \frac{r}{4}$$

$$e_3 = \pm\frac{2i_z^2}{h}$$

图Ⅱ-7-19

四、弯曲与扭转的组合变形

在前面学习扭转变形时，我们着重讨论了受扭圆轴产生扭转变形时的强度和刚度问题。在分析过程中我们注意到轴所承受的外力偶的作用面位于垂直于杆轴线的平面内，在此条件下，轴内任一截面上只有一种内力——扭矩，在扭矩的作用下，只产生单一的扭转变形。但在实际工程中，许多工程机械中的传动轴在产生扭转变形的同时往往还伴随着弯曲变形的产生。例如图Ⅱ-7-20（a）一端固定，一端自由的轴 AB 在其自由端安装有一半径为 R 的圆轮，当轮边缘水平直径端 c 处作用有一集中力 P 时，轴 AB 所产生的变形即为扭转与弯曲的组合变形；图Ⅱ-7-20（b）所示带有直角刚臂的圆截面直杆 AB，当刚臂末端作用一集中力 P 时，杆 AB 所产生的变形也为扭转与弯曲的组合变形。

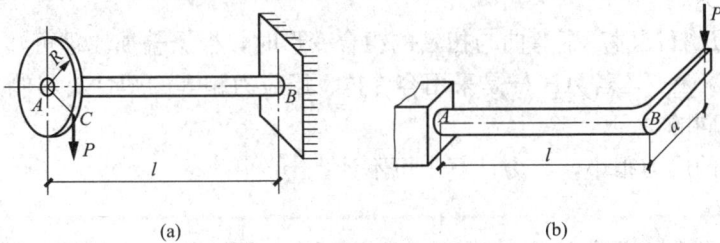

(a)   (b)

图Ⅱ-7-20

下面，就以图Ⅱ-7-20（b）所示 AB 杆为例对产生弯——扭组合变形的圆截面杆进行强度分析和计算。

1. 外力简化

在图Ⅱ-7-20（b）中，将作用于刚臂末端的集中力 P 平移至 AB 杆右端截面的形心 B 处，得到一作用于 B 点的集中力 P 和作用面位于垂直于 AB 杆轴线平面内的力偶 m，该力偶的力偶矩 $m_e = Pa$。据此可作出杆 AB 的受力图，如图Ⅱ-7-21（a）所示。

2. 内力分析

从图Ⅱ-7-21（a）可以看出，AB 杆在力 P 的单独作用下产生弯曲变形；而在力偶 m

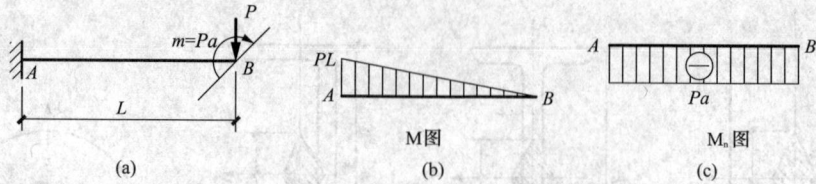

$$\text{图 II - 7 - 21}$$

的单独作用下产生扭转变形。据此可作出 AB 杆的弯矩图和扭矩图，如图 II - 7 - 21（b）、（c）所示。最大弯矩值产生在 A 截面，其值为 $M_{max} = PL$；整个杆内的扭矩 $M_n = m_e = Pa$ 为一个常数，因此，危险截面为 A 截面。

3. 应力分析

（1）AB 杆产生弯曲变形时，从正应力的分布规律可知，危险截面上的最大弯曲正应力 σ_w 产生在铅垂直径的上、下两端 C_1 和 C_2 点处〔见图 II - 7 - 22（a）〕，其值为 $\sigma_w = \dfrac{M_{max}}{W_z}$。

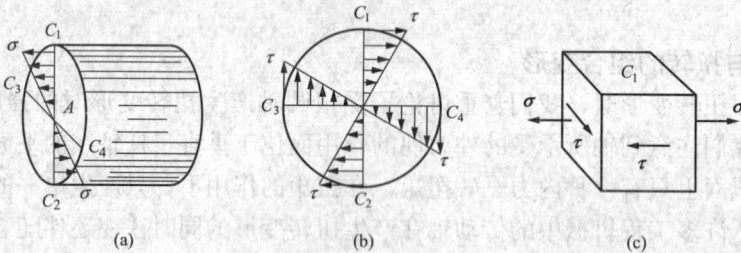

$$\text{图 II - 7 - 22}$$

（2）AB 杆产生扭转变形时，从剪应力的分布规律可知，危险截面上的最大剪应力 τ_n 产生在截面周边上各点处〔见图 II - 7 - 22（b）〕，其值为 $\tau_n = \dfrac{M_n}{W_p}$。

因此，当 AB 杆同时产生弯曲与扭转的组合变形时，根据叠加原理可知，危险截面上的危险点为 C_1、C_2 两点，若 AB 杆是采用容许拉、压应力相等的塑性材料制成的杆，这两点的危险程度是相同的。

因剪力引起的应力很小，应力计算中可不计。

4. 强度计算

围绕危险截面上的危险点 C_1（或 C_2）分别用横截面、径向纵截面和平行于表面的纵截面截取应力单元体如图 II - 7 - 22（c）所示。从图中可以看出，危险点 C_1 处于平面应力状态。若以 σ_w 代表 σ_{max}，τ_n 代表 τ_{max}，则由 $\sigma_{1(3)} = \dfrac{\sigma_w}{2} \pm \sqrt{\left(\dfrac{\sigma_w}{2}\right)^2 + \tau_n^2}$ 可得三个主应力为

$$\begin{cases} \sigma_1 = \dfrac{\sigma_w}{2} \pm \sqrt{\left(\dfrac{\sigma_w}{2}\right)^2 + \tau_n^2} = \dfrac{\sigma_w}{2} + \dfrac{1}{2}\sqrt{\sigma_w^2 + 4\tau_n^2} \\ \sigma_2 = 0 \\ \sigma_3 = \dfrac{\sigma_w}{2} - \sqrt{\left(\dfrac{\sigma_w}{2}\right)^2 + \tau_n^2} = \dfrac{\sigma_w}{2} - \dfrac{1}{2}\sqrt{\sigma_w^2 + 4\tau_n^2} \end{cases}$$

在实际工程中，产生弯—扭组合变形的杆件大多存在于机械传动轴中，而轴一般用塑性

材料制成，应选用第三或第四强度理论建立其强度条件。将以上计算的主应力值代入式
（Ⅱ-6-18）并经整理后可得：

$$\begin{cases} \sigma_{xd_3} = \sqrt{\sigma_w^2 + 4\tau_n^2} \\ \sigma_{xd_4} = \sqrt{\sigma_w^2 + 3\tau_n^2} \end{cases} \quad (Ⅱ-7-16)$$

因圆形截面的抗弯截面系数 $W_z = \dfrac{\pi d^3}{32}$；抗扭截面系数 $W_p = \dfrac{\pi d^3}{16} = 2W_z$，故式（Ⅱ-7-16）又可写为

$$\begin{cases} \sigma_{xd_3} = \dfrac{1}{W_z}\sqrt{M^2 + M_n^2} \\ \sigma_{xd_4} = \dfrac{1}{W_z}\sqrt{M^2 + 0.75M_n^2} \end{cases} \quad (Ⅱ-7-17)$$

根据式（Ⅱ-7-16）和式（Ⅱ-7-17）可以得到用塑性材料制成的圆截面杆产生弯—扭组合变形时的强度条件为

$$\begin{cases} \sigma_{xd_3} = \sqrt{\sigma_w^2 + 4\tau_n^2} \leqslant [\sigma] \\ \sigma_{xd_4} = \sqrt{\sigma_w^2 + 3\tau_n^2} \leqslant [\sigma] \end{cases} \quad (Ⅱ-7-18)$$

或

$$\begin{cases} \sigma_{xd_3} = \dfrac{1}{W_z}\sqrt{M^2 + M_n^2} \leqslant [\sigma] \\ \sigma_{xd_4} = \dfrac{1}{W_z}\sqrt{M^2 + 0.75M_n^2} \leqslant [\sigma] \end{cases} \quad (Ⅱ-7-19)$$

注意

　　式（Ⅱ-7-16）适用于如图Ⅱ-7-20（b）所示的平面应力状态，而不论正应力 σ 是由弯曲或是由其他变形引起的，剪应力 τ 是由扭转或是由其他变形引起的，也不论正应力和剪应力是正值还是负值。但对于式（Ⅱ-7-17）却只适用于弯曲与扭转变形下的圆截面直杆。因非圆截面杆即使产生弯—扭组合变形，由于不存在 $W_p = 2W_z$ 的关系，故式（Ⅱ-7-17）不再适用。

　　【例Ⅱ-7-7】 图Ⅱ-7-23（a）所示一钢制实心圆轴，轴上的齿轮 C 上作用有铅垂切向力 5kN，径向力 1.82kN；齿轮 D 上作用有水平切向力 10kN，径向力 3.64kN。齿轮 C 的节圆直径 $d_1 = 400$mm，齿轮 D 的节圆直径 $d_2 = 200$mm。设容许应力 $[\sigma] = 100$MPa，试按第四强度理论计算轴的直径 d。

　　解 首先将每个齿轮上的切向力向该轴的截面形心简化，从而得到一个力和一个力偶［见图Ⅱ-7-23（b）］。这样就可得到使轴产生扭转和在 xy、xz 两纵向对称平面内发生弯曲的三组外力。然后分别作出此轴在 xy 和 xz 两纵对称平面内的两个弯矩图和扭矩图，分别如图Ⅱ-7-23（c）、（d）、（e）所示。在这里弯矩图仍画在杆的受拉一侧。

　　由于通过圆轴轴线的任一平面都是纵向对称平面，所以当轴上的外力位于相互垂直的两纵对称平面时，可将各平面内的外力所引起的同一横截面上的弯矩按向量相加以求得总弯矩，从而直接用此总弯矩来计算该横截面上的正应力。由此轴的两个弯矩图［见图Ⅱ-7-23（c）、（d）］可知，

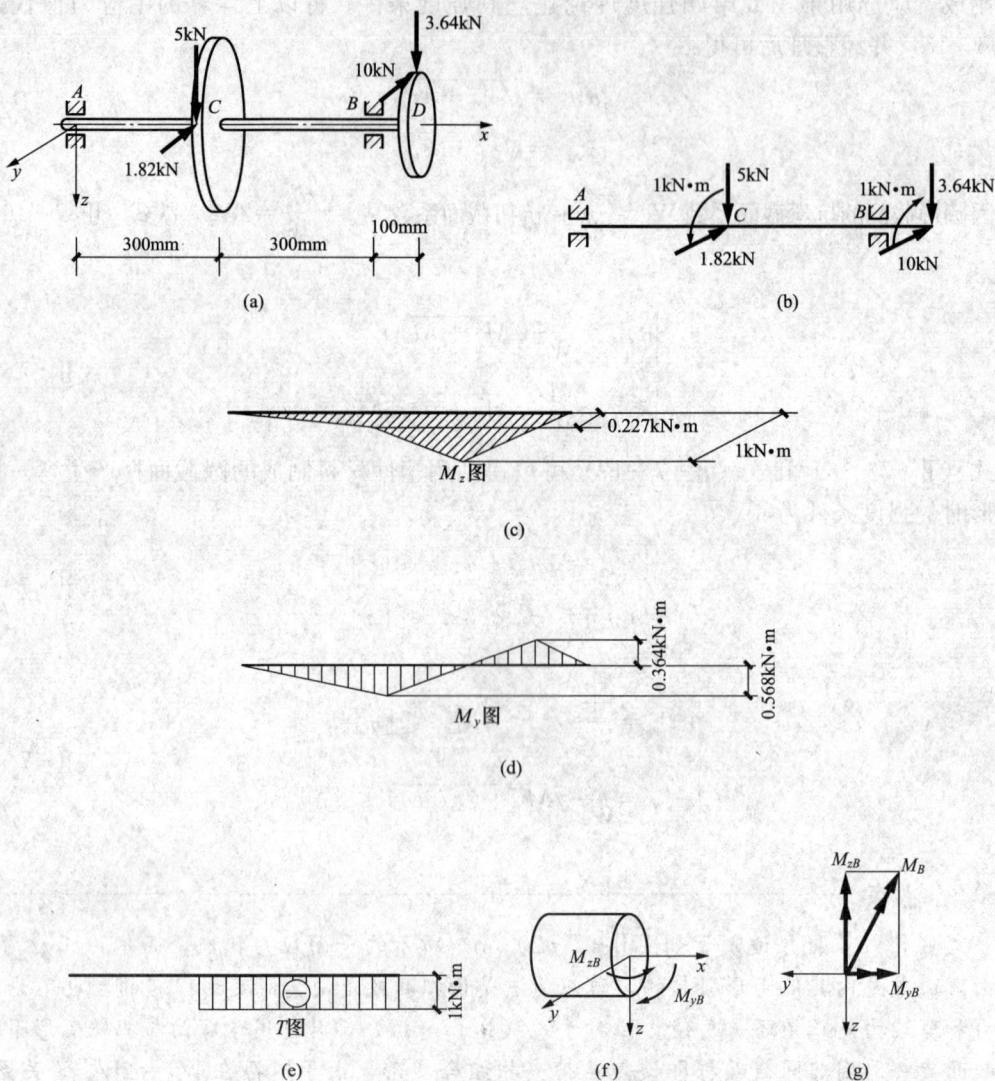

图Ⅱ-7-23

根据向量和算得的截面 B 上的总弯矩必大于截面 C 上的总弯矩，故轴的最大总弯矩在横截面 B 上。

现在求截面 B 上的总弯矩 M_B。由图Ⅱ-7-23（c）、（d）可知，当以截面 B 左边为隔离体时，其上的两个弯矩 M_{yB} 和 M_{zB} 应如图Ⅱ-7-23（f）所示，它们的向量和就是截面 B 上的总弯矩 M_B［见图Ⅱ-7-23（g）］，其值为

$$M_B = \sqrt{M_{yB}^2 + M_{zB}^2} = \sqrt{0.364^2 + 1^2} = 1.064(\text{kN} \cdot \text{m}) = 1064(\text{N} \cdot \text{m})$$

另一方面，在 CD 段内各横截面上的扭矩都相同，所以截面 B 是危险截面，其扭矩为

$$M_{nB} = -1\text{kN} \cdot \text{m} = -1000\text{N} \cdot \text{m}$$

算得了危险截面 B 上的总弯矩 M_B 和扭矩 M_{nB} 就可按式（Ⅱ-7-17）来建立强度条件：

$$\sigma_{xd4}=\frac{1}{W_z}\sqrt{M_B^2+0.75M_{nB}^2}=\frac{\sqrt{1064^2+0.75\times(-1000^2)}}{W_z}=\frac{1372}{W_z}\leqslant[\sigma]$$

对于实心圆轴，$W_z=\dfrac{\pi d^3}{32}$，由此可按上述强度条件求得所需的直径为

$$d\geqslant\sqrt[3]{\frac{32\times1372}{\pi\times100\times10^6}}=51.90\times10^{-3}(\mathrm{m})=51.90(\mathrm{mm})$$

取 $d=52\mathrm{mm}$。

【例Ⅱ-7-8】 试用第三强度理论确定图Ⅱ-7-24所示手摇卷扬机所能起吊的容许荷载 $[P]$。已知机轴为直径 $d=30\mathrm{mm}$ 的圆钢，材料的容许正应力 $[\sigma]=160\mathrm{MPa}$。

解 将力 P 向轴心 C 简化，得到作用于 C 的一个垂直力 P 和一力偶 m，该力偶的力偶矩 $m_e=PR$。由平衡关系可知，PR 将由 T 力对轴心的力矩来平衡。很明显，垂直力 P 使 AB 轴产生弯曲变形；力偶矩 PR（作用面垂直于 AB 轴）使 AC 段轴产生扭转变形。

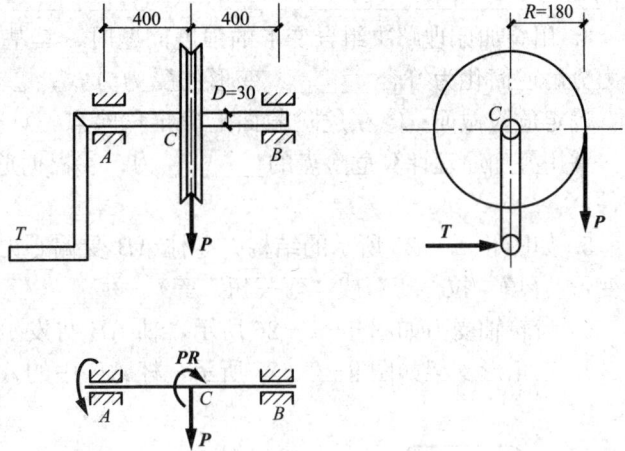

图Ⅱ-7-24

轴内最大弯矩在截面 C 处：

$$M_{\max}=\frac{1}{4}P\times0.8=0.2P\mathrm{N}\cdot\mathrm{m}$$

AC 段各截面上扭矩相同，均为

$$M_n=m_e=PR=0.18P\mathrm{N}\cdot\mathrm{m}$$

危险面在 C 截面。

圆轴的抗弯截面系数：

$$W_z=\frac{\pi d^3}{32}=\frac{\pi\times30^3}{32}=2650(\mathrm{mm}^3)$$

用第三强度理论计算时，强度条件为

$$\frac{1}{W_z}\sqrt{M^2+M_n^2}\leqslant[\sigma]$$

将各数代入，得

$$\frac{1}{2650\times10^{-9}}\sqrt{(0.2P)^2+(0.18P)^2}\leqslant160\times10^6$$

解得

$$P\leqslant\frac{424}{0.269}=1580(\mathrm{N})=1.58(\mathrm{kN})$$

取 $[P]=1.50\mathrm{kN}$。

练 习 题

一、填空题

1. 杆件在外力作用下同时产生两种或两种以上的基本变形情况称为_____变形。

2. 解决组合变形的基本原理是_____。

3. 工程中常见的组合变形主要有_____、

_____、_____。

4. 用叠加原理解决组合变形的强度问题时，其基本思路是：①先将作用在组合变形上的力分解或简化为符合_____变形的受力方式；②分别计算各外力对应的最大_____力，确定危险截面；③在危险截面上确定危险点，计算危险点在各_____变形对应的应力，并用叠加原理计算危险点的_____力；④根据危险点的应力状态建立相应的_____条件。

5. 如图Ⅱ-7-25 所示的结构，立柱 AB 受偏心力作用时，立柱 AB 会发生_____组合变形。（填"拉—弯"或"弯—扭"等）

6. 齿轮轴受力如图Ⅱ-7-26 所示，轴 AB 将发生_____组合变形。

7. 三角形支架如图Ⅱ-7-27 所示，杆 AB 中的 AC 部分将发生_____组合变形。

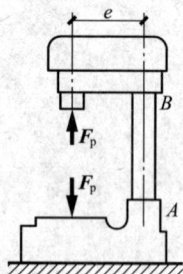 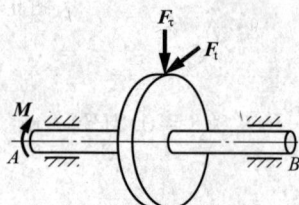 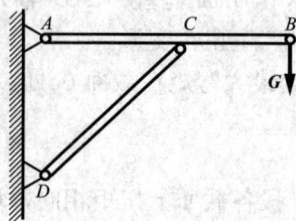

图Ⅱ-7-25　　　　　　图Ⅱ-7-26　　　　　　图Ⅱ-7-27

8. 图Ⅱ-7-28 所示中的立柱各属于（a）_____变形；（b）_____变形；（c）_____变形。

9. 图Ⅱ-7-29 所示的梁中，最大拉应力的位置在_____点；最大压应力的位置在_____点。

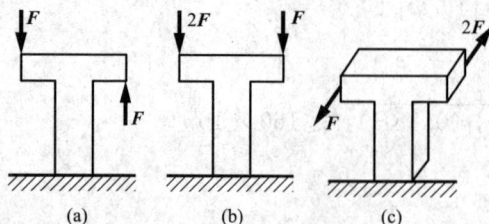 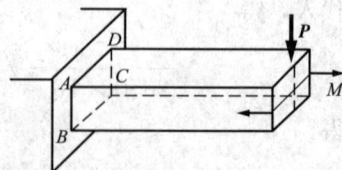

图Ⅱ-7-28　　　　　　　　　　图Ⅱ-7-29

10. 斜弯曲的受力特点：外力的作用线通过弯曲中心，但不与_____轴平行或重合。

11. 斜弯曲的变形特点：梁的弯曲平面与外力作用面_____。（填"重合"或"不重合"）

12. 梁发生斜弯曲时，其强度主要由_____应力控制。

13. 斜弯曲变形时的强度条件表达式为_____。

14. 偏心压缩或偏心拉伸，是指作用在直杆上的外力作用线与杆轴线_____且_____时，杆件所发生的变形。

15. 单向偏心压缩是_____和_____的组合变形。

16. 杆件在单向偏心受压时，危险点总是发生在任意截面的_____处。

17. 单向偏心压缩时的强度条件表达式为_____；一般偏心压缩时的强度条件表达式为_____。

18. 图Ⅱ-7-30 所示的杆 ABC 两部分厚度都为 b，但宽度不同，AB 段的宽度为 h，BC 段的宽度为 h'，且 $h = \dfrac{h'}{2}$，外力 P 为已知。则 1—1 截面上应力的表达式为 $\sigma =$ _____；2—2 截面上应力的表达式为 $\sigma_{2L} =$ _____；$\sigma_{2R} =$ _____。

19. 杆件受到偏心压力作用时，当外力作用点位于包围截面形心的某一区域上时，可保证截面不出现_____应力，这一区域称为_____。

20. 圆形截面弯扭组合变形时，按第三强度理论，其强度条件表达式为_____；按第四强度理论，其强度条件表达式为_____。

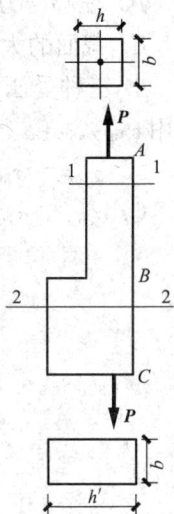

图Ⅱ-7-30

二、判断题（对的在括号内打"√"，错的打"×"）

1. 有关组合变形的强度计算和变形计算在任何情况下都可以应用叠加原理。　　　　　　　　　　　　　　　　　　　　　（　　）

2. 发生平面弯曲时，外力必须作用在形心主平面内且与梁的轴线垂直。（　　）

3. 斜弯曲实际上是两个方向平面弯曲的组合变形。　　　　　　　（　　）

4. 斜弯曲变形时，横截面上的正应力的正负号由坐标 y 或 z 的正负决定。（　　）

5. 具有两个对称轴的截面，斜弯曲时的危险点一定发生在角点处。（　　）

6. 偏心压缩时，由轴向压力 P 引起的应力和由弯矩 M 引起的应力在横截面上的分布都是非均匀分布。　　　　　　　　　　　　　　　　　　（　　）

7. 一般偏心受压的特点是，在单向偏心受压的基础上多了一个方向的平面弯曲。（　　）

8. 截面核心就是指截面内的某一点。　　　　　　　　　　　　（　　）

三、单项选择题

1. 以下答案中不符合叠加原理的条件是（　　）。

A. 材料符合胡克定律　　　　　　　B. 小变形

C. 弹性变形　　　　　　　　　　　D. 塑性变形

2. 斜弯曲变形时，危险点的单元体应力状态属于（　　）。

A. 单向应力状态　　　　　　　　　B. 二向应力状态

C. 三向应力状态　　　　　　　　　　D. 空间应力状态

3. 发生单向偏心受压时，其偏心距的方向有（　　）个方向。

A. 1　　　　　　B. 2　　　　　　C. 3　　　　　　D. 无穷多

4. 发生一般偏心受压时，其偏心距的方向有（　　）个方向。

A. 1　　　　　　B. 2　　　　　　C. 3　　　　　　D. 无穷多

5. 在单向偏心受压中，决定截面是否出现拉应力的是（　　）。

A. 偏心压力的大小　　　　　　　　　B. 偏心距的大小

C. 截面的大小　　　　　　　　　　　D. 截面的形状

6. 三种受压杆如图Ⅱ-7-31所示，设杆1、杆2和杆3中的最大压应力（绝对值）分别用 σ_{1max}、σ_{2max}、σ_{3max} 表示，其关系正确的是（　　）。

A. $\sigma_{1max} = \sigma_{2max} = \sigma_{3max}$

B. $\sigma_{1max} > \sigma_{2max} = \sigma_{3max}$

C. $\sigma_{2max} > \sigma_{1max} = \sigma_{3max}$

D. $\sigma_{21max} < \sigma_{1max} = \sigma_{3max}$

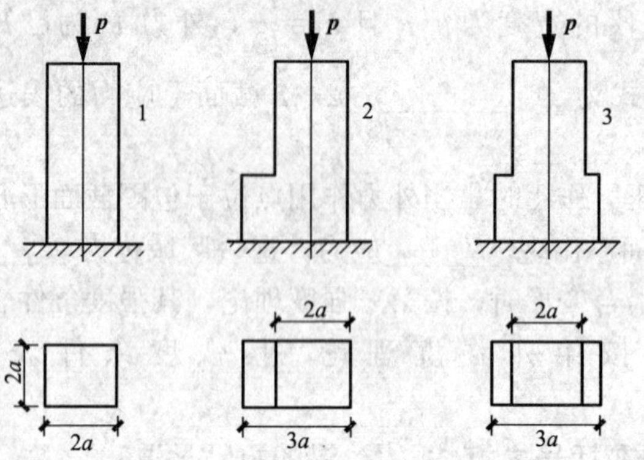

图Ⅱ-7-31

7. 图Ⅱ-7-32所示的杆件中，最大的拉应力发生在危险截面的（　　）点。

A. A 点　　　　B. B 点　　　　C. C 点　　　　D. D 点

8. 铸铁杆受力如图Ⅱ-7-33所示，危险点的位置是（　　）。

A. ①点　　　　B. ②点　　　　C. ③点　　　　D. ④点

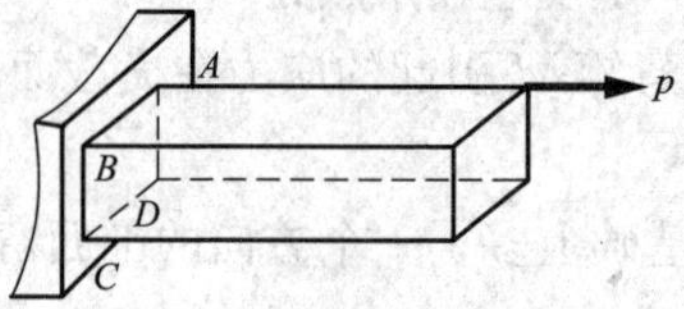

图Ⅱ-7-32 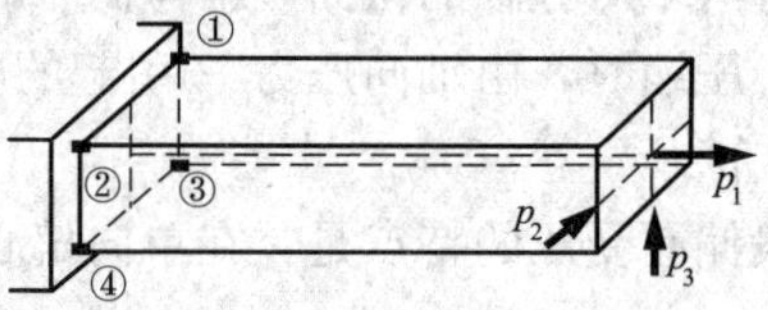　　　　　　　　　　图Ⅱ-7-33

9. 图Ⅱ-7-34所示矩形截面偏心受压杆件发生的变形是（　　）。

A. 轴向压缩和平面弯曲

B. 轴向压缩、平面弯曲和扭转组合

C. 轴向压缩、斜弯曲和扭转组合

D. 轴向压缩和斜弯曲

10. 图Ⅱ-7-35所示的正方形截面杆产生受弯—扭组合变形，在进行强度计算时，其任意截面的危险点位置是（　　）。

  A. 横截面形心 C 点　　　　　　B. 横边中点 B 点

  C. 竖边中点 A 点　　　　　　　D. 横截面的角点 D 点

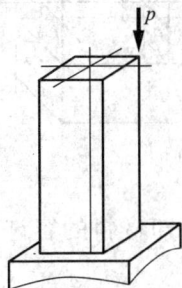

图Ⅱ-7-34

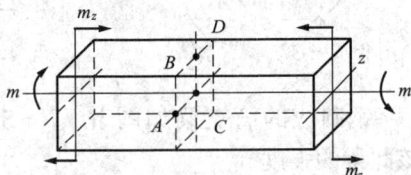

图Ⅱ-7-35

11. 图Ⅱ-7-36 所示折杆，危险截面上危险点的应力状态正确的是（　　）。

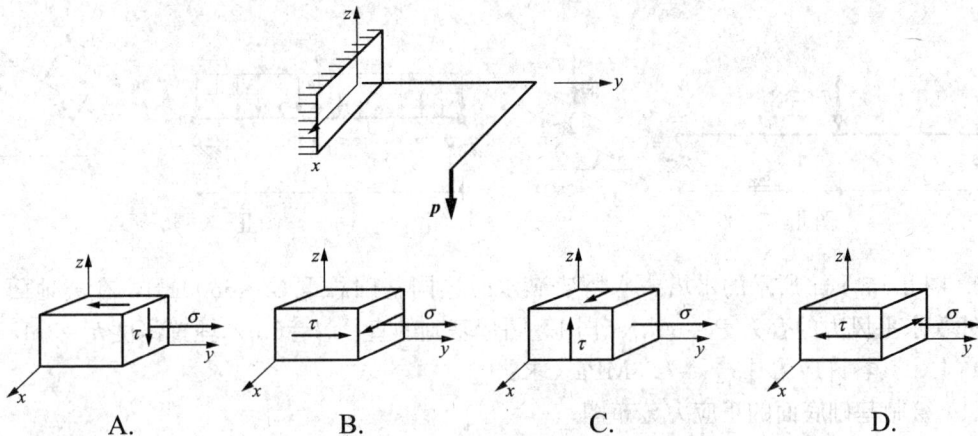

图Ⅱ-7-36

12. 直径为 d 的圆形截面，其截面核心的偏心距为（　　）。

  A. $e=\dfrac{d}{4}$　　　　　　　　　　B. $e=\dfrac{d}{8}$

  C. $e=\dfrac{d}{16}$　　　　　　　　　D. $e=\dfrac{d}{2}$

四、计算题

1. 图Ⅱ-7-37 所示矩形截面悬臂梁长 $l=2\text{m}$，截面尺寸 $b=150\text{mm}$，$h=300\text{mm}$，集中荷载 $P=8\text{kN}$，求：

  (1) α 为 0°和 90°时梁内的最大拉应力，并指出发生在何处；

  (2) α 为 45°时梁内的最大拉应力，并指出发生在何处。

2. 正方形截面悬臂梁如图Ⅱ-7-38 所示。梁长 $l=3\text{m}$，$P_1=0.5\text{kN}$，$P_2=0.8\text{kN}$，$a=150\text{mm}$，材料的容许正应力为 $[\sigma]=10\text{MPa}$。试计算梁内最大的拉、压应力并指出其所在位置，并校核该梁的强度。

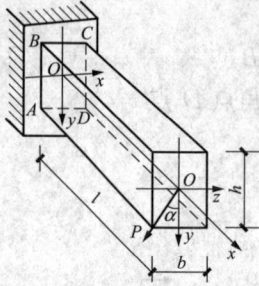

图Ⅱ-7-37

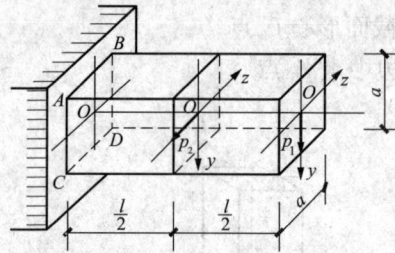

图Ⅱ-7-38

3. 由 25a 工字钢制成的简支梁如图Ⅱ-7-39 所示。已知材料的容许正应力 $[\sigma]=$ 170MPa。试校核此梁的强度。

4. 图Ⅱ-7-40 所示的木条两端简支于屋架上，木条的跨度为 $l=3.5\mathrm{m}$，屋架倾斜角 $\alpha=20°$，承受 $q=4\mathrm{kN/m}$ 的均布荷载作用，已知截面的宽高比为 $b/h=3/4$，木材的容许正应力为 $[\sigma]=10\mathrm{MPa}$。试选择木条的截面尺寸；若改为工字钢截面，容许正应力为 $[\sigma]=160\mathrm{MPa}$，试选择其型号。

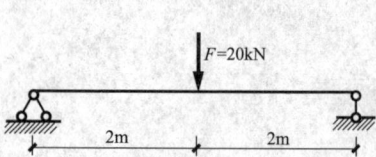

图Ⅱ-7-39

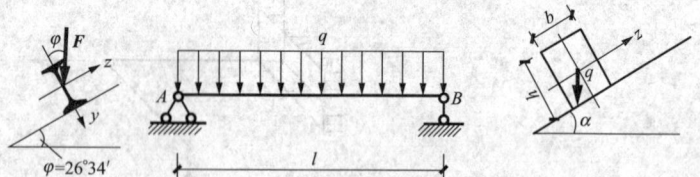

图Ⅱ-7-40

5. 图Ⅱ-7-41 所示的水塔，水塔盛满水时连同基础总重 $G=6500\mathrm{kN}$，在离地面 $H=15\mathrm{m}$ 处受水平风力的合力 $P=60\mathrm{kN}$ 作用。圆形基础的直径 $d=6\mathrm{m}$，埋置深度 $h=3\mathrm{m}$，地基为红黏土，其容许应力 $[\sigma]=0.3\mathrm{MPa}$。求：

(1) 绘制基础底面的正应力分布图；

(2) 校核基础底部地基土的强度。

6. 砖墙和基础截面如图Ⅱ-7-42 所示，设在 1m 长墙上有偏心力 $F=40\mathrm{kN}$ 作用，偏心距 $e=50\mathrm{mm}$。绘制 1—1、2—2、3—3 截面上由力 F 引起的正应力分布图。（横截面的尺寸单位：mm）

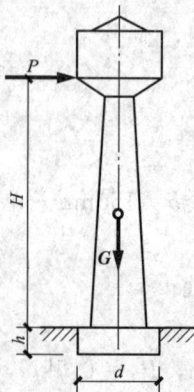

图Ⅱ-7-41

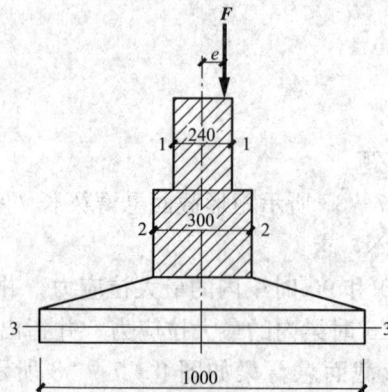

图Ⅱ-7-42

7. 图Ⅱ-7-43 (a)、(b) 所示的混凝土挡水坝高 $h=3m$，坝体容重 $\gamma=22.5kN/m^3$。

(1) 欲使坝底截面内侧 A 点不出现拉应力，求所需厚度 d [见图 (a)]

(2) 将坝底的厚度加至 $2d$，并使坝体做成梯形截面 [见图 (b)]，求坝底截面上 A、B 两点处的正应力，并绘出坝底截面上的正应力分布图。

提示：可取 1m 长的坝体进行计算。

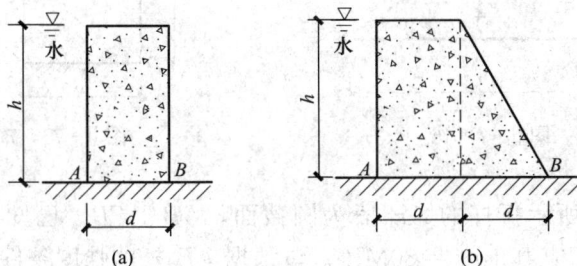

图Ⅱ-7-43

8. 图Ⅱ-7-44 所示，短柱横截面为正方形 $2a \times 2a$，承受轴向压力 P 的作用，若在短柱的中间开一槽，槽深为 a，试确定开槽后柱内的最大压应力比未开槽时增加多少倍？

9. 矩形截面柱如图Ⅱ-7-45 所示，其中 P_1 的作用线与杆轴线重合，P_2 的作用线在 y 轴上。已知 $P_1=P_2=80kN$，$b=240mm$，$h=300mm$。若使柱的横截面上只出现压应力，求 P_2 的偏心距 e。

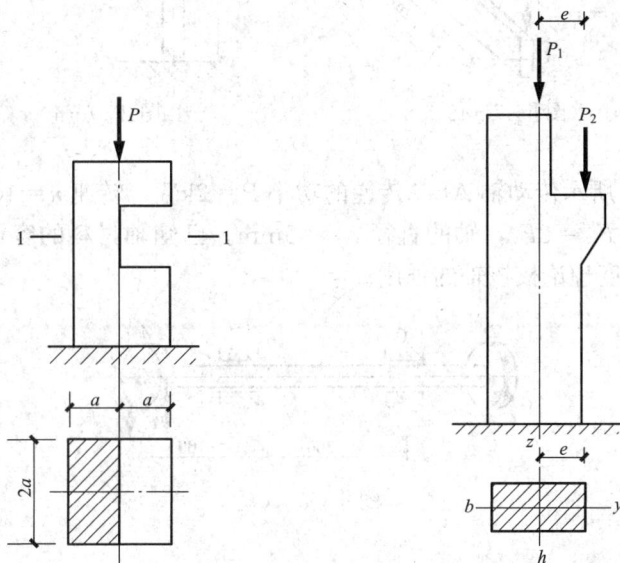

图Ⅱ-7-44

图Ⅱ-7-45

10. 图Ⅱ-7-46 所示的结构，杆 AB 为一根№18 工字钢，杆长 $l=2.6m$，$P=25kN$。已知材料的容许正应力为 $[\sigma]=170MPa$。试校核 AB 杆的强度。

11. 偏心拉杆如图Ⅱ-7-47 所示。试求杆内最大拉应力和最大压应力及其作用点的位置。

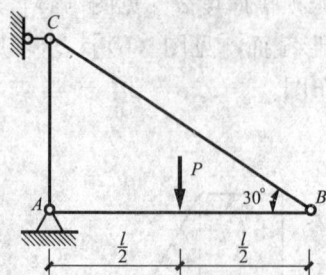

图Ⅱ-7-46

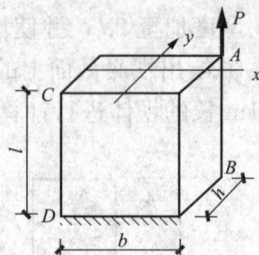

图Ⅱ-7-47

12. 图Ⅱ-7-48 所示折杆的 AB 段为圆截面，$AB \perp CB$。已知：杆 AB 的直径 $d =$ 100mm，材料的容许正应力 $[\sigma] =$ 80MPa。试根据 AB 杆的强度条件并按第三强度理论确定容许荷载 $[F]$。

13. 图Ⅱ-7-49 所示，装在外直径 $D =$ 60mm 空心圆柱上的铁道标志牌，所受最大风荷载 $p =$ 2.5kN/m²。已知材料的容许正应力 $[\sigma] =$ 60MPa。试按第四强度理论选择圆柱的内径 d。

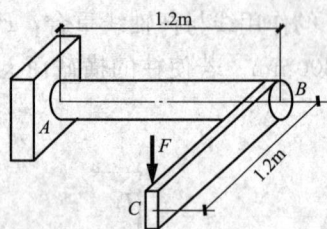

图Ⅱ-7-48

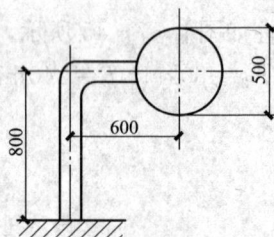

图Ⅱ-7-49

14. 图Ⅱ-7-50 所示传动轴 ABC 传递的功率 $P =$ 2kW，转速 $n =$ 100r/min，带轮直径 $D =$ 250mm，带张力 $F_T = 2F_t$，轴的直径 $d =$ 45mm。已知轴材料的容许用正应力 $[\sigma] =$ 80MPa。试按第三强度理论校核轴的强度。

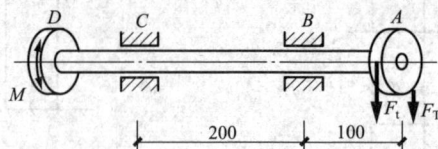

图Ⅱ-7-50

学习情境Ⅲ 受压杆件的稳定性分析

Ⅲ-1 压杆稳定性的概念

工程力学应用主要解决实际工程结构或工程构件的强度、刚度和稳定性问题,这也是学习工程力学应用的主要目的。在学习情境Ⅱ中,我们重点只分析和讨论了工程构件的强度和刚度问题,至于稳定性问题属于较特殊的一类问题,对此应做专门的分析和讨论。由于稳定性计算所涉及的知识比较广,在此只对工程结构中的轴向受压杆件的稳定性问题进行分析和讨论。

一、稳定性问题的提出

在实际工程结构中有一类受压构件如桥墩[见图Ⅲ-1-1(a)]、三角形支架[见图Ⅲ-1-1(b)]中的受压杆、桁架[见图Ⅲ-1-1(c)]中的受压杆等,这类杆件的几何特征是细而长,其受力特点是承受中心压力,即压力作用线与杆轴线完全重合。工程上把这类杆件称为中心受压杆,简称压杆。对于各种不同类型的压杆,工程上大致把它们分为两类:一类是杆件的横截面尺寸较大且长度较短,这类压杆通常称为**粗短杆**;另一类是杆件的横截面尺寸较小且长度较长,这一类压杆通常称为**中长杆**或**细长杆**。在学习情境Ⅱ中,我们曾经分析和讨论过轴向受压杆的承载能力问题,对这类轴向受压杆的设计主要是依据其强度条件 $\sigma = \dfrac{N}{A} \leqslant [\sigma]$ 来进行的,即便是偏心受压杆也

是依据其强度条件 $\sigma = -\dfrac{N}{A} \pm \dfrac{M}{W} \leqslant [\sigma]$ 来进行

计算的。这类轴向受压杆主要是指粗短杆。但是,对压杆的破坏分析表明,有许多压杆的破坏是在满足了强度条件的情况下发生的。为此,可通过一些简单的实验加以说明。例如取一根横截面积为 A 的粗短杆,在杆的顶部缓慢地加一轴向压力使其受压如图Ⅲ-1-2(a)所示,当压力加到某一个值 P 时,杆件未发生破坏;另取一材料、横截面形状与横截面积与前杆完全相同的压杆,但其长度比前一杆长很多,

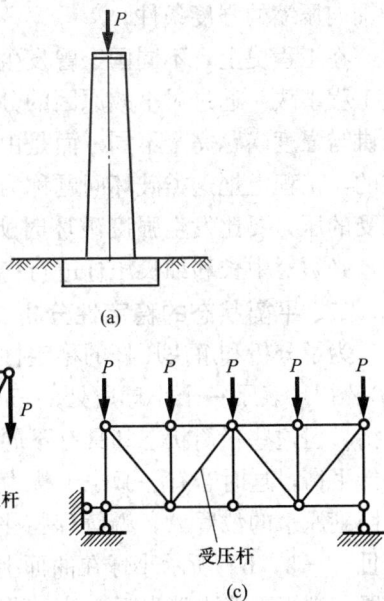

图Ⅲ-1-1

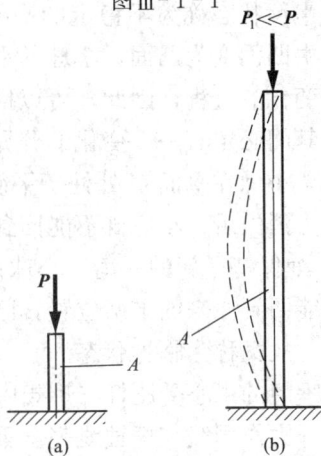

图Ⅲ-1-2

然后在其顶部缓慢地施加一轴向压力 P_1 使其受压如图Ⅲ-1-2（b）所示。通过观测发现，在 P_1 值还远未达到 P 值时，杆却突然发生弯曲，并导致折断破坏。从强度的观点来看，两杆所使用的材料、横截面形状与横截面积大小均相同，其承载能力也应相同，而实验的结果却表明，长杆在较小压力的作用下产生了破坏，显然，长杆的这种破坏并非因强度不足而造成。再如，取一根长为300mm，横截面尺寸为20mm×1mm的矩形截面钢板尺竖立在桌面上，并在其上端施加压力 P；若钢的容许正应力 $[\sigma]=196MPa$，那么，按照强度条件可计算出钢板尺寸所能承受的轴向压力为

$$P=N=A[\sigma]=(20\times1\times10^{-6})\times(196\times10^6)=3.92\ (kN)$$

但当施加于钢板尺上端的压力 P 尚未达到40N时，钢尺就被明显压弯而不能再承受更多的压力，显然，这个压力要比3.92kN小两个数量级。由此可见，钢板尺的承载能力并不取决于轴向压缩的强度条件。

在工程史上，不同国家曾发生过多起在满足强度条件下的压杆突然破坏而导致的重、特大工程事故。通过对事故原因的分析和深入研究，人们最终认识到细长压杆的破坏究其本质来讲与强度问题完全不同。而是由于细长压杆受力作用时丧失了保持原有直线形态的能力造成的，工程上把这类破坏问题称为丧失稳定破坏，简称**失稳破坏**。压杆产生失稳破坏时所能承受的压力要比发生强度破坏时所能承受的压力小很多，因此，在工程结构或构件的设计中，必须对中长和细长压杆进行稳定性验算。

二、平衡状态的稳定性分析

为了分析和解决压杆的稳定性问题，首先来讨论平衡状态的稳定性。图Ⅲ-1-3（a）、（b）、（c）表示一个小球所处的三种平衡状态。小球在 A、B、C 三个位置虽然都可以保持平衡，但这些平衡状态却具有不同的性质。图Ⅲ-1-3（a）所示小球在曲面槽内 A 的位置保持平衡，这时若有一微小干扰力 p 使小球离开 A 的位置，则当干扰力消失时，小球能自动回到原来的位置 A，继续保持平衡。小球在 A 处所处的平衡状态称为稳定的平衡状态。图Ⅲ-1-3（b）所示小球在曲面上 B 的位置保持平衡，若有一个干扰力 p 使小球离开 B 的位置，则当干扰力消失后，小球将继续下滚，再也不能自动回到原来的位置 B。小球在 B 处所处的平衡状态称为不稳定的平衡状态。小球平衡状态的稳定或不稳定与曲面的形状有关。曲面由凹面变为凸面，小球的平衡状态由稳定变为不稳定。由于小球平衡状态的变化是一个连续变化的过程，因此，可以推断，小球从一个稳定的平衡状态变化为一个不稳定的平衡状态，其间必定有一个变化的分界面。图Ⅲ-1-3（c）所示的平面状态便是变化中的分界面。此时，小球在平面 C 处处于平衡，若受微小干扰力 p 作用后，小球将从 C 处移动到 D 处，干扰力消失后，小球既不能回到原来的位置又不会继续移动，而是在受干扰力作用后的新位置 D 处保持了新的平衡。小球在 C 处的平衡状态称为随遇平衡状态。因小球受干扰力作用后不能回到原来的平衡位置，已具有不稳定平衡状态的特点，所以是小球不稳定平衡状态的开始，故又称为临界状态。

一根理想的中心受压杆（理想中心受压杆，是指杆材料是完全均匀、连续的，杆轴线绝对平直且外力作用线与杆轴线完全重合的压杆），平衡状态也有稳定与不稳定的区分。如图Ⅲ-1-4（a）所示细长杆，在轴向压力 P 的作用下保持着直线形状的平衡状态 A，当力 P 小于某一特定值 P_{lj} 时，若有一个微小干扰力使杆从直线形状 A 变为曲线形状 A_1，则当干

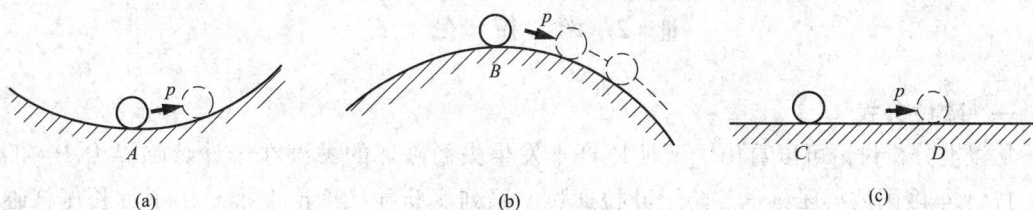

图Ⅲ-1-3

扰力消失后，杆能很快地恢复到原来的直线形状 A，继续保持平衡。这时，杆直线形状的平衡状态是一种**稳定的平衡状态**。若力 P 大于特定值 P_{lj}［见图Ⅲ-1-4（b）］时，虽然杆仍以直线形状 B 保持平衡，但稍加干扰，杆立即从直线形状 B 变为曲线形状 B_1，即使干扰力消失，杆再也不会回到原来的位置 B，而是继续弯曲趋向破坏，这时，杆直线形状的平衡状态是一种**不稳定的平衡状态**。压杆由于平衡状态的不稳定，受到干扰力作用后发生的破坏便是丧失稳定破坏。与前述小球所处的三种状态相类似，压杆从稳定平衡状态变化到不稳定平衡状态，也存在有一个临界状态。当作用于压杆上的压力 P $=P_{lj}$ 时，在微小干扰力 p 作用下，压杆将从直线形状 C 变化为曲线形状，干扰力消失后，压杆不会恢复到原来的直线形状，而是在一个新的位置 C_1 重新保持平衡［见图Ⅲ-1-4（c）］。压杆没有继续弯曲趋向破坏，表明压杆具有稳定平衡状态的特征，但压杆不能恢复到原有的直线形状，又表明压杆具有不稳定平衡状态的特征。此时，压杆所处的状态介于稳定平衡与不稳定平衡之间，为稳定平衡的**临界状态**，作用于压杆上的压力 P_{lj} 称为压杆的**临界力**。

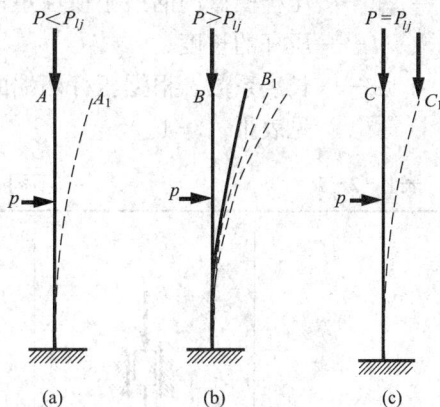

图Ⅲ-1-4

　　从以上分析可知，**压杆失稳破坏的实质是丧失了保持直线形状稳定平衡状态的能力而造成的一种破坏**。可以想象，实际工程中的轴向受压构件，假若处于不稳定平衡的直线状态，在不可避免的干扰力（不可避免的干扰力，是指实际受压杆件始终存在着初始弯曲，作用于压杆上的荷载也不可能毫无偏差地与杆轴线重合，以及压杆材料本身的不均匀性，不连续性，使得压杆除了产生轴向压缩之外还有微小的弯曲变形产生。当我们将压杆抽象为理想的中心受压杆时，上述这些因素就可当作是一种"干扰力"。因此，这种干扰力是不可避免的）作用下，杆件就会突然弯曲而破坏。研究压杆稳定的任务，便是要寻找压杆保持稳定平衡的条件及提高压杆抵抗丧失稳定的能力。

　　压杆直线形状的平衡状态是否稳定，与加在杆上的压力大小有关。$P<P_{lj}$ 时，直线形状是稳定的平衡状态；$P>P_{lj}$ 时，直线形状是不稳定的平衡状态。因此 P_{lj} 成为稳定与不稳定的分界线，要使压杆不发生失稳破坏的关键在于找出临界力 P_{lj} 的大小。

Ⅲ-2 欧 拉 公 式

一、欧拉公式

从以上分析讨论可以看出，要使压杆不发生失稳破坏的关键在于计算临界力 P_{lj} 的大小。1744 年俄国彼得堡科学院院士欧拉通过一系列实验并从理论上推导出了细长压杆临界力的计算公式，即当压杆材料服从胡克定律或杆内应力不超过材料的比例极限时，细长压杆的临界力 P_{lj} 为

$$P_{lj} = \frac{\pi^2 EI}{(\mu l)^2} \qquad (\text{Ⅲ}-2-1)$$

式（Ⅲ-2-1）称为计算细长压杆临界力的欧拉公式。

式中　E——压杆材料的弹性模量；

　$I = I_{\min}$——压杆横截面的最小惯性矩；

　　　l——压杆的长度；

　　　μ——长度系数。根据压杆两端的约束条件确定。工程中常见的杆端约束情况及 μ 值见表Ⅲ-2-1。

表Ⅲ-2-1　　　　　不同杆端约束情况及 μ 值

杆端约束情况	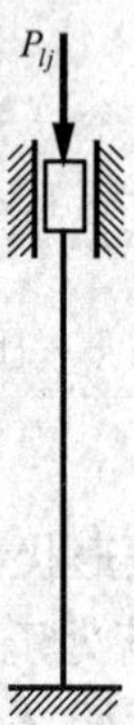 两端固定	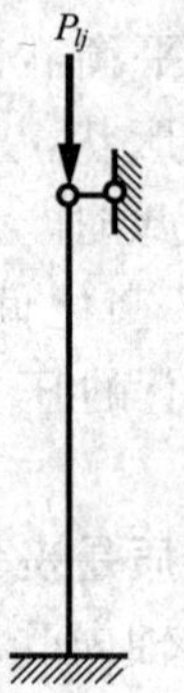 一端固定 一端铰支	两端铰支	一端固定 一端自由
长度系数 μ	0.5	0.7	1	2

从表Ⅲ-1 中可以看出，在其他条件相同的前提下，压杆的杆端约束越强，μ 值就越小，其相应的临界力就越大，稳定性也就越好；反之，稳定性就越差。

【例Ⅲ-2-1】　一长为 $l=6\text{m}$，直径 $d=240\text{mm}$ 的混凝土柱承受轴向压力的作用。若已知柱材料的弹性模量 $E=25\text{GPa}$。柱两端的约束条件为一端固定、一端铰支。试用欧拉公式计算其临界力 P_{lj}。

解 查表Ⅲ-1可得 $\mu=0.7$

$$I=\frac{\pi d^4}{64}=\frac{\pi\times0.24^4}{64}=1.63\times10^{-4}\text{m}^4$$

所以

$$P_{lj}=\frac{\pi^2EI}{(\mu l)^2}=\frac{\pi^2\times25\times10^9\times1.63\times10^{-4}}{(0.7\times6)^2}=2280\times10^3(\text{N})=2280(\text{kN})$$

【例Ⅲ-2-2】 一截面为 200mm×120mm 的中心受压矩形木柱长 $l=8$m。柱的支承情况：在最大刚度平面内弯曲时为两端铰支 [见图Ⅲ-2-1（a）]；在最小刚度平面内弯曲时为两端固定 [见图Ⅲ-2-1（b）]。木材的弹性模量 $E=10$GPa。试求木柱的临界力。

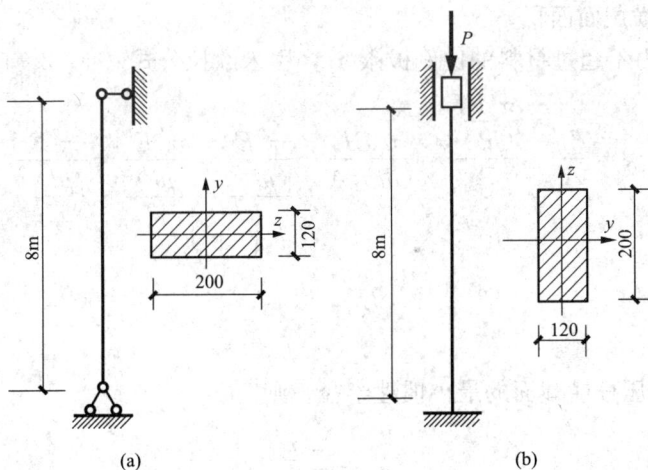

图Ⅲ-2-1

解 由于柱在最小与最大刚度平面内弯曲时的支承情况不同，所以需要分别计算在两个平面内失稳时的临界力，从中比较在哪个平面内首先失稳。

（1）计算最大刚度平面内的临界力 [见图Ⅲ-2-1（a）] 截面的最大惯性矩：

$$I_y=\frac{120\times200^3}{12}=80\times10^6(\text{mm})=80\times10^{-6}(\text{m}^4)$$

此时柱的两端为铰支，长度系数 $\mu=1$，代入式（Ⅲ-2-1），得

$$P_{lj}=\frac{\pi^2EI_y}{(\mu l)^2}=\frac{3.14^2\times10\times10^9\times80\times10^{-6}}{(1\times8)^2}=123\times10^3(\text{N})=123(\text{kN})$$

（2）计算最小刚度平面内的临界力 [见图Ⅲ-2-1（b）] 此时截面的最小惯性矩：

$$I_z=\frac{120^3\times200}{12}=28.8\times10^6(\text{mm})=28.8\times10^{-6}(\text{m}^4)$$

因柱两端固定，长度系数 $\mu=0.5$，代入式（Ⅲ-2-1），得

$$P_{lj}=\frac{\pi^2EI_z}{(\mu l)^2}=\frac{3.14^2\times10\times10^9\times28.8\times10^{-6}}{(0.5\times8)^2}=178\times10^3(\text{N})=178(\text{kN})$$

比较计算结果可知，第一种情况的临界力小，所以木柱将在最大刚度平面内先失稳。木柱的临界力应为 123kN。此例说明，当最小刚度平面和最大刚度平面内支承情况不同时，压杆不一定在最小刚度平面内失稳，必须经过具体计算后才能确定。

二、临界应力与柔度

为了对欧拉公式的适用范围以及对压杆的稳定性问题做进一步地讨论，需引入临界应力与柔度的概念。

当压杆处于临界状态时，压杆可以在保持直线形状下处于不稳定平衡，此时杆内的应力为

$$\sigma_{lj} = \frac{P_{lj}}{A}$$

式中　σ_{lj}——压杆的临界应力；

　　　　A——压杆横截面面积。

若压杆内的应力不超过材料的比例极限 σ_p，引入欧拉公式（Ⅲ-2-1）可得：

$$\sigma_{lj} = \frac{P_{lj}}{A} = \frac{\frac{\pi^2 EI}{(\mu l)^2}}{A} = \frac{\pi^2 EI}{(\mu l)^2 A} = \frac{\pi^2 E}{\frac{(\mu l)^2}{\frac{I}{A}}} = \frac{\pi^2 E}{\frac{(\mu l)^2}{i^2}} = \frac{\pi^2 E}{\left(\frac{\mu l}{i}\right)^2} \qquad （Ⅲ-2-2）$$

令　　　　　　　　　　　　　　$\lambda = \frac{\mu l}{i}$

式中　$i = \sqrt{\dfrac{I}{A}}$——压杆横截面的最小惯性半径。则

$$\sigma_{lj} = \frac{\pi^2 E}{\lambda^2} \qquad （Ⅲ-2-3）$$

式（Ⅲ-2-3）称为计算临界应力的欧拉公式。

式中　λ——**压杆的柔度（又称长细比）**，它包含了压杆两端的约束情况 μ、杆长 l 以及压杆横截面形状和尺寸 i 等因素对压杆稳定性的影响，是压杆稳定计算中一个很重要的几何参数。

从式（Ⅲ-2-3）还可以看出，压杆的柔度越大，临界应力 σ_{lj} 就越小，即临界力 P_{lj} 就越小，说明压杆越容易丧失稳定，反之，压杆的稳定性就越好。

三、欧拉公式的适用范围

计算临界力 P_{lj} 和临界应力 σ_{lj} 的欧拉公式是在压杆材料服从胡克定律的前提下推导出来的。因此，欧拉公式只能在杆内应力不超过材料的比例极限 σ_p 时才适用。但在压杆的稳定计算中，若对实际工程结构中的每一根压杆都要测定其杆内应力是否超过材料的比例极限，从而确定能否采用欧拉公式计算其临界力或临界应力，这显然是非常困难的，也是不可行的。因此，为了便于确定欧力公式的适用范围，可利用对压杆柔度值 λ 的计算来做出判断。即根据欧拉公式的适用范围可得

$$\sigma_{lj} = \frac{\pi^2 E}{\lambda^2} \leqslant \sigma_p = \frac{\pi^2 E}{\lambda_p^2}$$

式中　λ_p——压杆内的应力等于材料的比例极限 σ_p 时对应的柔度值，且

$$\lambda_p = \sqrt{\frac{\pi^2 E}{\sigma_p}}$$

将上式作变换后可得到用柔度表示的欧拉公式的适用范围为

$$\lambda \geqslant \lambda_p \qquad\qquad (Ⅲ-2-4)$$

式（Ⅲ-2-4）表明，当实际压杆按式 $\lambda = \dfrac{\mu l}{i}$ 计算出来的柔度值大于其 λ_p 时，才能应用欧拉公式计算压杆的临界力或临界应力。所以，λ_p 就成为压杆在弹性范围内（即杆内应力不超过材料的比例极限）的稳定性问题和超过弹性范围稳定性问题的分界线。例如：工程上常用的 Q235 钢，其弹性模量 $E=210\text{GPa}$，比例极限 $\sigma_p = 200\text{MPa}$，则

$$\lambda_p = \sqrt{\frac{\pi^2 E}{\sigma_p}} = \sqrt{\frac{3.14^2 \times 210 \times 10^9}{200 \times 10^5}} = 100$$

也就是说，对由 Q235 钢制成的压杆，只有当它实际的 $\lambda \geqslant 100$ 时，才能应用欧拉公式计算其临界力及临界应力。

【例Ⅲ-2-3】 一型号为 20a 的工字钢受压立柱长 $l=3\text{m}$，若已知材料的弹性模量 $E=200\text{GPa}$，$\lambda_p = 100$。柱两端的约束条件为两端铰支。试求该立柱的柔度值及临界应力。

解 查附录 A 型钢表可得 20a 工字钢最小惯性半径 $i_{\min} = 2.12\text{cm}$。查表Ⅲ-1 可得 $\mu=1$。

则

$$\lambda = \frac{\mu l}{i_{\min}} = \frac{1 \times 3 \times 100}{2.12} = 141.51 > \lambda_p$$

所以

$$\sigma_{lj} = \frac{\pi^2 E}{\lambda^2} = \frac{\pi^2 \times 200 \times 10^9}{141.51^2} = 98.57 \times 10^6 (\text{Pa}) = 98.57 (\text{MPa})$$

四、超出比例极限时压杆的临界应力计算

在实际工程结构中，有各种形式的压杆存在。从以上分析讨论可以知道，压杆临界应力与临界力的计算与其柔度值 λ 密切相关。工程上一般把压杆分为三类：第一类是指压杆的应力不超过材料的比例极限 σ_p，其临界应力或临界力用欧拉公式计算，这一类压杆的 $\lambda \geqslant \lambda_p$，通常称为**大柔度杆或细长杆**。第二类是指压杆内的应力超过了材料的比例极限 σ_p 但小于其屈服极限 σ_s，由于这类压杆的临界应力既与材料的弹性模量 E 有关，又与材料的屈服极限 σ_s 有关。失稳时压杆不仅有弹性变形产生，同时还有塑性变形产生。这一类压杆的 $\lambda_s \leqslant \lambda < \lambda_p$，通常称为**中柔度杆或中长杆**。由于这一类压杆的临界应力计算从理论上推导较为复杂和困难，因此，工程上通常是采用以实验为基础的经验公式来计算。我国现行的有关规范所采用的经验公式主要有抛物线公式和直线公式两种。抛物线公式为：

$$\sigma_{lj} = \sigma_s \left[1 - \alpha \left(\frac{\lambda}{\lambda_c} \right)^2 \right] \qquad\qquad (Ⅲ-2-5)$$

式中　α——与材料性质有关的常数，可查询相关设计手册获得；

　　　σ_s——材料的屈服极限。

$$\lambda_c = \pi \sqrt{\frac{E}{0.57\sigma_s}}$$

直线公式为

$$\sigma_{lj} = a - b\lambda \qquad\qquad (Ⅲ-2-6)$$

其中，a 与 b 是与材料性质有关的常数，可查询相关设计手册获得。表Ⅲ-2-2 是工程上常用材料的 a、b 值。

　　　　　　　　　　　　　常用材料的 a、b 值

材料	a	b	材料	a	b
低碳钢	310	1.14	铸铁	338	1.44
中碳钢	469	2.62	强铝	380	2.185
优质钢	589	3.82	松木	40	0.2

第三类是指压杆内的应力小于或接近于材料的屈服极限 σ_s，这类压杆的 $\lambda < \lambda_s$，通常称为小柔度杆或粗短杆。由于这类压杆破坏的主要原因是强度不足造成的，因此，这类压杆主要是以强度条件为控制设计的依据。

【例Ⅲ-2-4】　一个螺旋千斤顶的螺杆由中碳钢制成。若已知螺杆的内径 $d = 52\text{mm}$，高 $l = 500\text{mm}$。两端约束可视为一端固定，一端自由。中碳钢的 $\lambda_p = 100$，$\lambda_s = 72$。试求千斤顶的临界力。

解　由 $i = \sqrt{\dfrac{I}{A}} = \dfrac{d}{4} = \dfrac{52}{4} = 13$ (mm)，$l = 500\text{mm}$，$\mu = 2$

$$\Rightarrow \lambda = \frac{\mu l}{i} = \frac{2 \times 500}{13} = 76.92$$

因 $\lambda_s < \lambda < \lambda_p$，故螺杆属中柔度杆，采用直线经验公式计算。

查表Ⅲ-2 可得 $a = 469$，$b = 2.62$，则

$$\sigma_{ij} = a - b\lambda = 469 - 2.62 \times 76.92 = 267.47 \text{ (MPa)}$$

所以　$P_{lj} = \sigma_{lj} A = 267.47 \times 10^6 \times \dfrac{\pi \times 0.052^2}{4} = 568.03 \times 10^3 \text{(N)} = 568.03 \text{ (kN)}$

Ⅲ-3　压杆的稳定计算

通过前面的分析和讨论可以知道，实际工程结构中的压杆无论是大柔度杆还是中柔度杆都必须保证具有足够的稳定性，也就是说，作用于压杆上的实际荷载不得超过其临界荷载或者说压杆内的实际应力 σ 不得超过其临界应力 σ_{lj}。因此，在结构设计中，必须对压杆进行稳定性计算。压杆的稳定性计算通常是采用折减系数法。下面就重点分析和讨论折减系数法。

一、折减系数法

要使压杆在工作时不丧失稳定而破坏，就必须使作用于压杆上的压力 P 不超过压杆的临界力 P_{lj}，同时，从实际压杆与理想的中心受压杆之间存在的差异和安全的角度考虑，应给予压杆一定的安全储备，因此，压杆的稳定条件可表述为

$$P \leqslant \frac{P_{lj}}{K_w} \tag{Ⅲ-3-1}$$

式中　P——实际作用于压杆上的压力；

　　　P_{lj}——压杆的临界力，可根据压杆的实际柔度值入分别采用欧拉公式或经验公式计算而得；

　　　K_w——压杆的稳定安全系数。稳定安全系数不是一个定值，它是随压杆柔度 λ 的变化而变化，λ 越大，稳定安全系数的取值也越大。在通常情况下，稳定安全系数

的取值都要比强度安全系数的取值大。

将式（Ⅲ-3-1）两边同时除以压杆的横截面积 A 可得：

$$\frac{P}{A} \leqslant \frac{1}{K_w} \times \frac{P_{lj}}{A} = \frac{\sigma_{lj}}{K_w}$$

即
$$\sigma = \frac{P}{A} \leqslant [\sigma_w] \qquad (\text{Ⅲ}-3-2)$$

式中　σ——压杆的实际工作应力；

$[\sigma_w]$——可视为压杆的稳定容许应力，$[\sigma_w] = \dfrac{\sigma_{lj}}{K_w}$。

由于压杆的临界应力 σ_{lj} 与稳定安全系数 K_w 都是随压杆柔度的变化而变化的。所以，压杆的稳定容许 $[\sigma_w] = \dfrac{\sigma_{lj}}{K_w}$ 也是一个随压杆柔度的变化而变化的一个量，并不是一个定值。因此，在压杆的稳定计算中，为了较便捷地应用稳定条件和简化计算，可对压杆的稳定条件即式（Ⅲ-3-2）做如下变换。

由
$$[\sigma_w] = \frac{\sigma_{lj}}{K_w}, \qquad [\sigma] = \frac{\sigma^0}{K}$$

$$\Rightarrow [\sigma_w] = \frac{\sigma_{lj}}{K_w} \times \frac{K}{\sigma^0} [\sigma]$$

式中　$[\sigma]$——强度计算时材料的容许应力，其值为一个定值。

令 $\varphi = \dfrac{\sigma_{lj}}{K_w} \times \dfrac{K}{\sigma^0}$，则

$$[\sigma_w] = \varphi [\sigma]$$

此时，压杆的稳定条件又可表述为

$$\sigma = \frac{P}{A} \leqslant \varphi [\sigma] \qquad (\text{Ⅲ}-3-3)$$

式中　φ——折减系数。

由于 $\sigma^0 > \sigma_{lj}$，$K_w > K$。因此，φ 总是一个小于 1 的数。

表Ⅲ-3-1 为工程中常用材料的折减系数，以供计算时查用。

表Ⅲ-3-1　　　　　　　　　　　压杆的折减系数 φ

λ	φ 值				
	A_2、A_3 钢	16 锰钢	铸铁	木材	混凝土
0	1.000	1.000	1.000	1.000	1.00
20	0.981	0.973	0.91	0.932	0.96
40	0.927	0.895	0.69	0.822	0.83
60	0.842	0.776	0.44	0.658	0.70
70	0.789	0.705	0.34	0.575	0.63
80	0.731	0.627	0.26	0.46	0.57
90	0.669	0.546	0.20	0.371	0.51
100	0.604	0.462	0.16	0.300	0.46

λ	φ 值				
	A_2、A_3 钢	16 锰钢	铸铁	木材	混凝土
110	0.536	0.384		0.248	
120	0.466	0.325		0.209	
130	0.401	0.279		0.178	
140	0.349	0.242		0.153	
150	0.306	0.213		0.134	
160	0.272	0.188		0.117	
170	0.243	0.168		0.102	
180	0.218	0.151		0.093	
190	0.197	0.136		0.083	
200	0.180	0.124		0.075	

注 意

采用表Ⅲ-3查找折减系数 φ 时，若实际压杆的计算柔度值 λ 介于表中某两个数值之间，那么，相应的折减系数值可应用直线内插法求得。

从式（Ⅲ-3-3）所述的形式来看，压杆的这一稳定条件可理解为：压杆因在产生强度破坏之前便已丧失其稳定性，故由降低强度容许应力 $[\sigma]$ 来保证压杆的安全。像这种通过降低强度容许应力来建立压杆稳定条件的方法称为**折减系数法**。

二、压杆的稳定计算

应用压杆的稳定计算条件，即式（Ⅲ-3-3）可对压杆进行三方面的计算。

1. 校核压杆的稳定性

根据压杆的实际受力状况，确定出压杆内的实际工作应力 σ，并与压杆的 $\varphi[\sigma]$ 进行比较，从而检验压杆是否满足稳定性要求。

2. 选择压杆的横截面尺寸

将压杆的稳定条件即式（Ⅲ-3-3）变换为 $A \geqslant \dfrac{P}{\varphi[\sigma]}$，可确定压杆的横截面尺寸。但由于 φ 随 λ 而变，而 λ 与 i 有关，i 又与 A 有关，因此，φ 本身就与 A 的大小有关。所以在 A 未确定时，φ 也不能确定。对此问题的求解通常采用试算法，即①首先假定一个 φ_1 值（一般可取 $\varphi_1 = 0.5 \sim 0.6$），按变换式 $A \geqslant \dfrac{P}{\varphi_1[\sigma]}$ 初步定出截面尺寸；②按初定截面尺寸计算 λ，并查表Ⅲ-3得到一个 φ_1' 值，比较 φ_1' 与 φ_1 值是否接近，若两者较为接近，则可根据压杆初定尺寸对压杆进行稳定校核，看是否符合稳定条件又不过于安全；③若 φ_1' 与 φ_1 相差较大，可再设 $\varphi_2 = \dfrac{\varphi_1 + \varphi_1'}{2}$ 并重复①、②步骤进行试算，直至使求得的 φ_i' 与所设 φ_i 值非常接近为止，此时所选尺寸即为压杆的截面尺寸。一般情况下，上述计算只需重复二、三次便可达到目的。

3. 确定压杆的容许荷载 [P]

将压杆的稳定条件即式（Ⅲ-3-3）变换为 $[P] \leqslant A\varphi[\sigma]$ 可确定压杆的最大承压力。

> **注意**
>
> 在对压杆作稳定计算时，若压杆横截面出现局部受到削弱的情况，例如压杆横截面上有螺栓或铆钉穿孔、拉槽等，必须对削弱的截面（净面积）作强度校核。

【例Ⅲ-3-1】 一空心圆截面钢管支柱长 $l = 2.2\text{m}$，两端铰支，承受轴向压力 $P = 300\text{kN}$。若已知管的外径 $D = 102\text{mm}$，内径 $d = 86\text{mm}$，材料为 A_3 钢，其容许应力 $[\sigma] = 160\text{MPa}$，试校核该支柱的稳定性。

解 因为 $I = \dfrac{\pi D^4}{64}\left[1 - \left(\dfrac{d}{D}\right)^4\right] = \dfrac{3.14 \times 0.102^4}{64}\left[1 - \left(\dfrac{86}{102}\right)^4\right] = 2.63 \times 10^{-6}(\text{m}^4)$

$$A = \dfrac{\pi}{4}(D^2 - d^2) = \dfrac{3.14}{4} \times (0.102^2 - 0.086^2) = 2.36 \times 10^{-3}(\text{m}^2)$$

所以 $\quad i = \sqrt{\dfrac{I}{A}} = \sqrt{\dfrac{2.63 \times 10^{-6}}{2.36 \times 10^{-3}}} = 33.38 \times 10^{-3}(\text{m})$

$$\mu = 1, \quad l = 2.2\text{m}$$

$$\lambda = \dfrac{\mu l}{i} = \dfrac{1 \times 2.2}{33.38 \times 10^{-3}} = 65.91$$

查表Ⅲ-3并采用直线内插法可得 $\varphi = 0.811$，则

$$\sigma = \dfrac{P}{A} = \dfrac{300 \times 10^3}{2.36 \times 10^{-3}} = 127.12 \times 10^6(\text{Pa}) = 127.12\text{MPa} < \varphi[\sigma] = 129.76\text{MPa}$$

该支柱满足稳定性要求。

【例Ⅲ-3-2】 结构尺寸及受力如图Ⅲ-3-1（a）所示。AC 杆为 22b 工字钢制成的受弯杆，材料的容许应力 $[\sigma] = 160\text{MPa}$，BD 杆为直径 $d = 160\text{mm}$ 的圆形截面木压杆，两端可视为铰支，材料的容许压应力 $[\sigma_y] = 10\text{MPa}$。试确定该结构的容许荷载 $[P]$。

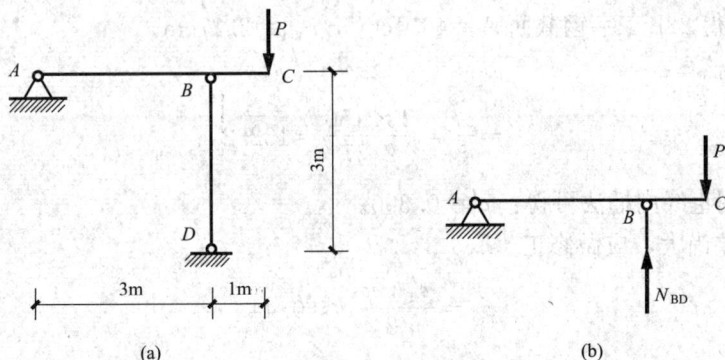

图Ⅲ-3-1

解 （1）根据 AC 杆的弯曲强度条件确定 P。

B 截面有最大弯矩：$M_{\max} = P \times 1 = P$

查附表可得 22b 工字钢的 $W_z = 325\text{cm}^3$

由
$$\sigma_{\max}=\frac{M_{\max}}{W_z}\leqslant[\sigma]$$

$$P\leqslant W_z[\sigma]=325\times10^{-6}\times160\times10^{6}=52\times10^{3}(\text{N})=52\ (\text{kN})$$

取 $P=52\text{kN}$。

（2）根据 BD 杆的稳定条件确定 P。作 1—1 截面，取隔离体如图Ⅲ-3-1（b）所示。

由 $\sum M_A=0\Rightarrow3N_{BD}-4P=0\Rightarrow N_{BD}=\dfrac{4}{3}P$

由 $i=\sqrt{\dfrac{I}{A}}=\dfrac{d}{4}=\dfrac{160}{4}=40\ (\text{mm})$，$\mu=1$，$l=3\text{m}$

$$\Rightarrow\lambda=\frac{\mu l}{i}=\frac{1\times3\times10^{3}}{40}=75$$

查表Ⅲ-3 可得 $\varphi=0.518$。

根据稳定性条件有

$$\sigma_{BD}=\frac{N_{BD}}{A}\leqslant\varphi[\sigma_y]\Rightarrow P\leqslant\frac{3A\varphi[\sigma_y]}{4}$$

$$=\frac{3\times\dfrac{\pi\times0.16^{2}}{4}\times0.518\times10\times10^{6}}{4}=78.11\times10^{3}(\text{N})=78.11\ (\text{kN})$$

取 $P=78\text{kN}$。

比较以上计算结果可知，该结构的容许荷载 $[P]\leqslant52\text{kN}$。

在此例中，控制整个结构强度和稳定性的条件是 AC 杆的弯曲强度。

【例Ⅲ-3-3】 压杆一端固定，一端自由，杆长 $l=1.5\text{m}$，承受轴向压力 $P=350\text{kN}$，杆材料为 A_3 钢，其容许应力 $[\sigma]=160\text{MPa}$，试选择工字钢型号。

解 （1）试选截面。设 $\varphi_1=0.5$ 可得

$$A_1\geqslant\frac{P}{\varphi_1[\sigma]}=\frac{350\times10^{3}}{0.5\times106\times10^{6}}=4.38\times10^{-3}(\text{m}^2)=43.8\ (\text{cm}^2)$$

查附录 A，得 22b 工字钢截面 $A=46.4\text{cm}^2$，$i_{\min}=2.27\text{cm}$。

进行第一次核算：

$$\lambda=\frac{\mu l}{i}=\frac{2\times150}{2.27}=132.2$$

查表Ⅲ-3 并采用直线内插法可得：$\varphi_1'=0.390$。

φ_1' 与 φ_1 相差尚大，应做修正。取

$$\varphi_2=\frac{\varphi_1'+\varphi_1}{2}\approx0.44$$

可得

$$A_2\geqslant\frac{P}{\varphi_2[\sigma]}=\frac{350\times10^{3}}{0.44\times106\times10^{6}}=4.97\times10^{-3}(\text{m}^2)=49.7\ (\text{cm}^2)$$

查表得 25b，$A=53.5$，$i_{\min}=2.404\text{cm}$。

进行第二次核算：

$$\lambda = \frac{\mu l}{i} = \frac{2 \times 150}{2.404} = 124.8$$

查表Ⅲ-3并采用直线内插法可得：$\varphi_2' = 0.435$。

φ_2'与φ_2的值十分接近，取$\varphi = \varphi_2' = 0.435$。

（2）稳定校核。现对所选截面25b作稳定校核

$$\sigma = \frac{P}{A} = \frac{350 \times 10^3}{53.5 \times 10^{-4}} = 65.42 \times 10^6 (\text{Pa}) = 65.42 (\text{MPa}) < \varphi_2'[\sigma] = 69.60 (\text{MPa})$$

满足稳定性要求。

故应选用25b工字钢。

练 习 题

一、填空题

1. 工程中把承受_____压力的直杆称为压杆。压杆大致可以分为两类：一类是杆件的横截面尺寸较大且长度较短的杆称为_____杆；另一类是杆件的横截面尺寸较小且长度较长的杆称为_____杆或_____杆。

2. 平衡状态包括_____平衡状态、_____平衡状态和_____平衡状态。

3. 压杆的稳定性是指受压杆件具有_____其原有平衡状态的能力；压杆的失稳是指受压杆件_____其原有平衡状态的能力。

4. 临界平衡状态，是指杆件处于_____状态和_____状态之间的中间状态。

5. 临界力是指压杆处于_____状态时，作用在压杆上的_____力，用符号_____表示。

6. 在压杆的平衡状态与压力P的关系中，当压力P满足_____时，压杆处于_____平衡状态；当压力P满足_____时，压杆处于_____平衡状态；当压力P满足_____时，压杆处于_____平衡状态。

7. 计算细长压杆临界力P_{lj}的欧拉公式为_____。

8. 在其他条件相同的前提下，压杆的杆端约束越强，μ值就越_____，其相应的临界力就越_____，稳定性也就越_____。

9. 压杆的柔度λ计算公式为_____。柔度反映了压杆的_____、_____、_____等因素对临界应力的综合影响。柔度越大，临界应力就越_____，压杆越_____丧失稳定性。

10. 当压杆的柔度λ满足_____条件时称为大柔度杆或细长压杆；当压杆的柔度λ满足_____条件时称为中柔度杆或中长压杆；当压杆的柔度λ满足_____条件时称为小柔度杆或粗短压杆。

11. 当压杆有局部削弱时，局部削弱对杆件整体的变形_____影响（填"有"或"无"），因此在计算临界应力时，横截面面积和惯性矩取_____的面积和惯性矩。

12. 圆形截面的细长压杆，材料、杆长和杆端约束保持不变，若将压杆的直径缩小一半，则其临界应力为原压杆的_____倍。

13. 在图Ⅲ-3-2所示的（a）、（b）、（c）细长圆形截面压杆中，其材料、直径相同，所

承受的压力最大的是_____图；所承受的压力最小的是_____图。

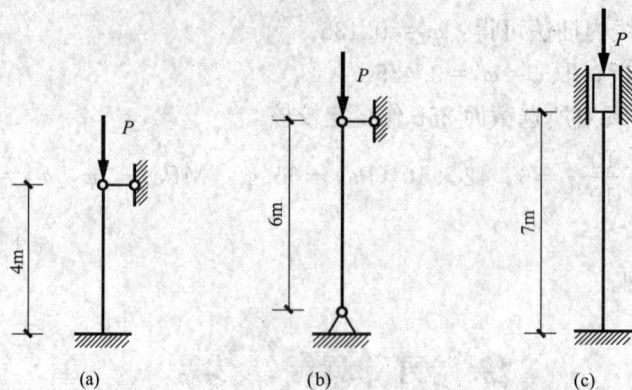

图Ⅲ-3-2

14. 细长压杆的支撑情况、截面形状和大小、所用材料保持不变而长度增加一倍，则临界应力变为原来的_____倍。

15. 三根圆截面压杆，两端均为铰支，材料为 A_3 钢，已知材料的 $E = 2 \times 10^5 \text{MPa}$，$\sigma_p = 200\text{MPa}$，$\sigma_s = 240\text{MPa}$，杆的直径均为 $d = 160\text{mm}$，杆长分别为 $L_1 = 5\text{m}$，$L_2 = 2.5\text{m}$，$L_3 = 1.25\text{m}$，若临界应力的经验公式为 $\sigma_{lj} = 304 - 1.12\lambda$。则杆 1 属于_____压杆，$P_{lj} = $_____；杆 2 属于_____压杆，$P_{lj} = $_____；杆 3 属于_____压杆，$P_{lj} = $_____。

16. 在折减系数法的稳定条件 $\sigma = \dfrac{P}{A} \leqslant \varphi[\sigma]$ 中，$[\sigma]$ 为_____，φ 为_____，φ 的值根据_____查表确定。

二、判断题（对的在括号内打"√"，错的打"×"）

1. 压杆只要满足其强度条件就不会发生破坏。　　　　　　　　　　　　（　　）

2. 对于中长或细长压杆来说，其失稳破坏时的承载能力大于强度破坏时的承载能力。
　　　　　　　　　　　　　　　　　　　　　　　　　　　　　　　　（　　）

3. 压杆的稳定性与外力大小无关。　　　　　　　　　　　　　　　　　（　　）

4. 临界状态是不稳定破坏状态的起点。　　　　　　　　　　　　　　　（　　）

5. 在其他条件相同的情况下，压杆总是在最小刚度平面内首先失稳。　　（　　）

6. 改变压杆的约束条件可以提高压杆的稳定性。　　　　　　　　　　　（　　）

7. 压杆通常在强度失效之前就已经丧失稳定。　　　　　　　　　　　　（　　）

8. 压杆的稳定安全系数 K_w 是一个常数。　　　　　　　　　　　　　（　　）

9. $[\sigma]$ 和 $[\sigma_w]$ 都是定值。　　　　　　　　　　　　　　　　　（　　）

三、单项选择题

1. 与压杆的长度系数 μ 有关的是（　　）。

A. 杆件所受的力　　　　　　　　　　B. 杆件两端的约束情况

C. 杆件的材料　　　　　　　　　　　D. 杆件的横截面形状和尺寸

2. 细长压杆，若长度系数 μ 增加一倍，则临界压力 P_{lj} 将变为（　　）。

A. 原来的 4 倍   B. 增加 1 倍

C. 原来的 1/4 倍   D. 原来的 1/2 倍

3. 如图Ⅲ-3-3 所示长方形截面压杆，已知 $b/h=1/2$，如果将 b 改为 h 后仍为细长压杆，则临界力 P_{lj} 是原来的（   ）。

A. 2 倍   B. 4 倍   C. 8 倍   D. 16 倍

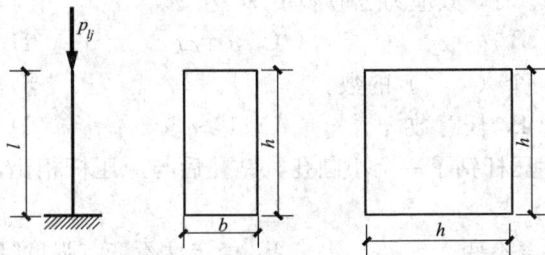

图Ⅲ-3-3

4. 以下条件中与压杆的柔度 λ 无关的是（   ）。

A. 杆件所受的力   B. 杆件两端的约束情况

C. 杆件的长度   D. 杆件的横截面形状和尺寸

5. 如图Ⅲ-3-4 所示压杆，其材料、截面形状、截面面积和长度相同，但支承方式不同，在轴向压力作用下，柔度最大和最小的分别为（   ）。

A. λ_a 最大，λ_c 最小   B. λ_b 最大，λ_d 最小

C. λ_b 最大，λ_c 最小   D. λ_a 最大，λ_b 最小

6. 图Ⅲ-3-5 所示两根细长压杆，杆长、材料、横截面形状及面积相同，但支承情况不同，则其临界力的比值 $\dfrac{P_{lj(b)}}{P_{lj(a)}}$ 应为（   ）。

A. 2   B. 0.5   C. 3   D. 4

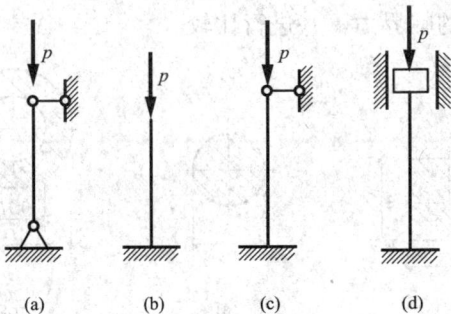 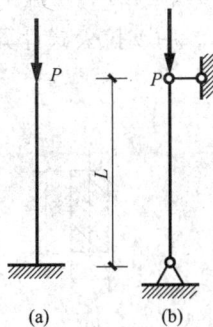

图Ⅲ-3-4   图Ⅲ-3-5

7. 两根细长圆形截面压杆，直径、长度、约束都相同，但材料不同，且 $E_1=2E_2$，则两杆临界应力的关系正确的是（   ）。

A. $(\sigma_{lj})_1=(\sigma_{lj})_2$ B. $(\sigma_{lj})_1=2(\sigma_{lj})_2$

C. $(\sigma_{lj})_1=\dfrac{1}{2}(\sigma_{lj})_2$ D. $(\sigma_{lj})_1=3(\sigma_{lj})_2$

8. 不符合欧拉公式使用范围的是（   ）。

A. 压杆材料的变形服从胡克定律

B. 杆内的最大应力不超过其比例极限

C. 杆内的最大应力不超过其屈服极限

D. 满足 $\lambda \geq \lambda_p$

9. 当压杆满足 $\lambda = \lambda_p$ 时，其应力也应满足（   ）。

A. $\sigma = \sigma_p$ B. $\sigma = \sigma_s$ C. $\sigma = \sigma_b$ D. $\sigma = [\sigma]$

10. 折减系数 φ 是一个（   ）的数。

A. $\varphi \geq 2$ B. 任意数   C. $1 \geq \varphi \geq 2$ D. $0 < \varphi \leq 1$

11. 图Ⅲ-3-6所示压杆钻了一个小圆孔，钻孔后与原压杆相比，对稳定性和强度的影响正确的是（   ）。

A. 稳定性降低，强度不变   B. 稳定性不变，强度降低

C. 稳定性和强度都降低   D. 稳定性和强度都不变

12. 一根压杆，采用如图Ⅲ-3-7所示的四种截面，在横截面面积和其他条件均相同的情况下，稳定性最好的截面应为（   ）。

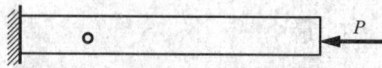

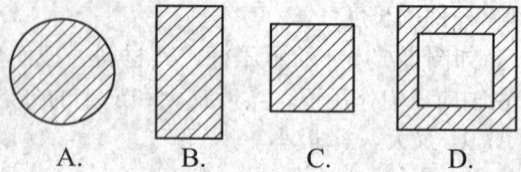

图Ⅲ-3-6   图Ⅲ-3-7

四、计算题

1. 图Ⅲ-3-8（a）所示压杆，材料为 Q235 钢，横截面有 4 种形式 [见图Ⅲ-3-8 (b)、(c)、(d)、(e)]，但其面积均为 $3.2 \times 10^3 \text{mm}^2$。已知杆长 $l = 4\text{m}$，弹性模量 $E = 2.1 \times 10^2 \text{MPa}$。用欧拉公式计算它们各自的临界力，并进行比较。

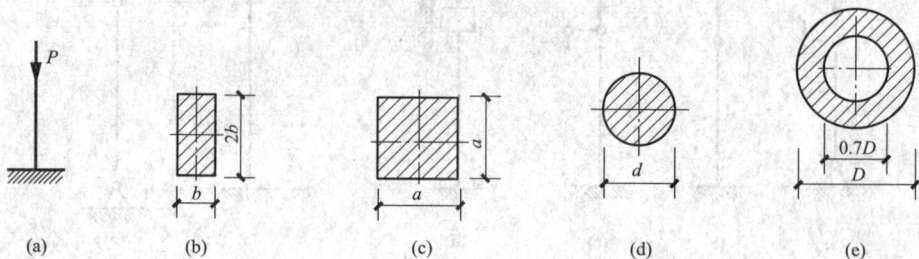

图Ⅲ-3-8

2. 按欧拉公式计算长 $l = 3.5\text{m}$，直径 $d = 200\text{mm}$ 的轴向受压圆截面木柱的临界力及临界应力，材料的弹性模量 $E = 10\text{GPa}$。若（1）两端铰支；（2）一端固定，一端自由。

3. 确定由下列材料制成的压杆在用欧拉公式计算临界力时的最小柔度。

（1）由比例极限 $\sigma_p = 220\text{MPa}$，弹性模量 $E = 190\text{GPa}$ 的钢制成。

（2）由比例极限 $\sigma_p = 490\text{MPa}$，弹性模量 $E = 215\text{GPa}$ 的合金钢制成。

（3）由比例极限 $\sigma_p = 20\text{MPa}$，弹性模量 $E = 11\text{GPa}$ 的松木制成。

4．图Ⅲ-3-9 所示各杆均为圆形截面细长压杆。已知各杆的材料以及直径均相同。各杆的压力 P 从零开始以相同的速率增长时，哪个杆先失稳？

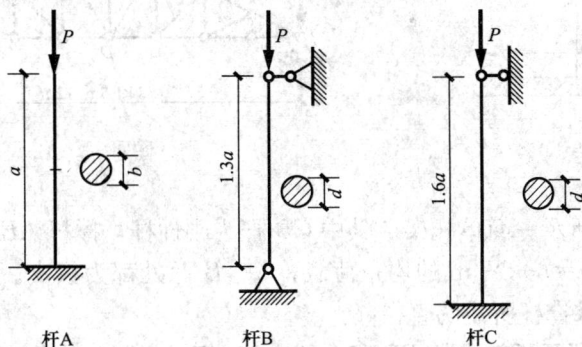

图Ⅲ-3-9

5．图Ⅲ-3-10（a）所示结构，AB、AC 均为圆截面细长杆，直径 $d = 80\text{mm}$，材料为 Q235 钢，$E = 206\text{GPa}$。问随外力 P 增大，哪个杆先失稳？失稳的临界力为多大？

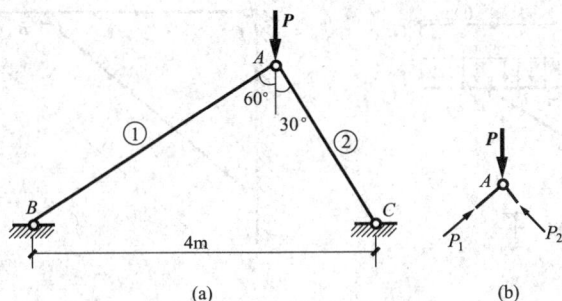

图Ⅲ-3-10

6．一端固定一端自由的圆形截面压杆，材料的弹性模量 $E = 2.03 \times 10^5 \text{MPa}$，比例极限 $\sigma_p = 300\text{MPa}$。已知杆的直径 $d = 100\text{mm}$。试求杆长为多少时才能用欧拉公式计算杆的临界力。

7．截面为 $160\text{mm} \times 240\text{mm}$ 的矩形截面木柱，长度 $l = 6\text{m}$，两端铰支。已知材料的容许正应力 $[\sigma] = 10\text{MPa}$，问承受轴向压力 $P = 60\text{kN}$ 时，柱是否安全？

8．一端固定一端铰支的压杆，长 $l = 2.4\text{m}$，杆由两根 $140\text{mm} \times 140\text{mm} \times 12\text{mm}$ 的等边角钢（A_3 钢）组成如图Ⅲ-3-11 所示。若杆所承受的压力 $P = 800\text{kN}$，材料的容许正应力 $[\sigma] = 160\text{MPa}$，铆钉孔直径 $d = 23\text{mm}$。试对压杆作稳定性和强度校核。

9．三角形木屋架的尺寸及受载如图Ⅲ-3-12 所示，$P = 9.7\text{kN}$，斜腹杆 CD 的截面尺寸为 $100\text{mm} \times 100\text{mm}$，材料为松木，顺纹抗压容许应力 $[\sigma_y] = 10\text{MPa}$，若两端按铰支考虑。试校核 CD 杆的稳定性。

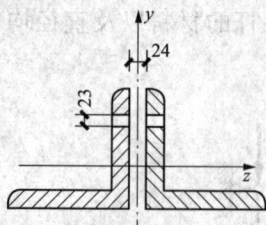

图Ⅲ-3-11

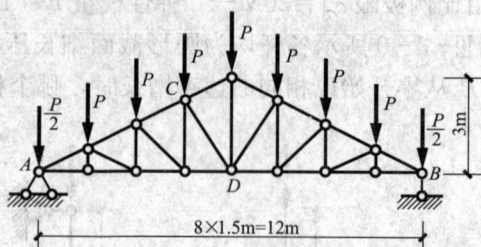

8×1.5m=12m

图Ⅲ-3-12

10. 图Ⅲ-3-13 所示一简单托架。其中 CB 杆为刚性杆，撑杆 AB 为圆截面木杆，若托架上作用荷载集度为 $q=60$kN/m 的均布荷载，A、B 两处都为铰支。已知材料的容许正应力 $[\sigma]=11$MPa。试求撑杆所需的直径 d。

11. 图Ⅲ-3-14 所示托架中的 CD 杆为 10 工字钢，材料的容许正应力 $[\sigma]=160$MPa。撑杆 AB 为直径 $d=32$mm 的圆形截面钢杆，杆长 $l=800$mm，两端可视为铰支，材料为 A_3 钢，容许正应力 $[\sigma]=170$MPa。若已知 $Q=26$kN，试检验整个托架的安全性。

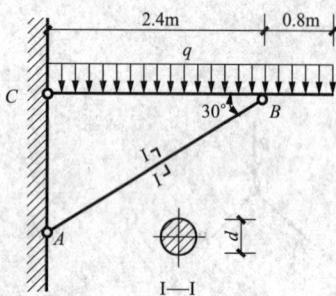

图Ⅲ-3-13

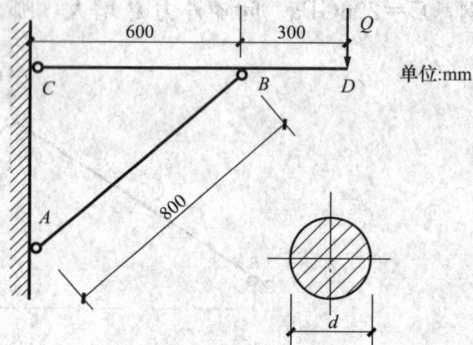

图Ⅲ-3-14

学习情境Ⅳ 工程构件承载能力优化分析

学习情境Ⅱ和学习情境Ⅲ中重点分析和讨论了工程构件的强度、刚度和稳定性问题，即工程构件的承载能力问题。通过学习可以认识到工程构件的承载能力不仅与其所受的外力有关，而且还与构件的尺寸、横截面面积的大小和形状、所使用的材料性质等诸多因素有关。因此，在工程结构和构件的设计中，若排除地形条件、施工条件等因素的限制，从节约材料、降低工程造价的角度出发，可从以下几方面来分析提高构件承载能力的途径。

Ⅳ-1 工程构件截面形状对承载能力的影响分析

一、受扭圆轴截面形状对承载能力的影响分析

（一）强度影响分析

将受扭圆轴的强度条件 $\tau_{max} = \dfrac{M_{n\max}}{W_p} \leqslant [\tau]$ 改写为

$$M_{n\max} \leqslant W_p[\tau]$$

可以看出，轴内承受的最大扭矩 $M_{n\max}$ 与其抗扭截面系数 W_p 成正比。所以，在轴内扭矩一定的情况下，要提高轴的抗扭强度，就应使横截面面积相等的轴尽可能具有较大的抗扭截面系数。要做到这一点，可采用空心轴来等效代换实心轴便可实现。这可从轴横截面上的应力分布情况得到解释。图Ⅳ-1-1（a）、（b）所示为空心轴与实心轴横截面上的应力分布情况，从图Ⅳ-1-1（a）可以看出，实心轴横截面边缘处的剪应力取得最大值 τ_{max}，当 τ_{max} 达到材料的容许剪应力 $[\tau]$ 时，靠近圆心部分材料所承担的剪应力远未达到 $[\tau]$ 值，即这部分材料的强度远未得到发挥。若将靠近圆心部分的材料挖去并补充到外缘部分而成为空心圆截面轴[见图Ⅳ-1-1（b）]，此时，空心轴的外径 D 将大于实心轴的直径 d。横截面上由剪应力所构成的扭矩就比实心轴大，换言之，在保持轴横截面积大小不变的条件下，空心轴所能承受的扭矩要高于实心轴，即空心轴的抗扭强度要高于实心轴，且材料的强度可以得到较充分的发挥。另一方面，从分析结果可以看出，对由相同材料制成的轴，在抗扭强度相同的条件下，空心轴的材料用量显然要比实心轴的少，这就是工程上常采用空心轴的原因。

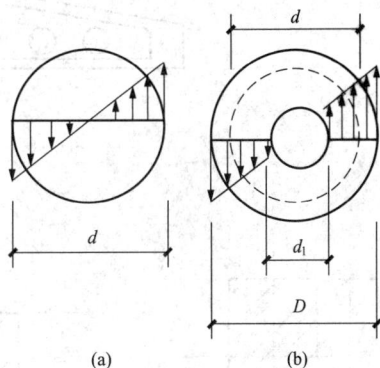

图Ⅳ-1-1

（二）刚度影响分析

从轴的扭转刚度条件 $\theta = \dfrac{M_n}{GI_p} \times \dfrac{180°}{\pi} \leqslant [\theta]$ 可以看出，轴的单位长度扭转角 θ 与其横截面的极惯性矩 I_p 成反比。在扭矩、材料、横截面积大小均相同的前提下，空心轴的极惯性

矩要比实心轴的极惯性矩大，从而可降低空心轴的实际单位长度扭转角，使其刚度得到提高。同理，在刚度相同的情况下，采用空心轴可减少材料用量、降低成本。

二、梁的截面形状对梁抗弯能力的影响分析

（一）强度影响分析

1. 根据正应力分布规律选择截面

梁弯曲时截面上的正应力是沿着截面高度呈直线规律分布的，中性轴处正应力为零，距中性轴最远的边缘处正应力最大。强度计算时，是以边缘处的最大正应力达到材料的容许应力为判据的。实际上，当边缘处的工作应力达到材料的容许应力时，其他部分的实际工作应力并没有达到，尤其在中性轴附近的工作应力尚很小，材料没有充分发挥作用。为提高梁的抗弯能力，应尽量发挥这些材料的作用。因此，一个能比较充分发挥材料作用的截面形状，应该是中性轴部分的材料尽量少，边缘部分的材料尽量多，这样可以比较好地物尽其用。如图Ⅳ-1-2（a）所示矩形截面，可将中性轴附近的材料挖去，移到上下边缘处，成为工字型截面，使应力大的区域材料用量多，应力小的区域材料用量少。工程上常采用工字型、环形、箱型［见图Ⅳ-1-2（b）、（c）］等截面形式的原因就在于此。

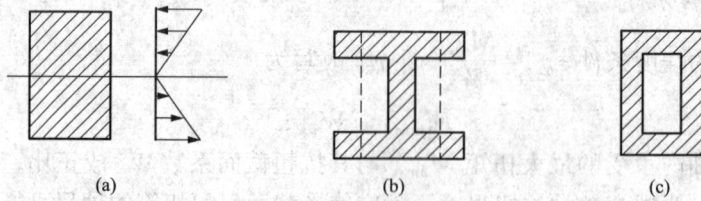

图Ⅳ-1-2

同样道理，为了减轻梁的自重以减少由自重引起的弯矩，可在中性层附近开孔。例如工程中常用的薄腹梁（见图Ⅳ-1-3）。

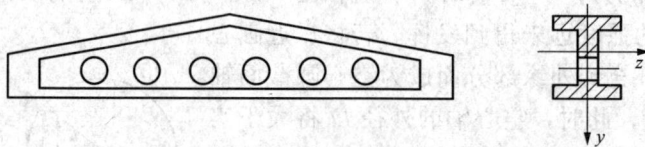

图Ⅳ-1-3

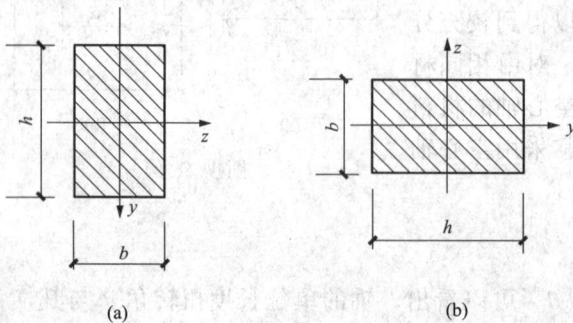

图Ⅳ-1-4

2. 根据抗弯截面系数 W 选择截面

由强度条件公式 $M \leqslant [\sigma]W$ 可知，梁所能承受的弯矩 M 与抗弯截面系数 W 成正比。所以，合理的截面形状应该是在截面面积相同时具有较大的抗弯截面系数 W。例如一个高为 h，宽为 b 的矩形截面梁（$h>b$），截面竖放［见图Ⅳ-1-4（a）］时，抗弯截面系数 $W_z = \dfrac{bh^2}{6}$；截面横放［见图Ⅳ-1-4（b）］

时，抗弯截面系数 $W_y = \dfrac{hb^2}{6}$。显然，$W_z > W_y$，因此，截面竖放时的弯曲强度要高于截面横放时的弯曲强度。对于工程中常见截面形式的梁，抗弯截面系数 W 与高度的平方成正比。因此，用加大截面高度的方法通常可以显著提高梁的抗弯能力。但对于确定的截面形式而言，随着抗弯截面系数的增大，截面面积也会随之增大，需要使用更多的材料，从而加大成本投入。为比较各种不同形状截面的合理性和经济性，通常采用抗弯截面系数与截面面积的比值 $\dfrac{W}{A}$ 作为衡量截面是否合理的指标，$\dfrac{W}{A}$ 的值越大则截面越趋合理。例如：截面面积均为 $A = 42\text{cm}^2$ 的圆形、矩形、工字型截面梁，其 $\dfrac{W}{A}$ 的值分别为

圆形截面：
$$\dfrac{W}{A} = 0.91$$

矩形截面：
$$\dfrac{W}{A} = 1.53$$

工字型截面：
$$\dfrac{W}{A} = 7.36$$

由此可见，矩形截面优于圆形截面，工字型截面优于矩形截面。一般来说，在截面面积相同的情况下，截面高度大，靠近中性轴附近的截面宽度小，抗弯截面系数就大。不过这只是从正应力强度方面来考虑。一个截面的合理性还要考虑施工的方便以及刚度，稳定性问题，如截面过高、过窄会出现侧向失稳。

（二）刚度影响分析

梁的变形与抗弯刚度成反比，因此，在横截面积大小不变的前提下，采用惯性矩较大的截面形状对提高梁的抗弯刚度是有利的。另一方面，影响惯性矩大小的主要因素是截面高度，因此，增大梁截面高度是提高梁弯曲刚度的主要措施，但由于各类钢材的弹性模量值比较接近，因此，采用高强度钢或优质钢并不能有效地提高梁的刚度。

三、压杆的横截面形状对其稳定性的影响分析

压杆的临界应力 σ_{lj} 与其柔度值的平方 λ^2 成反比，λ 越小，σ_{lj} 就越大，临界力 P_{lj} 也就越大，压杆的稳定性就越好，而 λ 又与截面惯性半径 i 成反比，因此，欲使 λ 值减小，就应增大 i 值，从 $i = \sqrt{\dfrac{I}{A}}$ 来看，在压杆横截面积 A 保持不变的前提下，应尽可能采用惯性矩 I 较大的截面形状，为此，应尽量使截面材料远离截面的中性轴。例如：空心圆截面受压杆的临界力就要比横截面面积相同的实心圆截面受压杆的临界力大。另一方面，当压杆杆端支撑约束条件在各个方向相同时，应尽可能选择使压杆截面对任一形心轴的惯性矩相同的截面形状，以使压杆在各个方向上具有相同的稳定性。例如：用两根槽钢组合而成的压杆，采用图Ⅳ-1-5（b）的组合形式要比图Ⅳ-1-5（a）的组合形式为好。

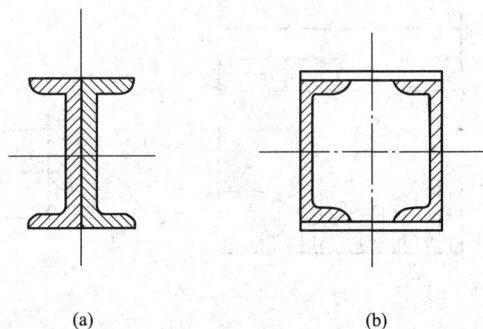

(a) 　　　　(b)

图Ⅳ-1-5

Ⅳ-2　工程结构形式对承载能力的影响分析

一、梁的结构形式对其抗弯强度的影响分析

（一）根据内力变化规律选用变截面梁

通常一根梁各个截面上的弯矩大小是不同的，在采用等截面梁时，截面尺寸是以最大弯矩 M_{max} 所在的危险截面确定的。但当危险截面上危险点处的应力到达材料的容许应力时，其他截面上因弯矩小于危险截面的 M_{max}，最大应力尚未达到容许应力。为节省材料，从强度考虑，可以采取弯矩大的截面用较大的截面尺寸，弯矩小的截面用较小的截面尺寸的办法，即梁横截面的大小随弯矩大小的变化而变化。这种横截面尺寸沿轴线变化的梁称为变截面梁。

理想的变截面梁可设计成每个横截面上的最大正应力都正好等于材料的容许应力，这种梁称为**等强度梁**。若将此时抗弯截面系数用 $W(x)$ 表示，截面上的弯矩用 $M(x)$ 表示，那么等强度梁中

$$\sigma_{max} = \frac{M(x)}{W(x)} = [\sigma]$$

由此可推算各截面的抗弯截面系数为

$$W(x) = \frac{M(x)}{[\sigma]} \qquad (Ⅳ-2-1)$$

式（Ⅳ-2-1）说明等强度梁的抗弯截面系数是随截面弯矩而变化的。由 $W(x)$ 可进一步确定横截面沿轴线变化的形式及尺寸。例如：受集中力 P 作用的悬臂梁［见图Ⅳ-2-1(a)］，弯矩方程 $M(x) = Px$，做成等强度梁时，$W(x) = \frac{M(x)}{[\sigma]} = \frac{Px}{[\sigma]}$。若截面为宽度 b 不变的矩形，则高度 $h(x)$ 的变化规律由 $W(x) = \frac{bh^2(x)}{6} = \frac{Px}{[\sigma]}$

得

$$h(x) = \sqrt{\frac{6Px}{[\sigma]b}}$$

$h(x)$ 是一个抛物线方程，梁高变化如图Ⅳ-2-1(b)所示。

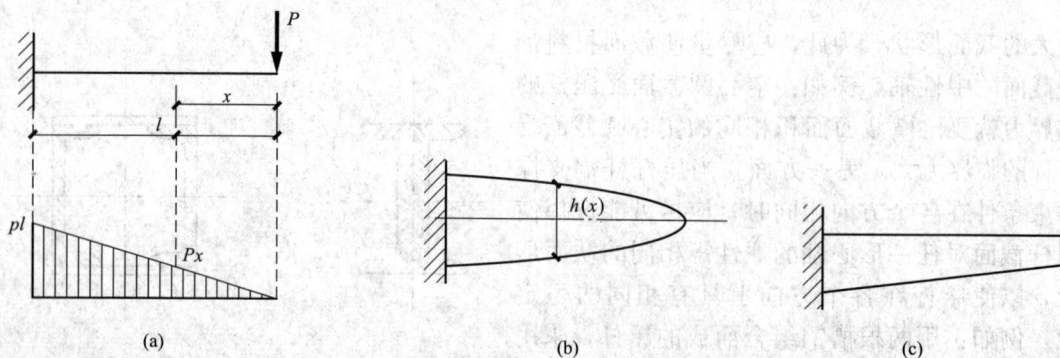

(a)　　　　　　　　　　(b)　　　　　　(c)

图Ⅳ-2-1

等强度梁突出的缺点是制作困难。实际应用时，常将它改为便于施工而形状接近等截面梁的变截面梁。例如图Ⅳ-2-1（b）所示截面高度呈抛物线变化的梁改为图Ⅳ-2-1（c）所示截面高度呈直线变化的梁。房屋建筑中的阳台及雨棚挑梁便是实例。

（二）从布置支座和荷载位置来降低弯矩

从梁的最大弯曲正应力计算公式 $\sigma_{\max}=\dfrac{M_{\max}}{W_z}$ 来看，当梁的横截面形状确定后，要提高梁的弯曲正应力需从降低梁内最大弯矩入手。

梁的内力与荷载位置、支座位置有关，在使用要求允许的情况下，合理布置荷载与支座能减小弯矩或使梁的弯矩趋于均匀。例如：图Ⅳ-2-2（a）所示受均布荷载作用的简支梁，$M_{\max}=\dfrac{1}{8}ql^2=0.125ql^2$，若将两个支座各向里移 $0.2l$ ［见图Ⅳ-2-2（b）］，则 $M_{\max}=0.025ql^2$，仅是前者的 $1/5$，梁的截面尺寸也就可随之减小。又如图Ⅳ-2-2（c）受集中力 P 作用的简支梁，其 $M_{\max}=\dfrac{1}{4}Pl$，若在梁 AB 上安置一根短梁 CD，则 AB 梁的 $M_{\max}=\dfrac{1}{8}Pl$ ［见图Ⅳ-2-2（d）］，仅为前者的 $1/2$。

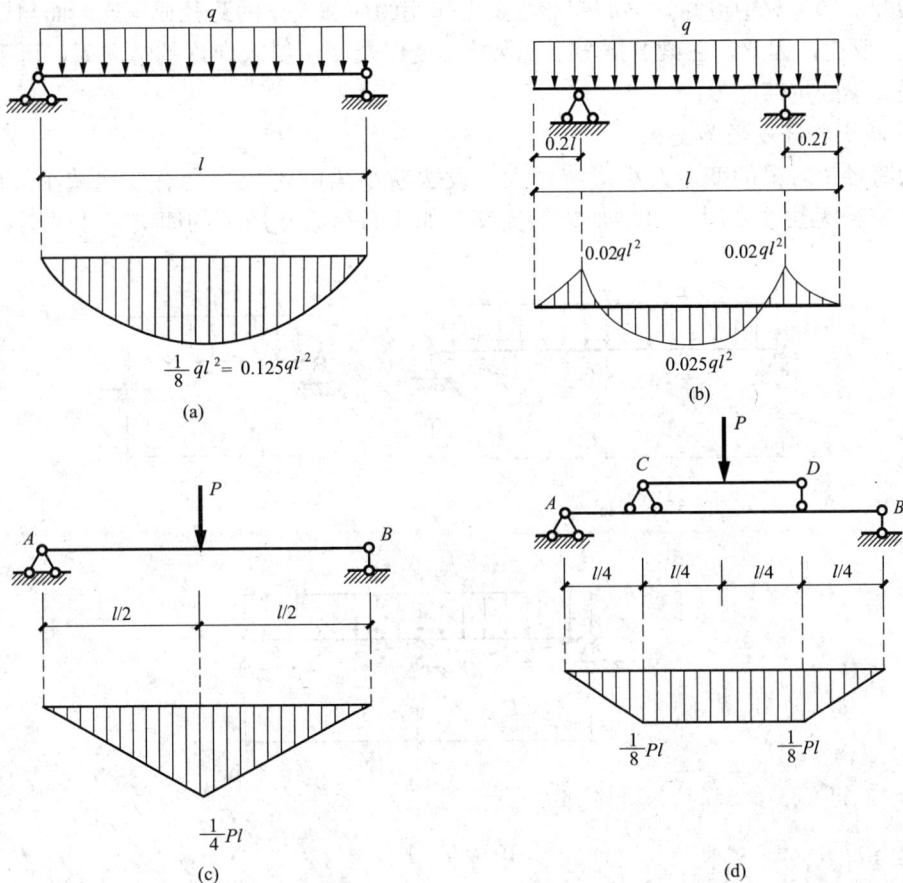

图Ⅳ-2-2

为了减小梁的弯矩，还可以采用增加支座以减小梁跨度的办法。如在图Ⅳ-2-2 (a) 所示简支梁的中间增加一个支座 [见图Ⅳ-2-3 (a)]，则 $|M_{max}| = 0.031\ 25ql^2$，为原梁的 1/4。增加两个支座 [见图Ⅳ-2-3 (b)]，则 $|M_{max}| = 0.011ql^2$，仅为原梁的 1/11。

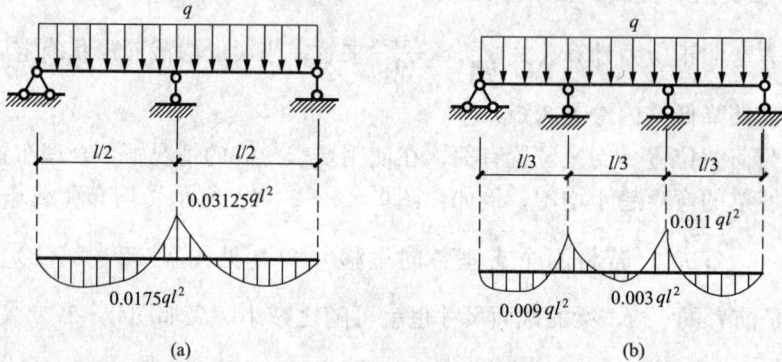

图Ⅳ-2-3

二、梁的结构形式对其抗弯刚度的影响分析

从梁的变形计算中可知，梁的变形与梁上作用的荷载、梁的跨径成正比，而与梁的抗弯刚度 EI 成反比。因此，在梁的抗弯刚度保持不变以及使用要求允许的情况下，可采用以下措施来提高梁的抗弯能力。

（一）减小跨径或增加支座

梁的跨径 l 对梁的变形大小影响最大，设法减小梁的跨径将会有效地减小梁的变形。有时梁的跨径无法改变时，可增加梁的支座。如均布荷载作用下的简支梁 [见图Ⅳ-2-4

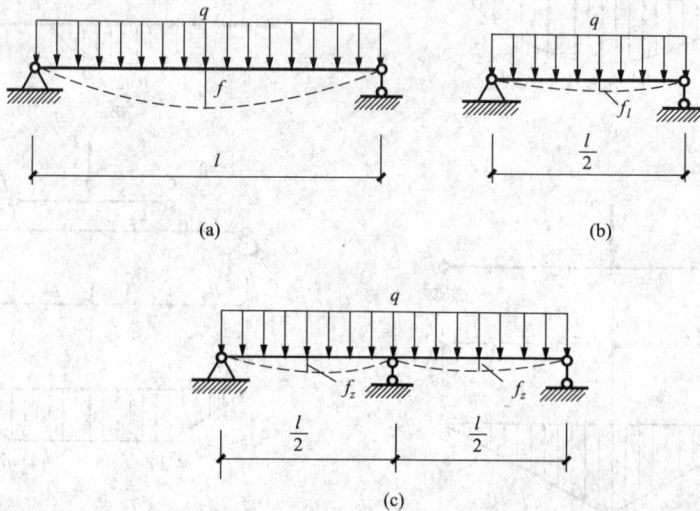

图Ⅳ-2-4

（a）]，在跨中最大挠度为 $f = \dfrac{5ql^4}{384EI}$，若梁跨减小一半，则最大挠度为 $f_1 = \dfrac{5q\left(\dfrac{l}{2}\right)^4}{384EI} = \dfrac{1}{16}f$

[见图Ⅳ-2-4（b）]；若在梁跨中点增加一支座，则梁的最大挠度 f_z 约为原梁的 $\dfrac{1}{38}$ [见图Ⅳ-2-4（c）]。

（二）合理安排荷载作用点位置

弯矩是引起变形的主要因素，变更荷载作用位置与方式，减小梁内弯矩，可达到减小变形、提高刚度的目的。如图Ⅳ-2-5（a）所示简支梁在跨中受较大集中荷载 P 作用，若将力 P 分散为靠近支座处的两个力 $\dfrac{P}{2}$ [见图Ⅳ-2-5（b）]，甚至改为分布荷载 [见图Ⅳ-2-5（c）]，都可达到提高梁抗弯刚度的目的。

从以上分析可以看出，在提高梁抗弯强度和抗弯刚度的措施中，有些措施如采用合理的截面形状、降低梁内最大弯矩等在提高梁抗弯强度的同时也提高了梁的抗弯刚度。因此，在其他条件允许的前提下，实际工程中应尽可能使梁的设计更趋合理。

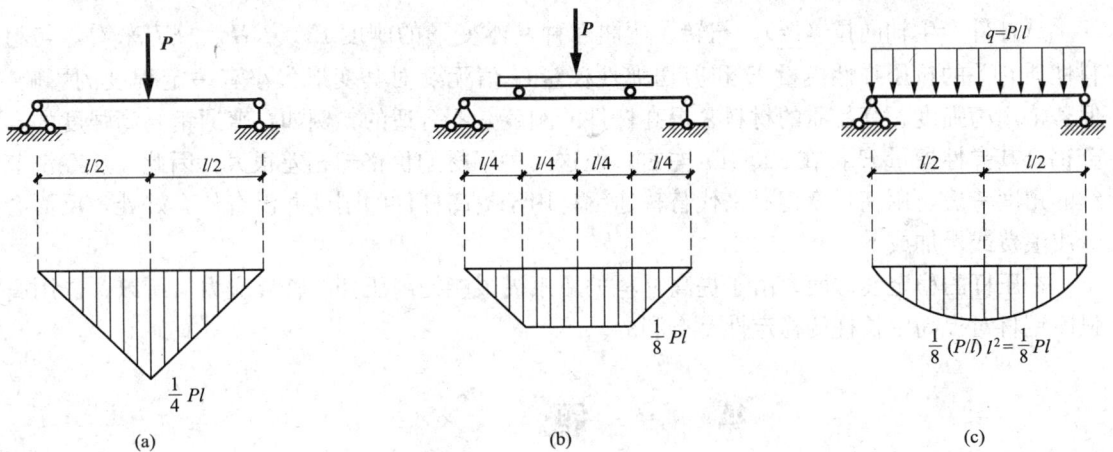

图Ⅳ-2-5

三、结构形式对压杆稳定性的影响分析

（1）对于细长压杆，在其他条件相同的情况下，其临界力与杆长的平方成反比，因此，减小压杆的长度可以显著提高压杆的稳定性，例如：图Ⅳ-2-6（a）所示两端铰支压杆，若条件允许，可在杆的中点增设一支撑 [见图Ⅳ-2-6（b）]，此时压杆的计算长度仅为原长的一半，其相应的柔度值也减为原长的一半，但其临界力是原长的 4 倍。

（2）压杆的长度系数 μ 与压杆两端的约束条件有关，从表Ⅲ-1中可以看出，压杆杆端的约束越强，其 μ 值就越小，因此，增强杆端的约束，可以使压杆的稳定性得

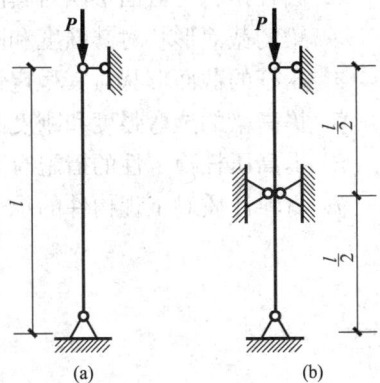

图Ⅳ-2-6

到相应的提高。

（3）在图Ⅳ-2-7（a）所示支架中，在可能的条件下可将压杆 CD 转换为图Ⅳ-2-7（b）所示的拉杆，从而从根本上消除了压杆失稳的问题。

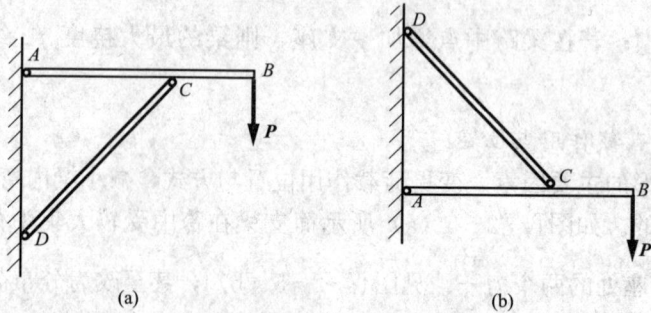

(a)　　　　　　　　　　　　(b)

图Ⅳ-2-7

Ⅳ-3　工程构件材料性质对承载能力的影响分析

从杆件产生轴向拉（压）、扭转、弯曲三种基本变形的刚度 EA、GI_p、EI 来看，与材料性质有关的拉压弹性模量 E 和剪切弹性模量 G 值无疑对其变形大小有一定程度的影响。但若采用高强度、高品质的材料来提高杆件的刚度是不合适的，例如：普通钢与高强度的合金钢，其弹性模量 E 都在 200GPa 左右，但这两种钢材的价格却相差很大，因此，从经济节约的角度考虑，用高强度钢材来代替普通钢材用于提高杆件的刚度并没有什么好处，反而会造成浪费或增加成本。

在压杆的稳定性方面，由于提高材料的屈服极限能提高压杆的临界应力，所以，选用高强度钢材对提高中长杆的稳定性是有利的。

练 习 题

1. 圆轴扭转时截面形状对其强度有何影响？采用何种截面形状有利于提高其抗扭强度？
2. 圆轴扭转时截面形状对其刚度有何影响？采用何种截面形状有利于提高其抗扭刚度？
3. 梁的截面形状对其强度和刚度有何影响？如何合理选择梁的截面形式？
4. 压杆的截面形状对其稳定性有何影响？如何合理选择压杆的截面形式？
5. 提高梁的抗弯强度和刚度的措施有哪些？
6. 提高压杆稳定性的措施有哪些？
7. 材料性质对工程构件的承载力有何影响？如何合理选择工程构件的材料？

附录 A 型 钢 表

热轧等边角钢

符号意义:

b——边宽度; $\quad d$——边厚;

r——内圆弧半径; $\quad r_1$——边端内弧半径,$r_1 = d/3$;

I——惯性矩; $\quad i$——惯性半径;

W——截面系数; $\quad z_0$——重心距离。

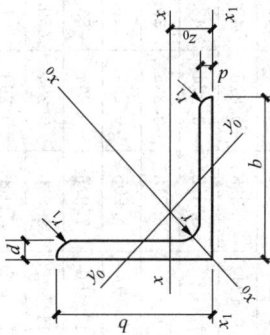

表 A - 1

角钢号数	尺寸(mm) b	d	r	截面面积(cm²)	理论质量(kg/m)	外表面积(m²/m)	x-x Ix(cm⁴)	x-x ix(cm)	x-x Wx(cm³)	x0-x0 Ix0(cm⁴)	x0-x0 ix0(cm)	x0-x0 Wx0(cm³)	y0-y0 Iy0(cm⁴)	y0-y0 iy0(cm)	y0-y0 Wy0(cm³)	x1-x1 Ix1(cm⁴)	z0(cm)
4	40	3	5	2.359	1.852	0.157	3.59	1.23	1.23	5.69	1.55	2.01	1.49	0.79	0.96	6.41	1.09
	40	4		3.086	2.422	0.157	4.60	1.22	1.60	7.29	1.54	2.58	1.91	0.79	1.19	8.56	1.13
	40	5		3.791	2.976	0.156	5.53	1.21	1.96	8.76	1.52	3.10	2.30	0.78	1.39	10.74	1.17
4.5	45	3	5	2.659	2.088	0.177	5.17	1.40	1.58	8.20	1.76	2.58	2.14	0.90	1.24	9.12	1.22
	45	4		3.486	2.736	0.177	6.65	1.38	2.05	10.56	1.74	3.32	2.75	0.89	1.54	12.18	1.26
	45	5		4.292	3.369	0.176	8.04	1.37	2.51	12.74	1.72	4.00	3.33	0.88	1.81	15.25	1.30
	45	6		5.076	3.985	0.176	9.33	1.36	2.95	14.76	1.70	4.64	3.89	0.88	2.06	18.36	1.33
5	50	3	5.5	2.971	2.332	0.197	7.18	1.55	1.96	11.37	1.96	3.22	2.98	1.00	1.57	12.50	1.34
	50	4		3.897	3.059	0.197	9.26	1.54	2.56	14.70	1.94	4.16	3.82	0.99	1.96	16.69	1.38
	50	5		4.803	3.770	0.196	11.21	1.53	3.13	17.79	1.92	5.03	4.64	0.98	2.31	20.90	1.42
	50	6		5.688	4.465	0.196	13.05	1.52	3.68	20.68	1.91	5.85	5.42	0.98	2.63	25.14	1.46

续表

角钢号数	尺寸(mm) b	尺寸(mm) d	尺寸(mm) r	截面面积 (cm²)	理论质量 (kg/m)	外表面积 (m²/m)	$x-x$ I_x (cm⁴)	$x-x$ i_x (cm)	$x-x$ W_x (cm³)	x_0-x_0 I_{x_0} (cm⁴)	x_0-x_0 i_{x_0} (cm)	x_0-x_0 W_{x_0} (cm³)	y_0-y_0 I_{y_0} (cm⁴)	y_0-y_0 i_{y_0} (cm)	y_0-y_0 W_{y_0} (cm³)	x_1-x_1 I_{x_1} (cm⁴)	z_0 (cm)
5.6	56	3	6	3.343	2.624	0.221	10.19	1.75	2.48	16.14	2.20	4.08	4.24	1.13	2.02	17.56	1.48
		4		4.390	3.446	0.220	13.18	1.73	3.24	20.92	2.18	5.28	5.46	1.11	2.52	23.43	1.53
		5		5.415	4.251	0.220	16.02	1.72	3.97	25.42	2.17	6.42	6.61	1.10	2.98	29.33	1.57
		8		8.367	6.568	0.219	23.63	1.68	6.03	37.37	2.11	9.44	9.89	1.09	4.16	47.24	1.68
6.3	63	4	7	4.978	3.907	0.248	19.03	1.96	4.13	30.17	2.46	6.78	7.89	1.26	3.29	33.35	1.70
		5		6.143	4.822	0.248	23.17	1.94	5.08	36.77	2.45	8.25	9.57	1.25	3.90	41.73	1.74
		6		7.288	5.721	0.247	27.12	1.93	6.00	43.03	2.43	9.66	11.20	1.24	4.46	50.14	1.78
		8		9.515	7.469	0.247	34.46	1.90	7.75	54.56	2.40	12.25	14.33	1.23	5.47	67.11	1.85
		10		11.657	9.151	0.246	41.09	1.88	9.39	64.85	2.36	14.56	17.33	1.22	6.36	84.31	1.93
7	70	4	8	5.570	4.372	0.275	26.39	2.18	5.14	41.80	2.74	8.44	10.99	1.40	4.17	45.74	1.86
		5		6.875	5.397	0.275	32.21	2.16	6.32	51.08	2.73	10.32	13.34	1.39	4.95	57.21	1.91
		6		8.160	6.406	0.275	37.77	2.15	7.48	59.93	2.71	12.11	15.61	1.38	5.67	68.73	1.95
		7		9.424	7.398	0.275	43.09	2.14	8.59	68.35	2.69	13.81	17.82	1.38	6.34	80.29	1.99
		8		10.667	8.373	0.274	48.17	2.12	9.68	76.37	2.68	15.43	19.98	1.37	6.98	91.92	2.03
(7.5)	75	5	9	7.367	5.818	0.295	39.97	2.33	7.32	63.30	2.92	11.94	16.63	1.50	5.77	70.56	2.04
		6		8.797	6.905	0.294	46.95	2.31	8.64	74.38	2.90	14.02	19.51	1.49	6.67	84.55	2.07
		7		10.160	7.976	0.294	53.57	2.30	9.93	84.96	2.89	16.02	22.18	1.48	7.44	98.71	2.11
		8		11.503	9.030	0.294	59.96	2.28	11.20	95.07	2.88	17.93	24.86	1.47	8.19	112.97	2.15
		10		14.126	11.089	0.293	71.98	2.26	13.64	113.92	2.84	21.46	30.05	1.46	9.56	141.71	2.22
8	80	5	9	7.912	6.211	0.315	48.79	2.48	8.34	77.33	3.13	13.67	20.25	1.60	6.66	85.36	2.15
		6		9.397	7.376	0.314	57.35	2.47	9.87	90.98	3.11	16.08	23.72	1.59	7.65	102.50	2.19
		7		10.860	8.525	0.314	65.58	2.46	11.37	104.07	3.10	18.40	27.09	1.58	8.58	119.70	2.23
		8		12.303	9.658	0.314	73.49	2.44	12.83	116.60	3.08	20.61	30.39	1.57	9.46	136.97	2.27
		10		15.126	11.874	0.313	88.43	2.42	15.64	140.09	3.04	24.76	36.77	1.56	11.08	171.74	2.35

续表

角钢号数	尺寸 (mm)			截面面积 (cm²)	理论质量 (kg/m)	外表面积 (m²/m)	参 考 数 值												
	b	d	r				$x-x$			x_0-x_0			y_0-y_0			x_1-x_1		z_0 (cm)
							I_x (cm⁴)	i_x (cm)	W_x (cm³)	I_{x_0} (cm⁴)	i_{x_0} (cm)	W_{x_0} (cm³)	I_{y_0} (cm⁴)	i_{y_0} (cm)	W_{y_0} (cm³)	I_{x_1} (cm⁴)	
9	90	6	10	10.637	8.350	0.354	82.77	2.79	12.61	131.26	3.51	20.63	34.28	1.80	9.95	145.87	2.44
		7		12.301	9.656	0.354	94.83	2.78	14.54	150.47	3.50	23.64	39.18	1.78	11.19	170.30	2.48
		8		13.944	10.946	0.353	106.47	2.76	16.42	168.97	3.48	26.55	43.97	1.78	12.35	194.80	2.52
		10		17.167	13.476	0.353	128.58	2.74	20.07	203.90	3.45	32.04	53.26	1.76	14.52	244.07	2.59
		12		20.306	15.940	0.352	149.22	2.71	23.57	236.21	3.41	37.12	62.22	1.75	16.49	293.76	2.67
10	100	6	12	11.932	9.366	0.393	114.95	3.10	15.68	181.98	3.90	25.74	47.92	2.00	12.69	200.07	2.67
		7		13.796	10.830	0.393	131.86	3.09	18.10	208.97	3.89	29.55	54.74	1.99	14.26	233.54	2.71
		8		15.638	12.276	0.393	148.24	3.08	20.47	235.07	3.88	33.24	61.41	1.98	15.75	267.09	2.76
		10		19.261	15.120	0.392	179.51	3.05	25.06	284.68	3.84	40.26	74.35	1.96	18.54	334.48	2.84
		12		22.800	17.898	0.391	208.90	3.03	29.48	330.95	3.81	46.80	86.84	1.95	21.08	402.34	2.91
		14		26.256	20.611	0.391	236.53	3.00	33.73	374.06	3.77	52.90	99.00	1.94	23.44	470.75	2.99
		16		29.627	23.257	0.390	262.53	2.98	37.82	414.16	3.74	58.57	110.89	1.94	25.63	539.80	3.06
11	110	7	12	15.196	11.928	0.433	177.16	3.41	22.05	280.94	4.30	36.12	73.38	2.20	17.51	310.64	2.96
		8		17.238	13.532	0.433	199.46	3.40	24.95	316.49	4.28	40.69	82.42	2.19	19.39	355.2	3.01
		10		21.261	16.690	0.432	242.19	3.38	30.60	384.39	4.25	49.42	99.98	2.17	22.91	444.65	3.09
		12		25.200	19.782	0.431	282.55	3.35	36.05	448.17	4.22	57.62	116.93	2.15	26.15	534.60	3.16
		14		29.056	22.809	0.431	320.71	3.32	41.31	508.01	4.18	65.31	133.40	2.14	29.14	625.16	3.24
12.5	125	8	14	19.750	15.504	0.492	297.03	3.88	32.52	470.89	4.88	53.28	123.16	2.50	25.86	521.01	3.37
		10		24.373	19.133	0.491	361.67	3.85	39.97	573.89	4.85	64.93	149.46	2.48	30.62	651.93	3.45
		12		28.912	22.696	0.491	423.16	3.83	41.17	671.44	4.82	75.96	174.88	2.46	35.03	783.42	3.53
		14		33.367	26.193	0.490	481.65	3.80	54.16	763.73	4.78	86.41	199.57	2.45	39.13	915.61	3.61

续表

角钢号数	尺寸(mm) b	d	r	截面面积 (cm²)	理论质量 (kg/m)	外表面积 (m²/m)	x-x I_x (cm⁴)	i_x (cm)	W_x (cm³)	x_0-x_0 I_{x_0} (cm⁴)	i_{x_0} (cm)	W_{x_0} (cm³)	y_0-y_0 I_{y_0} (cm⁴)	i_{y_0} (cm)	W_{y_0} (cm³)	x_1-x_1 I_{x_1} (cm⁴)	z_0 (cm)
14	140	10	14	27.373	21.488	0.551	514.65	4.34	50.58	817.27	5.46	82.56	212.04	2.78	39.20	915.11	3.82
		12		32.512	25.522	0.551	603.68	4.31	59.80	958.79	5.43	96.85	248.57	2.76	45.02	1099.28	3.9
		14		37.567	29.490	0.550	688.81	4.28	68.75	1093.56	5.40	110.47	284.06	2.75	50.45	1284.22	3.98
		16		42.539	33.393	0.549	770.24	4.26	77.46	1221.81	5.36	123.42	318.67	2.74	55.55	1470.07	4.06
16	160	10	16	31.502	24.729	0.630	779.53	4.98	66.70	1237.30	6.27	109.36	321.76	3.20	52.76	1365.33	4.31
		12		37.441	29.391	0.630	916.58	4.95	78.98	1455.68	6.24	128.67	377.49	3.18	60.74	1639.57	4.39
		14		43.296	33.987	0.629	1048.36	4.92	90.95	1665.02	6.20	147.17	431.70	3.16	68.24	1914.68	4.47
		16		49.067	38.518	0.629	1175.08	4.89	102.63	1865.57	6.17	164.89	484.59	3.14	75.31	2190.82	4.55
18	180	12	16	42.241	33.159	0.710	1321.35	5.59	100.82	2100.10	7.05	165.00	542.61	3.58	78.41	2332.80	4.89
		14		48.896	38.383	0.709	1514.48	5.56	116.25	2407.42	7.02	189.14	621.53	3.56	88.38	2723.48	4.97
		16		55.467	43.542	0.709	1700.99	5.54	131.13	2703.37	6.98	212.40	698.60	3.55	97.83	3115.29	5.05
		18		61.955	48.634	0.708	1875.12	5.50	145.64	2988.24	6.94	234.78	762.01	3.51	105.14	3502.43	5.13
20	200	14	18	54.642	42.894	0.788	2103.55	6.20	144.70	3343.26	7.82	236.40	863.83	3.98	111.82	3734.10	5.46
		16		62.013	48.680	0.788	2366.15	6.18	163.65	3760.89	7.79	265.93	971.41	3.96	123.96	4270.39	5.54
		18		69.301	54.401	0.787	2620.64	6.15	182.22	4164.54	7.75	294.48	1076.74	3.94	135.52	4808.13	5.62
		20		76.505	60.056	0.787	2867.30	6.12	200.42	4554.55	7.72	322.06	1180.04	3.93	146.55	5347.51	5.69
		24		90.661	71.168	0.785	3338.25	6.07	236.17	5294.97	7.64	374.41	1381.53	3.90	166.55	6457.16	5.87

注：1. 角钢长度：钢号 2～4 号，4.5～8 号，9～14 号，16～20 号；长度：3～9m，4～12m，4～19m，6～19m。
2. 一般采用材料：A2，A3，A5，A3F。

表 A-2　热轧不等边角钢

符号意义:
B——长边宽度;
b——短边宽度;
d——边厚;
r——内圆弧半径;
r_1——边端内弧半径,$r_1=d/3$;
I——惯性矩;
i——惯性半径;
W——截面系数;
x_0——重心距离;
y_0——重心距离。

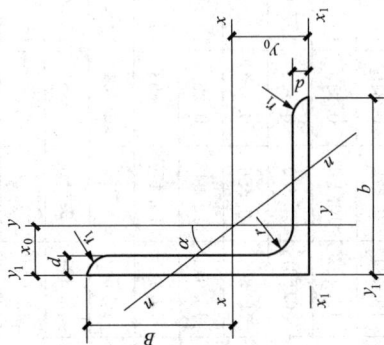

角钢号数	尺寸(mm)				截面面积(cm²)	理论质量(kg/m)	外表面积(m²/m)	\(x-x\)			\(y-y\)			\(x_1-x_1\)		\(y_1-y_1\)		\(u-u\)			
	B	b	d	r				I_x(cm⁴)	i_x(cm)	W_x(cm³)	I_y(cm⁴)	i_y(cm)	W_y(cm³)	I_{x1}(cm⁴)	y_0(cm)	I_{y1}(cm⁴)	x_0(cm)	I_u(cm⁴)	i_u(cm)	W_u(cm³)	tanα
6.3/4	63	40	4	7	4.058	3.185	0.202	16.49	2.02	3.87	5.23	1.14	1.70	33.30	2.04	8.63	0.92	3.12	0.88	1.40	0.398
			5		4.993	3.920	0.202	20.02	2.00	4.74	6.31	1.12	2.71	41.63	2.08	10.86	0.95	3.76	0.87	1.71	0.396
			6		5.908	4.638	0.201	23.36	1.96	5.59	7.29	1.11	2.43	49.98	2.12	13.12	0.99	4.34	0.86	1.99	0.393
			7		6.802	5.339	0.201	26.53	1.98	6.40	8.24	1.10	2.78	58.07	2.15	15.47	1.03	4.97	0.86	2.29	0.389
7/4.5	70	45	4	7.5	4.547	3.570	0.226	23.17	2.26	4.86	7.55	1.29	2.17	45.92	2.24	12.26	1.02	4.40	0.98	1.77	0.410
			5		5.609	4.403	0.225	27.95	2.23	5.92	9.13	1.28	2.65	57.10	2.28	15.39	1.06	5.40	0.98	2.19	0.407
			6		6.647	5.218	0.225	32.54	2.21	6.95	10.62	1.26	3.12	68.35	2.32	18.58	1.09	6.35	0.98	2.59	0.404
			7		7.657	6.011	0.225	37.22	2.20	8.03	12.01	1.25	3.57	79.99	2.36	21.84	1.13	7.16	0.97	2.94	0.402
(7.5/5)	75	50	5	8	6.125	4.808	0.245	34.86	2.39	6.83	12.61	1.44	3.30	70.00	2.40	21.04	1.17	7.41	1.10	2.74	0.435
			6		7.260	5.699	0.245	41.12	2.38	8.12	14.70	1.42	3.88	84.30	2.44	25.37	1.21	8.54	1.08	3.19	0.435
			8		9.467	7.431	0.244	52.39	2.35	10.52	18.53	1.40	4.99	112.50	2.52	34.23	1.29	10.87	1.07	4.10	0.429
			10		11.590	9.098	0.244	62.71	2.33	12.79	21.96	1.38	6.04	140.80	2.60	43.43	1.36	13.10	1.06	4.99	0.423

续表

角钢号数	尺寸(mm) B	b	d	r	截面面积 (cm²)	理论质量 (kg/m)	外表面积 (m²/m)	I_x (cm⁴)	i_x (cm)	W_x (cm³)	I_y (cm⁴)	i_y (cm)	W_y (cm³)	I_{x_1} (cm⁴)	y_0 (cm)	I_{y_1} (cm⁴)	x_0 (cm)	I_u (cm⁴)	i_u (cm)	W_u (cm³)	$\tan\alpha$
8/5	80	50	5	8	6.375	5.005	0.255	41.96	2.56	7.78	12.82	1.42	3.32	85.21	2.60	21.06	1.14	7.66	1.10	2.74	0.388
			6		7.560	5.935	0.255	49.49	2.56	9.25	14.95	1.41	3.91	102.53	2.65	25.41	1.18	8.85	1.08	3.20	0.387
			7		8.724	6.848	0.255	56.16	2.54	10.58	16.96	1.39	4.48	119.33	2.69	29.82	1.21	10.18	1.08	3.70	0.384
			8		9.867	7.745	0.254	62.83	2.52	11.92	18.85	1.38	5.03	136.41	2.73	34.32	1.25	11.38	1.07	4.16	0.381
9/6.5	90	56	5	9	7.212	5.661	0.287	60.45	2.90	9.92	18.32	1.59	4.21	121.32	2.91	29.53	1.25	10.98	1.23	3.49	0.385
			6		8.557	6.717	0.286	71.03	2.88	11.74	21.42	1.58	4.96	145.59	2.95	35.58	1.29	12.90	1.23	4.13	0.384
			7		9.880	7.756	0.286	81.08	2.86	13.49	24.36	1.57	5.70	169.66	3.00	41.71	1.33	14.67	1.22	4.72	0.382
			8		11.183	8.779	0.286	91.03	2.85	15.27	27.15	1.56	6.41	194.17	3.04	47.93	1.36	16.34	1.21	5.29	0.380
10/6.3	100	63	6	10	9.617	7.550	0.320	99.06	3.21	14.64	30.94	1.79	6.35	199.71	3.24	50.50	1.43	18.42	1.38	5.25	0.394
			7		11.111	8.722	0.320	113.45	3.20	16.88	35.26	1.78	7.29	233.00	3.28	59.14	1.47	21.00	1.38	6.02	0.393
			8		12.584	9.878	0.319	127.37	3.18	19.08	39.39	1.77	8.21	266.32	3.32	67.88	1.50	23.50	1.37	6.78	0.391
			10		15.467	12.142	0.319	153.81	3.15	23.32	47.12	1.74	9.98	333.06	3.40	85.73	1.58	28.33	1.35	8.24	0.387
10/8	100	80	6	10	10.637	8.350	0.354	107.04	3.17	15.19	61.24	2.40	10.16	199.83	2.95	102.68	1.97	31.65	1.72	8.37	0.627
			7		12.301	9.656	0.354	122.37	3.16	17.52	70.08	2.39	11.71	233.20	3.00	119.98	2.01	36.17	1.72	9.60	0.626
			8		13.944	10.946	0.353	137.92	3.14	19.81	78.58	2.37	13.21	266.61	3.04	137.37	2.05	40.58	1.71	10.80	0.625
			10		17.167	13.476	0.353	166.87	3.12	24.24	94.65	2.35	16.12	333.63	3.12	172.48	2.13	49.10	1.69	13.12	0.622
11/7	110	70	6	10	10.637	8.350	0.354	133.37	3.54	17.85	42.92	2.01	7.90	265.78	3.53	69.08	1.57	25.36	1.54	6.53	0.403
			7		12.301	9.656	0.354	153.00	3.53	20.60	49.01	2.00	9.09	310.07	3.57	80.82	1.61	28.95	1.53	7.50	0.402
			8		13.944	10.946	0.353	172.04	3.51	23.30	54.87	1.98	10.25	354.39	3.62	92.70	1.65	32.45	1.53	8.45	0.401
			10		17.167	13.476	0.353	208.39	3.48	28.54	65.88	1.96	12.48	443.13	3.70	116.83	1.72	39.20	1.51	10.29	0.397

续表

角钢号数	尺寸(mm) B	b	d	r	截面面积(cm²)	理论质量(kg/m)	外表面积(m²/m)	x-x I_x(cm⁴)	x-x i_x(cm)	x-x W_x(cm³)	y-y I_y(cm⁴)	y-y i_y(cm)	y-y W_y(cm³)	x_1-x_1 I_{x1}(cm⁴)	x_1-x_1 y_0(cm)	y_1-y_1 I_{y1}(cm⁴)	y_1-y_1 x_0(cm)	u-u I_u(cm⁴)	u-u i_u(cm)	u-u W_u(cm³)	$\tan\alpha$
12.5/8	125	80	7	11	14.096	11.066	0.403	227.98	4.02	26.86	74.42	2.30	12.01	454.99	4.01	120.32	1.80	43.81	1.76	9.92	0.408
			8		15.989	12.551	0.403	256.77	4.01	30.41	83.49	2.28	13.56	519.99	4.06	137.85	1.84	49.15	1.75	11.18	0.407
			10		19.712	15.474	0.402	312.04	3.98	37.33	100.67	2.26	16.56	650.09	4.14	173.40	1.92	59.45	1.74	13.64	0.404
			12		23.351	18.330	0.402	364.41	3.95	44.01	116.67	2.24	19.43	780.39	4.22	209.67	2.00	69.35	1.72	16.01	0.400
14/9	140	90	8	12	18.038	14.160	0.453	365.64	4.50	38.48	120.69	2.59	17.34	730.53	4.50	195.79	2.04	70.83	1.98	14.31	0.411
			10		22.261	17.475	0.452	445.50	4.47	47.31	146.03	2.56	21.22	913.20	4.58	245.92	2.12	85.82	1.96	17.48	0.409
			12		26.400	20.724	0.451	521.59	4.44	55.87	169.79	2.54	24.95	1096.09	4.66	296.89	2.19	100.21	1.95	20.54	0.406
			14		30.456	23.908	0.451	594.10	4.42	64.18	192.10	2.51	28.54	1279.26	4.74	348.82	2.27	114.13	1.94	23.52	0.403
16/10	160	100	10	13	25.315	19.872	0.512	668.69	5.14	62.13	205.03	2.85	26.56	1362.89	5.24	336.59	2.28	121.74	2.19	21.92	0.390
			12		30.054	23.592	0.511	784.91	5.11	73.49	239.06	2.82	31.28	1635.56	5.32	405.94	2.36	142.33	2.17	25.79	0.388
			14		34.709	27.247	0.510	896.30	5.08	84.56	271.20	2.80	35.83	1908.50	5.40	476.42	2.43	162.23	2.16	29.56	0.385
			16		39.281	30.835	0.510	1003.04	5.05	95.33	301.60	2.77	40.24	2181.79	5.48	548.22	2.51	182.57	2.16	33.44	0.382
18/11	180	110	10	14	28.373	22.273	0.571	956.25	5.80	78.96	278.11	3.13	32.49	1940.40	5.89	447.22	2.44	166.50	2.42	26.88	0.376
			12		33.712	26.464	0.571	1124.72	5.78	93.53	325.03	3.10	38.32	2328.38	5.98	538.94	2.52	194.87	2.40	31.66	0.374
			14		38.967	30.589	0.570	1286.91	5.75	107.76	369.55	3.08	43.97	2716.60	6.06	631.95	2.59	222.30	2.39	36.32	0.372
			16		44.139	34.649	0.569	1443.06	5.72	121.64	411.85	3.06	49.44	3105.15	6.14	726.46	2.67	248.94	2.38	40.87	0.369
20/12.5	200	125	12	14	37.912	29.761	0.641	1570.90	6.44	116.73	483.16	3.57	49.99	3193.85	6.54	787.74	2.83	285.79	2.74	41.23	0.392
			14		43.867	34.436	0.640	1800.97	6.41	134.65	550.83	3.54	57.44	3726.17	6.62	922.47	2.91	326.58	2.73	47.34	0.390
			16		49.739	39.054	0.629	2023.35	6.38	152.18	615.44	3.52	64.69	4258.86	6.70	1058.86	2.99	366.21	2.71	53.32	0.388
			18		55.526	43.588	0.639	2238.30	6.35	169.33	677.19	3.49	71.74	4792.00	6.78	1197.13	3.06	404.83	2.70	59.18	0.385

注 1. 角钢长度：6.3/4~9/5.6号，长4~12m；10/6.3~14/9号，长4~19m；16/10~20/12.5号，长6~19m。
2. 一般采用材料：A2、A3、A5、A3F。

表 A - 3

热轧普通工字钢

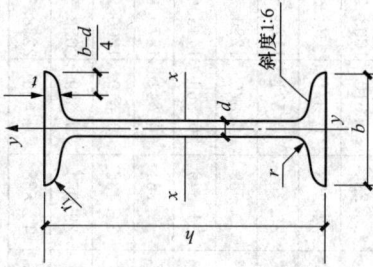

符号意义：
h——高度；
b——腿宽度；
d——腰厚；
t——平均腿厚；
r——内圆弧半径；
r₁——腿端圆弧半径；
I——惯性矩；
W——截面系数；
i——惯性半径；
S——半截面的静矩。

型号	尺寸 (mm)						截面面积 (cm²)	理论质量 (kg/m)	参 考 数 值						
									x—x				y—y		
	h	b	d	t	r	r_1			I_x (cm⁴)	W_x (cm³)	i_x (cm)	$I_x:S_x$	I_y (cm⁴)	W_y (cm³)	i_y (cm)
10	100	68	4.5	7.6	6.5	3.3	14.3	11.2	245	49.0	4.14	8.59	33.0	9.72	1.52
12.6	126	74	5.0	8.4	7.0	3.5	18.1	14.2	488.434	77.529	5.195	10.848	46.906	12.677	1.609
14	140	80	5.5	9.1	7.5	3.8	21.5	16.9	712	102	5.76	12.0	64.4	16.1	1.73
16	160	88	6.0	9.9	8.0	4.0	26.1	20.5	1130	141	6.58	13.8	93.1	21.2	1.89
18	180	94	6.5	10.7	8.5	4.3	30.6	24.1	1660	185	7.36	15.4	122	26.0	2.00
20a	200	100	7.0	11.4	9.0	4.5	35.5	27.9	2370	237	8.15	17.2	158	31.5	2.12
20b	200	102	9.0	11.4	9.0	4.5	39.5	31.1	2500	250	7.96	16.9	169	33.1	2.06
22a	220	110	7.5	12.3	9.5	4.8	42.0	33.0	3400	309	8.99	18.9	225	40.9	2.31
22b	220	112	9.5	12.3	9.5	4.8	46.4	36.4	3570	325	8.78	18.7	239	42.7	2.27
25a	250	116	8.0	13.0	10.0	5.0	48.5	38.1	5023.54	401.883	10.18	21.577	280.046	48.283	2.403
25b	250	118	10.0	13.0	10.0	5.0	53.5	42.0	5283.965	422.717	9.938	21.27	309.297	52.423	2.404

续表

| 型号 | 尺寸 (mm) | | | | | | 截面面积 (cm²) | 理论质量 (kg/m) | 参考数值 | | | | | | |
| | h | b | d | t | r | r₁ | | | x—x | | | | y—y | | |
									I_x (cm⁴)	W_x (cm³)	i_x (cm)	$I_x : S_x$	I_y (cm⁴)	W_y (cm³)	i_y (cm)
28a	280	122	8.5	13.7	10.5	5.3	55.45	43.4	7114.14	508.153	11.32	24.62	345.051	56.565	2.495
28b	280	124	10.5	13.7	10.5	5.3	61.05	47.9	7480.006	534.286	11.08	24.241	379.496	61.209	2.493
32a	320	130	9.5	15.0	11.5	5.8	67.05	52.7	11075.525	692.202	12.84	27.458	459.929	70.758	2.619
32b	320	132	11.5	15.0	11.5	5.8	73.45	57.7	11621.378	726.333	12.58	27.093	501.534	75.989	2.614
32c	320	134	13.5	15.0	11.5	5.8	79.95	62.8	12167.511	760.469	12.34	26.766	543.811	81.166	2.608
36a	360	136	10.0	15.8	12.0	6.0	76.3	59.9	15760	875	14.4	30.7	552	81.2	2.69
36b	360	138	12.0	15.8	12.0	6.0	83.5	65.6	16530	919	14.1	30.3	582	84.3	2.64
36c	360	140	14.0	15.8	12.0	6.0	90.7	71.2	17310	962	13.8	29.9	612	87.4	2.60
40a	400	142	10.5	16.5	12.5	6.3	86.1	67.6	21720	1090	15.9	34.1	660	93.2	2.77
40b	400	144	12.5	16.5	12.5	6.3	94.1	73.8	22780	1140	15.6	33.6	692	96.2	2.71
40c	400	146	14.5	16.5	12.5	6.3	102.0	80.1	23850	1190	15.2	33.2	727	99.6	2.65
45a	450	150	11.5	18.0	13.5	6.8	102.0	80.4	32240	1430	17.7	38.6	855	114	2.89
45b	450	152	13.5	18.0	13.5	6.8	111.0	87.4	33760	1500	17.4	38.0	894	118	2.84
45c	450	154	15.5	18.0	13.5	6.8	120.0	94.5	35280	1570	17.1	37.6	938	122	2.79
50a	500	158	12.0	20.0	14.0	7.0	119.0	93.6	46470	1860	19.7	42.8	1120	142	3.07
50b	500	160	14.0	20.0	14.0	7.0	129.0	101.0	48560	1940	19.4	42.4	1170	146	3.01
50c	500	162	16.0	20.0	14.0	7.0	139.0	109.0	50640	2080	19.0	41.8	1220	151	2.96
56a	560	166	12.5	21.0	14.5	7.3	135.25	106.2	65585.566	2342.31	22.02	47.727	1370.163	165.079	3.182
56b	560	168	14.5	21.0	14.5	7.3	146.45	115.0	68512.499	2446.687	21.63	47.166	1486.75	174.247	3.162
56c	560	170	16.5	21.0	14.5	7.3	157.85	123.9	71439.43	2551.408	21.27	46.663	1558.389	183.339	3.158
63a	630	176	13.0	22.0	15.0	7.5	154.9	121.6	93916.18	2981.47	24.62	54.173	1700.549	193.244	3.314
63b	630	178	15.0	22.0	15.0	7.5	167.5	131.5	98083.63	3163.98	24.2	53.514	1812.069	203.603	3.289
63c	630	180	17.0	22.0	15.0	7.5	180.1	141.0	102251.08	3298.42	23.82	52.923	1924.913	213.879	3.268

注：1. 工字钢长度：10~18号，长5~19m；20~63号，长6~19m。
2. 一般采用材料：A2、A3、A5、A3F。

表 A-4　热轧普通槽钢

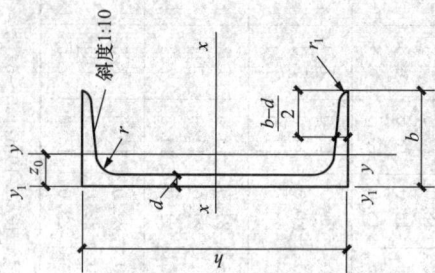

斜度1:10

符号意义：

h——高度；
b——腿宽；
d——腰厚；
t——平均腿厚；
r——内圆弧半径；
r_1——腿端圆弧半径；
I——惯性矩；
W——截面系数；
i——惯性半径；
z_0——y—y 与 y_1—y_1 轴线间距离。

型号	尺寸 (mm)						截面面积 (cm^2)	理论质量 (kg/m)	参考数值							
									x—x			y—y			y_1—y_1	z_0 (cm)
	h	b	d	t	r	r_1			W_x (cm^3)	I_x (cm^4)	i_x (cm)	W_y (cm^3)	I_y (cm^4)	i_y (cm)	I_{y_1} (cm^4)	
5	50	37	4.5	7	7.0	3.5	6.93	5.44	10.4	26.0	1.94	3.55	8.30	1.10	20.9	1.35
6.3	63	40	4.8	7.5	7.5	3.75	8.444	6.63	16.123	50.786	2.453	4.50	11.872	1.185	28.38	1.36
8	80	43	5.0	8	8.0	4.0	10.24	8.04	25.3	101.3	3.15	5.79	16.6	1.27	37.4	1.43
10	100	48	5.3	8.5	8.5	4.25	12.74	10.0	39.7	198.3	3.95	7.8	25.6	1.41	54.9	1.52
12.6	126	53	5.5	9	9.0	4.5	15.69	12.37	62.137	391.466	4.953	10.242	37.99	1.567	77.09	1.59
14a	140	58	6.0	9.5	9.5	4.75	18.51	14.53	80.5	563.7	5.52	13.01	53.2	1.70	107.1	1.71
14b	140	60	8.0	9.5	9.5	4.75	21.31	16.73	87.1	609.4	5.35	14.12	61.1	1.69	120.6	1.67
16a	160	63	6.5	10	10.0	5.0	21.95	17.23	108.3	866.2	6.28	16.3	73.3	1.83	144.1	1.80
16	160	65	8.5	10	10.0	5.0	25.15	19.75	116.8	934.5	6.10	17.55	83.4	1.82	160.8	1.75
18a	180	68	7.0	10.5	10.5	5.25	25.69	20.17	141.4	1272.7	7.04	20.03	98.6	1.96	189.7	1.88
18	180	70	9.0	10.5	10.5	5.25	29.29	22.99	152.2	1369.9	6.84	21.52	111	1.95	210.1	1.84

续表

| 型号 | 尺寸 (mm) | | | | | | 截面面积 (cm²) | 理论质量 (kg/m) | 参考数值 | | | | | | | |
| | h | b | d | t | r | r₁ | | | x—x | | | y—y | | | y₁—y₁ | |
									W_x (cm³)	I_x (cm⁴)	i_x (cm)	W_y (cm³)	I_y (cm⁴)	i_y (cm)	I_{y_1} (cm⁴)	z_0 (cm)
20a	200	73	7.0	11	11.0	5.5	28.83	22.67	178	1780.4	7.86	24.2	128	2.11	244	2.01
20	200	75	9.0	11	11.0	5.5	32.83	25.77	191.4	1913.7	7.64	25.88	143.6	2.09	268.4	1.95
22a	220	77	7.0	11.5	11.5	5.75	31.84	24.99	217.6	2393.9	8.67	28.17	157.8	2.23	298.2	2.10
22	220	79	9.0	11.5	11.5	5.75	36.24	28.45	233.8	2571.4	8.42	30.05	176.4	2.21	326.3	2.03
25a	250	78	7.0	12	12.0	6.0	34.91	27.47	269.597	3369.619	9.823	30.607	175.529	2.243	322.256	2.065
25b	250	80	9.0	12	12.0	6.0	39.91	31.39	282.402	3530.035	9.405	32.657	196.421	2.218	353.187	1.982
25c	250	82	11.0	12	12.0	6.0	44.91	35.32	295.236	3690.452	9.065	35.926	218.415	2.206	384.133	1.921
28a	280	82	7.5	12.5	12.5	6.25	40.02	31.42	340.328	4764.587	10.91	35.718	217.989	2.333	387.566	2.097
28b	280	84	9.5	12.5	12.5	6.25	45.62	35.81	366.46	5130.453	10.6	37.929	242.144	2.304	427.589	2.016
28c	280	86	11.5	12.5	12.5	6.25	51.22	40.21	392.594	5496.319	10.35	40.301	267.602	2.286	426.597	1.951
32a	320	88	8.0	14	14.0	7.0	48.7	38.22	474.879	7598.064	12.49	46.473	304.787	2.502	552.31	2.242
32b	320	90	10.0	14	14.0	7.0	55.1	43.25	509.012	8144.197	12.15	49.157	336.332	2.472	592.933	2.158
32c	320	92	12.0	14	14.0	7.0	61.5	48.28	543.145	8690.33	11.88	52.642	374.175	2.467	643.299	2.092
36a	360	96	9.0	16	16.0	8.0	60.89	47.8	659.7	11874.2	13.97	63.54	455	2.73	818.4	2.44
36b	360	98	11.0	16	16.0	8.0	68.09	53.45	702.9	12651.8	13.63	66.85	496.7	2.70	880.4	2.37
36c	360	100	13.0	16	16.0	8.0	75.29	59.10	746.1	13429.4	13.36	70.02	536.4	2.67	947.9	2.34
40a	400	100	10.5	18	18.0	9.0	75.08	58.91	878.9	17577.9	15.3	78.83	592	2.81	1067.7	2.49
40b	400	102	12.5	18	18.0	9.0	83.05	65.19	932.2	18644.5	14.98	82.52	640	2.78	1135.6	2.44
40c	400	104	14.5	18	18.0	9.0	91.05	71.47	985.6	19711.2	14.71	86.19	687.8	2.75	1220.7	2.42

注 1. 槽钢长度：5~8号，长5~12m；10~18号，长5~19m；20~40号，长6~19m。
2. 一般采用材料：A2，A3，A5，A3F。

附录 B 参考课时分配表

学习情境	学习单元	参考课时			
		小计	讲课	习题课	实验
情境 I 工程构件受力 分析	I—1 工程构件受力分析基础知识	6	6		
	I—2 平面力系的合成与平衡	8	6	2	
情境 II 工程构件承载 能力分析	II—1 工程构件常见截面几何性质的计算	6	6		
	II—2 轴向拉（压）杆的承载能力分析	12	8	2	2
	II—3 剪切变形的实用计算分析	4	4		
	II—4 杆件产生扭转变形时的承载能力分析	8	6		2
	II—5 梁的承载能力分析	22	16	2	4
	II—6 工程构件破坏成因分析	6	6		
	II—7 工程构件在多种变形同时发生时的承载 能力分析	8	6	2	
情境 III 受压杆件的稳 定性分析	III—1 压杆稳定性的概念	8	6	2	
	III—2 欧拉公式				
	III—3 压杆的稳定计算				
情境 IV 工程构件承载能力 优化分析	IV—1 工程构件截面形状对承载能力的影响 分析	2	2		
	IV—2 工程结构形式对承载能力的影响分析				
	IV—3 工程构件材料性质对承载能力的影响 分析				
合　　计		90	72	10	8

力 学 实 验 内 容

1. 低碳钢、铸铁的拉伸与压缩实验。
2. 低碳钢、铸铁圆轴的扭转实验。
3. 梁的纯弯曲正应力电测实验。

参 考 文 献

[1] 同济大学理论力学教研室. 理论力学 [M]. 北京：人民教育出版社，1979.

[2] 哈尔滨工业大学理论力学教研组. 理论力学 [M]. 北京：高等教育出版社，1981.

[3] 陈大堃. 理论力学 [M]. 北京：高等教育出版社，1983.

[4] 孙训芳，方孝淑. 材料力学 [M]. 北京：高等教育出版社，1996.

[5] 同济大学材料力学教研室. 材料力学 [M]. 上海：同济大学出版社，1989.

[6] 沈伦序. 材料力学 [M]. 北京：高等教育出版社，1984.

[7] 现代交通远程教育材料编委会. 工程力学 [M]. 北京：清华大学出版社，2005.

[8] 蔡乾煌，庄茁. 工程力学精要与典型例题讲解 [M]. 北京：清华大学出版社，2005.

[9] 吴宝瀛. 工程力学 [M]. 北京：清华大学出版社，2008.

[10] 高健. 工程力学复习与训练 [M]. 北京：人民交通出版社，2008.

[11] 孔七一. 工程力学学习指导 [M]. 北京：人民交通出版社，2008.

[12] 朱品武，蒋红云. 工程力学习题集 [M]. 武汉：华中科技大学出版社，2012.

[13] 胡拔香. 工程力学 [M]. 北京：高等教育出版社，2013.